云南蝶类图志

（第一卷）

An Illustrated Monograph of the Butterflies of Yunnan

Vol. I

凤蝶科 PAPILIONIDAE

胡劭骥 〔英〕亚当·迈尔斯·科顿
段 匡 张 鑫 著

科学出版社
北 京

内 容 简 介

本书是云南省凤蝶科物种的分类图鉴，共收录凤蝶科物种 85 种，并从识别特征、成虫形态和亚种分布三方面对各蝶种进行描述。书中每种凤蝶的雄蝶均有正、反面标本照片和雄性外生殖器解剖照，多数物种有雌蝶正、反面标本照片和雌性外生殖器解剖照；个别物种未能获得云南省内材料的，则以邻近省区或国家的标本代为展示。

本书可供从事凤蝶科分类学的科研人员、蝴蝶爱好者，从事农林业有关工作和生物多样性保育工作的人员参考使用。书中的形态描述和雄、雌外生殖器解剖照对科研人员的帮助较大，尤其各种和亚种下的检视标本名录可为后人调查和采集提供重要线索，而照片丰富的图版则对快速鉴定标本颇有帮助。

图书在版编目（CIP）数据

云南蝶类图志. 第一卷，凤蝶科 = An Illustrated Monograph of the Butterflies of YunnanVol. I PAPILIONIDAE / 胡劭骥等著. —北京：科学出版社，2024.8

ISBN 978-7-03-078634-0

Ⅰ. ①云… Ⅱ. ①胡… ②亚… Ⅲ. ①蝶－动物志－云南－图集 ②凤蝶科－动物志－云南－图集 Ⅳ. ①Q964-64 ②Q969.420.8-64

中国国家版本馆 CIP 数据核字（2024）第 110571 号

责任编辑：罗 莉 李小锐 马程迪 / 责任校对：严 娜
责任印制：罗 科 / 封面设计：墨创文化

科学出版社 出版
北京东黄城根北街 16 号
邮政编码：100717
http://www.sciencep.com
四川煤田地质制图印务有限责任公司 印刷
科学出版社发行 各地新华书店经销
*
2024 年 8 月第 一 版 开本：889×1194 1/16
2024 年 8 月第一次印刷 印张：28 1/4
字数：650 000

定价：498.00 元

献给我们的父母和至爱

To Our Parents and Beloved

本书出版受以下项目资助，谨表谢忱

The authors thank the following projects for funding the publication of this book.

云南省“万人计划-青年拔尖”人才培养项目（YNWR-QNBJ-2018-074）

Ten Thousand Professional Talents-Young Talents Programme, Yunnan Province (YNWR-QNBJ-2018-074)

云南省科技厅院士（专家）工作站（202305AF150037）

The Academician（Expert）Working Station（202305AF150037）

中缅生态环境保育联合实验室（C176240208）

China-Myanmar Joint Laboratory of Eco-environmental Conservation (C176240208)

国家自然科学基金项目“横断山区凤蝶物种丰富度空间格局及其成因研究”（41761011）

Spatial Pattern and the Underlying Cause of Species Richness of the Papilionid Butterflies (Lepidoptera: Papilionidae) in the Hengduan Mountains (41761011), National Natural Science Foundation Programme

生态环境部“生物多样性（蝴蝶）”示范观测（SDZXWJZ01013）

China-BON Butterflies (SDZXWJZ01013), the Ministry of Ecology and Environment

云南大学“东陆中青年骨干教师”培养项目

Donglu Young and Middle-Aged Teachers Training Programme, Yunnan University

作 者 序 >>>

蝴蝶是备受世人关注的美丽昆虫，是区域生物多样性的关键代表类群，不仅在生物学、生态学研究中具有重要意义，还具有较高的经济价值，同时也是重要的文化象征和元素。

云南地处我国西南边陲，是亚洲低纬高原区的核心地带，也是连接中国西南纵向岭谷区、横断山区和云贵高原的纽带；区域内地形复杂、气候多样，动植物多样性极高，是世界重要的生物多样性热点区域之一。复杂多样的地形和气候孕育了云南丰富的蝶类资源，云南的蝶类种类数量位居全国之首，在亚洲乃至世界蝶类构成中也具有举足轻重的地位。

云南蝶类研究有悠久的历史。自 19 世纪起，多位欧洲著名博物学家、昆虫学家先后到访云南，并被这里复杂多样的蝶类深深吸引，发现和命名了大量物种。进入 20 世纪后，随着云南基础设施建设的改善，许多前人难以涉足的区域逐渐展现在世人面前，为开展蝶类研究提供了更为便利的条件，更多的物种被发现和描述。然而，上述研究均以散在论文的形式存在，并未形成系统的文献。1995 年，中国蝴蝶研究先驱李传隆教授和李昌廉教授联合多位国内专家编写了《云南蝴蝶》一书，成为云南历史上首部蝶类专著，再一次在云南掀起了蝶类研究热潮。

近 20 年来，随着云南地方经济的飞速发展，省内那些曾经的秘境变得更加容易造访，蝶类研究再次得到推动，观察和收集蝴蝶也逐渐从科学研究的神坛走入爱好者的寻常生活。随着我国生态文明建设的大力推进，蝶类作为重要的生态指示物种，其多样性指标在生态环境监测中的重要性日益凸显，受关注度空前提高；与此同时，随着物质生活水平的提高，以及环境保护和自然保育意识逐渐增强，人民群众认识蝴蝶、保护蝴蝶、欣赏蝴蝶的愿望也日渐显现。因此，云南蝶类的系统性地方文献对于科学研究、知识普及的支撑作用尤为重要。云南唯一一部全省性的地方蝶类专著《云南蝴蝶》的出版距今已近 30 年，其间，大量蝶类新种、新亚种和新记录种被发表，诸多分类修订也陆续提出，承载着云南蝶类研究光辉历史的《云南蝴蝶》已难以满足现今该领域科学研究和蝶类爱好者的需求。

本书作者历时多年收集和整理云南蝶类的馆藏标本、文献和科考记录，对云南蝶类热点区域如西双版纳傣族自治州（简称西双版纳州）、德宏傣族景颇族自治州（简称德宏州）、大理白族自治州（简称大理州）、丽江市、迪庆藏族自治州（简称迪庆州）、怒江傈僳族自治州（简称怒江州）等地开展多次实地调查和采集，为本书累积了丰富、翔实的材料。此外，还对前人调查较为薄弱的昭通市、曲靖市、文山壮族苗族自治州（简称文山州）等地组织专门调查和采集，填补了云南蝶类研究相关区域的空白。

云南蝶类物种繁多，分布格局复杂，在有限的时间内我们难以将其穷尽。鉴于此，本书在设计筹划阶段就采用了按科分卷出版的策略，拟分为凤蝶科、粉蝶科、弄蝶科、灰蝶科和蛱蝶科 5 卷陆续出版，这不仅有助于我们在一个阶段的有限时间内能够专注于特定类群的整理、调查、采集和研究，也有利于读者根据个人喜好和需求获取资料。本书的出版周期较长，其间可能存在已出版类群出现物种记录和分类系统更新的情况，对此，我们的编写和出版团队将适时整理这些更新，在修订版中将一个时间段的更新呈现于世。

我们希望以本书的出版作为一个新的起点，进一步激发大众对云南蝴蝶的热爱与关注，促进云南蝴蝶分类、生态和保育研究进入历史新阶段，为持续保护云南的蝶类生物多样性奉献自己微薄的力量。同时，由于时间有限、物种繁多，本书尚有诸多不足，也必有疏漏之处；部分种类仍缺乏雌蝶标本和外生殖器解剖照片，有的分类观点仍有待探讨，这些问题都希望在未来与各位读者共同解决。

胡劭骥　赵医　许鑫

2023 年 8 月于云南昆明

Author's Preface >>>

Yunnan, the south-westernmost province of China, is one of the most biologically diverse places in the world due to its unique geography and position connecting the Palaearctic and tropical zones in Southeast Asia. The province covers a large area of land bordered in the west by Myanmar and in the south by Laos and Vietnam, with Guangxi Zhuang autonomous region forming the easternmost border of Yunnan.

Five major river systems pass through Yunnan, four of which (Dulong Jiang, Nu Jiang, Lancang Jiang and Jinsha Jiang) parallel each other in NW Yunnan separated by north-south oriented mountain ridges over 3,000 m high which form an almost complete barrier to biodiversity between the adjacent river valleys. This creates a unique situation with up to four different subspecies of each species occurring within a very short distance but totally isolated from each other. The fifth major river (Hong He) arises in western central Yunnan, flows south-eastwards through the province into Vietnam, and effectively draws a line between the southern tropical zone and the plateau to the north of the river.

The family Papilionidae comprises approximately 5% of worldwide butterfly fauna, and due to their relatively large size and ease of identification in the field the species belonging to this family are important biodiversity indicators for biologists studying natural habitats. Two subfamilies of Papilionidae with 85 species belonging to 12 genera are represented in Yunnan. This long-overdue book should become an important aid both for biologists and everyone interested in the butterflies of Yunnan.

While all known species and subspecies of Papilionidae in Yunnan are figured here the scarcity of females of some taxa in collections does create a small gap in our knowledge of the family. It is also possible that some species occurring in neighbouring countries but not yet known from Yunnan may still be found in the province. Hopefully this book will encourage further future study on Papilionidae and other butterflies of Yunnan.

A.M. Cotton

August 2023 Chiang Mai, Thailand

致　谢 >>>

首先感谢云南大学生命科学学院、农学院、国际河流与生态安全研究院对本书出版所给予的机遇与支持。诚挚感谢云南蝴蝶研究团队的张晖宏先生、许振邦先生、蒋卓衡先生、李建军先生在长年野外考察与采集工作中的无私帮助。同时要感谢以下师友在本书筹备、写作、出版过程中给予的协助与建议：叶辉教授、武春生研究员、徐堉峰教授、中村彰宏教授、罗箭先生、罗益奎先生、朱建青先生、吴振军先生、黄灏先生、陈嘉霖先生、杨扬先生、Gerardo Lamas 博士、稲好豊先生、千葉秀幸博士、齋藤基樹先生、中江信先生、Alexander L. Monastyrskii 博士、John Rawlins 博士、Fabien L. Condamine 博士、Prasobsuk Sukkit 先生、Vadim Tshikolovets 先生、董大志研究员、张丽坤研究员、李开琴博士、易传辉教授、和秋菊教授、毛本勇教授、彭艳琼研究员、苗白鸽博士、杨维宗先生、李跃升先生、冷泉先生、和荣华先生、葛思勋先生、董瑞航先生。特别感谢王文玲博士给予的长期鼓励与支持。最后，希望各位读者能喜欢本书提供的知识和呈现的自然之美，并希望你们能一直与作者一起探索云南无尽的蝴蝶世界。

胡劭骥

2023 年 8 月于云南昆明

Acknowledgements >>>

The authors are greatly indebted to Yunnan University(School of Life Sciences, School of Agriculture, and Institute of International Rivers & Eco-security)for providing the excellent opportunity and support for this publication. The authors must express gratitude to the following members of the research team：Hui-Hong Zhang, Zhen-Bang Xu, Zhuo-Heng Jiang, and Jian-Jun Li, for their generous support in field work for over a decade. The authors also wish to thank the following friends for their assistance and advice during the entire course of this publication：Prof. Hui Ye, Prof. Chun-Sheng Wu, Prof. Yu-Feng Hsu, Prof. Akihiro Nakamura, Jian Luo, Philip Yik-Fui Lo, Jian-Qing Zhu, Zhen-Jun Wu, Hao Huang, Jia-Lin Chen, Yang Yang, Dr. Gerardo Lamas, Yutaka Inayoshi, Dr. Hideyuki Chiba, Motoki Saito, Makoto Nakae, Dr. Alexander L. Monastyrskii, Dr. John Rawlins, Dr. Fabien L. Condamine, Prasobsuk Sukkit, Vadim Tshikolovets, Prof. Da-Zhi Dong, Prof. Li-Kun Zhang, Dr. Kai-Qin Li, Prof. Chuan-Hui Yi, Prof. Qiu-Ju He, Prof. Ben-Yong Mao, Prof. Yan-Qiong Peng, Dr. Bai-Ge Miao, Wei-Zong Yang, Yue-Sheng Li, Quan Leng, Rong-Hua He, Si-Xun Ge, Rui-Hang Dong. Special thanks are also given to Dr. Wen-Ling Wang for her continuous encouragement and support. Finally, the authors sincerely hope the readers will enjoy the knowledge and beauty presented in this book, and wish to explore the unlimited butterfly world of Yunnan in the future.

August 2023 Kunming, Yunnan

目　录 INDEX >>>

论述
TEXT

Abbreviations of taxonomic terms in the text
[IFS] - Infrasubspecific
[IOS] - Incorrect Original Spelling
[ISS] - Incorrect Subsequent Spelling
[JH] - Junior Homonym
[JOS] - Junior Objective Synonym
[NN] - Nomen Nudum
[PS] - Published in Synonymy
[UE] - Unjustified Emendation
HT - Holotype
PT - Paratype
TL - Type Locality
TG - Type Genus
TS - Type Species

Notes on Distribution Ranges of Species with Multiple Subspecies in Yunnan

This section outlines the ranges of taxa where more than one subspecies occurs in Yunnan.

1. *Parnassius cephalus* Grum-Grshimaïlo, 1891

ssp. *paimaensis* Yoshino, 1997: confined to Baima Xueshan in Deqen County, Diqing Prefecture.
ssp. *elwesi* (Leech, 1893): found on Tianbao Xueshan, Daxueshan, Xiaoxueshan, and adjacent snow mountains in Shangri-La County, Diqing Prefecture.
ssp. *haba* Hu & Cotton, 2023: confined to Haba Xueshan in Shangri-La County, Diqing Prefecture.
ssp. *takenakai* Koiwaya, 1993: confined to Yulong Xueshan of Yulong County, Lijiang Prefecture.

2. *Lamproptera curius* (Fabricius, 1787)

ssp. *hsinningae* Hu & Cotton, 2023: confined to Nu Jiang and Dulong Jiang valleys in W. and N.W. Yunnan; also found in N.E. India and N. Myanmar.
ssp. *yangtzeanus* Hu, Zhang & Cotton, 2023: confined to the upper Yangtze River (Jinsha Jiang) valley in N. Yunnan.
ssp. *walkeri* (Moore, 1902): widely distributed across the remaining part of Yunnan, mainly found in the river valleys such as the Lancang Jiang, Yuan Jiang, and Nanpan Jiang; also found in Guizhou, Guangxi, Guangdong, Hong Kong, and Fujian in S. China, N. Vietnam and N. Laos.

3. *Lamproptera meges* (Zinken, 1831)

ssp. *indistincta* (Tytler, 1912): commonly found in river valleys west of Ailao Shan, such as Lancang Jiang, Nu Jiang, and Dulong Jiang; also found in N.E. India and N. Myanmar.
ssp. *pallidus* (Fruhstorfer, 1909): found in valleys of Yuan Jiang and Nanpan Jiang in S. and S.E. Yunnan; also found in N. Vietnam.

4. *Graphium eurous* (Leech, 1893)

ssp. *panopaea* (Nicéville, 1900): found in upper Lancang Jiang river valleys in N.W. Yunnan around Weixi and Deqen counties.
ssp. *sikkimica* (Heron, 1899): confined to the Dulong Jiang river valley in N.W. Yunnan; also found in Nepal, N.E. India and N. Myanmar.

5. *Graphium macareus* (Godart, 1819)

ssp. *burmensis* Moonen, 1984: confined to the westernmost corner of Yunnan neighbouring with Myanmar; also found in Kachin and Shan States of Myanmar and N.W. Thailand.
ssp. *indochinensis* (Fruhstorfer, 1901): widely distributed in S. to S.E. Yunnan, such as Xishuangbanna, Pu'er, Honghe, and Wenshan prefectures; also found in Indochina.
ssp. *vadimi* Cotton & Hu, 2023: currently only known from Yangbi area in Dali Prefecture.

6. *Graphium sarpedon* (Linnaeus, 1758)

ssp. *sarpedon* (Linnaeus, 1758): widely distributed in most parts of Yunnan except for the south and S.W.; also found in W., S. & E. China and N. Vietnam.
ssp. *luctatius* (Fruhstorfer, 1907): found in Yunnan from Yingjiang to Xishuangbanna; also found in Myanmar, most of Indochina, Malay Peninsula and Borneo.

7. *Graphium cloanthus* (Westwood, 1841)

ssp. *cloanthus* (Westwood, 1841): widely distributed in most parts of Yunnan except for the N.E. corner of the low lands; also found in S. China and N. Indochina.

ssp. *clymenus* (Leech, 1893): confined to the N.E. corner of Yunnan, such as the low lands in Yanjin, Shuifu, and Weixin Counties adjacent to Sichuan; also found in the C. to E. China provinces.

8. *Pachliopta aristolochiae* (Fabricius, 1775)

ssp. *goniopeltis* (Rothschild, 1908): commonly found in low-altitude tropical areas in W., S.W., and S. Yunnan, such as Nu Jiang, Dehong, Baoshan, Lincang, Pu'er, Xishuangbanna, and Honghe prefectures; also found in Myanmar and Indochina.
ssp. *adaeus* (Rothschild, 1908): confined to the river valleys of higher altitude subtropical areas in N.W., C., N.E., and S.E. Yunnan, such as Diqing, Lijiang, Dali, Chuxiong, Kunming, Zhaotong, Qujing, and Wenshan prefectures; also found in Sichuan, Guizhou, and Guangxi.

9. *Troides aeacus* (C. Felder & R. Felder, 1860)

ssp. *aeacus* (C. Felder & R. Felder, 1860): found in W., S.W., and S. Yunnan, such as Nu Jiang, Dehong, Baoshan, Lincang, Dali, Pu'er, Xishuangbanna, Honghe, and Wenshan prefectures; also found in S. China, Myanmar and Indochina.
ssp. *szechwanus* M. Okano & T. Okano, 1983: found in C. and N.E. Yunnan, such as Kunming and Zhaotong prefectures; also found in Sichuan, Shaanxi, and Gansu provinces.

10. *Atrophaneura astorion* (Westwood, 1842)

ssp. *astorion* (Westwood, 1842): confined to low lands in S.W. Yunnan (Dehong Prefecture); also found in S.E. Xizang in China, as well as N.E. India and N. Myanmar.
ssp. *zaleucus* (Hewitson, 1865): found in low lands in S. to S.E. Yunnan, such as Pu'er, Xishuangbanna, and Honghe prefectures; also found in southern Myanmar, Thailand and Laos.

11. *Byasa plutonius* (Oberthür, 1876)

ssp. *tytleri* Evans, 1923: mainly found in areas to the west of Dali, in watersheds of Lancang Jiang, Nu Jiang, and Dulong Jiang; also found in N.E. India and N. & W. Myanmar.
ssp. *plutonius* (Oberthür, 1876): found in C., N.E., and N.W. Yunnan in the Jinsha Jiang watershed; also found in Sichuan Province.

12. *Byasa dasarada* (Moore, [1858])

ssp. *ouvrardi* (Oberthür, 1920): mainly found in Nu Jiang and Lancang Jiang river valleys in W. and N.W. Yunnan; also found in N.E. Myanmar.
ssp. *barata* (Rothschild, 1908): confined to S. Yunnan, especially Xishuangbanna; also found in N. Indochina.

13. *Byasa genestieri* (Oberthür, 1918)

ssp. *genestieri* (Oberthür, 1918): widely distributed in W. to C. Yunnan, such as Nu Jiang, Dali, and Kunming prefectures.
ssp. *robus* (Jordan, 1928): confined to the S.E. border areas of Yunnan in Honghe and Wenshan prefectures; also found in N.E. Laos and N. Vietnam.

14. *Meandrusa payeni* (Boisduval, 1836)

Examination of type specimens in NHM, London, and numerous specimens from Yunnan, Myanmar and Indochina shows that previous published distributions for these two subspecies are incorrect.
ssp. *amphis* (Jordan, 1909); TL: 'Tenasserim and Burma' [N. Tanintharyi and S.E. Myanmar]: phenotype orange-brown with brown margins; confined to Xishuangbanna in Yunnan; also found in S.E. Myanmar, N. and E. Thailand, Laos and C. & S. Vietnam.
ssp. *langsonensis* (Fruhstorfer, 1901); TL: 'Than Moi, Tonkin' [Thanh Moi, Lang Son Province, N.E. Vietnam]: phenotype pale orange or yellowish discal band with broad dark brown margins; found in far eastern Yunnan; also found in Guangxi of China and N. Vietnam.

15. *Papilio paris* Linnaeus, 1758

ssp. *paris* Linnaeus, 1758: widely distributed in the tropical areas in W., S., and S.E. Yunnan; also found in S. China and Nepal, N.E. India to Indochina.
ssp. *chinensis* Rothschild, 1895: confined to the low lands in N.E. Yunnan, such as Yanjin and Weixin counties; also found in C. to W. China.

16. *Papilio krishna* Moore, [1858]

ssp. *thawgawa* Tytler, 1939: found in N.W. and W. Yunnan in Nu Jiang and Diqing prefectures; also found in N. Myanmar.
ssp. *benyongi* Hu & Cotton, 2023: currently only known from the Yangbi area of Dali Prefecture.

17. *Papilio bianor* Cramer, 1777

ssp. *triumphator* Fruhstorfer, 1902: found in areas to the west of Ailao Shan in Yunnan; also found from N.E. India to Kachin State of Myanmar and part of N. Indochina.
ssp. *bianor* Cramer, 1777: commonly found in areas to the east of Ailao Shan in Yunnan; also commonly found in C., S., and E. China, as well as N. Vietnam.

18. *Papilio syfanius* Oberthür, 1886

ssp. *kitawakii* Shimogôri & Fujioka, 1997: confined to the N.W. corner of Yunnan, such as the northern part of Nu Jiang and Diqing prefectures; also found in E. Xizang.
ssp. *albosyfanius* Shimogôri & Fujioka, 1997: widely distributed in N.W., W., and C. Yunnan; also found in S. Sichuan Province.

19. *Papilio chaon* Westwood, 1845

ssp. *chaon* Westwood, 1845: commonly found in low altitude tropical areas in W. to S.E. Yunnan, such as Dehong, Lincang, Pu'er, Xishuangbanna, Honghe, and Wenshan prefectures; also found in S. China and Indochina.
ssp. *rileyi* Fruhstorfer, 1913: confined to the low lands in N.E. Yunnan, especially Zhaotong Prefecture; also found in C. China.

20. *Papilio polytes* Linnaeus, 1758

ssp. *rubidimacula* Talbot, 1932: confined to the Nu Jiang river valley in W. Yunnan.
ssp. *romulus* Cramer, 1775: commonly found in most tropical low lands in S. to S.E. Yunnan, such as Xishuangbanna and Honghe prefectures; also found from India to Indochina.
ssp. *latreilloides* Yoshino, 2018: commonly found on the plateau of C. to W. Yunnan, such as Kunming, Chuxiong, Yuxi, Dali, and Lijiang prefectures; also found in northernmost Vietnam.
ssp. *polytes* Linnaeus, 1758: confined to the low land in N.E. Yunnan, such as N. Kunming and Zhaotong prefectures; also found in C., S., to E. China.

21. *Papilio bootes* Westwood, 1842

ssp. *mindoni* Tytler, 1939: confined to the Dulong Jiang watershed; also found in Kachin State of Myanmar.
ssp. *parcesquamata* Rosen, 1929: confined to the Nu Jiang watershed.
ssp. *rubicundus* Fruhstorfer, 1909: found in the Lancang Jiang and Yuan Jiang watersheds; also found in N. Vietnam.
ssp. *nigricauda* Lamas & Cotton, 2023: found in the Jinsha Jiang watershed; also found in Sichuan Province.

22. *Papilio agestor* G. Gray 1831

ssp. *agestor* G. Gray, 1831: found in the low lands and river valleys in W., S., to S.E. Yunnan, such as Nujiang, Dehong, Lincang, Pu'er, Xishuangbanna, Honghe, and Wenshan prefectures; also found in Myanmar and N. Indochina.
ssp. *restricta* Leech, [1893]: confined to the valley of the upper Yangtze River (Jinsha Jiang); also found in Sichuan and Shaanxi provinces.

23. *Papilio epycides* Hewitson, 1864

ssp. *curiatius* Fruhstorfer, 1902: confined to the valleys of the Nu Jiang and Dulong Jiang in N.W. Yunnan; also found in S. Xizang of China and N. Myanmar.
ssp. *yamabuki* (Yoshino, 2008): confined to the valleys of the upper Langcang Jiang and Jinsha Jiang.
ssp. *hypochra* Jordan, 1909: found in tropical low lands in S. Yunnan, such as Pu'er and Xishuangbanna; also found in N. Indochina.
ssp. *camilla* Rousseau-Decelle, 1947: found in S.E. Yunnan, such as Honghe and Wenshan prefectures; also found in Guangxi of China and N. Vietnam.

凡　例

【分类系统与理念】

本书分类系统是在参考 Miller（1987）、Smith 和 Vane-Wright（2001）、Racheli 和 Cotton（2009，2010）的基础上提出的。

本书分类阶元有科 family、亚科 subfamily、族 tribe、属 genus、种 species 和亚种 subspecies 6 个层次。种是本书的重点描述和阐述内容，其余分类阶元仅进行关键分类特征叙述。本书在综合国内外研究进展的基础上，对青凤蝶属 *Graphium* Scopoli, 1777 和凤蝶属 *Papilio* Linnaeus, 1758 进行了亚属划分，但由于亚属划分目前在蝴蝶研究领域尚存在较多争议，我们不深入分析各亚属的划分特征及相互关系，以期为凤蝶分类研究提供基础资料。

【地名】

本书文字部分地名按州市名称汉语拼音字母顺序排序。为便于理解和查找，避免重名地带来的误解，本书的标本采集地地名均先标注市县级名称，再辅以具体采集点地名，如“1♀，勐腊磨憨，2008-VIII-16，胡劭骥，[SJH]”表明该标本采自勐腊县磨憨镇。同时，由于云南地形复杂，尤其西部山区常常出现同一县域的较小空间内兼具深切河谷与高大山脉的地形变化，因此，为客观反映此类情况，部分采集地中还增加了山地、河谷的名称，如“3♂♂，中甸冲江河，1992-V-20，董大志，[KIZ]”表明这些标本采自中甸（现香格里拉）冲江河河谷区域。

【标本保藏者】

本书中所检视并引证的标本均指出其保藏者（含机构），保藏者名称以字母缩写表达、中括号“[ ]”引出，位于标本信息采集人之后。例如：“1♂，昆明西山，2013-V-15，胡劭骥，[SJH]”代表该标本由胡劭骥采集并保藏。表 1 为标本保藏者名称对照表（按姓氏或机构字母顺序排列）。

表 1　标本保藏者名称对照表（按姓氏或机构字母顺序排列）

Table 1　Abbreviations and full names in alphabetical order of keepers' surnames or facilities

缩写 Abbr.	标本保藏者全名 Full name of the specimen depositories
BFU	北京林业大学 Beijing Forestry University (Beijing, China)
NHM	英国自然历史博物馆 Natural History Museum (London, UK)
AMC	A. M. 科顿个人收藏 Private collection of A. M. Cotton (Chiang Mai, Thailand)
DLU	大理大学科学馆 Science Museum of Dali University (Dali, China)
KD	段匡个人收藏 Private collection of Kuang Duan (Kunming, China)
RHD	董瑞航个人收藏 Private collection of Rui-Hang Dong (Harbin, China)
SXG	葛思勋个人收藏 Private collection of Si-Xun Ge (Beijing, China)
HH	黄灏个人收藏 Private collection of Hao Huang (Qingdao, China)
SJH	胡劭骥个人收藏 Private collection of Shao-Ji Hu (Kunming, China)
ZHJ	蒋卓衡个人收藏 Private collection of Zhuo-Heng Jiang (Kunming, China)
KFBG	嘉道理农场暨植物园 Kadoorie Farm and Botanic Garden (Hong Kong, China)
KIZ	中国科学院昆明动物研究所 Kunming Institute of Zoology, CAS (Kunming, China)
KL	李凯个人收藏 Private collection of Kai Li (Beijing, China)
NNML	荷兰国家自然历史博物馆 National Natuurhistorisch Museum (Leiden, Netherlands)
WWM	毛巍伟个人收藏 Private collection of Wei-Wei Mao (Shanghai, China)
SFU	西南林业大学 Southwest Forestry University (Kunming, China)
SMNH	日本静冈市自然历史博物馆 Shizuoka Pref. Museum of Natural History (Shizuoka, Japan)

续表

缩写 Abbr.	标本保藏者全名 Full name of the specimen depositories
SNU	上海师范大学 Shanghai Normal University (Shanghai, China)
ZLS	申臻俐个人收藏 Private collection of Zhen-Li Shen (Kunming, China)
CMS	佘晨沐个人收藏 Private collection of Chen-Mu She (Zhejiang, China)
XTBG	中国科学院西双版纳热带植物园 Xishuangbanna Tropical Botanical Garden (Menglun, China)
YNU	云南大学 Yunnan University (Kunming, China)
YY	杨扬个人收藏 Private collection of Yang Yang (Beijing, China)
HHZ	张晖宏个人收藏 Private collection of Hui-Hong Zhang (Kunming, China)
XZ	张鑫个人收藏 Private collection of Xin Zhang (Kunming, China)
JQZ	朱建青个人收藏 Private collection of Jian-Qing Zhu (Shanghai, China)
ZFMK	A. König 动物博物馆 Zoologisches Forschungsmuseum A. König (Bonn, Germany)

【图版】

本书图版采用正、反面对照格式，正、反面各占一页。图版页抬头部分横线上为该版涉及的蝴蝶种名，外生殖器图版右上角标注标尺尺寸。所示标本均以两段式编号，其中前段数字对应该种在论述部分的编号，后段数字为区别同种不同标本之用，所有编号与图版下方文字说明中的编号对应。图版中蝶名和采集地均以拉丁文和英文标注，对应的中文位于图版下方文字中。

由于部分物种雌蝶野外遇见率极低，在本书编写阶段我们未能采集到满足图版出版要求的标本，也未能从国内标本馆藏中找到这些标本，故借用了周边省区或国家的同一亚种的标本展示，供读者参考。对于此类标本，图版中均已明确标出。

【检索表】

本书检索表仅针对云南省内分布的凤蝶属和物种的主要鉴别特征编制。

【翅脉及分区】

描述蝴蝶翅面形态、斑纹时所用的翅脉系统为康尼脉系（Comstock-Needham system）命名法，翅室以其上方的纵脉命名。

【♂外生殖器】

为直观、简明地表达♂外生殖器结构特征，本书中凤蝶♂外生殖器结构主要采用 Miller（1987）提出的命名法，但对于某些♂外生殖器结构特殊的属，则相应采纳作者认为便于理解的命名法。具体描述详见各科总述及各属的各论。

【尺寸】

本书中所有标本均以前翅长标注体型大小，而不使用易受展翅姿态影响的翅展长度，前翅长的定义为前翅基部至 R_2 脉端部的直线距离。

凤 蝶 科

PAPILIONIDAE LATREILLE, [1802]

Papilionides Latreille, [1802]; Hist. nat. Crustac. Ins., 3: 387; TG: *Papilio* Linnaeus, 1758.

【分类研究简史】

“凤蝶”是蝶类中最为人们所熟悉的一个类群。凤蝶作为一个分类概念，最早可追溯至1758年林奈（C. Linnaeus）的巨著 *Systema Naturae* 中提出的 *Papilio* 属。实际上，当时的 *Papilio* 属不仅包含今天的凤蝶，还包含了许多其他属乃至其他科的蝶类。此后，随着人类对自然探索的加深，*Papilio* 属所囊括的物种与日俱增，但有的也逐渐被移至其他科、属之下。

20 世纪初对凤蝶亚科类群划分的研究多保留了 *Papilio* 属的唯一性。Rothschild 和 Jordan（1906）将凤蝶亚科划分为 3 个类群，分别为 aristolochia swallowtails（马兜铃凤蝶群，即现今的裳凤蝶族 Troidini）、fluted swallowtails（笛凤蝶群，大约为现今的凤蝶族 Papilionini）和 kite swallowtails（燕尾凤蝶群，即现今的燕凤蝶族 Leptocircini）。Seitz（1907）则提出凤蝶属分为 3 个亚属，分别为 *Ornithoptera*（翅如鸟翼状者）、*Pharmacophagus*（取食马兜铃者）和 *Papilio*。Jordan（1908–1909）首次打破 *Papilio* 属的唯一性，提出 *Euryades* 属，为马兜铃凤蝶群的近缘。

20 世纪 20 年代进入了第一次凤蝶类群的重大划分时期。Bryk（1923–1930）先后提出将凤蝶分为 4 科，即宝凤蝶科 Baroniidae、绢蝶科 Parnassiidae、喙凤蝶科 Teinopalpidae 和凤蝶科 Papilionidae。除喙凤蝶科外，其余 3 科均被后人所采纳，但降为亚科。Ford（1944）将凤蝶亚科分为 5 个族，分别为透翅凤蝶族 Cressidini、裳凤蝶族 Troidini、青凤蝶族 Graphiini、凤蝶族 Papilionini 和喙凤蝶族 Teinopalpini。

此后，学术界对凤蝶的类群划分大致是基于上述，进行分合不断的调整。Talbot（1939）和 Ehrlich（1958）将 Ford（1944）的透翅凤蝶族和裳凤蝶族合并为 Troidini。Munroe（1961）在分析了大量雄性外生殖器结构的基础上提出凤蝶亚科应分为 3 个族，分别为燕凤蝶族 Leptocircini、裳凤蝶族 Troidini 和凤蝶族 Papilionini，并将喙凤蝶属 *Teinopalpus* 归入燕凤蝶族中。承袭上述理论，Hancock（1983）、五十嵐邁（1979）和 Igarashi（1984）均认同凤蝶亚科应分为燕凤蝶族、裳凤蝶族和凤蝶族，但 Hancock（1983）将喙凤蝶作为燕凤蝶族下的一个“亚族”看待。Miller（1987）结合雌雄外生殖器结构和支序分类法，又将喙凤蝶属提升为喙凤蝶族。由此可见，喙凤蝶属的系统地位及其包含的属是这一历史时期凤蝶分类的难题与争议焦点。Simonsen 等（2011）利用多个线粒体基因片段重新研究了凤蝶亚科的类群划分问题，结果支持喙凤蝶族单独成立，同时将先前归入燕凤蝶族的钩凤蝶属 *Meandrusa* 移至喙凤蝶族之下。Condamine 等（2018）利用线粒体基因组的最新研究作为更有力的证据，将钩凤蝶属置于凤蝶族中成为凤蝶属 *Papilio* 的姊妹群。

绢蝶类和锯凤蝶类的地位是凤蝶科的另一个争议焦点。Talbot（1939）和 Ford（1944）均认为它们应该成立 2 个独立的亚科，即绢蝶亚科 Parnassiinae 和锯凤蝶亚科 Zerynthiinae，但 Munroe（1961）及其后的学者均认为其仅应当作族来看待，即绢蝶族 Parnassiini 和锯凤蝶族 Zerynthiini。Hancock（1983）、五十嵐邁（1979）和 Igarashi（1984）分别运用系统进化关系和幼期形态特征来支持它们的单系性，但 Häuser（1993）和 de Jong 等（1996）则持不同观点。周尧（1994，1998）支持绢蝶类作为独立的科，而将锯凤蝶类作为亚科归入凤蝶科下。迄今，国际上对此二者的地位仍在寻找更多证据。

现今，国际上较为接受的类群划分是将凤蝶科 Papilionidae 分为 3 个亚科，即宝凤蝶亚科 Baroniinae、绢蝶亚科 Parnassiinae 和凤蝶亚科 Papilioninae。其中宝凤蝶亚科作为凤蝶科的祖先类群已被广泛认同，绢蝶亚科及其下分类问题仍有待进一步解决，凤蝶亚科之下的分类则更多地倾向于将具有共衍特征的类群归并为更加广义的阶元（如将剑凤蝶属 *Pazala* 作为青凤蝶

属 *Graphium* 的亚属等）。无论不同学者对凤蝶的类群划分持何种意见，凤蝶整体作为一个科级阶元及其自身的单系性确实得到了长期和普遍的认同。

【物种丰富度及其分布格局】

凤蝶是蝶类中物种数量相对较少的类群，据估算，全球凤蝶已知物种数为 550–600 种。凤蝶科整体而言为世界性分布，但限于北纬 40°至南纬 30°。热带（南北纬 10°之间）地区物种丰富度最高，占已知物种总数的 50%以上。宝凤蝶亚科和凤蝶亚科物种多为热带至亚热带分布，少数可分布至温带（如金凤蝶 *Papilio machaon*、旖凤蝶 *Iphiclides podalirius*），而绢蝶亚科的绝大多数物种分布于温带至寒温带，仅少数分布于亚热带（如多尾凤蝶 *Bhutanitis lidderdalii*）。

据武春生和徐堉峰（2017）统计，我国已知凤蝶科物种数约 130 种。地处热带至亚热带的台湾岛、华南、西南横断山区及其南缘地带、西藏南部雅鲁藏布江流域等区域物种丰富度较高。同时，喜马拉雅山脉、冈底斯山脉、唐古拉山脉、横断山区、天山、昆仑山等高大山系则成为我国绢蝶属的核心分布区。

云南是我国西南部重要的凤蝶物种丰富度中心，也是我国绢蝶属分布的南限所在。本书共记载凤蝶 85 种，约占我国已知凤蝶物种总数的 65%。云南的凤蝶物种构成由东南低海拔热区向西北高山区呈现出明显的地域变化特征，且西部丰富度高于东部。受低纬高原和纵向岭谷复杂自然环境的影响，云南是我国少数几个能在狭窄区域内分布多个亚种的省区之一；同时物种局地特有性突出，体现出极强的分化现象。

【主要形态特征】

凤蝶科物种数量不多，但不同物种的外部形态变化很大。有一种普遍观点认为后翅具有尾突是凤蝶科有别于其他蝶类的关键特征，但后翅尾突在很多凤蝶科的类群中并不存在，如宝凤蝶亚科 Baroniinae、绢蝶族 Parnassiini、锯凤蝶属 *Zerynthia*、花凤蝶属 *Allancastria*、曙凤蝶属 *Atrophaneura*、裳凤蝶属 *Troides*、红颈凤蝶属 *Trogonoptera*，以及部分广义青凤蝶属 *Graphium* (*sensu lato*)、广义凤蝶属 *Papilio* (*sensu lato*) 的物种。

能够支持凤蝶科作为一个单系群的关键特征仅有 2 个：①前翅 2A 脉与后缘分离，或仅接近而不达后缘；②幼虫前胸背板藏有 1 枚可外翻的二叉状器官，称为“臭角”（osmeterium），此器官在不同类群中的发达程度差异较大，幼虫受激时翻出的程度也极为不同，如凤蝶属 *Papilio* 和青凤蝶属 *Graphium* 物种的臭角较易翻出且较长，而绢蝶属 *Parnassius*、尾凤蝶属 *Bhutanitis* 和麝凤蝶属 *Byasa* 等类群则不易翻出，即便翻出也十分短小。

其他凤蝶科物种的共有形态特征还有：①颈片（cervical sclerites）在腹面中央相连，但该特征也存在于部分蛾类；②后翅仅 1 条臀脉（1A+2A），但较为原始的宝凤蝶亚科 Baroniinae 物种除外；③肘脉分为 4 支，但该特征也存在于袖粉蝶亚科 Dismorphiinae 物种中；④前足胫节具 1 枚突起，称为“胫突”（epiphysis），但该结构也至少存在于如弄蝶科 Hesperiidae 的部分类群中；⑤足的前跗节爪垫（pretasal aroliar pads）和褥盘（pulvilli）退化，但部分粉蝶和蛱蝶也有此特征（徐堉峰等，2018）。

绢蝶亚科

PARNASSIINAE DUPONCHEL, [1835]

Parnassiinae Duponchel, [1835]; Hist. nat. Lépid. Papillons Fr.: 380; TG: *Parnassius* Latreille, 1804.

多中、小型，稀大型，体多被密长毛。头较小；触角短，端部膨大；下唇须明显。胸侧和足密被鳞毛，爪多不对称。前翅 R 脉 4 条，R_3 脉与 R_2 脉合并，M_1 脉、R_5 脉和 R_4 脉共柄，A 脉 2 条，中室下缘无 Cu-v 脉；后翅或具尾突，A 脉仅 1 条。雄性外生殖器无上钩突（superuncus、pseuduncus），但阳茎高度骨化，雌性外生殖器交配孔（ostium）高度骨化，且交配后衍生形态各异的角质臀袋（sphragis）阻止再次交配。

本亚科多数物种共享以下特征：①爪不对称；②雄性外生殖器无上钩突，阳茎高度骨化；③雌性外生殖器交配孔高度骨化，交配后衍生臀袋。但日浦勇（1980）和 Häuser（1993）指出，上述 3 个特征不存在于云绢蝶属 *Hypermnestra* 中，提示绢蝶亚科并非一个单系。Yagi（1999）、Caterino 等（2001）、Nazari 等（2007）和 Michel（2008）运用分子生物学方法的独立研究也均发现绢蝶亚科并非单系。

幼虫寄主涵盖景天科 Crassulaceae、紫堇科 Fumariaceae、玄参科 Scrophulariaceae、马兜铃科 Aristolochiaceae 等。

绢蝶族 PARNASSIINI Duponchel, [1835]

Parnassiini Duponchel, [1835]; Hist. nat. Lépid. Papillons Fr.: 380; TG: *Parnassius* Latreille, 1804.

头小，触角短粗被密鳞，端部膨大但不上弯。翅形浑圆，前翅顶角钝，后翅决无尾突。无性二型。

绢蝶属 *Parnassius* Latreille, 1804

Parnassius Latreille, 1804; Nouv. Dict. Hist. nat., 24: 185, 199; TS: *Papilio apollo* Linnaeus, 1758.

本属全球已知约 50 种，我国分布 35 种，云南分布 7 种。

小型至中型种，体背黑褐色密被鳞毛，腹面黑褐色密被白色长毛。头小，复眼裸露，触角短粗被密鳞、端部膨大。翅形浑圆，缘毛较发达；前翅外缘微弧状；后翅外缘平滑；臀缘内凹，无尾突。无性二型，雌蝶交配后腹末衍生角质臀袋。

本属物种常见于海拔 3000 m 以上的高山，喜在林间空地、草甸或流石滩游荡飞行，多数物种飞行缓慢。两性均访花。幼虫取食景天科植物。

种检索表

1a. 后翅无蓝斑……2

1b. 后翅有蓝斑……3

2a. 个体较小，红斑清晰……依帕绢蝶 *Parnassius epaphus*

2b. 个体较小，红斑暗淡或模糊……西猴绢蝶 *Parnassius simo*

3a. 前翅 CuA_2 室黑斑无红心，个体大……君主绢蝶 *Parnassius imperator*

3b. 不如上述……4

4a. 后翅 2 枚红斑几等大……5

1. 依帕绢蝶

Parnassius epaphus **Oberthür, 1879**

Parnassius epaphus Oberthür, 1879; Ét. ent., 4: 23; TL: 'Tibet'.

【识别特征】

体型较小，翅灰白色，前翅中室端部红斑明显，外中带锯齿状；后翅具 2 枚镶黑边的红斑，亚外缘具灰色三角斑且绝无蓝斑；前后翅反面基部红斑发达。

【成虫形态】

雄蝶：前翅长 26–29 mm。前翅正面灰白色半透明，中室中部及端部各具 1 条灰色短横带，室端带外侧具 1 条长度与之相当、镶灰黑色边的红色短横带，CuA_2 室具 1 枚镶灰黑色边的红斑，外中区具 1 条灰色锯齿状横带，外缘灰色透明；反面斑纹同正面，但色泽较淡，红斑明显具白心。后翅正面灰白色半透明，臀区至中室下缘具浓重的黑色，R_1 室及 M_2 脉各具 1 枚镶黑边并具白色瞳点的圆形红斑，臀角具 1 枚镶黑边的长形红斑，亚外缘具灰黑色三角斑列，外缘灰色透明；反面臀区黑色区域中具淡红色斑，其余斑纹同正面，但色泽较淡，红斑明显具白心。

雌蝶：前翅长 26–30 mm，色泽斑纹同雄蝶，但翅面多散布灰黑色鳞。

♂外生殖器：整体骨化程度中等。爪形突基部宽、相互分离，末端尖锐而下弯；无颚形突，囊形突为骨环的平顺延伸而不突出。抱器瓣短窄，背腹缘皆平直，近端部生长毛丛；内突强角状，起于抱器瓣中部，端部明显超过抱器瓣末端，尖锐而向内和向下弯曲。阳茎基环“V”形；阳茎粗长，较平直，基部膨大，端部较锐。

♀外生殖器：肛突短圆，内缘具细刺，基部外侧骨化但不突出；后内骨突细长。交配孔小；孔后板为简单纵向隆起。交配囊长椭圆形，无囊突；囊导管中长，不骨化。

【亚种分布】

1a. 川滇亚种

Parnassius epaphus poeta **Oberthür, 1892**

Parnassius poeta Oberthür, 1892; Ét. ent., 16: 2–3, pl. 2, f. 9; TL: 'Tà-Tsien-Loû' [Kangding, W. Sichuan, China].

Parnassius epaphus var. *poeta* f. *vittata* Verity, 1907; Rhop. Pal.: 107, pl. 24, f. 16; TL: 'Tatsienlu' [Kangding, W. Sichuan, China]. [IFS]

Parnassius epaphus var. *poeta* ab. *nigerrima* Verity, 1907; Rhop. Pal.: 107, pl. 24, f. 20; TL: 'Sialu' [Wawu Shan, Tianquan, W. Sichuan, China]. [IFS]

Parnassius epaphus rafael Bryk, 1938; Parnassiana, 6(1/2): 4; TL: 'A-tun-tse' [Deqen, N.W. Yunnan, China].

本亚种分布于云南西北部高海拔山区。

迪庆州：1♀，德钦（A-tun-tse）（4500 m），1936-VII-11，H. Höne，[ZMFK]；1♂，德钦（A-tun-tse）（3000 m），1937-VI-27，H. Höne，[NNML]；1♂，德钦（A-tun-tse）（4500 m），1937-VIII-6，H. Höne，[NNML]。

2. 珍珠绢蝶 *Parnassius orleans* Oberthür, 1890

Parnassius orleans Oberthür, 1890; Descr. Esp. Nouv. Parnassius: 1; TL: 'entre Litang et Tâ-Tsien-Loû, au Thibet' [between Litang and Kangding, W. Sichuan, China].

【识别特征】

体型较小，前翅黑色横带浓重，中室端外侧横带所嵌红斑明显退化；后翅具 2 枚镶黑边的红斑，亚外缘具 2 或 3 枚镶黑边的蓝斑，臀角具镶黑边的红斑。

【成虫形态】

雄蝶：前翅长 25–31 mm。前翅正面蜡白色半透明，翅脉略呈灰黑色，翅基密布灰黑色鳞，中室中部及端部各具 1 条黑色短横带，室端带外侧具 1 条长度与之相当、镶灰黑色边的淡红色短横带，CuA_2 室具 1 枚镶灰黑色边的淡红色斑，其与前述短横带间常连有灰黑色鳞，外中区具 1 条不甚连贯、沿翅脉略向外扩展的灰色横带，外缘灰色透明；反面斑纹同正面，但色泽较淡。后翅正面蜡白色半透明，翅脉略呈灰黑色，臀区具浓重的黑色，R_1 室及 M_2 脉各具 1 枚镶黑边并具白色瞳点的圆形红斑，臀角具 1 枚镶黑边的长形红斑，亚外缘在 CuA_1 室至 M_2 室各具 1 枚镶黑边的蓝灰色斑，在 M_1 室至 R_1 室则为模糊的灰色斑，外缘灰色透明；反面臀区黑色区域中具淡红色斑，其余斑纹同正面，但色泽较淡。

雌蝶：前翅长 27–32 mm，色泽斑纹同雄蝶。

♂外生殖器：整体高度骨化。爪形突基部宽、相互分离，末端钝；颚形突角状，侧面观与爪形突共同构成张开的鸟喙状，囊形突较大。抱器瓣宽阔，腹缘平直，背缘基部强烈弓出后又深凹入，端部具 1 枚向背侧弯曲的大角，其背缘生长毛丛；抱器瓣背面观在端 1/3 处截平，继而向内折入形成端部大角，截平处生长毛丛。阳茎基环“V”形，基部及两臂末端均圆钝，两臂后缘具强度骨化的脊；阳茎细长，略向腹面弯曲，基部膨大，端部较锐、开口椭圆形。

♀外生殖器：肛突短圆，内缘具细刺，基部外侧骨化稍突出；后内骨突细长。交配孔椭圆形；孔后板端部隆起具少量皱褶。交配囊长椭圆形，无囊突；囊导管短，不骨化。

【个体变异】

翅面灰黑色斑纹、红斑、白色瞳点的发达程度及色泽均存在差异，后翅 M_2 室亚外缘斑在部分个体中退化。

【亚种分布】

2a. 指名亚种

Parnassius orleans orleans **Oberthür, 1890**

Parnassius orleans ephebus Bryk, 1938; Parnassiana, 6(1/2): 5; TL: ‘A-tun-tse’ [Deqen, N.W. Yunnan, China].

本亚种分布于云南西北部横断山区海拔 4000 m 以上的区域。

迪庆州：1♀，德钦白马雪山，1987-VI-21，董大志，[KIZ]；1♀，德钦白马雪山，1987-VII-1，董大志，[KIZ]；1♀，德钦白马雪山，1990-V-5，杨跃，[KIZ]；1♂，德钦白马雪山，1990-VI，杨跃，[KIZ]；8♂♂、2♀♀，香格里拉，1995-VI-20，何纪昌，[YNU]；1♂，德钦白马雪山（4000 m），2009-VI，杨扬，[YY]；1♂，香格里拉东坝（4200 m），2013-VI，杨扬，[YY]；1♀，德钦白马雪山（4500 m），2015-VI-5，杨扬，[YNU]；1♂，香格里拉东坝（4000 m），2015-VI-12，杨扬，[SJH]。

3. 君主绢蝶 *Parnassius imperator* Oberthür, 1883

Parnassius imperator Oberthür, 1883; Bull. Séanc. Soc. ent. Fr., (12): 109; TL: ‘Tât-sien-loû’ [Kangding, W. Sichuan, China].

【识别特征】

体型大，前翅黑色横带发达，决无红斑；后翅具 2 枚镶黑边的大红斑，臀角具 2 枚镶黑边的椭圆形蓝斑而无红斑。

【成虫形态】

雄蝶：前翅长 36–41 mm。前翅正面蜡白色，翅脉略呈灰色，翅基散布灰黑色鳞，中室中部、端部及其外侧各具 1 条黑色短横带，CuA_2 室具 1 枚黑色斑，外中区具 1 条在 M_1 脉处向内错位的灰黑色横带，外缘灰色透明；反面斑纹同正面，鳞片稀少、色泽极淡。后翅正面蜡白色，翅脉略呈灰色，臀区及中室下缘灰黑色，翅基具 1 枚镶黑边的小红斑，R_1 室及 M_2 脉各具 1 枚镶黑边、带白色瞳点的圆形红斑，亚外缘在 CuA_1 室、M_3 室各具 1 枚镶黑边的蓝灰色斑，在 M_2 室至 R_1 室常为波曲的灰色带；反面斑纹同正面，鳞片稀少、色泽极淡，臀区黑色区域中具淡红色斑。

雌蝶：前翅长 34–41 mm，色泽斑纹同雄蝶，但翅面散布的黑色鳞更多。

♂外生殖器：整体高度骨化。背兜发达；爪形突退化，自基部相互分离，尾突短，囊形突细长。抱器瓣长菱形，基部宽阔，背缘较平直，腹缘斜长，端部向内卷曲；内突大、长角状，始于抱器瓣基部，末端锐。阳茎基环小，掌状四裂，中部深裂、两侧浅裂；阳茎整体细而直，基部膨大，中部宽度均匀，末端钝。

♀外生殖器：肛突短，边缘被长毛丛，内缘具细刺，基部外侧骨化并突出；后内骨突细长。交配孔小；孔后板长方形隆起，端部平口状。交配囊小，长椭圆形；囊导管中长，不骨化。

【个体变异】

翅面灰黑色鳞、斑带的发达程度变化较大，部分个体色泽较黑，后翅两枚红斑间可出现灰黑色连线，M_2室、M_1室亚外缘斑在部分个体中扩大。

【亚种分布】

3a. 指名亚种

***Parnassius imperator imperator* Oberthür, 1883**

Parnassius imperator takashii Ohya, 1990; Illustr. Select. Ins. World, A (5): 72, pl. 32, f. 6–8; TL: 'Yurongshue-Shan' [Yulong Xueshan, Lijiang, N.W. Yunnan, China].

Tadumia imperator aino Bryk, 1932; Parnassiana, 2(1): 5; TL: 'Yunnan. A-tum-tzu, Breite 18°30′, Lange 98°50′, Mekong Valley' [Lancang Valley, Deqen, N.W. Yunnan, China].

P. imperator inaokai Sorimachi, 2010; Dino, 65: 4, pl. 11G; TL: 'Habaxueshan 4300–4500m, Yunnan, CHINA' [Haba Xueshan, Shangri-La, N.W. Yunnan, China].

本亚种分布于云南西部及西北部海拔3900 m以上的区域。

迪庆州：1♀，德钦白马雪山（4500 m），2015-V-5，杨扬，[YNU]；1♂，香格里拉东坝（4000 m），2015-VI-12，杨扬，[YNU]；1♂、1♀，香格里拉哈巴雪山（4000 m），2015-VI-15，杨扬，[YNU]；2♂♂、1♀，香格里拉哈巴雪山（4000 m），2016-V-29，杨扬，[YNU]。

丽江市：1♂，丽江阿西乡单纳村，1987-VII-31，采者不详，[KIZ]；2♂♂、1♀，玉龙雪山，1990-V-8–12，武田英之，[KIZ]；2♀♀，丽江，1990-V-12，采者不详，[KIZ]；2♀♀，玉龙雪山（4500 m），2018-V，杨杨，[YNU]。

4. 西猴绢蝶 *Parnassius simo* G. Gray, [1853]

Parnassius simo G. Gray, [1853]; Cat. Lepid. Ins. Coll. Br. Mus., 1: 76, pl. 12, f. 3–4; TL: 'Chinese Tartary' [the plateau between Kumaon and Kashmir].

【识别特征】

小型种，前翅中室外侧黑色横带嵌有模糊的红斑；后翅具2枚镶黑边的红斑，反面臀角具1或2枚镶黑边的红斑。

【成虫形态】

雄蝶：前翅长21–30 mm。前翅正面蜡白色微黄，翅脉灰色，翅基散布灰色鳞，中室中部及端部各具1条黑色短横带，室端带外侧自前缘至M_2脉具1条灰黑色短横带，CuA_2室具1枚黑色斑，其与前述短横带间常连有灰黑色鳞，外中区具1条外侧沿翅脉扩展的灰色横带，外缘灰色透明；反面斑纹同正面，鳞片稀少、色泽极淡。后翅正面蜡白色微黄，翅脉灰色，臀区及中室下缘灰黑色，R_1室及M_2脉各具1枚镶黑边的红斑，臀角黑色区域内具1枚长形红斑，外中区具1条灰色波带，外缘灰色；反面斑纹同正面，鳞片稀少、色泽极淡，臀区黑色区域内具淡红色斑。

雌蝶：前翅长21–29 mm，色泽斑纹同雄蝶，但翅面灰黑色鳞片更加密集。

♂外生殖器：整体高度骨化。背兜极发达，背面被毛，侧面观呈马鞍形，背面观呈鸭喙状；爪形突退化，尾突膜质具毛，囊形突饱满。抱器瓣近三角形，基部宽阔，背缘较平直，腹缘斜长略内凹，近端部具1枚尖角状内突，端部尖锐。阳茎基环"V"形，基部及两臂基1/3段窄细，两臂端2/3向内呈叶状扩展；阳茎强烈向腹面弯曲，基部膨大，中部宽度均匀，末端钝、开口长。

♀外生殖器：肛突短圆，内缘具细刺，基部外侧骨化但不突出；后内骨突细长。交配孔小；前后孔板均退化。交配囊大，椭圆形；囊导管细长，不骨化。

【个体变异】

翅面灰黑色鳞、斑带的发达程度变化较大，后翅各红斑在部分个体退化，R_1室及M_2脉红斑间可出现灰黑色连线。

【亚种分布】

4a. 白马亚种 *Parnassius simo biamanensis* Li, 1994

Parnassius simo biamanensis Li, 1994; J. Southw. Agric. Univ., 16(2): 101–102, f. 3–4; TL: 'Baima Mts., Deqin, NW. Yunnan, China' [Baima Xueshan, Deqen, N.W. Yunnan, China].

Parnassius biamanensis Li, 1994; J. Southw. Agric. Univ., 16(2): 101, f. 1–2; TL: 'Baima Mts., Deqin, NW. Yunnan, China' [Baima Xueshan, Deqen, N.W. Yunnan, China].

Parnassius simo yunnanensis Kawasaki, 1998; Wallace, 4(2): 40, f. C, pl. 2, f. 5–8; TL: 'Mt. Baima Xueshan, North Yunnan, China'. [JH of *Parnassius simo biamaensis* Li, 1994(Papillonidae)].

Parnassius simo wardi Mikami, 1998; Notes on Eurasian Insects, (2): 66, 82, pl. 15, f. 1–15; TL: 'Mt. Baima Xueshan

(28°19′N, 97°58′E), 4300–5000 m, [Hengduan Shan], SE. Deqen, N. Yunnan' [Baima Xueshan, Deqen, N.W. Yunnan, China].

本亚种个体较小，翅面黑色斑纹发达，雌蝶常整体黑化，与其余亚种区别明显。分布于云南西北部横断山区海拔 4000 m 以上的白马雪山山地。

迪庆州：1♂（“ssp. *biamanensis*”的正模），德钦白马雪山，1989-VII，沈发荣，[KIZ]；1♂（“ssp. *biamanensis*”的副模），德钦白马雪山，1990-VII，杨跃，[KIZ]；1♂，德钦白马雪山，1990-VII，杨跃，[KIZ]；1♀（“*P. biamanensis*”的正模），德钦白马雪山，1990-VII，杨大荣，[KIZ]；5♂♂，德钦白马雪山 144 山脚，1994-VI-6，董大志，[KIZ]；2♂♂、1♀，德钦白马雪山，1995-VI，何纪昌，[YNU]；2♂♂、1♀，德钦白马雪山（4600 m），1998-VI-26，A. Gorodinski，[AMC]；1♀，德钦白马雪山（4000 m），2014-V，杨扬，[YY]；1♂、1♀，德钦白马雪山垭口（4000 m），2014-V，杨扬，[YY]；1♂、1♀，德钦白马雪山（4500 m），2015-VI-2，杨扬，[SJH]。

5. 爱珂绢蝶 *Parnassius acco* G. Gray, [1853]

Parnassius acco G. Gray, [1853]; Cat. Lepid. Ins. Coll. Br. Mus., 1: 76, pl. 12, f. 5–6; TL: 'Chinese Tartary' [the plateau between Kumaon and Kashmir].

【识别特征】

中型种，前翅中室外侧黑色横带嵌有模糊的红斑，亚外缘呈花格状；后翅具 3 枚镶黑边的红斑，亚外缘或有镶黑边的蓝色三角斑，反面臀角具镶黑边的条形红斑。

【成虫形态】

雄蝶：前翅长 28–33 mm。前翅正面蜡白色半透明，翅脉略呈灰黑色，翅基密布灰黑色鳞，中室中部及端部各具 1 条黑色短横带，室端带外侧具 2 枚镶黑边的红斑，CuA_2 室具 1 枚镶灰黑色边的淡红色斑，其与前述红斑间散布稀疏的灰黑色鳞，外中区具 1 条在 R_4 脉至 M_2 脉间向外错位、不甚连贯的灰黑色横带，外缘灰色透明；反面斑纹同正面，鳞片稀少、色泽极淡，呈油纸状。后翅正面蜡白色半透明，翅脉略呈灰黑色，臀区及中室下缘具浓重的黑色，R_1 室及 M_2 脉各具 1 枚镶黑边的圆形红斑，其间常具灰黑色连线，亚外缘在 CuA_1 室至 M_1 室各具 1 枚镶黑边的蓝灰色斑，在 R_5 室至 R_1 室则为模糊的灰色斑，外缘灰色透明；反面斑纹同正面，鳞片稀少、色泽极淡，呈油纸状，臀区黑色区域中具淡红色斑。

雌蝶：前翅长 30–31 mm，斑纹似雄蝶，但翅面黑鳞减少，红斑明显。

♂外生殖器：整体高度骨化。背兜退化前倾，爪形突向下弯曲紧贴背兜后部，基部远离，末端尖锐；尾突略骨化、具毛，囊形突窄小。抱器瓣宽阔，外表面布满颗粒状突起；基部宽阔、末端截平稍窄，整体呈梯形，腹缘平直或微凹，背缘微弧形，生长毛丛；内突发达呈长角状，背缘与腹缘生密毛，内侧列生锯齿状突起。阳茎基环“V”形，两臂宽度均匀，内缘列生长毛丛；阳茎较短，略向背侧弯曲，基 1/3 段明显宽于其余部分，末端尖锐、开口狭长。

♀外生殖器：肛突短圆，内缘具细刺，基部外侧骨化略突出；后内骨突细长。交配孔小；孔后板椭圆形深凹。交配囊短小，无囊突；囊导管中长，不骨化。

【个体变异】

翅面灰黑色斑纹、红斑、白色瞳点的发达程度及色泽均存在差异，翅面散布灰黑色鳞的数量也具有一定差异，后翅两枚红斑间灰黑色连线发达程度不一，M_2 室、M_1 室亚外缘斑在部分个体中退化为波曲的灰黑色带。

【亚种分布】

5a. 川滇亚种 *Parnassius acco bubo* (Bryk, 1938)

Tadumia przewalskii bubo Bryk, 1938; Parnassiana, 6(1/2): 2; TL: 'A-tun-tse' [Deqen, N.W. Yunnan, China].

Parnassius baileyi renzinensis Li, 1994; J. Southw. Agric. Univ., 16(2): 102, f. 5–6; TL: 'Renzi Mts., Deqin, NW. Yunnan, China'.

本亚种翅面大部分区域密布灰黑色鳞片，雄蝶尤其明显，易与其他亚种区分。分布于西北部横断山区海拔 4500 m 以上的白马雪山、人支雪山、甲午雪山等区域。

迪庆州：1♂、1♀，德钦人支雪山（4500 m），1987-VI-5–7，董大志，[KIZ]；1♂（“*P. baileyi renzinensis*”的副模），德钦人支雪山，1989-VI-10，杨跃，[KIZ]；

1♂，德钦人支雪山，1989-VI-10，鲁自，[KIZ]；1♂（"*P. baileyi renzinensis*"的正模），德钦人支雪山，1989-VI-15，沈发荣，[KIZ]；1♂、1♀，德钦人支雪山，1989-VI-15–25，沈发荣，[KIZ]；1♂，德钦人支雪山，1990-VI-20，鲁自，[KIZ]；1♂，德钦人支雪山，1990-VI-27，何纪昌，[YNU]；1♂，德钦白马雪山，1990-VII-3，杨忠龙，[KIZ]；1♂（"*P. baileyi renzinensis*"的副模），德钦人支雪山（4500 m），1991-VI-4，杨跃，[KIZ]；1♂，德钦白马雪山（4500 m），1991-VI-6，杨跃，[KIZ]；1♀，德钦人支雪山，1995-VI-22，杨大荣，[YNU]；2♂♂、1♀，德钦白马雪山，1996-VII-10，何纪昌，[YNU]；4♂♂、1♀，香格里拉，1998-VII-6–9，何纪昌，[YNU]。

6. 元首绢蝶

***Parnassius cephalus* Grum-Grshimaïlo, 1891**

Parnassius cephalus Grum-Grshimaïlo, 1891; Horae Soc. ent. Ross., 25(3–4): 446; TL: 'In regione alpine Amdo dicta, in montibus ad Sinin detectus' [Xining, Qinghai, China].

【识别特征】

中型种，前翅中室外侧黑色横带内红斑有或无；后翅具2枚镶黑边的红斑，亚外缘具2–4枚镶黑边的蓝斑，反面臀角及基部无红斑。

【成虫形态】

雄蝶：前翅长29–36 mm。前翅正面蜡白色微黄，翅脉灰黑色，翅基散布灰黑色鳞，中室中部及端部各具1条黑色短横带，室端带外侧具2枚镶黑边的红斑，CuA_2室具1枚镶灰黑色边的淡红色斑，其与前述红斑间散布稀疏的灰黑色鳞，外中区具1条在M_1脉处向内错位的灰黑色横带，外缘灰色；反面斑纹同正面，鳞片稀少、呈油纸状、略染砖红色。后翅正面蜡白色微黄，翅脉略呈灰黑色，臀区及中室下缘具浓重的黑色，R_1室及M_2脉各具1枚镶黑边、带白色瞳点的圆形红斑，其间常具灰黑色连线，亚外缘在CuA_1室至M_1室各具1枚镶黑边的蓝灰色斑，在R_5室至R_1室则为模糊的灰色斑，外缘灰色；反面斑纹同正面，鳞片稀少、呈油纸状、略染砖红色，臀区黑色区域中具淡红色斑。

雌蝶：前翅长32–35 mm，斑纹同雄蝶，但翅面密布黑色鳞使色泽灰暗，后翅红斑更发达鲜艳。

♂外生殖器：整体高度骨化。背兜退化，爪形突粗壮，向后伸出，基部宽阔，向后渐窄且相互平行，末端钝；尾突骨化，囊形突窄小。抱器瓣宽圆，外表面布满颗粒状突起；基部宽阔，末端大部平滑但与腹缘交界处具1枚突起，整体呈宽梯形，腹缘及背缘均呈弧形，背缘生长毛丛；内突发达呈长角状，背缘与腹缘生密毛，内侧列生锯齿状突起。阳茎基环长条形，中部膜质、两侧骨化，基部较宽，端部深凹、具毛且骨化程度加强；阳茎短而直，略向背侧弯曲，基部1/3段明显膨大，末端尖锐、开口狭长。

♀外生殖器：肛突短圆，内缘具细刺，基部外侧骨化并突出；后内骨突细。交配孔小；孔后板马蹄形深凹。交配囊椭圆形，无囊突；囊导管中长，中度骨化。

【个体变异】

前翅中室端部外侧红斑在部分个体变为黑色，后翅两枚红斑间灰黑色连线在部分个体消失，M_2室、M_1室亚外缘斑在部分个体中退化为波曲的灰黑色带。

【亚种分布】

6a. 白马亚种

***Parnassius cephalus paimaensis* Yoshino, 1997**

Parnassius cepharus [sic] *paimaensis* Yoshino, 1997; Neo Lepidoptera, 2(1): 1, f. 1–4; TL: 'Mt. Baimashueshan, North of Yunnan Prov., China' [Baima Xueshan, Deqen, N.W. Yunnan, China].

本亚种个体较大，翅底色较深；性二型不甚明显。分布于云南西北部海拔4000 m以上的白马雪山及其邻近支脉。

迪庆州：2♂♂，德钦白马雪山（4600 m），2000-VI-28，A. Gorodinski，[AMC]；1♂、3♀♀，德钦白马雪山（4300–5000 m），2013-VI-1–10，杨扬，[AMC]；1♂、1♀，德钦白马雪山（4400 m），2014-VI-1，杨扬，[SJH]。

6b. 川滇亚种

***Parnassius cephalus elwesi* Leech, 1893**

Parnassius delphius var. *elwesi* Leech, 1893; Entomologist,

26(Suppl.): 104; TL: 'How-Kow, Thibet···from the high plateau to the north of Ta-chien-lu' [Hekou, Yajiang, north of Kangding, W. Sichuan, China].

本亚种个体较前亚种小，底色较浅，外中带黑色沿翅脉向外浸润；后翅红斑圆形或近菱形。分布于西北部海拔 4000 m 以上的天宝雪山及其邻近山地。

迪庆州：1♂、1♀，香格里拉天宝山（4600 m），2014-VI-3，杨扬，[SJH]；1♂、1♀，香格里拉浪都（4500 m），2014-VI-5，杨扬，[SJH]；1♂、1♀，香格里拉东坝（4400 m），2014-VI-8，杨扬，[SJH]；2♂♂、1♀，香格里拉东坝（4000 m），2015-VI-12，杨扬，[SJH]。

6c. 哈巴亚种

Parnassius cephalus haba Hu & Cotton, 2023

Parnassius cephalus haba Hu & Cotton, 2023; Zootaxa, 5362(1): 11; TL: 'Haba Xueshan, Zhongdian, Diqing, Yunnan, China'.

本亚种个体最大，前后翅黑色斑十分发达，外中带黑色沿翅脉向外浸润；后翅红斑大；雌蝶底色灰黑。分布于哈巴雪山海拔 3800–4600 m。

迪庆州：1♂、1♀，香格里拉哈巴雪山（4200 m），2015-VI-1–5，杨扬，[AMC]；1♂（正模），香格里拉哈巴雪山（4500 m），2015-VI-15，杨扬，[KIZ]；1♀（副模），采集信息同正模，[SJH]；1♂、1♀，香格里拉哈巴雪山（4200 m），2016-V，杨扬，[AMC]；4♂♂、4♀♀（副模），香格里拉哈巴雪山（4500 m），2016-V-29，杨扬，[SJH]。

6d. 玉龙亚种

Parnassius cephalus takenakai Koiwaya, 1993

Parnassius cephalus takenakai Koiwaya, 1993; Studies Chin. Butt., 2: 89, f. 164–165, 292–293; TL: 'Yulong Xueshan, N. Yunnan' [Yulong Xueshan, Lijiang, N.W. Yunnan, China].

本亚种个体较小，前翅黑色带发达清晰，外中带黑色沿翅脉向外浸润；后翅红斑略呈方形，较少呈圆形，可与其他亚种区分。分布于玉龙雪山海拔 3800–4600 m。

丽江市：17♂♂、3♀♀，玉龙雪山（3800–4000 m），1997-IV-5，和寿星，[KIZ]；2♂♂、2♀♀，玉龙雪山（4500 m），2017-V-1–10，杨扬，[SJH]；1♀，玉龙雪山（4500 m），2017-VI-1–10，杨扬，[SJH]；2♂♂，玉龙雪山（4500 m），2018-V-1–10，杨扬，[SJH]；2♂♂、2♀♀，玉龙雪山（4500 m），2018-VI-1–10，杨扬，[SJH]。

7. 四川绢蝶 *Parnassius szechenyii* Frivaldszky, 1886

Parnassius széchenyii Frivaldszky, 1886; Termész. Füz., 10(1): 39, tab. IV, f. 1, 1a; TL: 'In Tibet ad lacum Kuku-noor detectus' [Qinghai Lake, Qinghai, China].

【识别特征】

体型较小，翅蜡黄色，前翅中室外侧黑色横带内红斑发达；后翅具 2 枚镶黑边的橙色斑，臀角具 2 枚镶黑边的蓝斑，反面臀角及基部无红斑。

【成虫形态】

雄蝶：前翅长 30–32 mm。前翅正面蜡黄色半透明，翅脉略呈灰色，翅基部密布灰黑色鳞，中室中部及端部各具 1 条黑色短横带，室端带外侧具 2 枚镶黑边的红斑，CuA_2 室具 1 枚镶灰黑色边的淡红色斑，其与前述短横带间散布灰黑色鳞，外中区具 1 条在 M_2 脉处向内错位、外侧镶黑边的不甚连贯的灰色横带，外缘灰色透明；反面斑纹同正面，鳞片稀少、色泽极淡、呈油纸状。后翅正面蜡黄色半透明，臀区及中室下缘具浓重的黑色，R_1 室及 M_2 脉各具 1 枚镶黑边并具白色瞳点的圆形红斑，亚外缘在 CuA_1 室至 M_1 室各具 1 枚镶黑边的蓝灰色斑，在 R_5 室至 R_1 室则为模糊的灰黑色带，外缘略呈灰色；反面斑纹同正面，鳞片稀少、色泽极淡、呈油纸状。

雌蝶：前翅长 27–37 mm，色泽斑纹同雄蝶。

♂外生殖器：整体高度骨化。背兜退化，爪形突粗壮、向后伸出呈鸟头状；尾突膜质，囊形突窄小。抱器瓣宽圆略呈心形，末端尖出，腹缘及背缘均呈弧形，背缘生长毛丛；内突发达呈长角状，背缘与腹缘生密毛，端部内侧具齿。阳茎基环深"V"形，内缘列生长毛丛；阳茎短而直，略向背侧弯曲，基 1/3 段明显膨大，末端尖锐、开口狭长。

♀外生殖器：肛突短圆，内缘具细刺，基部外侧骨化并突出；后内骨突细长。交配孔小；孔后板盾形深凹。交配囊椭圆形，无囊突；囊导管几与交配囊等粗，不骨化。

【个体变异】

翅面灰黑色斑纹、红斑、白色瞳点的发达程度及色泽均存在差异，后翅两枚红斑间可出现灰黑色连线，M_2 室、M_1 室亚外缘斑在部分个体中退化为波曲的灰黑色带。

【亚种分布】

7a. 康定亚种

***Parnassius szechenyii germanae* Austaut, 1906**

Parnassius szechenyi [sic] v. *germanae* Austaut, 1906; ent. Z., 20(10): 66; TL: 'dans les alpes du nord de Ta-tsin-lou' [Mountains north of Kangding, W. Sichuan, China].

Koramius széchenyii subsp. *elvi* Bryk, 1938; Parnassiana, 6(1/2): 3; TL: 'A-tun-tse (N.-Yunnan)' [Deqen, N.W. Yunnan, China].

本亚种前翅黑色斑发达，散布黑色鳞较多，室端红斑较大；后翅亚外缘带退化。分布于云南西北部横断山区海拔 4200 m 以上的区域。

迪庆州：1♂，德钦（A-tun-tse）（4000 m），1936-VII-4，H. Höne，[ZFMK]。

锯凤蝶族 SERICININI Chapman, 1895

Sericinini Chapman, 1895; Ent. Rec. 6(7): 151; TG: *Sericinus* Westwood, 1851.

Zerynthiini Grote, 1898; Natural Science, 12(72): 94; TG: *Zerynthia* Ochsenheimer, 1816.

头小，复眼或被毛；触角短，被鳞，腹面或呈锯齿状，端部膨大而上弯。前翅三角形、顶角明显，后翅外缘为深浅不一的齿状，多数物种至少具 1 条尾突。性二型不显著。

尾凤蝶属 *Bhutanitis* Atkinson, 1873

Bhutanitis Atkinson, 1873; Proc. Zool. Soc. Lond., 1873(2): 570, pl. 50; TS: *Bhutanitis lidderdalii* Atkinson, 1873.

Armandia Blanchard, 1871; C. R. Hebd. Séanc. Acad. Sci., 72(25): 809, nota 3 [JH of *Armandia* de Filippi, 1862(Opheliidae)]; TS: *Armandia thaidina* Blanchard, 1871.

Yunnanopapilio Hiura, 1980; Bull. Osaka Mus. nat. Hist., 33: 71, 80; TS: *Armandia mansfieldi* Riley, 1939.

Sinonitis Lee, 1986; Yadoriga, 126: 21. [NN]

Yunnanitis Lee, 1986; Yadoriga, 126: 21. [NN]

Bhutantanitis Li, 1987; J. Southw. Agric. Univ., 9(4): 390. [ISS]

Bhutannitis Li, 1994; J. Southw. Agric. Univ., 16(2): 102. [ISS]

本属全球已知 4 种，我国分布 3 种，云南分布 3 种。

中型至大型种，体背黑色被疏毛，腹面黑色密被黄色鳞毛。头小，复眼裸露或被毛，触角短、末端膨大不明显。翅形狭长；前翅外缘平直或微弧形；后翅外缘波齿状，具 2 或 3 枚剑状或指状尾突。无性二型。

♂外生殖器整体中度骨化，骨环粗壮；囊形突细长，端部稍膨大；爪形突二叉状，细长尖锐；尾突小，呈乳头状并具毛。抱器瓣中部具缢痕，端半部中段膨大而后变窄，端部尖锐，无内突，外侧密生刚毛丛。阳茎高度骨化，细长，末端尖锐。

本属物种常见于高海拔山地，飞行缓慢，雄蝶常在开阔地上空盘旋，雌蝶多见于寄主及蜜源附近。两性均访花，偶见雄蝶吸水。幼虫取食马兜铃属 *Aristolochia* 植物。

种检索表

1a. 翅十分窄长，前翅长椭圆形，翅面横带近白色、很细，后翅最长尾突剑状，臀角红斑大、色深 .... 多尾凤蝶 *Bhutanitis lidderdalii*

1b. 不如上述，翅形正常，前翅三角形 2

2a. 触角光滑，翅面黄色横带窄，后翅最长尾突棍棒状 .... 三尾凤蝶 *Bhutanitis thaidina*

2b. 触角锯齿状，翅面黄色横带宽，后翅最长尾突匙状 .... 二尾凤蝶 *Bhutanitis mansfieldi*

8. 多尾凤蝶 *Bhutanitis lidderdalii* Atkinson, 1873

Bhutanitis lidderdalii Atkinson, 1873; Proc. Zool. Soc. Lond., 1873(2): 570, pl. 50; TL: 'near Buxa in the Bhutan Himalayas'.

Armandia lidderdalei Fruhstorfer, 1909; Gross-Schmett. Erde, 9: 109. [ISS]

Armandia lidderdahli Bryk, 1912; Jb. Nass. Ver. nat., 65: 5. [ISS]

Bhutanitis lidderdolii Li, 1987; J. Southw. Agric. Univ., 9(4): 390. [ISS]

Bhutanitis lidderdailii Li, 1994; J. Southw. Agric. Univ., 16(2): 105. [ISS]

【识别特征】

大型种，前翅长椭圆形，后翅窄长，尾突 4 枚，体翅黑褐色，前翅具波曲的黄白色细线；后翅布有黄白色网纹，臀角具大红斑，其下方具 3 枚蓝白色斑。

【成虫形态】

雄蝶：前翅长 50–60 mm。前翅正面黑褐色，自前缘发出 8 条波曲的黄白色细横线，其中第 1、2 条分别延伸至后缘，第 4、5 条于 M_3 脉处汇合后共柄延伸至 CuA_1 脉与第 3 条汇合延伸至后缘，第 6、7 条在 M_2 脉处汇合延伸至后缘，第 8 条独立贯穿；反面斑纹同正面，鳞片稀少、色泽淡。后翅 M_1 脉端具 1 枚很短的尾突，CuA_1 脉至 M_2 脉端具 3 枚由短及长的剑状尾突，正面黑褐色饰有网状黄白色纹，臀角处具 1 枚猩红色大斑，其下方的黑色大斑上有 3 枚蓝白色斑，外缘各翅室具黄色至橙色斑；反面斑纹同正面，色泽较淡，但黄白色纹较密、外缘橙色斑明显。

雌蝶：前翅长 54–65 mm。斑纹同雄蝶。

♂外生殖器：大部分中度骨化。背兜退化，爪形突长，自基部分为平行的二叉、略波曲，末端尖锐；囊形突长，末端膨大，基部与骨环连接处骨化程度较高。抱器瓣大致呈菱形，基半部光滑，中部具 1 条缢痕，其后向端部变窄，背缘及腹缘端半部密生长毛，末端较尖并微向内钩曲。阳茎基环片状，三角形，两侧缘略向前端反折；阳茎细长笔直，基部稍宽，骨化程度较弱，其余部分高度骨化，末端尖锐、开口狭长。

♀外生殖器：肛突长圆，边缘平滑，内缘具细刺，基部外侧骨化但不突出；后内骨突细弱。交配孔窄小；前孔后板紧密联合，其中孔前板简单骨化，孔后板纵向隆起并靠近。交配囊长椭圆形，无囊突；囊导管中等长度，与交配囊连接处有少量皱褶，轻度骨化。

【个体变异】

翅面黄白色纹的色泽、清晰程度及后翅红斑大小、色泽具有个体差异。

【亚种分布】

8a. 滇缅亚种

Bhutanitis lidderdalii spinosa (Stichel, 1907)

Armandia lidderdalii spinosa Stichel, 1907; Gen. Ins., 59: 17, pl. 2, f. 11; TL: 'West-China: Szetschwan' [probably from the juncture between W. Sichuan and N.W. Yunnan].

Armandia lidderdalii ochracea Tytler, 1939; J. Bomb. nat. Hist. Soc., 41: 240; TL: 'Putao and Sadon, E.-E. Burma'.

Bhutanitis lidderdalii spinsa Li, 1987; J. Southw. Agric. Univ., 9(4): 390. [ISS]

Bhutanitis lidderdalii yingjiangi Li, 1987; J. Southw. Agric. Univ., 9(4): 390, f. 1–2; TL: 'Xima, Yinjiang, W. Yunnan, China'.

Bhutanitis lidderdalii yingjiang Li, 1987; J. Southw. Agric. Univ., 9(4): 391. [IOS]

Bhutanitis lidderdalii spionsa Li, 1987; J. Southw. Agric. Univ., 9(4): 391. [ISS]

Bhutanitis jiayinae Hou, 1992; abstract #71, Proc. XIX Int. Cong. ent.: 47; TL: 'Hengduan Mountains, Southwest China'. [NN]

Bhutanitis jiayinae zhongdianensis Hou, 1992; abstract #71, Proc. XIX Int. Cong. ent.: 47; TL: 'Hengduan Mountains, Southwest China'. [NN]

Bhutanitis lidderdalii yingjianginensis Li, 1994; J. Southw. Agric. Univ., 16(2): 102. [ISS]

Bhutanitis lidderdalii yigjianginensis Li, 1994; J. Southw. Agric. Univ., 16(2): 102. [ISS]

Bhutanitis lidderdalii ailaonensis Li, 1994; J. Southw. Agric. Univ., 16(2): 102, f. 9–10; TL: 'Xujia Ba, Jingdong, Yunnan, China'.

本亚种分布于哀牢山及其西部山区海拔 2400 m 以上的山地阔叶林，分布区多与山脉走向重叠。

保山市：2♂♂，腾冲高黎贡山，2015-X-3（羽化），董志巍，[YNU]。

德宏州：1♂（"ssp. *yingjiangi*" 的正模），盈江昔

马，1981-X-5，李昌廉，[KIZ]；1♀，盈江（2300 m），2014-IX-24，当地采者，[BFU]。

临沧市：1♂，云县大丙山（2400 m），2013-IX-3，熊紫春，[SNU]。

怒江州：1♂，福贡高黎贡山，2012-VIII-19，当地采者，[YNU]。

普洱市：1♂（"ssp. *ailaonensis*"的正模），景东徐家坝（2600 m），1990-VIII-20，梁醒财，[KIZ]。

玉溪市：1♂，新平哀牢山金山垭口（2430 m），2009-VIII-31，朱笑愚，[YNU]。

9. 三尾凤蝶 *Bhutanitis thaidina* (Blanchard, 1871)

Armandia thaïdina Blanchard, 1871; C. R. Hebd. Séanc. Acad. Sci., 72(25): 809, nota 3; TL: 'Mou-pin' [Baoxing, W. Sichuan, China].

【识别特征】

中型种，前翅三角形，后翅尾突 3 枚，体翅黑褐色，前翅具波曲的黄线；后翅布有黄色网纹，臀角具窄红斑，其下方具 3 枚蓝白色斑。

【成虫形态】

雄蝶：前翅长 44–47 mm。前翅正面褐色，自前缘发出 8 条波曲的淡黄色横带，其中第 1、2 条分别延伸至后缘，第 4、5 条于 M_3 脉处汇合后共柄延伸至 CuA_1 脉与第 3 条汇合延伸至后缘，第 6、7 条在 M_2 脉处汇合延伸至后缘，第 8 条独立贯穿；反面斑纹同正面，色泽淡，略呈油纸状，第 8 条横带外侧翅脉及脉间具淡黄色纵纹。后翅 CuA_1 脉至 M_2 脉端具 3 枚由长及短的指状尾突，正面褐色饰有网状淡黄色纹，臀角处具 1 枚鲜红色长形斑，其下方有 3 枚蓝白色斑，外缘各翅室具黄色至橙色斑；反面斑纹同正面，色泽较淡，略呈油纸状，但淡黄色纹较密。

雌蝶：前翅长 43–49 mm。斑纹同雄蝶，但翅色更显棕色，黄色纹变细但颜色较深，后翅红斑色泽暗淡。

♂外生殖器：整体骨化程度较高。背兜退化，爪形突长，基部大部分膜质化，仅余与骨环连接处骨化，爪形突分为平行的二叉，基部宽阔生有长毛、末端尖锐；囊形突细长，末端膨大不明显。抱器瓣大致呈菱形，基半部光滑，中部具 1 条缢痕，其后向端部变窄，背缘及腹缘端半部密生长毛，末端截钝并微向内钩曲。阳茎基环基部尖、骨化程度弱，端部近圆形但中央凹入、骨化程度高，中部具 1 条纵沟，使两侧缘向前端反折为立体结构；阳茎细长笔直，整体骨化程度较高，基部稍宽，末端尖锐、开口狭长。

♀外生殖器：肛突短圆，端部钝圆，边缘平滑，内缘具细刺，基部外侧骨化突出；后内骨突细，基部稍膨大。交配孔窄小；前孔后板紧密联合，其中孔前板中度骨化，孔后板纵向隆起并分离。交配囊椭圆形，无囊突；囊导管略细长，与交配囊连接处有少量皱褶，高度骨化。

【个体变异】

翅面黄色纹的宽度、形态及后翅红斑大小具有个体差异；部分个体前翅第 2 条黄色斜带近后缘向外弯曲，与第 4 条相接触。

【亚种分布】

9a. 云南亚种 *Bhutanitis thaidina höenei* Bryk, 1938

Bhutanitis thaidina hönei Bryk, 1938; Parnassiana, 5(7/8): 50–51, f. 1; TL: 'Likiang, Prov. Nord-Yunnan' [Lijiang, N. Yunnan, China].

Bhutanitis thaidina dongchuanensis Lee, 1985; Entomotaxonomia, 7: 191, 195, f. 3–4; TL: 'Luoxue, Dongchuan, N.E. Yunnan, China'.

Bhutanitis thaidina domgchuanensis Morita, 1992; Apollo, 1: 1. [ISS]

Bhutanitis thaidina dongchanensis Hou, 1992; abstract #71, Proc. XIX Int. Cong. ent.: 47. [ISS]

Bhutanitis thaidina trimaculatus Hou, 1992; abstract #71, Proc. XIX Int. Cong. ent.: 47; TL:'Hengduan Mountains, Southwest China'.[NN]

Bhutanitis yulongensis Chou, 1992; Entomotaxonomia, 14: 50, f. 4, 8, pl. f. 5; TL: 'Yulong Mountain, Lijiang, N.W. Yunnan, China'.

Bhutanitis thaidina chongjiangnensis Li, 1994; J. Southw. Agric. Univ., 16: 102, f. 7–8; TL: 'Chongjiang River Valley, Zhongdian, N.W. Yunnan, China'.

Sinonitis thaidina dongchuanedsis Lee, 1995; Yunnan Butterflies: 57. [ISS]

本亚种个体较大，后翅 M_2 脉的尾突长且相对笔直，翅面黄色横带及红斑发达程度具有一定变异幅度，其中云南西部个体较艳丽。分布于云南西部、西北部及东北部山地。

大理州：14♂♂、2♀♀，鹤庆，2005-IV-23，刘家柱，[SFU]。

迪庆州：1♂（“ssp. *chongjiangnensis*”的副模），香格里拉冲江河（2400 m），1992-V-20，辉宏，[KIZ]；2♂♂（“ssp. *chongjiangnensis*”的正、副模），香格里拉冲江河（2400 m），1992-V-23，董大志，[KIZ]；2♂，香格里拉土官村（2600 m），2009-VI-14，朱建青，[SNU]；1♀，维西巴迪，2019-VI-19，张晖宏，[YNU]。

昆明市：2♂♂，东川森林公园（1800–2000 m），2015-V-20，李跃升，[YNU]。

丽江市：1♂、1♀，玉龙新尚（2660 m），2015-IV-25–26，张晖宏、赵健，[SFU]；4♂♂、8♀♀，玉龙新尚（2660 m），2015-V-7–17，赵健，[SFU]。

昭通市：1♂，永善小岩方（1700 m），2019-V-28，张晖宏，[YNU]。

10. 二尾凤蝶 *Bhutanitis mansfieldi* (Riley, 1939)

Armandia mansfieldi Riley, 1939; Entomologist, 72: 207, pl. 4; TL: ‘some part of Yunnan’ [most likely Lijiang, N.W. Yunnan, China].

【识别特征】

似前种，但体型明显较小，后翅尾突 2 枚，臀角具短指状或瓣状突起；体翅褐色，前后翅黄色纹较宽。

【成虫形态】

复眼周围具毛，触角腹面呈锯齿状。

雄蝶：前翅长 40–42 mm。前翅正面褐色，自前缘发出 7 条波曲的黄色宽横带，其中第 1、2 条分别延伸至后缘，第 3 条仅达中室下缘，第 4、5 条于 M_3 脉处汇合后共柄延伸至后缘，第 6 条仅达 M_2 脉，第 7 条独立贯穿；反面斑纹同正面，鳞片稀少，呈油纸状，第 8 条横带外侧翅脉及脉间具淡黄色纵纹。后翅 M_3 脉至 M_2 脉端具 1 条长的匙状尾突及 1 枚短的指状尾突，臀角深缺刻状，正面褐色饰有粗重的网状黄色纹，臀角具 1 条曙红色弧形斑，其下方具 3 枚模糊的灰色斑，外缘各翅室具黄色至橙色斑；反面斑纹同正面，鳞片稀少，呈油纸状，但淡黄色纹较发达。

雌蝶：前翅长 41–45 mm。斑纹同雄蝶，但翅色更淡，黄色纹更发达。

♂外生殖器：整体骨化程度较高。背兜退化，爪形突长，基部大部分膜质化，仅余与骨环连接处骨化，爪形突分为平行的二叉，基部宽阔生毛、末端钝；囊形突长，末端不膨大。抱器瓣短菱形，中部缢痕三叉状，背缘及腹缘端半部密生长毛，末端尖角状。阳茎基环基部尖，端部平但中央凹入，中部具 1 条纵沟，使两侧缘向前端反折为立体结构；阳茎细长笔直，整体骨化程度较高，基部稍宽，末端尖锐、开口狭长。

♀外生殖器：肛突短，边缘平滑，内缘具细刺，基部外侧骨化突出；后内骨突细弱。交配孔窄小；前孔后板紧密联合，其中孔前板简单骨化，孔后板纵向隆起并分离。交配囊近球形，无囊突；囊导管中等长度，与交配囊连接处扩大并有皱褶，高度骨化。

【亚种分布】

10a. 指名亚种

***Bhutanitis mansfieldi mansfieldi* (Riley, 1939)**

Bhutanitis mansfieldi dahuoshanensis Hou, 1992; abstract #71, Proc. XIX Int. Cong. ent.: 47; TL: ‘Hengduan Mountains, Southwest China’. [NN]

本亚种翅面黄色横带极发达，使整体呈黄色而非褐色。分布于丽江玉龙雪山及附近金沙江两侧山区。

迪庆州：2♀♀（正模），“云南（Yunnan）”，1918，G. Forrest，[BMHN]；1♂，香格里拉土官村哈巴雪山山脚（3000 m），1990-V-11，采者不详，[BFU]。

【附记】

1939 年，M. J. Mansfield 从植物学家 G. Forrest 所采集的一批没有标注产地信息的蝴蝶标本中发现该种，其后交由英国学者 N. D. Riley 研究并命名，命名描述所根据的标本为 1 头雌蝶。由于该种描述时 Forrest 已身故，Riley 仅能根据其日记推断标本采自丽江。此后，日本蝴蝶专家三枝豊平、五十嵐邁和中国蝴蝶专家李传隆均就该种的形态特征进行过详细研究。此间，三枝豊平和李传隆（1982）将产自四川的种群发表为丽斑亚种 *B. mansfieldi pulchristriata*，而后，周尧（1992）将其提升为独立的种，但诸立新等（2006）根据线粒体 *cox1* 基因构建的系统进化树分析认为该亚种（或种）地位不能确立。目前，蝴蝶分类中亚种划分的主要依据仍然是种群内超过 80%的个体具有相对稳定的、能与邻近种群区别的形态特征，因此尽管在 DNA 研究中未能得到直接支持性的证据，我们仍然需要考虑其形态特征。作者检视多个产自四川和云南的标本，发现 2 个产地标本的翅面黄色横带宽度和色泽均存在相对稳定的差异，且雌蝶黄色横带宽度差异更为明显，出于认识该种分布的便利，本书仍将指名亚种和丽斑亚种作为 2 个亚种对待。

凤蝶亚科

PAPILIONINAE LATREILLE, [1802]

Papilionides Latreille, [1802]; Hist. nat. Crustac. Ins., 3: 387; TG: *Papilio* Linnaeus, 1758.

Equitidae Kirby, 1896; Handb. Lep. Butt., 2: 234; TG: *Papilio* Linnaeus, 1758.

大型或中型种。头通常较大；触角细长，被鳞片，锤状部明显；下唇须多短小。胸部背面少毛但被鳞，侧面或有毛簇，中胸具特有的基节侧片线缝（meral suture）；足常被鳞。前翅 R 脉 5 条，R_5 脉与 R_4 脉共柄，M_1 脉起于中室端脉的中部，前翅中室下缘脉基部具钩状的 Cu-v 脉；后翅或具尾突，雄蝶后翅反面 1A+2A 脉被毛，形成臀刷。雄性腹部第 8 背板向后延伸形成外生殖器的上钩突（superuncus、pseudouncus）。

Miller（1987）归纳的本亚科五大主要特征如下：①雄蝶后翅反面具臀刷；②前翅具钩状的 Cu-v 脉；③中胸具基节侧片线缝；④雄性外生殖器具上钩突；⑤幼虫身体腹部具白色鞍形斑（saddle mark）。Ackery 等（1999）则认为，仅有上述特征③是凤蝶亚科的最有力证据。

幼虫寄主涵盖木兰科 Magnoliaceae、番荔枝科 Annonaceae、莲叶桐科 Hernandiaceae、樟科 Lauraceae、马兜铃科 Aristolochiaceae、芸香科 Rutaceae、蔷薇科 Rosaceae、伞形科 Apiaceae 等。

燕凤蝶族 LEPTOCIRCINI Kirby, 1896

Leptocircinae Kirby, 1896; Handb. Lep. Butt., 2: 307; TG: *Leptocircus* Swainson, 1833.

Lampropterinae Bryk, 1929; in Strand, Lep. Cat. Pars 35, Papilionidae I: 4; TG: *Lamproptera* G. Gray, 1832.

Graphiini Talbot, 1939; Fauna Br. India Butts., 1: 199; TG: *Graphium* Scopoli, 1777.

Cosmodesmini Verity, 1947; Farfalle Diurne Ital., 3: 12; TG: *Cosmodesmus* Haase, 1891.

触角短、被鳞，端部膨大而上弯；幕状骨高位；后翅 M_1 脉与 Rs 脉间的中室端脉凹入；♂外生殖器阳茎基半部钟形，抱器瓣背侧骨片具关节；雄蝶后翅臀缘腹面具毛刷。此外，I 龄幼虫胸腹部具二叉状刚毛，蛹具贯穿整体的侧脊也是重要参考特征。

燕凤蝶属 *Lamproptera* G. Gray, 1832

Lamproptera G. Gray, 1832; in Griffith & Pidgeon, Cuvier's Anim. Kingdom, 15(34) (Ins.2): pl. 102, f. 4; TS: *Papilio curius* Fabricius, 1787.

Leptocircus Swainson, 1833; Zool. Illustr., (2), 3(23): pl. 106; TS: *Papilio curius* Fabricius, 1787.

本属全球已知 3 种，我国分布 3 种，云南分布 3 种。

小型种，体背黑色，腹面白色；前足第一胫节腹缘刺数及跗节爪的形态在物种鉴定中具有重要意义。头大，复眼裸露，触角端部显著膨大，其基部腹面具一处无鳞片覆盖的裸区，该裸区发达程度和颜色因种而异。前翅短窄，端半部具大面积透明区域，R_3 脉与 R_4 脉共长柄，R_5 脉在近中室端部从 R_{3+4} 脉分出；后翅狭长皱褶，尾突极发达，臀褶内香鳞有或无，若有则为长毛状。无性二型。

♂外生殖器骨化程度多较弱。骨环纤细，背兜三角形，发达程度不一；颚形突分二叉，但其形态因物种不同而异。抱器瓣形态是物种鉴定的依据；内突基部刀片状，端部形态变化较大，腹缘骨化加厚。阳茎向腹侧弯曲或较直，基部扩大呈钟形，但扩大程度因物种不同而异，端部尖锐，开口大。阳茎基环类马鞍状，基部两侧具弯曲的臂。

本属物种飞行技巧高超，可在空中悬停或急转，似蜻蜓；雄蝶常在溪流边吸水，但不与其他类群的蝴蝶群聚；雌蝶多在附近山地灌丛中访花。幼虫取食莲叶桐科植物。

种检索表

1a. 雄蝶中带不同程度绿色，雌蝶淡绿色 .... 绿带燕凤蝶 *Lamproptera meges*

1b. 不如上述，中带全为白色 2

2a. 前翅白色中带外侧具贯穿黑色翅脉的透明带，端半部透明区域清亮，雄蝶后翅臀褶内具香鳞 .... 燕凤蝶 *Lamproptera curius*

2b. 前翅白色中带外侧透明带极窄细，端半部透明区域烟灰色且与外缘间夹有白线，雄蝶后翅臀褶内无香鳞 .... 白线燕凤蝶 *Lamproptera paracurius*

11. 燕凤蝶 *Lamproptera curius* (Fabricius, 1787)

Papilio curius Fabricius, 1787; Mantissa Insectorum, 2: 9, No. 71; TL: 'Siam' [Thailand].

Lamproptera curia Chou, 1994; Monographia Rhopalocerorum Sinensium: 55, 162. [UE]

【识别特征】

小型种；翅黑色，前翅端半部透明，前后翅中带白色略透明，雄蝶后翅臀褶内具白色长毛状香鳞。

【成虫形态】

触角端部裸区白色，腹侧污白色，具成对的黑色点列，前足第一跗节具 7–10 枚刺，跗节爪成对。

雄蝶：前翅长 20–22 mm。前翅正面基半部、前缘、外缘及后缘黑色，外缘黑边宽度为 1.5–2.3 mm，端半部透明具黑色翅脉，中区贯穿 1 条白色横带，其外侧伴有 1 条宽度为 1.0–1.5 mm 的透明带；反面斑纹与正面相同，基部色泽较淡。后翅正面黑色，下半部疏布白色鳞，外缘白色，中区具 1 条宽度为 1.0–2.0 mm 的白色横带，尾突黑色，端部白色，臀褶内具类白色长毛状香鳞；反面基部灰白色，臀区具 3 条污白色波纹，其余斑纹同正面。

雌蝶：前翅长 20–23 mm。斑纹与雄蝶相同但色泽暗淡。

♂外生殖器：整体骨化程度较弱。骨环中上段强烈向后弯曲，背兜退化，侧面观窄三角形；颚形突小，背面观端部分为短钝的二叉；囊形突短小。抱器瓣长，边缘被毛，背缘中部略凹入，腹缘中段弓出，其两侧又凹入，端部钝三角形，其与腹缘交界处明显呈角状；内突大，基部刀片状，腹缘骨化加厚，端部为 1 枚骨化弯曲的大钩。阳茎基环近马鞍形，后段较长，两侧臂发达弯曲；阳茎略向腹面弯曲，基部扩大为钟形，基 1/3 处具 1 条缢痕，向端部逐渐变宽，末端尖锐。

♀外生殖器：肛突短圆，边缘平滑，基部外侧骨化突出；后内骨突细弱。交配孔宽而深陷，围有双层骨化结构；孔前板狭长相互分离，端部较宽且密布颗粒状突起；孔后板圆弧形彼此联合。交配囊近球形，无囊突；囊导管短粗，不骨化。

【亚种分布】

11a. 滇藏亚种

***Lamproptera curius hsinningae* Hu & Cotton, 2023**

Lamproptera curius hsinningae Hu & Cotton, 2023; Zootaxa, 5362(1):14; TL: 'Yingjiang, W. Yunnan, China'.

本亚种体型大小稳定；主要特征为前翅透明区域比例较小，黑色中带不明显向后变窄，后翅白色中带较窄（多数为 1.0–1.5 mm）。仅分布于云南西部的怒江、大盈江、独龙江流域等河谷及相关低海拔区域。

德宏州：2♂♂（副模），盈江铜壁关（980 m），2016-X-22，杨维宗，[SJH]。

怒江州：1♀，福贡，2006-VII-17，P. Sukkit，[AMC]；2♂♂，福贡，2012-VI-10–11，P. Sukkit，[AMC]；1♀，福贡，2012-VII-10，P. Sukkit，[AMC]；1♂，福贡，2012-VII-13，P. Sukkit，[AMC]；1♂，贡山独龙江，2012-IX-11，Lu Ji，[AMC]；1♂（正模），福贡阿亚比，2017-V-23，P. Sukkit，[KIZ]；2♂♂（副模），福贡阿亚比，2017-V-23，P. Sukkit，[SJH]；2♂♂，福贡，2017-V-23–25，P. Sukkit，[AMC]；1♂，福贡，2017-VI-7，P. Sukkit，[AMC]；1♂，福贡，2017-VI，P. Sukkit，[AMC]。

11b. 华南亚种

***Lamproptera curius walkeri* (Moore, 1902)**

Leptocircus walkeri Moore, 1902; Lepid. Ind., 5: 137; TL: 'Hong-Kong'.

Leptocircus curius magistralis Fruhstorfer, 1909; Soc. ent., 24(9): 68; TL: 'China, Yunnan, Mongtse und Manhao' [Mengzi and Manhao, S. Yunnan, China].

本亚种体型变化较大，南部种群个体较小，向北部有逐渐增大的趋势；主要特征为雄蝶前翅透明区域比例较大，黑色中带多明显向后变窄，白色带外侧透明带宽度大于指名亚种，最宽处至少 1.5 mm，后翅白色中带较宽（1.3–2.0 mm）。分布于云南中部、东部及南部南盘江流域、元江流域、澜沧江流域河谷及相关低海拔区域。

红河州：2♂♂，开远龙潭沟，1982-VIII-6，董大志、王云珍，[KIZ]；9♂♂，河口戈哈（350 m），2014-X-4–5，胡劭骥，[SJH]；1♀，河口戈哈（350 m），2014-X-5，张鑫，[XZ]；1♂、1♀，河口戈哈（350 m），2015-IV-4–5，段匡，[KD]；1♂，弥勒洛那，2015-VIII-8，胡劭骥，[SJH]；2♂♂，弥勒洛那，2015-VIII-8–9，毛巍伟，[WWM]。

西双版纳州：3♂♂，勐腊曼庄，1974-V-17，甘运兴，[KIZ]；1♀，景洪勐养，1981-VI-4，董大志，[KIZ]；1♂，景洪小勐养，1989-X-6，董大志，[KIZ]；1♂、2♀♀，景洪基诺，1989-X-17，董大志、梁醒财，[KIZ]；1♂，景洪基诺，2004-IV-16，董大志，[KIZ]；1♂，勐腊勐仑，2015-I-18，张晖宏，[SJH]；2♂♂，勐腊大龙哈，2015-II-9，段匡，[KD]；7♂♂、1♀，勐腊勐仑，2016-II-2–4，张晖宏，[SJH]；1♀，勐腊勐仑，2016-II-3，张晖宏，[HHZ]。

玉溪市：8♂♂，元江哈及冲（750 m），2009-IX-3，胡劭骥，[SJH]；2♂♂，元江哈及冲（750 m），2015-VIII-13–14，毛巍伟，[WWM]。

11c. 北部亚种

***Lamproptera curius yangtzeanus* Hu, Zhang & Cotton, 2023**

Lamproptera curius yangtzeanus Hu, Zhang & Cotton, 2023; Zootaxa, 5362(1): 15; TL: 'Dongchuan, N.E. Yunnan, China'.

本亚种体型大小较稳定，其雄蝶前翅透明区域似华南亚种，但黑色中带向后不变窄，与指名亚种相似，前翅白色带外侧透明带及后翅白色中带的宽度均与华南亚种处于同一水平。分布于北部及东北部小江、金沙江流域河谷及相关低海拔区域。

昆明市：1♂，东川森林公园（1450 m），2013-VIII-3，胡劭骥，[AMC]；1♂（正模），东川森林公园（1450 m），2013-VIII-4，张鑫，[KIZ]；1♂（副模），东川森林公园（1450 m），2013-VIII-4，张鑫，[XZ]；5♂♂（副模）、1♀（副模），东川森林公园（1450 m），2013-IX-8，胡劭骥，[SJH]；2♂♂，东川森林公园（1460 m），2013-IX-8，胡劭骥，[AMC]；1♂，东川森林公园（1450 m），2013-IX-14，胡劭骥，[AMC]；1♂，东川森林公园（1450 m），2013-IX-15，胡劭骥，[AMC]；4♀♀，东川森林公园（1450 m），2016-VIII-10，李跃升，[SJH]。

12. 白线燕凤蝶

***Lamproptera paracurius* Hu, Zhang & Cotton, 2014**

Lamproptera paracurius Hu, Zhang & Cotton, 2014; Zootaxa, 3786: 472, f. 1–2; TL: 'Dongchuan, N. E. Yunnan, China'.

【识别特征】

极似前种，但尾突较短，前翅外缘带宽阔，黑色外缘与透明区域间夹有 1 条白线，后翅无香鳞，白色中带很宽。

【成虫形态】

触角端部裸区白色，腹侧白色，具单一细弱的黑色点列，前足第一跗节具 7–10 枚刺，跗节爪成对。

雄蝶：前翅长 18–22 mm。前翅正面基半部、前缘、外缘及后缘黑色，外缘黑边宽阔，为 2.0–2.8 mm，端半部烟灰色半透明、贯穿黑色翅脉，中区具 1 条白色横带，其外侧的透明带极窄细，宽度小于 1.0 mm，亚外缘具 1 条白色细横带；反面斑纹与正面相同，基部及中区横带色泽较淡。后翅正面黑色，下半部疏布白色鳞，外缘具白边，中区具 1 条宽度为 1.6–2.5 mm 的白色横带，尾突黑色，端部白色，臀褶内无香鳞；反面基部灰白色，臀区具 2 条模糊的白色波纹，其余斑纹同正面。

雌蝶：前翅长 21–24 mm。斑纹与雄蝶相同但色泽暗淡。

♂外生殖器：整体骨化程度较高。骨环直，背兜发达，侧面观阔三角形；颚形突较大，背面观端部分二叉；囊形突较大。抱器瓣长，边缘被毛，背缘及腹缘均平滑，端部钝三角形并向腹缘平滑过渡；内突大，基部刀片状，腹缘骨化加厚，端部骨化弯曲呈短钝的钩状。阳茎基环马鞍形，后段较长、两侧臂较短；阳茎略向腹面弯曲，基部钟形，基1/3处具1条缢痕，向端部逐渐变宽，末端尖锐。

♀外生殖器：肛突短圆，边缘平滑，基部外侧骨化突出；后内骨突细弱。交配孔宽而深陷，围有双层骨化结构；孔前板狭长相互分离，端部较宽且密布颗粒状突起；孔后板圆弧形彼此联合。交配囊近球形，无囊突；囊导管短粗，不骨化。

【亚种分布】

本种目前无亚种。分布于云南北部及东北部小江、金沙江流域的河谷及相关低海拔区域。

昆明市：1♂（正模），东川森林公园（1450 m），2013-VIII-3，胡劭骥，[KIZ]；23♂♂（副模），东川森林公园（1450 m），2013-VIII-3，胡劭骥、张鑫，[SJH、XZ、KIZ]；34♂♂（副模），东川森林公园（1450 m），2013-IX-14–15，胡劭骥、张鑫，[SJH、XZ、AMC]；4♀♀，东川森林公园（1450 m），2016-VIII-10，李跃升，[SJH]。

13. 绿带燕凤蝶 *Lamproptera meges* (Zinken, 1831)

Papilio meges Zinken, 1831; Nova Acta Phys.-Med. Acad. Caesar. Leop. Carol., 15: 161, pl. 15, f. 8; TL: 'Java' [Indonesia].

【识别特征】

本种体型通常略大；前后翅中带呈淡绿色或粉蓝色，后翅无香鳞。

【成虫形态】

触角端部裸区黄绿色至蓝绿色，腹侧污白色，具成对的黑色点列，前足第一跗节具10–12枚刺，跗节爪单一。

雄蝶：前翅长18–23 mm。前翅正面基半部、前缘、外缘及后缘黑色，外缘黑边宽度为1.3–1.8 mm，端半部透明具黑色翅脉，中区贯穿1条淡草绿色至粉蓝绿色横带；反面斑纹与正面相同，基部及中区横带色泽较淡。后翅正面黑色，下半部疏布白色鳞，外缘白色，中区具1条宽度为1.5–2.2 mm的淡草绿色至粉蓝绿色横带，尾突黑色，端部白色，臀褶内无香鳞；反面基部灰白色，臀区具3条模糊的白色斑纹，其余斑纹同正面，但中区横带色泽较淡。

雌蝶：前翅长20–22 mm。斑纹与雄蝶相同但色泽暗淡，前后翅绿色中带接近白色。

♂外生殖器：整体骨化程度较弱。骨环中上段强烈向前弯曲，背兜较发达，侧面观鸟喙状；颚形突较发达，背面观端部分为彼此向外分离的二叉；囊形突短小。抱器瓣宽圆，端部至腹缘被毛，背缘中部略凹入，腹缘平滑弓出，端部圆滑；内突较退化，整体呈刀片状，腹缘骨化加强，近端部具1处凹入。阳茎基环近心形，两侧臂弯曲；阳茎直，基部钟形扩大不明显，基半部骨化程度较弱，向端部逐渐加强，末端尖锐、开口较宽。

♀外生殖器：肛突短，端部钝角状，边缘平滑，基部外侧骨化但不突出；后内骨突细弱。交配孔窄，无双层结构；孔前板简单骨化，孔后板突出为2枚彼此紧靠的三棱形骨化结构，表面密布颗粒状突起。交配囊近球形，无囊突；囊导管短粗，不骨化。

【亚种分布】

13a. 缅印亚种

***Lamproptera meges indistincta* (Tytler, 1912)**

Leptocircus meges indistincta Tytler, 1912; J. Bomb. nat. Hist. Soc., 21(2): 588; TL: 'Gaspani, Naga Hills' [N. E. India].

Lamproptera indistincta amplifascia Tytler, 1939; J. Bomb. nat. Hist. Soc., 41(2): 239; TL: 'Putao, Hthawgaw, and Sadon, N. E. Burma'.

本亚种个体较大，新鲜标本前后翅中带绿白色，久置后几近白色，后翅反面臀区污白色新月纹边界模糊且被污白色长毛覆盖。分布于云南西部至西南部独龙江、怒江流域。

德宏州：12♂♂，盈江铜壁关，2016-VIII-20–25，杨维宗，[SJH]。

大理州：1♂，大理下关洱海，2007-V-22，毛本勇，[DLU]；2♂♂，漾濞平坡，2019-IX-18，张晖宏，[HHZ、SJH]。

临沧市：5♂♂，永德大雪山，2015-VIII-24–26，毛巍伟，[WWM、SJH]。

怒江州：1♂、1♀，贡山独龙江，采集时间不详，韩念先，[KIZ]；1♂，贡山独龙江巴坡，2002-VI-30，黄灏，[SJH]。

西双版纳州：5♂♂，景洪嘎囡，1995-VII-16，叶尔泰，[SJH]。

13b. 北越亚种

Lamproptera meges pallidus **(Fruhstorfer, 1909)**

Leptocircus meges pallidus Fruhstorfer, 1909; Soc. ent., 24(9): 68; TL: 'Tonkin' [N. Vietnam].

本亚种个体较小，新鲜标本前后翅中带呈粉绿色至淡绿色。分布于云南南部与东南部元江流域。

红河州：1♂，河口马多依（350 m），2013-X-4，胡劭骥，[SJH]；4♂♂，河口戈哈（350 m），2013-X-4–5，胡劭骥，[SJH]；1♀，河口戈哈（350 m），2016-X-21，张晖宏，[ZLS]。

文山州：1♂，麻栗坡，2017-VIII-4，张晖宏，[SJH]。

旖凤蝶属 *Iphiclides* Hübner, [1819]

Iphiclides Hübner, [1819]; Verz. Bekannt. Schmett., (6): 82; TS: *Papilio podalirius* Linnaeus, 1758.

Podalirius Swainson, [1833]; Zool. Illustr., (2), 3(23): pl. 105; TS: *Papilio podalirius* Linnaeus, 1758.

Iphidicles Dyar, [1903]; Bull. U. S. Natnl Mus., 52: 2. [ISS]

本属全球已知 2 种，我国分布 2 种，云南分布 1 种。

中型种，体背黑色，腹面白色。头大，复眼裸露，触角端部膨大。翅形短阔；前翅外缘平直，R_1 脉游离；后翅外缘齿状，M_3 脉端具 1 条发达的飘带状尾突。雄蝶后翅臀褶极不发达。无性二型。

♂外生殖器骨化程度较弱，上钩突和钩形突均缺如；骨环细，囊形突大而饱满，尾突小、膜质被毛；抱器瓣近菱形，端部尖锐并延长，内突极简单；阳茎短细，明显向下弯曲；阳茎基环薄片状。

本种飞行迅速，常见于高海拔山区干旱河谷地带。两性常访花，雄蝶具吸水习性，雌蝶极为少见。幼虫取食蔷薇科植物。

14. 西藏旖凤蝶

Iphiclides podalirinus **(Oberthür, 1890)**

Papilio podalirinus Oberthür, 1890; Ét. ent., 13: 37, pl. 9, f. 99; TL: 'Tsé-Kou' [Yanmen, N. Yunnan, China].

【识别特征】

中型种。前后翅污白色，前翅具 7 条长短不一的粗黑带，其间散布黑鳞；后翅具平行的黑色双中带，在反面夹有红色，臀角眼斑蓝色具红冠，亚外缘具蓝色新月斑。

【成虫形态】

雄蝶：前翅长 39–41 mm。前翅正面污白色散布黑色鳞，自前缘发出 7 条长短、粗细不一的黑色横带，其中第 1、2、5、7 条宽阔直达后缘，第 3、4 条较细仅达中室下缘，第 6 条较细仅达 M_2 室，外缘黑色；反面底色较浅，斑纹同正面，亚外缘及外缘灰黄色。后翅正面污白色，臀缘黑色，中区具 2 条并行、夹红心的黑色带，外中区具 1 条弥散的黑色带，其与前述黑色带及臀区黑色汇合于臀角，外缘宽阔的黑边外镶有污白色缘斑，其内部在 R_5 室及 R_1 室具污白色斑，在其余翅室具蓝灰色斑，臀角具 1 条红色弧形纹，其下为 1 枚中心灰蓝色的圆形黑斑，尾突黑色，末端白色；反面底色较浅，斑纹同正面，但黑色斑纹较窄，臀角红色纹较淡。

雌蝶：前翅长 38–42 mm。斑纹同雄蝶，但翅色略带暗黄。

♂外生殖器：骨环、阳茎骨化程度高，抱器骨化程度弱。骨环中上向后弯曲，背兜小、马鞍形，尾突大；囊形突宽大。抱器瓣尖三角形，端半部被短毛，背缘平滑，腹缘中部内凹，端部尖锐突出；内突位于抱器瓣腹缘基部，形态简单呈宽匙状。阳茎基环呈"Y"形；阳茎强烈下弯，基部钟形扩大，基半部骨化程度较弱，端部骨化程度强，末端尖锐。

♀外生殖器：肛突短，端部略平，边缘平滑，基部外侧骨化但不突出；后内骨突细长。交配孔宽，无双层结构；孔前板及孔后板均十分简单。交配囊近球形，无囊突；囊导管短粗，轻度骨化。

【个体变异】

翅面黑色短横带的发达程度可变，部分个体中与长横带融合，前翅黑色鳞的数量也具有一定的差异。

【亚种分布】

本种目前无亚种。分布于云南西北部山区半干旱河谷区域。

迪庆州：1♂，德钦（A-tun-tse，Talsohle）（3500 m），1936-VI-11，H. Höne，[ZFMK]；1♂，德钦（A-tun-tse，Mittlere Höhe）（4000 m），1936-VI-13，H. Höne，[ZFMK]；1♀，德钦（A-tun-tse，Talsohle）（3500 m），1936-VII-3，H. Höne，[ZFMK]。

青凤蝶属 *Graphium* Scopoli, 1777

Graphium Scopoli, 1777; Intr. Hist. nat.: 433; TS: *Papilio sarpedon* Linnaeus, 1758.

本属全球已知逾 100 种，我国至少分布 32 种，云南分布 20 种。

中型种，体背黑色被毛，腹面颜色变化较大。头大，复眼裸露，触角端部显著膨大。前翅 R_1 脉并入 Sc 脉，翅形在各亚属间有明显区别，但在亚属内较为稳定：其中绿凤蝶亚属 *Pathysa* 和剑凤蝶亚属 *Pazala* 翅形宽阔，后翅 M_3 脉端具 1 条剑状或飘带状尾突；纹凤蝶亚属 *Paranticopsis* 翅形宽阔，后翅无尾；青凤蝶亚属 *Graphium* 翅形狭窄，后翅尾突有或无，有则呈指状或剑状。所有物种雄蝶后翅臀褶内具香鳞，其中剑凤蝶亚属物种香鳞面积较小，且不呈长毛状。多数物种无性二型，但在纹凤蝶亚属则出现性二型。

♂外生殖器骨化程度较弱，上钩突和钩形突正常；骨环细，囊形突形态多变，尾突分叉、膜质被毛；抱器瓣椭圆形，端部多圆滑，边缘具齿或强刺列，内突数量多而复杂；阳茎长度中等，略下弯；阳茎基环薄膜状，密被长刚毛。

本属物种飞行迅速，雄蝶常在溪边或积水处群聚吸水，不同物种常混杂群聚，也常与其他凤蝶物种或粉蝶群聚。两性均有访花习性，尤其嗜访马缨丹 *Lantana camara* 和女贞 *Ligustrum lucidum*，部分物种雌蝶在野外极难遇见。幼虫取食樟科、木兰科和番荔枝科植物。

亚属检索表

1a. 翅有绿色斑或带 .... 青凤蝶亚属 *Graphium*

1b. 不如上述 2

2a. 模拟斑蝶，后翅决无尾突 .... 纹凤蝶亚属 *Paranticopsis*

2b. 不模拟斑蝶，后翅有长尾突 3

3a. 前翅黑色横带固定 10 条，后翅臀角具黄斑 .... 剑凤蝶亚属 *Pazala*

3b. 前翅黑色横带少于 10 条且不定，后翅臀角无黄斑 .... 绿凤蝶亚属 *Pathysa*

剑凤蝶亚属 *Pazala* Moore, 1888

Pazala Moore, 1888; in Hewitson & Moore, Descr. New Ind. Lep. Coll. Atkinson, 3: 283; TS: *Papilio glycerion* G. Gray, 1831.

种检索表

1a. 后翅反面中带“8”字形 2

1b. 不如上述 3

2a. 个体小，前翅顶角不显著突出，后翅正面中带退化 .... 华夏剑凤蝶 *Graphium mandarinus*

2b. 个体大，前翅顶角显著突出，后翅正面中带明显 .... 孔子剑凤蝶 *Graphium confucius*

3a. 后翅中带 2 条 .... 升天剑凤蝶 *Graphium eurous*

3b. 后翅中带仅 1 条 4

4a. 后翅中带在臀区分叉 .... 铁木剑凤蝶 *Graphium mullah*

4b. 后翅中带不分叉 .... 圆翅剑凤蝶 *Graphium parus*

15. 华夏剑凤蝶

***Graphium mandarinus* (Oberthür, 1879)**

[*Papilio*] *glycerion mandarinus* Oberthür, 1879; Ét. ent., 4: 115; TL: 'Moupin' [Baoxing, W. Sichuan, China].

Pazala mandarina Chou, 1994; Monographia Rhopalocerorum Sinensium: 55, 176. [UE]

【识别特征】

中小型种，前翅顶角不突出，外缘平直；后翅反面中区的 2 条黑带缠绕为“8”字形。

【成虫形态】

雄蝶：前翅长 30–35 mm。前翅正面白色半透明，前缘、顶区及外缘略呈黄色，自翅基至亚外缘并列 9 条长短不一的黑色横带，其中第 1、2 条伸达后缘，第 3–6 条到达中室下缘后转折沿翅脉向外延伸，第 7、8 条前端波曲、在 M_2 脉处汇合后延伸至后缘，第 9 条波曲贯穿至后缘，外缘黑色，第 8、9 横带间可散布黑色鳞；反面斑纹同正面，色泽较淡且具明显的油纸状光泽。后翅 M_3 脉端具 1 条飘带状尾突，正面白色，可透见反面斑纹，臀区具 2 条并行的黑带，中区具 1 条模糊且波曲的黑带，亚外缘至外缘具 3 列并行的黑斑，其向后延伸至 M_1 室融合成黑色大斑，M_1 室至臀角外缘处各具 1 枚灰蓝色斑，臀角处具 2 枚相连的黄斑；反面蜡白色，臀缘、臀区及中室下缘附近的黑色纹沿翅脉向外扩展为网状，中室上缘及贯穿其中的黑纹缠绕呈“8”字形，并在其上部环内饰有黄斑，亚外缘至外缘具 3 列并行的黑斑，其向后延伸至尾突上方汇合，M_2 室至臀角外缘处的黑斑饰有 1 枚灰蓝色斑，其内侧各具 1 枚白色斑，臀角处黄斑较淡。

雌蝶：前翅长 36–40 mm。翅形宽阔圆润，斑纹同雄蝶，但黑纹较退化。

♂外生殖器：整体骨化程度中等。骨环骨化程度高，近背部弯曲；背兜窄小，颚形突短小、基部相互分离、端部向外、尖锐，尾突细小呈乳头状、膜质具毛，囊形突窄小退化。抱器瓣略呈心脏形，背缘腹缘大体等长，整体骨化程度弱，但各内突骨化程度较强；其中，背端内突窄三角形、外端边缘平直具大齿、末端尖锐；中内突长条形，中部具 1 枚小突起，腹侧片状扩展、边缘具大齿，背侧与基内突相连；基内突指状，末端膨大程度不一，多呈不规则齿状；腹侧内突刀片状，边缘具大齿。阳茎基环膜质，中部几乎不骨化，两侧密生长毛丛；阳茎长，骨化程度较弱，基部膨大为钟形，中部向腹面弯曲不甚明显，末端尖锐。

♀外生殖器：肛突短圆，边缘平滑，内缘具细刺，基部外侧不骨化；后内骨突细。交配孔宽且深陷；孔前板两角尖锐、中部微凹，孔后板片状具隆脊。交配囊椭圆形，囊突为简单长条状；囊导管中长，不骨化。

【亚种分布】

15a. 滇缅亚种

***Graphium mandarinus stilwelli* Cotton & Hu, 2018**

Graphium (*Pazala*) *mandarinus stilwelli* Cotton & Hu, 2018; in Hu *et al.*, Zootaxa, 4441(3): 434; TL: 'Tacheng, Weixi, W. Yunnan, China'.

Papilio glycerion mandarinus Oberth. f. indiv. ♂ *albarea* Rousseau-Decelle, 1947; Bull. Soc. ent. Fr., 51(9): 132; TL: 'Ginfu, Etats Schans' [Shan State, Myanmar]. [IFS]

本亚种体型较小，雄蝶前翅长 32–35 mm，翅面色泽白净，后翅正面黑色中带退化。分布于云南中部至西部山地河谷区。

保山市：1♂（副模），腾冲高黎贡山，2015-V-20，罗益奎，[KFBG]。

大理州：2♂♂，大理苍山温泉（2100 m），1995-VI-4，毛本勇，[DLU]；2♂♂，大理苍山南坡，1997-IV-19，毛本勇，[DLU]；1♂，漾濞，2007-V-28，毛本勇，[DLU]；1♂，漾濞平坡（1600 m），2019-V-4，张晖宏，[HHZ]。

德宏州：1♂（副模），盈江铜壁关（1000 m），2017-III-9，杨维宗，[SJH]。

迪庆州：1♂，香格里拉冲江河，1992-VI-20，董大志，[KIZ]；1♂（正模），维西塔城（1900 m），2015-IV-29，胡劭骥，[KIZ]。

红河州：1♂，屏边大围山，1995-III-2，董大志，[KIZ]。

临沧市：1♂（副模），云县嘎止河（1050 m），2016-V-9，熊紫春，[SJH]。

怒江州：1♀（副模），怒江上游，无日期，[ZFMK]；1♂，泸水六库（100 m），2002-IV-20，采集人不详，[SFU]。

普洱市：1♂，景东徐家坝，1984-III-16，采集人不详，[KIZ]；1♂，景东哀牢山，1992-V-29，董大志，[KIZ]。

16. 孔子剑凤蝶

Graphium confucius Hu, Duan & Cotton, 2018

Graphium (*Pazala*) *confucius* Hu, Duan & Cotton, 2018; in Hu *et al*., Zootaxa, 4441(3): 426; TL: 'Xichong, Kunming, C. Yunnan, China'.

【识别特征】

斑纹似前种；但个体明显大，前翅顶角明显突出，外缘内凹。

【成虫形态】

雄蝶：前翅长 39–41 mm。前翅正面白色半透明，前缘、顶区及外缘略呈黄绿色，自翅基至亚外缘并列 9 条长短不一的黑色横带，其中第 1、2 条伸达后缘，第 3–6 条到达中室下缘后转折沿翅脉向外延伸，第 7、8 条前端波曲，在 M_2 脉处汇合后延伸至后缘，第 9 条波曲贯穿至后缘，外缘黑色；反面斑纹同正面，色泽较淡，前缘、顶区及外缘具油纸状光泽。后翅 M_3 脉端具 1 条剑状或飘带状尾突，正面白色，可透见反面斑纹，臀区具 2 条并行的黑带，中区具 1 条模糊且波曲的黑带，亚外缘至外缘具 3 条并行黑带，内侧 2 条被翅脉分割但仍相对连续，上述黑带向后延伸至 M_1 室融合成黑色大斑，M_1 室至臀角外缘处各具 1 枚灰蓝色斑，臀角处具 2 枚相连的黄斑；反面蜡白色，臀缘、臀区及中室下缘附近的黑色纹沿翅脉向外扩展为网状，中室上缘及贯穿其中的黑纹缠绕呈"8"字形，并在其上部环内饰有黄斑，亚外缘至外缘具 3 列并行的黑斑，其向后延伸至尾突上方汇合，M_2 室至臀角外缘处的黑斑饰有 1 枚灰蓝色斑，其内侧各具 1 枚白色斑，臀角处黄斑较淡。

雌蝶：前翅长 39–44 mm。翅形宽阔圆润，斑纹同雄蝶，但黑纹明显退化而使整体色泽白净。

♂外生殖器：整体骨化程度中等。骨环近背部弯曲；背兜较宽，颚形突短小、基部相互分离、端部向外、稍钝，尾突细小呈乳头状、膜质具毛，囊形突窄小退化。抱器瓣宽圆，背缘末端长于腹缘，整体骨化程度弱，但各内突骨化程度较强；其中，背端内突心形，边缘具大齿、末端尖锐；中内突长条形，中部具 0–3 枚小突起，腹侧片状扩展、边缘具大齿，背侧与基内突相连；基内突指状，末端膨大程度不一，多呈不规则齿状；腹侧内突刀片状，边缘具大齿。阳茎基环膜质、两侧密生长毛丛；阳茎长，骨化程度较弱，基部膨大为钟形，中部明显向腹面弯曲，末端尖锐。

♀外生殖器：肛突短圆，边缘平滑，内缘具细刺，基部外侧不骨化；后内骨突细。交配孔深陷；孔前板骨化为"W"形，孔后板为彼此紧靠但不联合的瓣状结构。交配囊近球形，囊突为简单长条状；囊导管中长，不骨化。

【亚种分布】

本种目前无亚种区分，分布于云南海拔 1500 m 以上的山地，中西部较常见。

大理州，1♂，漾濞平坡（1600 m），2019-V-4，许振邦，[SJH]。

迪庆州：1♂（副模），香格里拉冲江河，1992-VI-20，董大志，[KIZ]。

昆明市：1♂（副模），昆明西山，1979-VIII-9，熊江，[KIZ]；2♂♂、2♀♀，昆明西山，1997-V-3，何纪昌，[YNU]；1♂，昆明西山，2010-V-10，张鑫，[XZ]；1♂，东川森林公园（1500 m），2013-VIII-3，张鑫，[XZ]；3♂♂（副模），东川森林公园（1570 m），2013-VIII-3，当地采者，[KIZ、SJH]；1♂（副模），昆明小墨雨，2015-IV-18，胡劭骥，[SJH]；1♂（副模），昆明西冲河水库（2000 m），2015-V-19，胡劭骥，[SJH]；1♂（正模），昆明西冲河水库（2000 m），2015-V-31，胡劭骥，[KIZ]；2♂♂、1♀（副模），昆明西冲河水库（2000 m），2015-V-31，胡劭骥、段匡、张晖宏，[KIZ]。

曲靖市：1♂（副模），会泽，1998-IV，采集人不详，[SFU] 。

西双版纳州：1♂（副模），景洪，1979-VII-28，董大志，[KIZ]。

17. 升天剑凤蝶 *Graphium eurous* (Leech, 1893)

Papilio eurous Leech, 1893; Butts. China Japan Corea, (4): 521; TL: 'Chang-yang, Central China, and ··· Moupin' [Changyang, Hubei, and Baoxing, Sichuan, China].

Pazala euroa Chou, 1994; Monographia Rhopalocerorum Sinensium, 55: 174. [UE]

【识别特征】

中型种；翅蜡白色略透明，前翅具 9 条黑色横带，后翅臀角具橙黄色斑，反面中区 2 条黑色横带平行，其间夹有黄色。

【成虫形态】

雄蝶：前翅长 37–39 mm。前翅正面白色半透明，自翅基至亚外缘并列 9 条长短不一的黑色横带，其中第 1、2 条伸达后缘，第 3–6 条到达中室下缘后转折沿翅脉向外延伸，第 7 条止于 M_2 脉，第 8、9 条贯穿至后角处汇合，外缘黑色；反面斑纹同正面，色泽较淡。后翅 M_3 脉端具 1 条飘带状尾突，正面白色，可透见反面斑纹，臀缘及中室下缘具黑色纹，亚外缘至外缘具 3 列并行的黑斑，其向后延伸至 M_1 室融合成黑色大斑，M_1 室至臀角外缘处各具 1 枚灰蓝色斑，臀角处具 2 枚相连的黄斑；反面白色半透明，臀缘、臀区及中室周围的黑色纹沿翅脉向外扩展为网状，中区两条黑色横带间夹有黄色，亚外缘至外缘具 3 列并行的黑斑，其向后延伸至尾突上方汇合，M_2 室至臀角外缘处的黑斑饰有 1 枚灰蓝色斑，其内侧各具 1 枚污白色斑，臀角处黄斑较淡。

雌蝶：前翅长 39–41 mm。翅形宽圆，斑纹似雄蝶，黑纹较细而淡。

♂外生殖器：整体骨化程度中等。骨环近背部稍弯曲；背兜较宽，颚形突短小、基部远离、端部尖锐，尾突长指状、膜质具毛，囊形突窄小退化。抱器瓣椭圆，背缘与腹缘几等长，整体骨化程度弱，但各内突骨化程度较强；其中，背端内突片状截平，边缘具齿；中内突长条形，近中部具 1 枚三角形大突起，腹侧片状扩展、边缘具大齿；无基内突；腹侧内突刀片状，边缘具大齿。阳茎基环大部骨化、片状，端部膜质、密生长毛丛；阳茎长，骨化程度较弱，基部膨大为钟形，中部稍向腹面弯曲，末端尖锐。

♀外生殖器：肛突短圆，边缘平滑，内缘具细刺，基部外侧不骨化；后内骨突细。交配孔深陷；孔前板高度骨化并具 2 枚长刺突，孔后板为彼此紧靠但不联合的瓣状结构。交配囊近球形，囊突为简单长条状；囊导管长，靠近交配孔部分中度骨化。

【个体变异】

翅面黑色斑纹发达程度不一，后翅正面中区可出现清晰的黑纹。

【亚种分布】

17a. 云南亚种

***Graphium eurous panopaea* (Nicéville, 1900)**

Papilio panopaea Nicéville, 1900; J. Bomb. nat. Hist. Soc., 13(1): 172; pl. EE, f. 20; TL: ‘Tse Kou, Western China’ [Yanmen, N.W. Yunnan, China].

本亚种个体稍小，色泽较白，后翅正面无黑色中带，仅可透见反面斑纹。仅分布于云南西北部海拔 1800 m 以上的山地。

迪庆州：2♂♂，维西塔城（1900 m），2014-IV-29，胡劭骥，[SJH、HHZ]。

丽江市：4♂♂，永胜，1998-VI-4，何纪昌，[YNU]。

17b. 锡金亚种

***Graphium eurous sikkimica* (Heron, 1899)**

Papilio sikkimica Heron, 1899; Ann. Mag. nat. Hist. (7)3(13): 120; TL: ‘Sikkim’.

Papilio glycerion Rothschild, 1895(*nec Papilio glycerion* G. Gray, 1831); Novit. Zool., 2: 407. [MisID]

Pazala sikkima (Moore, 1903); Lepid. Ind., 6: 35. [ISS]

Papilio sikhimica (Bingham, 1907); Fauna Br. India Butts., 2: 96. [ISS]

本亚种体型最小，翅面白净，后翅正面决无黑色中带，亚外缘黑色双横带退化，反面中带链环状。分布于云南最西北部的独龙江流域。

怒江州：1♂，贡山独龙江，2016-IV-12，当地采者，[SJH]；1♂，贡山独龙江钦郎当瀑布，2016-V-13，黄灏，[HH]；1♂，贡山独龙江马库，2018-V-12，当地采者，[SJH]。

18. 铁木剑凤蝶

***Graphium mullah* (Alphéraky, 1897)**

Papilio alebion var. *mullah* Alphéraky, 1897; Mém. Lépid., 9: 84; TL: ‘Sé-Tchouen (Ja-djòou, Lu-tine)’ [Ya’an and Luding, W. Sichuan, China].

【识别特征】

中型种；翅蜡白色略透明，前翅外缘及亚外缘黑带间散布黑色鳞，后翅臀角具橙黄色斑，反面中区黑色横带粗壮单一，其上端饰有黄斑，后段分叉。

【成虫形态】

雄蝶：前翅长 32–38 mm。前翅正面白色半透明，亚外缘至外缘灰色，自翅基至亚外缘并列 9 条长短不一的黑色横带，其中第 1、2 条伸达后缘，第 3–6 条到达中室下缘后转折沿翅脉向外延伸，第 7、8 条在 M_2 脉附近汇合后变宽并延伸至后缘，第 9 条波曲贯穿至后缘，外缘黑色；反面斑纹同正面，色泽较淡。后翅

M_3脉端具 1 条飘带状尾突，正面白色，臀区具 2 条并行的黑带，中区贯穿 1 条后端分叉的黑带，亚外缘具 1 条宽阔的灰黑色带，外缘黑色，各黑色带纹向后延伸至尾突上方融合成大黑斑，M_1室至臀角外缘处各具 1 枚灰蓝色斑，臀角处具 2 枚相连的黄斑；反面白色，臀区具 2 或 3 条黑带，中区黑带上端饰有 1 枚黄斑，亚外缘至外缘污白色，具 3 列并行的黑斑，其向后延伸至尾突上方汇合，M_2室至臀角外缘处的黑斑饰有 1 枚灰蓝色斑，其内侧各具 1 枚模糊的污白色斑，臀角处黄斑较淡。

雌蝶：前翅长 37–40 mm。翅形较宽，斑纹同雄蝶但黑纹较窄，后翅反面黄色调更重。

♂外生殖器：整体骨化程度较强。骨环近背部直而加宽；背兜宽，颚形突短小、基部远离、端部尖锐，尾突短指状、膜质具毛，囊形突小而饱满。抱器瓣长卵形，背缘、腹缘大体等长，整体骨化程度弱，但各内突骨化程度较强；其中，背端内突马鞍形、侧缘具齿；中内突长条形，中部无突起，腹侧片状扩展、边缘具大齿，背侧与基内突相连；基内突指状，末端尖；腹侧内突刀片状，边缘具大齿。阳茎基环膜质、整体骨化程度均匀，两侧端部密生长毛丛；阳茎长，骨化程度较弱，基部显著膨大为钟形，中部向腹面弯曲，末端尖锐。

♀外生殖器：肛突短圆，边缘平滑，内缘具细刺，基部外侧不骨化；后内骨突细。交配孔宽；孔前板基部宽，中央具二叉状突起，孔后板骨化呈 2 块分离的近方形块状结构。交配囊近球形，囊突为简单长条状结构；囊导管长，不骨化。

【亚种分布】

18a. 指名亚种

Graphium mullah mullah (Alphéraky, 1897)

Papilio tamerlanus var. *timur* Ney, 1911; ent. Z., 24(46): 252; TL: 'Ta-tsien-lu' [Kangding, W. Sichuan, China].

P[apilio] tamerlanus v. *timor* Draeseke, 1923; Dt. ent. Z. Iris, 37: 59. [ISS]

本亚种翅面黑色斑纹发达程度居中，后翅亚外缘黑带间密布灰黑色鳞，臀角黄斑较小。分布于云南东北低海拔金沙江河谷区。

昭通市：1♂，盐津杉木滩（700 m），2019-III-28，许振邦，[SJH]；2♂♂，盐津盐津溪（590 m），2019-III-29，许振邦，[SJH]。

19. 圆翅剑凤蝶 *Graphium parus* (Nicéville, 1900)

Papilio parus Nicéville, 1900; J. Bomb. nat. Hist. Soc., 13(1): 172, pl, EE, f. 21; TL: 'Tse Kou, Western China' [Yanmen, N. Yunnan, China].

Cosmodesmus tamerlanus incertus O. Bang-Haas, 1927; Horae Macrolepid., 1: 1, pl. 5, f. 3; TL: 'China mer. occ.: Szetschwan, Tatsienlu, Tsekou, Siaolu' [Kangding and Washan, Sichuan, S. W. China; Yanmen, Yunnan, S. W. China].

Cosmodesmus tamerlanus taliensis O. Bang-Haas, 1927, Horae Macrolepid., 1: 2, pl. 5, f. 4; TL: 'China mer. occ.: Jünnan, Tali' [Dali, Yunnan, S. W. China].

Pazala incerta Chou, 1994; Monographia Rhopalocerorum Sinensium: 55, 176. [UE]

【识别特征】

似前种，但体型明显较小、尾突粗短不卷曲，整体黑纹粗重，前翅第 7–9 横带间散布黑色鳞，外缘黑带向内浸润，后翅亚外缘双横带间散布黑色鳞。

【成虫形态】

雄蝶：前翅长 33–38 mm。前翅正面乳白色半透明，自翅基至亚外缘并列 9 条长短不一的黑色横带，其中第 1、2 条伸达后缘，第 3–6 条到达中室下缘后转折沿翅脉向外延伸，第 7 条止于M_2脉，第 8、9 条间密布灰色鳞并贯穿至后角，外缘黑色并向内浸润；反面斑纹同正面，色泽较淡。后翅M_3脉端具 1 条飘带状尾突，正面乳白色，臀区具 2 条并行的黑带，中区贯穿 1 条微波曲的黑带，亚外缘至外缘具 3 列并行的黑斑，其向后延伸至M_1室融合成黑色大斑，M_1室至臀角外缘处各具 1 枚灰蓝色斑，臀角处具 2 枚相连的黄斑；反面乳白色，臀区具 3 条黑带，中区黑带上端饰有 1 枚黄斑，亚外缘至外缘具 3 列并行的黑斑，其向后延伸至尾突上方汇合，M_2室至臀角外缘处的黑斑饰有 1 枚灰蓝色斑，其内侧各具 1 枚污白色斑，臀角处黄斑较淡。

雌蝶：前翅长 39–41 mm。斑纹同雄蝶。

♂外生殖器：整体骨化程度中等。骨环高度骨化，近背部直而加宽；背兜宽，颚形突短小、基部远离、端部尖锐而向内钩曲，尾突短指状、膜质具毛，囊形突小而饱满。抱器瓣卵圆形，背缘腹缘大体等长，整体骨化程度弱，但各内突骨化程度较强；其中，背端内突水滴形、边缘具齿；中内突长条形，中部无突起，腹侧片状扩展、边缘具大齿，背侧与基内突相连；基内突指状，末端尖；腹侧内突刀片状，边缘具大齿。阳茎基环膜质，中部弱骨化部分稍宽，两侧密生长毛丛；阳茎长，骨化程度较弱，基部显著膨大为钟形，中部向腹面弯曲而近端部再次显著向腹面弯曲，末端尖锐。

♀外生殖器：肛突短，端部圆钝，边缘平滑，内缘具短刺，基部外侧骨化；后内骨突细。交配孔深陷；孔前板简单骨化、边缘不规则，孔后板简单骨化并分离成 2 个较小的瓣状突起。交配囊近椭圆形，囊突为指状结构；囊导管中长，不骨化。

【亚种分布】

本种目前无亚种。分布于云南北部及西部海拔 1500 m 以上的山地。

迪庆州：3♂♂，香格里拉，1996-VII-28，何纪昌，[YNU]；1♂，维西塔城，2011-VI-13，蒋卓衡，[ZHJ]；2♂♂，维西攀天阁（2500 m），2015-IV-29，胡劭骥，[SJH]；1♂，维西塔城（1900 m），2015-IV-29，胡劭骥，[SJH]；1♂，香格里拉尼西（3000 m），2019-VI，杨扬，[SJH]。

丽江市：1♂，玉龙玉湖（2740 m），2013-IV-24，曾全，[SFU]；1♂，玉龙新尚（2640 m），2015-IV-26，赵健，[SJH]；2♀♀，玉龙三岔河（3000 m），2018-V-28，胡劭骥，[SJH]。

怒江州：1♂，贡山嘎足（1650 m），2009-V-24，朱建青，[JQZ]；1♂，贡山马西当（1550 m），2009-V-28，朱建青，[JQZ]。

绿凤蝶亚属 *Pathysa* Reakirt, [1865]

Pathysa Reakirt, [1865]; Proc. ent. Soc. Philad., 3(3): 503; TS: *Papilio antiphates* Cramer, 1775.

Deoris Moore, 1903; Lepid. Ind., 6(62): 31; TS: *Papilio agetes* Westwood, 1843.

种检索表

1a. 前翅黑带（含外缘）7 条，端半部不透明 2
1b. 前翅黑带（含外缘）少于 7 条，端半部半透明 .... 斜纹绿凤蝶 *Graphium agetes*
2a. 前翅黑带细，后翅正面无黑带 .... 绿凤蝶 *Graphium antiphates*
2b. 前翅黑带粗，后翅正面有黑带 .... 红绶绿凤蝶 *Graphium nomius*

20. 红绶绿凤蝶 *Graphium nomius* (Esper, 1799)

Papilio nomius Esper, 1799; Ausl. Schmett.: 210, pl. 52, f. 3; TL: ‘vermuthlich Südlich Amerika’ [probably South America, loc. err. = S. India].

【识别特征】

中小型种；翅绿白色；前翅正面具 5 条黑色粗横带，后翅中区贯穿 1 条黑色横带；前翅反面斑纹部分为淡赭色，后翅反面中带嵌红色。

【成虫形态】

雄蝶：前翅长 35–39 mm。前翅正面绿白色，自翅基至中室端部并列 5 条黑色横带，其中第 1、2 条伸达后缘，亚外缘至外缘具夹有绿白色点列的宽阔黑边；反面绿白色，斑纹同正面但呈淡赭色，仅第 1–3 横带的前缘部分和中室下方部分及亚外缘带 CuA_1 室以下部分为黑褐色。后翅 M_3 脉端具 1 条飘带状尾突，正面绿白色，亚外缘至外缘具饰有绿白色缘斑的宽阔黑边，CuA_1 室及 M_3 室在新月纹内侧还各具 1 枚绿白色斑，外缘镶白边，中区及臀区具 2 条几平行的黑带，尾突黑色镶白边，香鳞土黄色；反面绿白色，臀缘淡赭色，亚外缘至外缘淡赭色并饰有镶黑边的绿白色缘斑，中区具 1 条两侧镶黑边的红色波带，尾突色泽浅于正面。

雌蝶：前翅长 36–44 mm。斑纹同雄蝶但色泽较淡。

♂外生殖器：整体骨化程度弱。背兜小，尾突猫耳状，膜质被毛，基半部愈合；囊形突宽大饱满。抱器瓣较宽圆，末端圆滑，整体骨化程度弱；背缘中部具 1 枚弯曲的大突起，背侧列生强刺，腹缘基半段向外突出并列生强刺，全缘具稀疏刚毛；各内突发达且骨化程度较强；其中，中内突为扭曲条形，边缘具不规则锯齿；基内突阔刀状，边缘列生不规则锯齿，腹侧内突叶状，内基部向上延伸与基内突基部相接，边缘列生不规则锯齿。阳茎基环大部分膜质生密毛，仅上半部少量骨化；阳茎骨化程度弱，基部钟形扩大不明显，端部扩大、骨化程度加强，且在左侧具短刺状突起。

♀外生殖器：肛突短圆，端部略钝，边缘平滑，基部骨化；后内骨突细，中度骨化。交配孔深陷；孔前板高度骨化、基部联合并密布皱褶，孔后板窄细，骨化并覆盖交配孔。交配囊椭圆球形，囊突高度骨化呈尖漏斗状；囊导管中等长度，不骨化。

【亚种分布】

20a. 中南亚种

***Graphium nomius swinhoei* (Moore, 1878)**

Papilio swinhoei Moore, 1878; Proc. Zool. Soc. Lond., 1878(3): 697; TL: 'Hainan'.

Papilio nomius f. temp. *pernomius* Fruhstorfer, 1903; Berl. ent. Z., 47(3–4): 202; TL: 'Meklong Fluss, Siames, birmes Grenze···Shan State' [Mekong River, the border between Thailand and Shan State of Myanmar]. [IFS]

Pathysa nomius hainana Chou, 1994; Monographia Rhopalocerorum Sinensium: 173, 751, f. 6; TL: 'Hainan'.

分布于云南广大南部、西南部和部分中部地区的低海拔及河谷区。

红河州：5♂♂，元阳南沙，1982-VI-22–26，李昌廉、董大志，[KIZ]。

西双版纳州：1♀，景洪，1985-VI-6，郑加容，[KIZ]。

玉溪市：7♂♂、3♀♀，元江哈及冲（750 m），2008-III-30–31，胡劭骥，[SJH]；4♂♂、1♀，元江哈及冲（750 m），2013-V-13，胡劭骥，[SJH]；3♂♂，元江哈及冲（750 m），2015-VIII-12，毛巍伟，[WWM]。

21. 绿凤蝶 *Graphium antiphates* (Cramer, 1775)

Papilio antiphates Cramer, 1775; Uitl. Kapellen, 1(6): 113, pl. 72, f. A–B; TL: 'China' [Guangdong, S. China].

【识别特征】

中型种；翅白色；前翅前缘附近草绿色，具 5 条形态不一的黑色横带，后翅正面几无斑纹，反面外中区染橙黄色，尾突剑状。

【成虫形态】

雄蝶：前翅长 40–49 mm。前翅正面白色，基部及顶区前缘处草绿色，自翅基至中室端部并列 5 条黑色粗横带，其中第 1 条达后缘，第 2 条止于 CuA_2 室，第 3–5 条止于中室下缘，亚外缘 1 条伸达 CuA_1 脉的黑色宽横带，外缘具 1 条达 CuA_2 室的黑色宽横带；反面上半部草绿色，下半部绿白色，横带如正面。后翅 M_3 脉端具 1 条剑状尾突，正面白色，可透见反面斑纹，各翅室外缘具黑色斑，M_2 室至 CuA_1 室外缘处为灰色，尾突黑色具灰色中线，臀角橙黄色，香鳞土黄色；反面基半部草绿色，端半部淡橙色，自臀缘至中区并列 3 条下端止于草绿色区域外的平行黑带，其下端具 2 枚灰黑色斑、外侧具 1 列起于前缘止于 M_3 室的黑斑，上述黑斑外侧区域橙色较浓重，外中区 M_3 脉前各翅室具 1 条波状黑纹，外缘各翅室具大小不一的黑斑，尾突黑色、具白色中线。

雌蝶：前翅长 43–49 mm。斑纹同雄蝶但色泽较淡。

♂外生殖器：整体骨化程度弱。背兜小，尾突猫耳状、膜质，基 1/3 部分愈合，整体及其基部被毛；囊形突宽大饱满。抱器瓣短圆，整体骨化程度弱；背缘基部具 1 枚短指状突起，其末端列生强刺，背缘至端部间密生多列强刺和刚毛，腹缘光滑；内突骨化程度强，基内突小而尖锐，边缘具齿。阳茎基环大部分膜质生密毛，仅上半部骨化呈半环状、两外缘被长毛；阳茎中长而侧扁，骨化程度适中，基部钟形扩大不明显，在基 1/3 处向腹面弯曲，左侧近基部具 1 块骨化程度加强并逆生密集颗瘤状突起的区域，末端钝、开口斜长。

♀外生殖器：肛突短圆，端部略钝，边缘平滑，基部骨化；后内骨突细，中度骨化。交配孔宽；孔前板高度骨化、基部稍分离并有皱褶，中部有横脊，孔后板骨化并突出，前端覆盖孔前板侧端。交配囊椭圆球形，囊突高度骨化呈尖漏斗状；囊导管中等长度，不骨化。

【个体变异】

前翅第 4 条横带末端长度及形态，部分个体退化变窄、变短或呈锥状。

【亚种分布】

21a. 中印亚种

***Graphium antiphates nebulosus* (Butler, 1881)**

Papilio nebulosus Butler, 1881; Ann. Mag. nat. Hist., (5)7(37): 33, pl. 4, f. 3; TL: 'Darjiling' [Darjeeling, N.E. India].

Papilio antiphates continentalis Eimer, 1889; Artb. Verw.

Schmett., 1: 137, pl. 2, f. 1, 3; TL: 'Sikkim'.

Papilio antiphates linga Fruhstorfer, 1909; Ent. Z., 22(41): 170; TL: 'Hainan'.

分布于云南西南部与南部河谷及低海拔区域。

德宏州：1♂，盈江铜壁关（980 m），2016-III-2，杨维宗，[SJH]。

红河州：1♀，河口，1982-VI-6，李昌廉，[KIZ]；2♂♂，绿春，2009-VI，杨扬，[AMC]；1♂，河口花鱼洞（500 m），2011-V-6，肖宁年，[SFU]；1♀，金平马鞍底（680 m），2014-V-10，曾全，[SFU]；3♂♂、1♀，河口戈哈（350 m），2014-X-6，胡劭骥，[SJH]；3♂♂，河口戈哈（350 m），2014-X-6，张晖宏，[HHZ]。

临沧市：1♂，永德大雪山，2015-VIII-25，毛巍伟，[WWM]。

普洱市：1♀，普洱茶山（1490 m），2020-III-29，张晖宏，[SJH]。

西双版纳州：8♂♂，景洪小勐养，2006-VII-8，叶尔泰，[SJH]；1♂，勐腊勐仑（545 m），2013-III-12，岩腊，[SJH]；1♂，勐腊勐仑（580 m），2017-II-9，段匡，[KD]；1♂，勐腊勐仑（580 m），2018-II-26，段匡，[KD]。

22. 斜纹绿凤蝶 *Graphium agetes* (Westwood, 1843)

Papilio agetes Westwood, 1843; Arcana ent., 2: 23, pl. 55, f. 1–2; TL: 'East Indies (Sylhet?)' [southern Khasia Hills, India; north of Sylhet, Bangladesh].

【识别特征】

中小型种，体侧具粉红色毛；翅绿白色半透明，前翅具 4 条长短不一的黑带，后翅臀角具红斑，反面具 2 条平行的黑带，其中外侧一条上半段缠绕红线。

【成虫形态】

雄蝶：前翅长 34–39 mm。前翅正面基半部绿白色，端半渐为半透明，自翅基至中室端部并列 4 条长短不一的黑色横带，其中第 1、2 条进入 2A 室或达后缘，第 3 条达中室下缘，第 4 条退化为室端前缘部的三角斑，外中区自前缘至 CuA_2 脉贯穿 1 条黑色横带，外缘黑色；反面斑纹与正面相同，基半部绿色较重。后翅 M_3 脉端具 1 条飘带状尾突，正面绿白色，可透见反面斑纹，外缘灰黑色，M_2 室及尾突基部外缘处各具 1 枚白斑，臀角具 2 枚连缀的红斑，尾突黑色，端部白色，香鳞土黄色；反面绿白色，内中区具 1 条黑色横带，其穿过中室后即沿臀缘转折，中区具 1 条较粗、缀有红斑的黑色横带，其下端与内中区横带汇合于臀角上方，外缘同正面，臀角红斑中杂有白色鳞，尾突同正面。

雌蝶：前翅长 36–39 mm。斑纹与雄蝶相同，但色泽较淡。

♂外生殖器：整体骨化程度较弱。背兜小，尾突短钝呈猫耳状、膜质，基 1/2–2/3 部愈合，整体及其基部被长毛，囊形突较窄；抱器瓣圆但略扁，骨化程度较弱，背缘中部具 1 处大的突起，其上具扁刺丛和刚毛，抱器瓣腹缘至端部列生强刺，端部及附近区域具刚毛；内突骨化程度强，中内突片直指背侧，其背缘及端部具齿，腹基内突舌状，向腹侧弯曲，边缘锯齿状。阳茎基环大部分膜质被毛，仅背侧呈窄条状骨化；阳茎中长而侧扁、不甚弯曲，骨化程度中等，基部呈钟形扩大，左侧近基部至腹侧中部区域生有中等密度瘤状突起，端部稍尖，开口狭。

♀外生殖器：肛突短圆，端部略钝，边缘平滑，基部骨化；后内骨突细，中度骨化。交配孔深陷；孔前板高度骨化、基部分离为二叉状，孔后板拱形，前端与孔前板侧端相接。交配囊椭圆球形，囊突高度骨化呈尖漏斗状；囊导管中等长度，不骨化。

【个体变异】

前翅第 1、2 条横带长度可变，第 4 条横带在部分个体极短缩。

【亚种分布】

22a. 指名亚种

Graphium agetes agetes (Westwood, 1843)

Papilio agetes tenuilineatas Fruhstorfer, 1901; Soc. ent., 16(12): 89; TL: 'Xom-Gom, Süd-Annam' [near Phan Rang, Ninh Thuan Province, S. Vietnam].

P. [*apilio*] *agetes tenuilineatus* Fruhstorfer, 1903; Berl. ent. Z., 47(3/4): 199. [ISS]

Pathysa agetes chinensis Chou & Li, 1994; Monographia Rhopalocerorum Sinensium: 173, 751, f. 8; TL: 'Mt. Dawei Shan, Pingbian, Yunnan'.

分布于云南南部低海拔区域。

德宏州：3♂♂，盈江铜壁关（1000 m），2017-III-30，杨维宗，[SJH]。

普洱市：1♂，普洱曼歇坝（1110 m），2014-IV-7，胡劭骥，[SJH]。

西双版纳州：5♂♂，景洪小勐养，2006-IV-8，叶尔泰，[SJH]。

【附记】

周尧和李昌廉（1994）命名的 *Pathysa agetes chinensis* 模式产地为云南屏边大围山（周尧，1994），本书作者在分析原始发表及检视了模式标本后认为，屏边大围山的种群为指名亚种 ssp. *agetes*，而其原始发表的 ssp. *chinensis* 产于广东，该种群已被 Mell（1923）命名为 ssp. *hoenei*。因此，本书未将 ssp. *chinensis* 作为 ssp. *agetes* 的异名处理。

纹凤蝶亚属 *Paranticopsis* Wood-Mason & Nicéville, [1887]

Paranticopsis Wood-Mason & Nicéville, [1887]; J. Asiat. Soc. Bengal, (2), 55(4): 376; TS: *Papilio macareus* Godart, 1819.

种检索表

1a. 后翅臀角有黄斑……客纹凤蝶 *Graphium xenocles*

1b. 后翅臀角无黄斑……2

2a. 体型较大，翅面斑纹较宽，青白色……纹凤蝶 *Graphium macareus*

2b. 体型较小，翅面斑纹较窄，青灰色……细纹凤蝶 *Graphium megarus*

23. 细纹凤蝶 *Graphium megarus* (Westwood, 1844)

Papilio megarus Westwood, 1844; Arcana Entomologica, 2(19): 98, pl. 72, f. 2; TL: ‘Assam’.

【识别特征】

小型种，无尾突，模拟青斑蝶；翅正面黑褐色饰有窄细的青灰色斑纹，后翅外缘斑半圆弧形；反面底色呈棕色，后翅臀角无黄斑。

【成虫形态】

雄蝶：前翅长 32–36 mm。前翅正面黑褐色饰有青灰色斑纹，中室基部具 1 枚三角形小斑，中部具 2 条几平行的长斜纹，其后是 1 条波浪形纹，端部具 2 枚等长的倾斜斑纹，中室端外侧具 2 条斜长的斑纹，其外侧亚顶区又有 3 枚三角形点，中区 2A 室至 M_2 室各具 1 枚长条形斑，其中 CuA_1 室至 M_2 室的斑被 1 条黑色横带分割，外缘具椭圆形斑列，其中 CuA_2 室内的 2 枚较小；反面底色略呈棕色，斑纹同正面。后翅正面黑褐色饰有窄细的青灰色斑纹，外中区斑纹被 2 条黑色横带分割，外缘具半圆弧形斑列；反面底色呈棕色，斑纹同正面。

雌蝶：前翅长 36–41 mm，色泽、斑纹同雄蝶，但前翅外形较宽圆。

♂外生殖器：整体骨化程度较弱。背兜小，尾突兔耳状、膜质，基部分离，整体被疏毛，囊形突短；抱器瓣扁圆，高度骨化，背缘中段隆出为一段平直部分，其上列生强刺，抱器瓣腹缘至端部列生稀疏的刺和刚毛，端部圆钝；内突骨化程度强：中内突片宽，与抱器瓣腹缘垂直，其边缘具宽齿，腹基内尖角状，边缘光滑。阳茎基环“U”形，大部分膜质被毛；阳茎粗长，中段向背面弯曲，骨化程度较强，端部呈短指状尖突，开口狭。

♀外生殖器：肛突短圆，边缘平滑，内缘具短刺，基部外侧骨化但不突出；后内骨突细弱。交配孔深陷；孔前板基部向两侧呈叶状突出，中部为“U”形突起，孔后板呈半圆片状。交配囊椭圆形，囊突高度骨化呈漏斗状；囊导管中等长度，不骨化。

【亚种分布】

23a. 西南亚种

Graphium megarus megapenthes (Fruhstorfer, 1902)

Papilio megarus megapenthes Fruhstorfer, 1902; Dt. ent. Z. Iris, 15(1): 161; TL: ‘Süd-Annam’ [S.Vietnam].

Papilio megarus martinus Fruhstorfer, 1902; Dt. ent. Z. Iris, 15(1): 162; TL: Deli, Sumatra [Indonesia].

Papilio megarus mendicus Fruhstorfer, 1902; Dt. ent. Z. Iris, 15(1): 162; TL: ‘Muok-Lek … Mittel-Siam’ [Muak Lek, Saraburi, Thailand].

Papilio similis Lathy, 1899; Entomologist, 32(433): 149 [JH of *Ideopsis similis* (Linnaeus, 1758) (Nymphalidae)]; TL: 'Perak' [Malaysia].

本亚种后翅中室外端的青色条纹较短，其与亚外缘斑列的间距较宽。分布于云南南部、西南部及东南部低海拔区域。

西双版纳州：5♂♂，勐腊大树脚（1000 m），2020-III-1–3，张晖宏，[SJH]。

24. 客纹凤蝶 *Graphium xenocles* (Doubleday, 1842)

Papilio xenocles Doubleday, 1842; Zool. Misc., 2: 74; TL: 'Silhet' [southern Khasia Hills, India; north of Sylhet, Bangladesh].

【识别特征】

中小型种，无尾突，模拟绢斑蝶；翅正面黑褐色饰有较宽阔的青白色斑纹，反面底色呈棕色，后翅臀角具黄斑。

【成虫形态】

雄蝶：前翅长 48–50 mm。前翅正面黑褐色饰有青白色斑纹，中室基部具 1 枚三角形小斑，中部具 3 条几平行的长斜纹，端部具一长一短 2 枚更倾斜的斑纹，中室端外侧具 4 枚相邻的点，中区 2A 室至 M_3 室各具 1 块发达的大斑，其余翅室各具 1 枚箭形或三角形斑，外缘具椭圆形斑列，其中 CuA_2 室内的 2 枚较小；反面底色略呈棕色，斑纹同正面。后翅正面黑褐色饰有青白色斑纹，基 3/4 部各翅室具发达的大斑，外缘具圆形斑列，臀角处具 1 或 2 枚黄斑；反面底色呈棕色，斑纹同正面。

雌蝶：前翅长 49–53 mm，色泽、斑纹同雄蝶。

♂外生殖器：整体骨化程度较弱。背兜小，尾突兔耳状、膜质，基 1/3 部愈合，整体被毛但基部无毛丛，囊形突中等宽度；抱器瓣扁圆，骨化程度较弱，背缘中段隆出为一段平直部分，其上列生强刺，抱器瓣腹缘至端部列生稀疏的刺和刚毛，端部圆钝；内突骨化程度强：中内突片弯向背侧但大体与抱器瓣腹缘平行，其内侧具多列小齿，端部锯齿状，腹基内突舌状，边缘有锯齿。阳茎基环大部分膜质被毛，仅背侧稍骨化为窄条状；阳茎长而侧扁，中段明显向腹面弯曲，骨化程度较强，腹面近端部具 1 片锯齿状突起，端部尖，开口狭。

♀外生殖器：肛突短圆，边缘平滑，内缘具短刺，基部外侧骨化并突出；后内骨突细弱。交配孔深陷；孔前板中部突出呈深二叉状，孔后板略呈倒"U"形。交配囊长圆形，囊突高度骨化呈漏斗状；囊导管中等长度，不骨化。

【个体变异】

部分个体前翅 CuA_2 室内青白色大斑中贯穿 1 条细黑线，后翅臀角处的黄斑退化。

【亚种分布】

24a. 中越亚种

Graphium xenocles kephisos (Fruhstorfer, 1902)

Papilio xenocles kephisos Fruhstorfer, 1902; Soc. ent., 16(19): 145; TL: 'Chiem-Hoa···Mittel Tonkin' [Chiem Hoa, N. Vietnam].

Papilio xenocles f. vern. *neronus* Fruhstorfer, 1902; Soc. ent., 17(10): 74; TL: 'Haut-Tonkin' [N. Vietnam]. [IFS]

本亚种后翅中室外端的青白色条纹较短，其与亚外缘斑列的间距较宽。分布于云南南部、西南部及东南部低海拔区域。

红河州：1♂，河口戈哈（350 m），2015-IV-5，段匡，[KD]。

文山州：2♂♂，麻栗坡西部，2009-V，杨扬，[AMC]；1♀，麻栗坡，2019-IX-3，当地采者，[SJH]。

西双版纳州：1♂，景洪大勐龙，1989-X-16，董大志，[KIZ]；4♂♂，景洪，2000-VI-5，何纪昌，[YNU]；3♂♂，勐腊勐仑（545 m），2014-IV-5，岩腊，[SJH]；1♂，景洪橄榄坝（530 m），2015-II-19，当地采者，[SJH]。

25. 纹凤蝶 *Graphium macareus* (Godart, 1819)

Papilio macareus Godart, 1819; Encyc. Méth., 9(1): 24(No. 144), 76; TL: 'l'île de Java' [Java Island, Indonesia].

【识别特征】

似前种，但体型较小，翅面青白色斑纹较细，后翅臀角无黄斑。

【成虫形态】

雄蝶：前翅长 41–46 mm。前翅正面黑褐色饰有较细的青白色斑纹，中室基部具 1 枚三角形小斑，中部具 3 条几平行的长斜纹，端部具 2 枚更倾斜的斑纹，中室端外侧具 4 枚相邻的点，中区 2A 室至 M_3 室各具 1 条较宽斑，其中 CuA_2 室内的斑被黑线分割为两部分，其余翅室各具 1 枚箭形或三角形斑，外缘具椭圆形斑列，其中 CuA_2 室内的 2 枚与其余几等大；反面底色略呈棕色，斑纹同正面。后翅正面黑褐色饰有较细的青白色斑纹，基3/4部各翅室具较宽大斑，中室斑被黑线分割为两块，外缘具椭圆形斑列；反面底色略呈棕色，斑纹同正面。

雌蝶：前翅长41–47 mm，具多型。淡色型色泽斑纹同雄蝶；深色型前后翅灰黑色，仅余退化的污白色斑。

♂外生殖器：整体骨化程度较弱。背兜小，尾突兔耳状、膜质，基1/3部愈合，整体被疏毛、基部具长毛丛，囊形突宽大饱满；抱器瓣扁圆，骨化程度较弱，背缘中段稍隆出为一段列生强刺的区域，抱器瓣腹缘至端部列生稀疏的刺和刚毛，端部圆钝；内突骨化程度强：中内突片弯向背侧但大体与抱器瓣腹缘平行，其端部稍扩大、具齿，腹基内突与中内突紧邻，舌状、边缘有锯齿。阳茎基环大部分膜质被毛，仅背侧稍骨化为窄条状；阳茎长、于基1/3处明显向腹面弯曲，骨化程度较强，腹面近端部具1片锯齿状的低矮突起，端部尖，开口狭。

♀外生殖器：肛突短圆，边缘平滑，内缘具短刺，基部外侧骨化并突出；后内骨突细。交配孔深陷；孔前板呈浅而宽的“V”形，孔后板紧密相连为一片。交配囊近球形，囊突高度骨化呈钝漏斗状；囊导管中等长度，不骨化。

【亚种分布】

25a. 缅甸亚种

***Graphium macareus burmensis* Moonen, 1984**

Graphium macareus burmensis Moonen, 1984; Papilio Int., 1(3): 47; TL: ‘Burma’. [replacement for *Papilio gyndes* Jordan, 1909]

Papilio macareus gyndes Jordan, 1909; in Seitz, Gross-Schmett. Erde, 9(37): 104. [JH of *Papilio doson gyndes* Fruhstorfer, 1907(Papillionidae)]

本亚种翅面青白色斑纹较宽。分布于大盈江、怒江河谷及邻近低海拔区域。

德宏州：1♂，盈江铜壁关（980 m），2017-III-2，杨维宗，[SJH]。

25b. 中南亚种

***Graphium macareus indochinensis* (Fruhstorfer, 1901)**

Papilio macareus indochinensis Fruhstorfer, 1901; Soc. ent., 16(14): 106; TL: ‘Birma, Siam, Tonkin, Annam’ [Myanmar, Thailand, N. C. Vietnam].

Papilio striatus Lathy, 1899; Entomologist, 32(433): 149; TL: ‘Siam’ [Thailand]. [JH of *Papilio striatus* Zinken, 1831]

本亚种翅面青白色斑纹较窄。分布于澜沧江南段、元江等河谷及邻近低海拔区域，南部常见。

红河州：1♂，河口花鱼洞（500 m），2011-V-6，易传辉，[SFU]；3♂♂，河口戈哈（350 m），2015-IV-4–5，段匡，[KD]。

西双版纳州：2♂♂，勐腊勐仑（545 m），2013-III-12，胡劭骥，[SJH]；1♀，勐腊勐远，2018-II-26，申臻俐，[ZLS]。

25c. 澜沧亚种

***Graphium macareus vadimi* Cotton & Hu, 2023**

Graphium macareus vadimi Cotton & Hu, 2023; Zootaxa, 5362(1): 20; TL: ‘Pingpo, Yangbi, Yunnan, China’.

本亚种翅面青白色斑纹接近中南亚种，但后翅亚外缘青白色新月纹较退化，其与外中区青白色条纹间距较大。分布于澜沧江中段山区。

大理州：1♀（副模），漾濞平坡，1997-VI，采者不详，[DLU]；1♀，漾濞平坡（2000 m），1998-VI-11，采者不详，[DLU]；1♂（正模），漾濞东南点苍山（1400–1850 m），2007-VI-3，V. Tshikolovets，[AMC]；1♂，漾濞东南点苍山（1400–1850 m），2007-VI-3，V. Tshikolovets，[AMC]。

青凤蝶亚属 *Graphium* Scopoli, 1777

Graphium Scopoli, 1777; Introd. Hist. nat.: 433; TS: *Papilio sarpedon* Linnaeus, 1758.

Idaides Hübner, [1819]; Verz. Bekannt. Schmett., (6): 85; TS: *Papilio codrus* Cramer, 1777.

Zetides Hübner, [1819]; Verz. Bekannt. Schmett., (6): 85; TS: *Papilio sarpedon* Linnaeus, 1758. [JOS]

Chlorisses Swainson, [1832]; Zool. Illustr. (Pt. II), 2: pl. 89; TS: *Papilio sarpedon* Linnaeus, 1758. [JOS]

Graplicum Eversmann, 1851; Ent. Imp. Ross., 5: 67. [ISS]

Semicaudati Koch, 1860; Stett. ent. Ztg., 21: 231; TS: *Papilio sarpedon* Linnaeus, 1758. [JOS]

Dalchina Moore, [1881]; Lep. Ceylon, 1(4): 143; TS: *Papilio sarpedon* Linnaeus, 1758. [JOS]

Zethes Swinhoe, 1885; Proc. Zool. Soc. Lond., (1): 144. [ISS]

Delchina Swinhoe, 1885; Proc. Zool. Soc. Lond., (1): 146. [ISS]

Dalchinia Hampson, 1888; J. Asiat. Soc. Bengal (Pt. II), 57: 364. [ISS]

Delchinia Talbot, 1939; Fauna Br. India Butts., 1: 200. [ISS]

Semicudati Hemming, 1967; Bull. Br. Mus. nat. Hist. (ent.) Suppl., 9: 408. [ISS]

Klinzigia Niculescu, 1977; Bull. Soc. ent. Mulhouse, 1977(10/12): 51; TS: *Papilio weiskei* Ribbe, 1900. [JH of *Klinzigia* Lehrer, 1970(Diptera: Calliphoridae)]

Klinzigiana Niculescu, 1989; Bull. Cercle Lepid. Belg., 18(1/2): 12 [repl. for *Klinzigia* Niculescu, 1977].

Zetes Niculescu, 1989; Bull. Cerde Lepid. Belg., 18(1/2): 16. [ISS]

种检索表

1a. 后翅有尾突……2

1b. 后翅无尾突……3

2a. 翅面斑纹散点状，草绿色不透明……统帅青凤蝶 *Graphium agamemnon*

2b. 翅面斑纹宽，淡绿色半透明……宽带青凤蝶 *Graphium cloanthus*

3a. 翅面斑带单列，正反面几同色……4

3b. 翅面斑带多列，反面斑呈银白色……5

4a. 前翅斑带很宽，后段不被黑色翅脉分割……北印青凤蝶 *Graphium septentrionicolus*

4b. 前翅斑带较窄，后段明显被黑色翅脉分割……青凤蝶 *Graphium sarpedon*

5a. 后翅反面肩角斑、亚外缘斑和臀区斑黄色……6

5b. 后翅反面肩角斑、亚外缘斑和臀区斑红色……7

6a. 翅面斑纹窄长，2A 脉的黑纹粗，分割相邻的绿色斑……黎氏青凤蝶 *Graphium leechi*

6b. 翅面斑纹短宽，2A 脉黑纹不分割相邻的绿色斑……碎斑青凤蝶 *Graphium chironides*

7a. 后翅反面亚基部与基部黑带连通……8

7b. 后翅反面亚基部与基部黑带分离……木兰青凤蝶 *Graphium doson*

8a. 前翅中室端部斑逗号状……银钩青凤蝶 *Graphium eurypylus*

8b. 前翅中室端部斑三角形……南亚青凤蝶 *Graphium albociliatus*

26. 黎氏青凤蝶 *Graphium leechi* (Rothschild, 1895)

Papilio leechi Rothschild, 1895; Novit. Zool., 2(3): 437; TL: ‘Chang-yang, China’ [Changyang, Hubei, China].

Papilio leechi gen. *vernalis aprilis* O. Bang-Haas, 1934; Ent. Z., 47(22): 179; TL: ‘Szetschwan mer. occ., Bango’. [IFS]

Graphium leechi yunnana Lee, 1985; Entomotaxonomia, 7(3): 191, 195, f. 1-2; TL: ‘Yanjin’ [N. E. Yunnan, China].

Graphium leech Funahashi, 2003; Wallace, 8: 15. [ISS]

【识别特征】

无尾突；翅正面黑色散布窄长的灰绿色斑，后翅反面外中区具橙黄色斑列。

【成虫形态】

雄蝶：前翅长 42–46 mm。前翅正面黑褐色，中室内、中区及亚外缘饰有 3 列灰绿色斑，其中中区各斑明显呈窄长状，2A 脉的黑纹在翅基处呈箭头状并侵入相邻的灰绿色斑中，亚外缘 R_5 室内的斑呈长形；反面褐色，斑纹色泽较浅并略呈银色。后翅无尾突，正面黑褐色，基 2/3 部及亚外缘各翅室饰有灰绿色斑，其中前缘处的斑呈白色，中室及 CuA_1 室内的斑较窄长，香鳞土黄色；反面褐色，外缘内凹处镶白色，斑纹色泽较浅并略呈银色，亚外缘斑列在 M_1 脉及 Rs 脉处各具 1 枚弱小的长形斑，肩角处具 1 枚楔形橙色斑，外中区在 CuA_2 室至 M_2 室基部各具 1 枚橙色点。

雌蝶：前翅长 44–50 mm。斑纹同雄蝶，灰绿色斑色泽更浅。

♂外生殖器：整体骨化程度较弱。背兜小，尾突长指状、膜质，基 2/3 部愈合、中段缢缩、端半部分离，整体被疏毛、基部具毛丛，囊形突宽大饱满；抱器瓣宽圆，骨化程度较弱，背缘基部具 1 枚密生刚毛的突起，抱器瓣腹缘至端部列生稀疏的刺和刚毛，端部圆钝；内突骨化程度强，腹基内突指状、末端具齿，中内突单一角状，边缘和端部具小齿，背基内突短钝二叉状。阳茎基环大部分膜质被毛，仅基部和两侧缘稍骨化，大体拱形、端部生长毛丛；阳茎长而直，骨化程度较强，端部尖，开口宽。

♀外生殖器：肛突短圆，边缘平滑，内缘具短刺，基部外侧骨化突出；后内骨突细。交配孔宽；孔前板高度骨化，中部具隆脊、两侧具指状突起，孔后板呈倒“U”形。交配囊椭球形，表面具细弱的指纹状脊线，囊突高度骨化呈漏斗状；囊导管长，基半部轻度骨化，端半部具少量皱褶。

【个体变异】

具季节型，春型较小，前翅顶角突出不明显，翅面斑纹较发达。

【亚种分布】

本种目前无亚种。分布于云南东北部至东南部中低海拔区域。

红河州：1♂，金平马鞍底（1570 m），2014-VIII-27，曾全，[SFU]；1♂、1♀，金平马鞍底（960 m），2019-IV-15，当地采者，[SJH]。

曲靖市：1♂，曲靖，1998-VI-19，何纪昌，[YNU]。

昭通市：1♂，盐津盐津溪（670 m），2016-VI-23，蒋卓衡，[SJH]。

27. 碎斑青凤蝶 *Graphium chironides* (Honrath, 1884)

Papilio chiron Wall. var. *chironides* Honrath, 1884; Berl. ent. Z., 28(2): 397, pl. 10, f. 4; TL: ‘Darjeeling, Sikkim etc’ [N. India].

【识别特征】

似前种，但前翅顶角较突出，翅正面斑短纹阔且呈蓝绿色或黄绿色。

【成虫形态】

雄蝶：前翅长 40–46 mm。前翅正面黑褐色，中室内、中区及亚外缘饰有 3 列蓝绿色斑，其中中区各斑呈短圆状，亚外缘 R_5 室内的斑不呈长形；反面褐色，斑纹色泽较浅并略呈银色。后翅无尾突，正面黑褐色，基 2/3 部及亚外缘各翅室饰有蓝绿色斑，其中前缘处的斑呈白色，R_5 室内的斑呈淡青色，香鳞灰白色；反面褐色，外缘内凹处镶白色，斑纹色泽较浅并略呈银色，亚外缘斑列在 Rs 脉及 M_1 脉处各具 1 枚弱小的长形斑，肩角处具 1 枚圆形黄色斑，外中区在 CuA_2 室至 M_1 室基部各具 1 枚橙色点。

雌蝶：前翅长 41–48 mm。斑纹同雄蝶，呈淡绿色。

♂外生殖器：整体骨化程度较弱。背兜小，尾突长指状、膜质，基半部愈合、中段缢缩、端半部岔离，整体被疏毛、基部具毛丛，囊形突宽大饱满；抱器瓣宽圆，骨化程度较弱，背缘基部具 1 枚生有稀疏强刺突起，抱器瓣腹缘至端部列生稀疏的刺和刚毛，端部圆钝；内突骨化程度强：腹基内突长、末端较尖锐，中内突分为等大的二叉，边缘和端部具小齿，背基内突短钝。阳茎基环大部分膜质被毛，仅基部和两侧缘稍骨化，大体拱形、端部生长毛丛；阳茎长而直，骨化程度较强，端部尖，开口狭。

♀外生殖器：肛突短圆，边缘平滑，内缘具短刺，基部外侧骨化突出；后内骨突细。交配孔深陷；孔前板舌状，端部浅二叉并具叉形突起，基部两侧具向外弯曲的长指状突起，孔后板为相连的近方形瓣状结构。交配囊椭球形，囊突高度骨化呈漏斗状；囊导管中长，基半部轻度骨化。

【亚种分布】

27a. 指名亚种

Graphium chironides chironides (Honrath, 1884)

Papilio chiron Wallace, 1865; Trans. Linn. Soc. Lond., 25(1): 66, note; TL: ‘Assam, Sylhet’. [JH of *Papilio chiron* Fabricius, 1775(Nymphalidae) and *Papilio chiron* Rottemburg, 1775 (Lycaenidae)]

[*Graphium clanis*] *chironicum* Eliot, 1982(unnecessary replacement name); Malay. nat. J., 35(1–2): 180.

Arisbe chironides punctatus Page & Treadaway, 2014; Stutt. Beitr. Naturk. A(NS), 7: 279; TL: ‘Mt. Phupien Kaxieng, Danchung district, Xekong Prefecture, Laos’.

分布于云南北部、东北部和南部低海拔区域。

德宏州：1♂，盈江铜壁关（1000 m），2017-III-2，

杨维宗，[SJH]；1♂，盈江铜壁关（1000 m），2017-V-13，杨维宗，[SJH]。

红河州：1♂，金平马鞍底（980 m），2013-VIII-12，曾全，[SFU]；1♂，金平马鞍底（990 m），2014-VII-25，曾全，[SFU]。

西双版纳州：2♂♂，景洪小勐养，2006-VII-16，叶尔泰，[SJH]；5♂♂，勐腊勐仑（545 m），2007-VIII-15，当地采者，[SJH]。

昭通市：1♂、3♀♀，盐津豆沙关，2014-VII-14（羽化），胡劭骥，[SJH]；1♂，盐津上河坝（790 m），2016-VII-27，蒋卓衡，[ZHJ]。

28. 银钩青凤蝶 *Graphium eurypylus* (Linnaeus, 1758)

Papilio eurypylus Linnaeus, 1758; Systema Naturae (Ed. 10), 1: 464; TL: 'Indiis' [Ambon, Indonesia].

【识别特征】

无尾突，翅黑色散布淡绿色斑，前翅正面 CuA_2 室内的亚外缘斑成对，后翅正面臀褶内具土黄色长毛状香鳞，反面肩角黑纹与臀区黑带形成"Y"形，外中区具红色斑列。

【成虫形态】

雄蝶：前翅长 42–43 mm。前翅正面黑色，中室内具由细渐粗的淡蓝绿色斑列，第 4 枚显著扩大为逗号状，中区各室大小不一的淡蓝绿色斑组成 1 条上窄下宽的横带，其中 2A 室与 CuA_2 室内的斑愈合，亚外缘具 1 列几等大的淡蓝绿色斑，其中 CuA_2 室内的斑成对；反面黑褐色，斑纹较正面扩大，色泽浅并覆盖银色。后翅无尾突，正面黑色，中区 R_1 室内具 1 枚近卵形白色大斑，其内侧近肩角处还有 1 枚白色小圆斑，白色大斑下方缀有 1 列上宽下窄的淡蓝绿色斑，其在中室端部上、下缘处各具 1 枚缺刻，亚外缘具 1 列淡蓝绿色小斑，其中 M_1 室内的斑向内错位并呈明显的逗号状，香鳞毛长，呈土黄色；反面黑褐色，外缘内凹处镶白色，斑纹色泽较浅并略呈银色，亚外缘斑列扩大，且在 M_1 脉及 Rs 脉处又各具 1 枚弱小的长形斑，肩角外侧短黑纹沿 $Sc+R_1$ 脉饰有红斑，其与臀区黑带汇合呈"Y"形，外中区在中室端部、CuA_2 室至 M_3 室基部各具 1 枚红斑，其中 CuA_2 室内的红斑沿臀区向上延长。

雌蝶：前翅长 41–45 mm。斑纹同雄蝶但呈灰绿色。

♂外生殖器：整体骨化程度较弱。背兜小，尾突长指状、膜质，基 1/3 愈合、端部 2/3 岔离，整体被疏毛、基部具毛丛，囊形突宽大饱满；抱器瓣宽圆，骨化程度较弱，背缘基部具 1 枚生有稀疏强刺小突起，抱器瓣腹缘至端部列生稀疏的刺和刚毛，端部圆钝；内突骨化程度强：腹基内突缺如，中内突分 3 叉，其中下方一支较长而尖锐、中央一支短钝具齿、上方一支较粗且被短刺或其上又分出 1 小支，背基内突几退化。阳茎基环大部分膜质被毛，仅基部和两侧缘稍骨化，大体拱形、端部生长毛丛；阳茎长而直，骨化程度较强，端部尖，开口狭。

♀外生殖器：肛突短圆，端部略钝，边缘平滑，内缘具短刺，基部外侧骨化突出；后内骨突细。交配孔宽；孔前板近五边形，端部两侧具窄叶状隆起，基部中央具彼此靠近的角状突起，孔后板为相互分离的长瓣状结构，呈倒深"V"形。交配囊椭圆球形，囊突高度骨化呈漏斗状；囊导管较长，基半部轻度骨化。

【个体变异】

有明显的季节型，其中旱季型翅面淡蓝绿色斑发达，后翅反面亚外缘斑显著扩大；雨季型不如上述，且腹背密布白色鳞。本种同时还存在一定程度的个体差异，后翅中室斑与 CuA_1 室及 R_5 室基部斑纹间的黑线发达程度不一，正面 M_1 脉及 Rs 脉处可出现弱小绿斑，反面外中区红斑色泽可呈橘红色。

【亚种分布】

28a. 大陆亚种

Graphium eurypylus acheron (Moore, 1885)

Zetides acheron Moore, 1885; Ann. Mag. nat. Hist., (5)16(92): 120; TL: 'N.E. Bengal'.

Papilio eurypylus acheron forma pluv. *cheronus* Fruhstorfer, 1903; Berl. ent. Z., 47(3/4): 204; TL: 'Siam, Tonkin' [Thailand, N. Vietnam]. [IFS]

Papilio eurypylus juba Fruhstorfer, 1908; Ent. Z., 21(37): 222; TL: 'Hainan'.

Papilio eurypylus cheronus f. vern. *petina* Jordan, 1909; in Seitz, Gross-Schmett. Erde, 9(37): 98; TL: 'Indochina'. [IFS]

分布于云南中部及南部低海拔区域。

大理州：1♂，大理，1985-VII-18，李昌廉，[KIZ]。

红河州：1♂，河口戈哈，2013-X-4，胡劭骥，[SJH]；2♂♂，河口戈哈，2014-X-6，胡劭骥，[SJH]。

西双版纳州：1♂，勐腊勐仑（545 m），2013-III-13，

胡劭骥，[SJH]；3♂♂，勐腊勐仑（545 m），2014-IV-5，当地采者，[SJH]；1♂，景洪橄榄坝（530 m），2015-II-19，当地采者，[SJH]。

29. 南亚青凤蝶

***Graphium albociliatus* (Fruhstorfer, 1901)**

Papilio evemon albociliatus Fruhstorfer, 1901; Soc. ent., 16(14): 106; TL: 'Chiem-Hoa, C. Tonkin' [Chiem Hoa, N. Vietnam].

Papilio evemon albociliatis Fruhstorfer, 1901. [IOS]

【识别特征】

似前种，但前翅正面 CuA_2 室内的亚外缘斑单一，后翅臀褶内香鳞灰白色。

【成虫形态】

雄蝶：前翅长 45–48 mm。前翅正面黑色，中室内具由细渐粗的淡草绿色斑列，第 4 枚显著扩大为三角形，中区各室大小不一的淡草绿色斑组成 1 条上窄下宽的横带，其中 2A 室与 CuA_2 室内的斑愈合，亚外缘具 1 列几等大的淡草绿色斑，其中 CuA_2 室内仅 1 枚斑；反面黑褐色，斑纹较正面扩大，色泽浅并覆盖银色。后翅无尾突，正面黑色，中区 R_1 室内具 1 枚近卵形白色大斑，其内侧近肩角处还有 1 枚模糊的污白色小斑，白色大斑下方缀有 1 列上宽下窄的淡草绿色斑，其在中室端部上、下缘处各具 1 枚楔形缺刻，亚外缘具 1 列淡草绿色小斑，其中 M_1 室内的斑向内错位并呈明显的逗号状，香鳞毛短，呈灰白色；反面黑褐色，外缘内凹处镶白色，斑纹色泽较浅并略呈银色，亚外缘斑列扩大，且在 M_1 脉及 Rs 脉处又各具 1 枚弱小的长形斑，肩角外侧白斑清晰，其外方短黑纹沿 $Sc+R_1$ 脉饰有红斑并与臀区黑带汇合呈“Y”形，外中区在中室端部、CuA_2 室至 M_3 室基部各具 1 枚红斑，其中 CuA_2 室内的红斑沿臀区向上延长。

雌蝶：前翅长 45–50 mm。斑纹同雄蝶但呈灰绿色。

♂外生殖器：整体骨化程度较弱。背兜小，尾突兔耳状、膜质，基半部愈合、端部分离，整体被疏毛、基部具毛丛，囊形突甚宽大；抱器瓣宽圆，骨化程度较弱，背缘基部具 1 枚生有稀疏强刺的突起，抱器瓣腹缘至端部列生稀疏的刺和刚毛，端部圆钝；内突骨化程度强：腹基内突缺如，中内突分二叉，其中下方一支较窄而尖锐、上方一支宽大且端部又分出若干被小刺的短支，背基内突退化。阳茎基环大部分膜质被毛，仅基部、两侧缘及中部稍骨化，大体拱形、端部生长毛丛；阳茎长、略弯曲，骨化程度强，端部尖，开口狭。

♀外生殖器：肛突短圆，端部略钝，边缘平滑，内缘具短刺，基部外侧骨化突出；后内骨突细。交配孔深陷；孔前板向后伸出，端部具缺刻，基部两侧呈叶状扩展，其末端具齿，孔后板略呈三叶草形，部分包绕孔前板。交配囊椭圆球形，囊突高度骨化呈漏斗状；囊导管较长，基半部轻度骨化。

【亚种分布】

本种目前无亚种分布，分布于云南南部低海拔区域。

红河州：1♂，河口，1984-VII-17，李昌廉，[KIZ]。

西双版纳州：1♂，勐腊曼庄，1974-VII-17，甘运兴，[KIZ]；1♂，景洪，1992-VI-27，董大志，[KIZ]；1♂，景洪小勐养，1995-VI-7，叶尔泰，[SJH]；2♂♂，勐腊，1996-VII-2，何纪昌，[YNU]；1♂，景洪，1996-VII-20，何纪昌，[YNU]；2♂♂，景洪，1997-VII-21，何纪昌，[YNU]；2♂♂，勐腊，2007-VII，当地采者，[SJH]；1♀，景洪，2008-VIII，当地采者，[AMC]；2♂♂，勐腊勐仑（545 m），2014-IV-5，当地采者，[ZHJ]；1♂，勐腊勐仑（545 m），2014-IV-5，当地采者，[HHZ]。

【附记】

本种名拼写长期存在混淆，Cotton（2016）考证认为，Fruhstorfer（1901）在其原始发表中将本种命名为 *P. evemon albociliatis*，但在同文后续两次使用了 *albociliatus*。Jordan（1909）在其论文中使用 *albociliatis*，给后续研究造成了第一修订人的印象，从而导致主要文献使用 *albociliatis*。然而，Fruhstorfer 当年即在期刊末尾发表了勘误，指出将 *albociliatis* 改为 *albociliatus*，但该勘误长期未被学者发现。根据 ICZN（1999）的法则，Fruhstorfer 的勘误有效，因此 *albociliatus* 为本种的有效名，而 *albociliatis* 应处理为 IOS。

30. 木兰青凤蝶

***Graphium doson* (C. Felder & R. Felder, 1864)**

Papilio doson C. & R. Felder, 1864(replacement for *Papilio jason* Esper, 1801; *nec Papilio jason* Linnaeus, 1758); Verh. Zool.-Bot. Ges. Wien., 14(3): 305; TL: 'not stated' [Ceylon].

【识别特征】

与前两种相似，但前翅 CuA_2 室内亚外缘斑大小不一或只有 1 枚，后翅反面肩角短黑带与臀区黑带分离，香鳞土黄色。

【成虫形态】

雄蝶：前翅长 40–41 mm。前翅正面黑色，中室内具由细渐粗的淡蓝绿色斑列，第 4 枚呈新月形，中区各室大小不一的淡蓝绿色斑组成 1 条上窄下宽的横带，其中 2A 室与 CuA_2 室内的斑愈合，亚外缘具 1 列几等大的淡蓝绿色斑，其中 CuA_2 室内的斑大小不一或仅有 1 枚；反面黑褐色，斑纹较正面扩大，色泽浅并覆盖银色。后翅无尾突，正面黑色，中区具 1 条上宽下狭的斑带，其中 R_1 室内的斑最大，呈白色并在近基部处有 1 条黑色短带，其余斑带为淡蓝绿色并在中室端部上、下缘处各具 1 枚楔形缺刻，亚外缘具 1 列淡蓝绿色小斑，其中 M_1 室内的斑向内错位并呈明显的逗号状，M_1 脉及 Rs 脉处又各具 1 枚弱小的长形斑，香鳞毛长，呈土黄色；反面黑褐色，外缘内凹处镶白色，斑纹色泽较浅并略呈银色，亚外缘斑列扩大，肩角外侧黑色短带沿 $Sc+R_1$ 脉饰有红斑，外中区在中室端部、CuA_2 室至 M_3 至室基部各具 1 枚红斑，其中 CuA_2 室内的红斑沿臀区向上延长。

雌蝶：前翅长 41–43 mm，斑纹同雄蝶但呈绿黄色。

♂外生殖器：整体骨化程度较弱。背兜稍大、背面观三角形，尾突兔指状、膜质，基部分离，整体被疏毛，囊形突大；抱器瓣宽圆，骨化程度较弱，背缘基生有稀疏刺，抱器瓣腹缘至端部列生稀疏的刺和刚毛，端部圆钝；内突骨化程度强：腹基内突短粗被齿，中内突窄三角形片状、端部上扬、边缘具齿，背基内突尖锐角状，其与中内突之间具多枚不规则齿突。阳茎基环大部分膜质被毛，仅基部及两侧缘稍骨化，大体拱形、端部生长毛丛；阳茎长、中段略向腹面弯曲，骨化程度强，端部尖，开口狭。

♀外生殖器：肛突短圆，端部略钝，边缘平滑，内缘具短刺，基部外侧骨化突出；后内骨突细。交配孔宽；孔前板端部略突出并具新月形隆起，基部两侧具边缘有锯齿的刀片状突起，孔后板呈倒宽“V”形。交配囊椭圆球形，表面具细弱的指纹状脊线，囊突高度骨化呈漏斗状；囊导管长，基半部轻度骨化，端半部有细弱的脊线。

【亚种分布】

30a. 华南亚种

***Graphium doson actor* (Fruhstorfer, 1907)**

P.[*apilio*] *jason actor* Fruhstorfer, 1907; Ent. Z., 21(34): 209; TL: ‘Hainan’.

Papilio axion C. Felder & R. Felder, 1864; Verh. Zool.-Bot. Ges. Wien., 14(3): 305; TL: ‘India sept. (Silhet)’ [Sylhet or Khasia Hills]. [JH of *Papilio axion* Boisduval, 1832 (Papilionidae)]

P.[*apilio*] *jason evemonides* forma nova *praestabilis* Fruhstorfer, 1907; Ent. Z., 21(34): 209; TL: ‘Siam’ [Thailand]. [IFS]

P.[*apilio*] *jason nanus* Fruhstorfer, 1909; Ent. Z., 22(41): 170; TL: ‘Süd-Annam, Xom-Gom’ [near Phan Rang, Ninh Thuan Province, S. Vietnam].[JH of *Papilio nanus* Herbst, 1804 (Lycaenidae)]

P.[*apilio*] *jason praestabilis* Fruhstorfer, 1909; Ent. Z., 22(41): 170; TL: ‘Tonkin … Hongkong’.

Arisbe doson axionides Page & Treadaway, 2014; Stutt. Beitr. Naturk. A (NS), 7: 272. [replacement name for *Papilio axion* C. Felder & R. Felder, 1864]

分布于云南中部及南部中低海拔区域。

红河州：1♂、1♀，河口戈哈（350 m），2014-X-4–5，张晖宏，[HHZ]。

西双版纳州：1♂，景洪，1995-VI-7，叶尔泰，[SJH]；1♂，勐腊勐仑，2007-VII，当地采者，[SJH]；1♂，景洪橄榄坝，2015-II-19，当地采者，[SJH]。

31. 统帅青凤蝶

***Graphium agamemnon* (Linnaeus, 1758)**

Papilio agamemnon Linnaeus, 1758; Systema Naturae (Ed. 10), 1: 461; TL: ‘Asia’ [Guangdong, China].

【识别特征】

体型较大，具短尾突；翅正面黑色散布草绿色斑点，反面底色略带红色。

【成虫形态】

雄蝶：前翅长 38–44 mm。前翅正面黑色，中室内、中区及亚外缘饰有 3 列草绿色斑，其中中室内 2 列的第 1 枚愈合、第 2 列第 4 枚呈“T”形，亚外缘斑列在 CuA_2 室内为 2 枚斜向排列的斑；反面褐色，覆盖暗洋红色不规则大斑，饰纹同正面但色泽较淡。后翅 M_3 脉端具 1 枚短尾突，正面黑色饰有 3 列草绿色斑，其中前缘处的斑呈淡绿色至白色，香鳞土黄色；反面暗紫红色，饰纹模糊，肩角至中室内具 1 枚草绿色瓶状斑，R_5 室基部及 R_1 室亚基部各具 1 枚内侧镶红边的黑斑，臀角处具 1 枚模糊的红斑。

雌蝶：前翅长 42–47 mm。斑纹同雄蝶但色泽偏黄。

♂外生殖器：整体骨化程度较强。背兜小，尾突极短钝、膜质，整体被疏毛，囊形突宽大；抱器瓣短圆，骨化程度强，背缘生稀疏刚毛，端部圆钝但呈锯齿状，腹缘平滑；内突骨化程度强，结构简单，仅在背侧具 1 片斜向端部的突起。阳茎基环窄盾形、骨化程度弱，基部窄，端部宽、中央凹入且生长毛丛；阳茎长而扭曲，骨化程度强，端部尖锐，开口处较宽。

♀外生殖器：肛突短圆，边缘平滑，内缘具细刺，基部外侧骨化突出；后内骨突细。交配孔深陷；孔前板多纵褶，孔后板为彼此联合的光滑瓣状结构。交配囊基部宽、端部较窄，表面具指纹状脊线，囊突高度骨化，为表面密布细刺突的短棒状结构；囊导管长，中度骨化。

【亚种分布】

31a. 指名亚种

***Graphium agamemnon agamemnon* (Linnaeus, 1758)**

Papilio aegisthus Linnaeus, 1763; in Johansson, Cent. Ins. Rarior.: 18; TL: ‘China’.

Papilio dorylas Sulzer, 1776; Abg. Gesch. Insecten, (1): 142, pl. 13, f. 3; TL: ‘China’. [JH of *Papilio dorylas* [Denis & Schiffermüller], 1775(Lycaenidae)]

Papilio agamemnon var. *rufescens* Oberthür, 1879; Ét. ent., 4: 58; TL: ‘Chine’ [China].

Papilio agamemnon var. *anoura* Oberthür, 1879; Ét. ent., 4: 58; TL: ‘Bornéo, Dodinga’.

分布于云南中部及南部中低海拔区域。

德宏州：1♂，瑞丽，1977-VI-8，杨建平，[KIZ]；2♂♂、2♀♀，瑞丽弄岛，1981-X-19，李昌廉，[KIZ]。

红河州：2♂♂，金平马鞍底（680 m），2013-IX-26，曾全，[SFU]；1♂、1♀，河口戈哈（350 m），2014-X-4–5，张晖宏，[HHZ]。

曲靖市：3♂♂、2♀♀，师宗五龙（950 m），2015-VIII-19–30，胡劭骥，[SJH、WWM]。

西双版纳州：1♂，景洪，1979-IV-18，王云珍，[KIZ]；1♀，景洪，1981-VI-1，董大志，[KIZ]；1♂，景洪，1989-X-5，赵万源，[KIZ]；4♂♂，景洪，1989-X-17，董大志，[KIZ]；1♂，勐腊勐仑，2017-II-10，段匡，[KD]。

玉溪市：1♀，元江哈及冲（750 m），2012-X-19，李建军，[SJH]。

32. 青凤蝶 *Graphium sarpedon* (Linnaeus, 1758)

Papilio sarpedon Linnaeus, 1758; Systema Naturae (Ed. 10), 1: 461; TL: ‘Asia’ [Guangdong, China].

【识别特征】

无尾突，前翅顶角圆钝。翅黑色，中区具连贯的蓝绿色斑列，前翅无中室斑及亚外缘斑，后翅非脱落香鳞灰黄色。

【成虫形态】

雄蝶：前翅长 40–48 mm。前翅正面黑褐色，中区具 1 列由小渐大、由绿渐蓝且逐渐融合的半透明斑，其末端不甚扩大；反面褐色，斑纹同正面。后翅无尾突，正面黑褐色，中区具 1 列带状蓝绿色半透明斑，其中 R_1 室内的斑呈白色，R_5 室斑及中室斑上缘色泽较浅，亚外缘 M_3 室至 R_5 室各具 1 枚新月形蓝绿色斑，M_2 室基部无斑，长毛状香鳞灰黄色略白，非脱落香鳞灰黄色；反面褐色，肩角处具 1 段红色短线，中室端部、M_3 室各具 1 枚不规则红斑，CuA_2 室红斑短块状，其余斑纹同正面。

雌蝶：前翅长 40–45 mm，斑纹同雄蝶，但色泽较浅。

♂外生殖器：整体骨化程度较强。背兜小，尾突尖猫耳状、膜质，整体几等宽、被疏毛，囊形突宽大；抱器瓣宽圆，骨化程度强，背缘生稀疏刚毛，端部圆钝但呈锯齿状，其与背缘交界处凹入为圆形缺刻，腹缘平滑；内突骨化程度强，背缘近端部具 1 枚边缘锯齿状的条形突起，其基部下方尚有 1 枚末端较宽的短指状突起。阳茎基环宽盾形、骨化程度弱，基半部窄，其余部分等宽、端部平且生长毛丛；阳茎中长而直，骨化程度强，端部尖，开口狭。

♀外生殖器：肛突短圆，端部略钝，边缘平滑，内缘具短刺，基部外侧骨化但不突出；后内骨突细。交配孔宽；孔前板轻度骨化呈相连的瓣状，孔后板轻度骨化呈倒宽“V”形。交配囊近球形，囊突呈钝漏斗状；囊导管中长，不骨化。

【个体变异】

本种具季节型，旱季型个体蓝绿色斑发达，部分个体于前翅中室内出现蓝绿色斑，雨季型个体蓝绿色斑减退，云南东北部种群后翅斑带明显退化；斑带色泽具有一定变异，呈青蓝色或黄绿色。

【亚种分布】

32a. 指名亚种

***Graphium sarpedon sarpedon* (Linnaeus, 1758)**

Papilio protensor Gistel, 1857; Vacuna, 2: 513–606; TL: ‘China, Java’.

Papilio sarpedon var. *semifasciatus* Honrath, 1888; Ent. Nachr., 14(11): 161; TL: ‘Kiukiang, China’ [Jiujiang, Jiangxi, China].

P.[*apilio*] *sarpedon melas* Fruhstorfer, 1907; Ent. Z., 21(30): 183; TL: ‘Tonkin, Tenasserim’ [N. Vietnam and Tanintharyi, Myanmar] partim. [JH of *Papilio melas* Herbst, 1796 (Nymphalidae)]

Papilio (*Graphium*) *sarpedon corbeti* Toxopeus, 1951; Idea, 8(3/4): 63. [replacement name for *melas* Fruhstorfer, 1907]

分布于云南中部、东部至东北部，前翅蓝绿色带较窄，后翅蓝绿色斑明显被黑色翅脉分割。

昆明市：1♂，东川森林公园（1500 m），2013-VIII-3，胡劭骥，[SJH]；3♂♂、2♀♀，昆明市区（1900 m），2014-IX-6–8，胡劭骥，[SJH]；1♀，昆明三碗水（2100 m），2015-V-17，胡劭骥，[SJH]。

昭通市：5♂♂、5♀♀，永善（900 m），2003-VIII-19，董大志，[KIZ]；1♀，盐津二溪口（520 m），2016-IV-29，蒋卓衡，[ZHJ]；1♂，盐津斑竹林（440 m），2016-VII-23，蒋卓衡，[ZHJ]。

红河州：1♂，元阳，1981-V-3，李昌廉，[KIZ]；1♂，河口花鱼洞（500 m），2011-V-6，易传辉，[SFU]；7♂♂、2♀♀，金平马鞍底（680–990 m），2013-VII-25–28，曾全，[SFU]；1♂，河口马多依（430 m），2013-X-4，胡劭骥，[SJH]；2♂♂、1♀，河口戈哈（350 m），2014-X-4–5，胡劭骥，[SJH]；1♂、1♀，金平马鞍底（680 m），2014-V-10，曾全，[SFU]。

玉溪市：1♂，元江哈及冲（750 m），2010-VII-10，胡劭骥，[SJH]；1♂，元江哈及冲（750 m），2015-VIII-12，毛巍伟，[WWM]。

32b. 马来亚种

***Graphium sarpedon luctatius* (Fruhstorfer, 1907)**

P.[*apilio*] *sarpedon luctatius* Fruhstorfer, 1907; Ent. Z., 21(30): 183; TL: ‘Borneo’.

P.[*apilio*] *sarpedon melas* Fruhstorfer, 1907; Ent. Z., 21(30): 183; TL: ‘Tonkin, Tenasserim’ [N. Vietnam and Tanintharyi, Myanmar] partim. [JH of *Papilio melas* Herbst, 1796 (Nymphalidae)]

Papilio (*Graphium*) *sarpedon corbeti* Toxopeus, 1951; Idea, 8(3/4): 63. [replacement name for *melas* Fruhstorfer, 1907]

分布于云南西部至南部，前翅蓝绿色带较宽，后翅蓝绿色连续。

德宏州：1♂，盈江芒冬，1981-X-8，周又生，[KIZ]；1♂、1♀，陇川章凤，1981-X-12，李昌廉，[KIZ]；1♂，瑞丽弄岛，1981-X-19，李昌廉，[KIZ]；1♂，芒市芒海，1985-VII-27，李昌廉，[KIZ]；1♂，盈江铜壁关（1000 m），2017-III-26，杨维宗，[SJH]。

临沧市：2♂♂，沧源，1981-VI-25，董大志、李昌廉，[KIZ]；2♂♂，双江，1981-VII-1–2，董大志，[KIZ]；1♂，永德大雪山，2015-VIII-25，毛巍伟，[WWM]。

怒江州：1♀，泸水，1995-IX，中西明德，[KIZ]。

普洱市：1♂，普洱思茅，1981-V-17，李昌廉，[KIZ]；1♂，西盟勐梭河，1981-VI-21，董大志，[KIZ]；1♂，景谷，1981-VI-25，王云珍，[KIZ]；1♂，景东，1981-VII-9，李昌廉，[KIZ]；1♀，景谷，1981-VII-13，李昌廉，[KIZ]；1♂，普洱思茅，1990-XI-21，林苏，[KIZ]。

西双版纳州：1♂，景洪，1974-VI-29，甘运兴，[KIZ]；1♂，勐腊曼庄，1978-VII-30，甘运兴，[KIZ]；1♀，景洪，1979-VIII-4，董大志，[KIZ]；1♂，景洪，1981-V-30，董大志，[KIZ]；1♂，景洪，1981-VI-2，李昌廉，[KIZ]；3♂♂，勐海曼稿，1989-X-9，董大志，[KIZ]；5♂♂，勐海，1989-X-10–12，董大志，[KIZ]；1♂，勐腊勐仑，2012-X，当地采者，[SJH]；4♂♂，勐腊勐仑（545 m），2014-IV-5，当地采者，[SJH]；1♂，

勐腊大龙哈（770 m），2014-IV-5，胡劭骥，[SJH]；1♂，勐腊尚勇（780 m），2014-IV-6，胡劭骥，[SJH]。

33. 北印青凤蝶

Graphium septentrionicolus Page & Treadaway, 2013

Graphium adonarensis septentrionicolus Page & Treadaway, 2013; Stutt. Beitr. Naturk. A(NS), 6: 239, f. 19-20; TL: 'Nowgang, Assam, India'.

【识别特征】

与青凤蝶 *Graphium sarpedon*（Linnaeus, 1758）极相似，但前翅顶角尖而突出，翅中区斑列更宽而连贯，后翅正面近臀角处亚外缘斑块状，非脱落香鳞青灰色，反面臀角红斑短块状。

【成虫形态】

雄蝶：前翅长 40–41 mm。前翅正面黑褐色，中区具 1 列由小渐大、由黄绿渐变为蓝绿且逐渐融合的半透明斑，其在 2A 室至 CuA_1 室内的 3 枚斑明显扩大而使斑列末端向外弯曲；反面褐色，斑纹同正面，外缘淡褐色，亚外缘贯穿 1 条淡色细横带。后翅无尾突，正面黑褐色，中区具 1 列宽带状蓝绿色半透明斑，其中 R_1 室内的斑呈白色，R_5 室斑及中室斑上缘色泽较浅，M_2 室基部尚有 1 枚蓝绿色小斑，亚外缘 M_3 室至 R_5 室各具 1 枚蓝绿色斑，其中 M_3 室与 M_2 室的斑明显呈块状，长毛状香鳞灰黄色，非脱落香鳞青灰色；反面褐色，肩角处具 1 段波状红色短线，中室端部、M_3 室各具 1 枚不规则红斑，CuA_2 室红斑斜线状，其余斑纹同正面。

雌蝶：前翅长 42–43 mm，斑纹同雄蝶，但色泽较浅。

♂外生殖器：整体骨化程度较强。背兜小，尾突尖猫耳状、膜质，整体几等宽、被疏毛，囊形突宽大；抱器瓣宽圆，骨化程度强，背缘生稀疏刚毛，端部圆钝但呈锯齿状，其与背缘交界处凹入为圆形缺刻，腹缘平滑；内突骨化程度强，背缘近端部具 1 枚边缘锯齿状的条形突起，其基部又分一叉、边缘具齿的突起，下方尚有 1 枚末端较宽的短指状突起。阳茎基环宽盾形、骨化程度弱，基半部窄，其余部分等宽、端部平且生长毛丛；阳茎中长而直，骨化程度强，端部尖，开口狭。

【个体变异】

本种具季节型，旱季型个体蓝绿色斑发达，部分个体于前翅中室内出现蓝绿色斑。

【亚种分布】

本种目前无亚种，主要分布于云南西部至南部低海拔区域。

德宏州：2♂♂，盈江铜壁关（1000 m），2017-III-26，杨维宗，[SJH]。

34. 宽带青凤蝶 *Graphium cloanthus* (Westwood, 1841)

Papilio cloanthus Westwood, 1841; Arcana ent., 1(3): 42, pl. 11, f. 2; TL: 'partibus septentrionalibus Indiae orientalis' [the northern part of E. India].

【识别特征】

体型较大，尾突长；翅黑色，中区具宽阔透明的绿色斑。

【成虫形态】

雄蝶：前翅长 44–50 mm。前翅正面黑色，中区具宽阔但被黑色纵带分割为 4 段的青绿色透明斑；反面褐色，亚外缘具模糊的灰褐色带，其余斑纹同正面。后翅 M_3 脉端具 1 条指状尾突，正面黑色，中区具宽阔的青绿色透明斑，亚外缘 M_3 室至 R_5 室具大小不一的青绿色斑，香鳞灰白色；反面褐色，青绿色斑同正面，亚外缘 R_1 室具 1 枚模糊的白斑，肩角具一段不规则的暗红色斑，M_1 室至 CuA_2 室及中室端缘处具暗红色斑。

雌蝶：前翅长 45–48 mm，斑纹同雄蝶但色泽较浅。

♂外生殖器：整体骨化程度较强。背兜小，尾突细长指状、膜质被疏毛，囊形突宽大；抱器瓣略呈方形，骨化程度强，背缘生稀疏刚毛、与端部交界处膨大突出，端部平、边缘列生锯齿，其与背缘交界处凹入为缺刻，腹缘平滑；内突骨化程度强，背缘近端部具 1 枚端部锯齿状的突起，其基部下方尚有 1 枚粗短的刺状突起。阳茎基环盾形、骨化程度弱，基 1/3 部窄，其余部分等宽、端部较大、近膜质且生长毛丛；阳茎中长而直，骨化程度强，端部尖，开口狭。

♀外生殖器：肛突短圆，端部略尖，边缘平滑，内缘具短刺，基部外侧骨化突出；后内骨突细，中度骨化。交配孔宽；孔前板中部呈方形突出，基部两侧轻度骨化并向腹侧延伸，孔后板轻度骨化并相互分离。交配囊椭球形，囊突高度骨化呈短指状；囊导管中长，基半部轻度骨化。

【个体变异】

本种具季节型，旱季型个体青绿色斑宽阔，雨季型个体稍窄；色泽也具有一定变异，斑带颜色可呈青白色、翠绿色或黄绿色。

【亚种分布】

34a. 指名亚种

***Graphium cloanthus cloanthus* (Westwood, 1841)**

P.[*apilio*] *cloanthus* f. temp. *cloanthulus* Fruhstorfer, 1902; Dt. ent. Z. Iris, 15(1): 168; TL: 'Sikkim'. [IFS]

本亚种前后翅半透明绿色中带宽阔而连续，广布于云南除滇东北以外的中低海拔区域。

德宏州：1♂，盈江铜壁关（980 m），2017-II-23，杨维宗，[SJH]。

红河州：1♂，金平铜厂，1982-VI-15，李昌廉，[KIZ]；3♂♂，金平马鞍底（990 m），2014-VII-25，曾全，[SFU]。

昆明市：6♂♂、2♀♀，昆明大观楼（1886 m），2008-VIII-21，胡劭骥，[SJH]；1♀，昆明西山（2230 m），2013-III-30，胡劭骥，[SJH]。

怒江州：1♂，贡山其期（1980 m），2009-V-25，朱建青，[JQZ]；1♂，福贡阿亚比，2017-V-23，P. Sukkit，[SJH]。

曲靖市：1♂，曲靖面店，2017-VIII-27，张晖宏，[SJH]。

西双版纳州：1♂，景洪，1992-VI-27，董大志，[KIZ]。

34b. 短带亚种

***Graphium cloanthus clymenus* (Leech, 1893)**

Papilio cloanthus var. *clymenus* Leech, 1893; Butts. China, Japan, Corea, (4): 523; TL: 'Chang-yang ··· West China' [Changyang, Hubei, China].

Graphium cloanthus ssp. *nyghmat* Koçak & Kemal, 2000; Misc. Pap. Centre ent. Stud., (65/66): 11. [unnecessary replacement name]

本亚种前后翅半透明绿色中带窄，尤其前翅被更宽的黑带切割，仅分布于云南东北低海拔区域。

昭通市：1♂，盐津盐津溪（670 m），2016-VI-23，蒋卓衡，[SJH]。

喙凤蝶族 Teinopalpini Grote, 1899

Teinopalpidae Grote, 1899; Proc. Amer. Phil. Soc., 38: 16; TG: *Teinopalpus* Hope, 1843.

额突出，触角短，下唇须特异发达向前伸出。前翅 R_3 脉与 R_{4+5} 脉共短柄，中室端第二横脉明显内凹，M_2 脉弧形。

喙凤蝶属 *Teinopalpus* Hope, 1843

Teinopalpus Hope, 1843; Trans. Linn. Soc. Lond., 19(2): 131; TS: *Teinopalpus imperialis* Hope, 1843.

Teinoprosopus C. Felder & R. Felder, 1864; Verh. Zool.-Bot. Ges. Wien, 14(3): 289, 331; TS: *Teinopalpus imperialis* Hope, 1843.

本属全球已知 2 种，我国分布 2 种，云南分布 2 种。

大型种，体背黑色密被金绿色鳞，腹面草黄色。头大，复眼裸露；前翅顶角明显、外缘内凹；后翅外缘齿状，雄蝶具 1 枚细长的尾突，雌蝶具 5 枚发达程度不一的尾突，其中 2 枚较长。性二型显著。

♂外生殖器骨化程度中强，骨环宽度中等，囊形突发达；上钩突宽钝，钩形突强大，端部分 3 叶；抱器瓣长椭圆形，端部平滑，内突 2 枚、相对而生；阳茎高度骨化，长而强烈下弯，端部平滑；阳茎基环小，结构简单。

本属物种生活于山区，飞行迅速，雄蝶常于清晨在林间地面取食露水，其余时间均在树冠附近飞行，雌蝶野外较少遇见。幼虫取食木兰科植物。

种检索表

1. 雄蝶触角棕红色；前翅顶角尖锐，反面端半部棕红色；雌蝶后翅中区大斑灰色，内无黑色翅脉贯穿 .... 喙凤蝶 *Teinopalpus imperialis*
2. 雄蝶触角黑色；前翅顶角圆钝，反面端半部灰色；雌蝶后翅中区大斑灰白色，内有黑色翅脉贯穿 .... 金斑喙凤蝶 *Teinopalpus aureus*

35. 喙凤蝶 *Teinopalpus imperialis* Hope, 1843

Teinopalpus imperialis Hope, 1843; Trans. Linn. Soc. Lond., 19(2): 131, pl. 11, f. 1–2; TL: 'Indiâ Orientali, Silhet' [southern Khasia Hills, India; north of Sylhet, Bangladesh].

【识别特征】

中大型种；触角棕红色；前翅顶角尖锐；雄蝶前翅反面基部金绿色，其余部分底色棕红，后翅外中区具中段向外膨大的金黄色宽带；雌蝶后翅具1块后段渐成黄色的灰白色大斑。

【成虫形态】

雄蝶：前翅长48–54 mm。触角棕红色，前翅顶角尖锐略钩。前翅正面黑褐色密布金绿色鳞，约1/2处贯穿1条黑色细横带，其外侧附有1条金黄绿色鳞形成的横带，中区及外中区具2条模糊的黑色宽横带，亚外缘具1条模糊的黑色横带，外缘黑色；反面基1/3密布金绿色鳞，其余部分棕红色，中区及外中区具2条黑色横带，亚外缘及外缘具不完全的黑色横带。后翅正面基半部黑褐色密布金绿色鳞，外中区自前缘至CuA_1室具1条中段向外膨大、镶黑边的金黄色宽带，其外侧中后段饰有灰色鳞，以后变为1条内侧镶黑边的灰白色细横带，外中区黑褐色，亚外缘在M_2室至R_1室及2A室具大小不一的黄绿色斑，外缘贯穿1条不清晰的金绿色线，尾突黑色，末端金黄色；反面斑纹同正面但色泽较浅。

雌蝶：前翅长57–64 mm。前翅正面基1/3黑褐色散布金绿色鳞，其余部分底色深灰，中室端部具1条黑线，中区具1条模糊的黑色宽横带，外中区具1条模糊的黑色窄横带，亚外缘及外缘黑色；反面与正面相似但黑色横带窄。后翅正面基1/3黑褐色散布金绿色鳞，其外侧至外中区具1块向后渐窄、后端渐呈黄色、两侧镶黑边的灰色大斑，其外侧在CuA_1室至M_2室饰有灰色鳞，中室端部具1枚黑斑，亚外缘黑色，顶角污白色，外缘在2A室、M_2室及M_1室具大小不一的黄绿色斑，外缘贯穿1条不清晰的金绿色线，尾突黑色，其中M_1脉尾突端部白色，M_3脉尾突端部金黄色；反面斑纹色泽几同正面。

♂外生殖器：整体骨化程度中等。上钩突宽鸭喙状，骨化程度强；尾突愈合，背面观呈窄长梯形、端部分3叶，侧面观钝鸟喙状；囊形突极长而饱满，几与骨环侧部等长。抱器瓣近长方形，背缘、腹缘及末端均平滑；内突2枚，其中腹缘中部1枚呈三角形、端部钝，基部1枚分为2瓣，上瓣稍尖而长。阳茎基环基部阔三角形，两端角向上反折为立体结构，端部向后延伸为2片短叶；阳茎长且强烈向腹面弯曲，强度骨化，大部等宽，端部稍扩大，开口两侧密生细刺。

♀外生殖器：肛突大，端部钝，边缘平滑，基部不骨化；后内骨突细。交配孔狭窄；孔前板高度骨化为2枚瓣状结构，孔后板轻度骨化，基部相连呈V形。交配囊窄长袋状，无囊突；囊导管短，轻度骨化。

【个体变异】

翅面金绿色鳞密度存在一定差异，雄蝶后翅金黄色带宽窄可变，雌蝶后翅灰色大斑及其后段黄色的色泽深浅存在变异。

【亚种分布】

35a. 滇缅亚种

***Teinopalpus imperialis behludinii* (Pen, 1937)**

Papilio behludinii Pen, 1937; J. W. China Border Res. Soc., 8: 157, pl. 1, f. 4; TL: 'Pailuting, 180 li north-west of Chengtu' [Bailuding, Pengzhou, Chengdu, Sichuan, China].

Teinopalpus imperialis miecoae Morita, 1997; Futao, 25: 13, pl. 3, f. 1–4; TL: 'Northern Kachin State, Myanmar'.

Teinopalpus imperialis colettei Collard & Dion, 2007; Bull. Soc. ent. Mulhouse, 63(3): 42, f. 1-3; TL: 'Mt. Nam Kha, District de Gnoi-Ou, Province de Phongsaly, Nord Laos' [loc. err. = Sichuan, China].

[*Teinopalpus imperialis*] *kiyokoae* Collard & Dion, 2007; Bull. Soc. ent. Mulhouse, 63(3): 42. [NN]

本亚种雄蝶后翅金黄色横带宽于其他亚种，雌蝶后翅臀角黄白色带很宽。分布于云南西部、西南部、西北部、东北部及东南部海拔 1800–3000 m 的山地。

红河州：1♂，金平，1999-X-18，采者不详，[KIZ]；2♂♂、1♀，金平阿得博（1870 m），2019-IV-22，当地采者，[YNU]。

怒江州：1♂，泸水片马垭口（3000 m），2009-V-16，朱建青，[SNU]。

昭通市：1♂，永善小岩方（1500–1860 m），2018-V-28，张晖宏，[YNU]。

36. 金斑喙凤蝶 *Teinopalpus aureus* Mell, 1923

Teinopalpus aureus Mell, 1923; Dt. ent. Z., 1923(2): 153; TL: ‘Norden der Provinz Kuangtung’ [N. Guangdong, China].

【识别特征】

似前种，但触角黑色，翅形宽阔，雄蝶前翅顶角圆钝，反面端半部灰色而非棕红色，后翅中区金黄色斑大体五角形；雌蝶前翅底色较淡，前翅反面外缘决无砖红色，后翅黄白色区域极宽。

【成虫形态】

雄蝶：前翅长 50–54 mm。触角黑色，前翅宽阔、顶角圆钝。前翅正面黑褐色密布金绿色鳞，约 1/2 处贯穿 1 条黑色横带，其外侧附有 1 条金黄绿色鳞形成的横带，中室端部具 1 条黑色短横线，其与前述金黄绿色横带间密布金黄绿色鳞，形成斑块，中区及外中区具 2 条模糊的黑色宽横带，亚外缘具 1 条模糊的黑色横带，外缘黑色；反面基 1/3 黑褐色，其余部分灰色，中区及外中区具 2 条黑色横带，亚外缘及外缘具黑色细横带。后翅正面基半部黑褐色密布金绿色鳞，外中区自前缘至 CuA_1 室具 1 条中段膨大为五角形、镶黑边的金黄色斑带，其后段近臀角处灰白色，中室端部具 1 条黑色短线，外中区黑褐色，亚外缘在 M_2 室至 R_1 室及 2A 室具大小不一的黄绿色斑，外缘贯穿 1 条不清晰的金绿色线，尾突黑色，末端金黄色；反面斑纹同正面但色泽较浅。

雌蝶：前翅长 58–63 mm。前翅阔，顶角钝。前翅正面基 1/3 黑褐色散布金绿色鳞，其外侧为 1 条浅灰色横带，其余部分深灰色，中室端部具 1 条黑线，中区具 1 条模糊的黑色宽横带，外中区具 1 条模糊的黑色窄横带，亚外缘及外缘黑色；反面与正面相似但灰色较浅、黑色横带清晰。后翅正面基 1/4 黑褐色散布金绿色鳞，其外侧至外中区具 1 块向后渐窄、后端渐呈黄色、两侧镶黑边、内部贯穿黑色翅脉的灰白色大斑，其外侧在 M_2 脉处直抵亚外缘，中室端部具 1 枚黑斑，亚外缘黑色，外缘在 R_5 室具灰白色斑，2A 室、M_2 室及 M_1 室具大小不一的灰黄色斑，外缘贯穿 1 条不清晰的金黄绿色线，尾突黑色，其中 M_1 脉尾突端部白色，M_3 脉尾突端部金黄色；反面斑纹色泽几同正面，但中区灰色大斑散布更多黑鳞。

♂外生殖器：整体骨化程度中等。上钩突宽鸭喙状，骨化程度强；尾突愈合，背面观呈窄长梯形、端部分 3 叶，侧面观钝鸟喙状；囊形突极长而饱满，几与骨环侧部等长。抱器瓣近方形、较短，背缘、腹缘及末端均平滑；内突 2 枚，其中腹缘中部 1 枚呈片状，基部 1 枚呈三角形。阳茎基环三角形，两端角向上反折为立体结构；阳茎长且强烈向腹面弯曲，强度骨化，大部等宽，端部稍扩大，开口两侧密生细刺。

♀外生殖器：肛突大，端部钝，边缘平滑，内缘具短刺，基部不骨化；后内骨突细。交配孔狭窄；孔前板高度骨化为二叉状，孔后板高度骨化呈新月状。交配囊球形，无囊突；囊导管短，不骨化。

【个体变异】

雄蝶后翅金黄色大斑内的翅脉覆盖金绿色鳞的程度不一，雌蝶前翅底色深浅具有一定幅度的变异。

【亚种分布】

36a. 老越亚种

Teinopalpus aureus shinkaii Morita, 1998

Teinopalpus aureus shinkaii Morita, 1998; Wallace, 4(2): 14, pl. 13, f. 2; TL: ‘Mt. Pia Oac & Mt. Tam Dao, N. Vietnam’.

本亚种体型较其他国产亚种大，雄蝶前翅金绿色横带与广西亚物种似，雌蝶前翅灰色亚外缘横带较窄，后翅亚外缘黄斑较大，M_3 脉与 M_1 脉端的尾突较其他亚种更长。分布于云南南部及东南部海拔 1800 m 以上的山地。

红河州：1♂，金平马鞍底（1870 m），2007-V-21，周雪松、刘家柱，[SFU]。

裳凤蝶族 TROIDINI Talbot, 1939

Troidini Talbot, 1939; Fauna Br. India Butts., 1: 61; TG: *Troides* Hübner, [1819].

Troiidini Talbot, 1939. [IOS]

Cressidini Ford, 1944; Trans. R. ent. Soc. Lond., 94: 213; TG: *Cressida* Swainson, [1832].

Euryaditi Parsons, 1996; Bull. Kitakyushu Mus. nat. Hist., 15: 85; TG: *Euryades* C. Felder & R. Felder, 1864.

Cressiditi Parsons, 1996; Bull. Kitakyushu Mus. nat. Hist., 15: 85: TG: *Cressida* Swainson, [1832].

Euryadini Möhn, 2002; in Bauer & Frankenbach, Schmett. Erde, Teil 14, Papilionidae, 8: 2; TG: *Euryades* C. Felder & R. Felder, 1864. [Unavailable name, ICZN 13.1.1]

触角裸露；足胫节与跗节裸露，腹面的刺列不分离；前翅 Cu-v 脉极发达，中室端部第 2 横脉下弯；雄蝶后翅臀褶极发达并内卷，内部或生厚密的香鳞；♂外生殖器第 9、10 背板退化，常与第 8 背板愈合，上钩突正常，尾突厚膜质，与上钩突联合；♀外生殖器第 8 侧板骨化，产卵瓣中部具 4–7 枚钩状突起。

珠凤蝶属 *Pachliopta* Reakirt, [1865]

Pachliopta Reakirt, [1865]; Proc. ent. Soc. Philad., 3(3): 503; TS: *Papilio diphilus* Esper, 1793.

Polydorus Swainson, [1833]; Zool. Illustr. (Pt. II), 2: pl. 101; TS: *Papilio polydorus* Linnaeus, 1763. [JH of polydorus Blainville, 1826(Annelida)]

Pachlioptera Scudder, 1875; Proc. Am. Acad. Arts Sci., Boston, 10(2): 235. [ISS]

Tros Kirby, 1896; in Allen, Naturalist's Libr., Lepid. 1, Butts., 2: 305; TS: *Papilio hector* Linnaeus, 1758.

本属全球已知 17 种，我国分布 1 种，云南分布 1 种。

中型种，头胸黑色，腹部曙红色具黑纹。头较小，复眼裸露，触角较短。翅形狭长；前翅外缘平直；后翅外缘波齿状，M_3 脉端具 1 条尾突，1A+2A 脉短。雄蝶后翅臀褶无可脱落香鳞。无性二型。

♂外生殖器整体骨化程度强，上钩突小，第 8 背板、背兜和尾突左右两侧宽离，囊形突长大饱满；抱器瓣小而不相互闭合，内突常超过其端部；阳茎高度骨化；阳茎基环呈“Y”形。

本属物种主要分布于热带及亚热带区域，成虫常见于林间空地，飞行缓慢，两性均访花，尤其嗜访马缨丹 *Lantana camara* 和合欢 *Albizia* spp.；雄蝶也具吸水习性。幼虫取食马兜铃科植物。

37. 红珠凤蝶

Pachliopta aristolochiae **(Fabricius, 1775)**

Papilio aristolochiae Fabricius, 1775; Syst. ent.: 443, No. 3; TL: 'Indiae orientalis'.

【识别特征】

前翅大部分灰黑色具黑色脉间纹；后翅黑色，中室外侧具 4 枚白斑，亚外缘具红点。

【成虫形态】

雄蝶：前翅长 42–47 mm。前翅正面基 1/3 黑色，外 2/3 黑色具明显的辐射状灰色中室纹及脉侧纹，外缘黑色；反面斑纹同正面但色泽较浅。后翅正面黑色，中室外侧具 4 枚长形白斑，亚外缘各翅室具模糊的暗红色斑；反面斑纹同正面，亚外缘斑清晰且呈曙红色。

雌蝶：前翅长 48–53 mm，翅褐色，斑纹同雄蝶但色泽暗淡。

♂外生殖器：整体强度骨化。上钩突短指状，两侧各具 2 枚钝齿突、端部具 1 枚钝齿突，使之呈狼牙棒形；尾突强度骨化，位于骨环两侧顶部，侧面观葫芦形，端部密布细小颗瘤状突起；囊形突发达，长而饱满。抱器瓣窄小退化，基半部梯形、中部缢缩、端半部倒足状，背腹缘皆平滑，末端生刚毛簇；内突简单，长条形、末端尖锐。阳茎基环呈“Y”形，基部稍宽，端部分二叉，两端角外侧又各悬 1 片。阳茎粗而长，端部具纵脊。

♀外生殖器：肛突短宽，端部钝，边缘平滑，内缘具短刺；后内骨突细，中度骨化。交配孔窄；孔前板高度骨化，呈“V”形向后延伸，孔后板高度骨化，呈倒“V”形向前延伸。交配囊近球形；无囊突；囊导管长，基部骨化。

【亚种分布】

37a. 大斑亚种

***Pachliopta aristolochiae goniopeltis* (Rothschild, 1908)**

Papilio aristolochiae goniopeltis Rothschild, 1908; Novit. Zool., 15(1): 167; TL: ‘Tenasserim, Burma, Siam northwards to Hong Kong’.

分布于云南南部、西南部。

红河州：1♂，河口花鱼洞（500 m），2011-V-6，肖宁年，[SFU]；4♂♂、1♀，金平马鞍底（860–1000 m），2013-VIII-11–13，曾全，[SFU]；2♀♀，金平马鞍底（1350 m），2014-VII-27，曾全，[SFU]。

西双版纳州：3♂♂、1♀，勐腊磨憨，2009-III，当地采者，[AMC]；2♂♂、1♀，勐腊勐仑（580 m），2016-VIII-3–4，段匡，[KD]。

37b. 小斑亚种

***Pachliopta aristolochiae adaeus* (Rothschild, 1908)**

Papilio aristolochiae adaeus Rothschild, 1908; Novit. Zool., 15(1): 167; TL: ‘West, Central and East China’.

分布于云南中部、东部高原。

大理州：2♀♀，大理蝴蝶泉（2100 m），1986-V-26，李昌廉，[KIZ]；1♂，大理蝴蝶泉，1987-VI-13，李昌廉，[KIZ]；1♂、2♀♀，大理苍山，1988-V-18–31，李昌廉，[KIZ]；1♂，洱源凤羽，2019-V-6，张晖宏，[SJH]。

昆明市：1♂，石林，2010-X，张鑫，[XZ]。

丽江市：1♂、1♀，永胜（2190-2200 m），1986-VI-8，李昌廉，[KIZ]。

文山州：2♂♂、1♀，文山（1500 m），2008-VIII，当地采者，[AMC]。

昭通市：2♂♂，永善（900 m），2003-VIII-19，董大志，[KIZ]；2♂♂，盐津杉木滩（750 m），2016-V-24，蒋卓衡，[SJH]；1♀，盐津普洱渡（400 m），2018-VII-16，张晖宏，[HHZ]。

裳凤蝶属 *Troides* Hübner, [1819]

Troides Hübner, [1819]; Verz. Bekannt. Schmett., (6): 88: TS: *Papilio helena* Linnaeus, 1758.

Amphrisius Swainson, [1833]. Zool. Illustr, (2), 3(22): pl. 98; TS: *Amphrisius nympalides* Swainson, [1833].

Pompeoptera Rippon, 1889; Icones Ornithopterum, 1: 4; TS: *Papilio pompeus* Cramer, 1775.

Pompeusptera Rippon, [1890]; Icones Ornithopterum, 1: pl. A. [ISS]

Ripponia Haugum & Low, 1975; Entomologist’s Rec. J. Var., 87(4): 111; TS: *Papilio hypolitus* Cramer, 1775.

本属全球已知约 20 种，我国分布 3 种，云南分布 2 种。

体型硕大的物种，头胸黑色，腹部黄色具黑纹，后头、胸侧具红色毛簇，翅面鳞片具光泽。头大，复眼裸露，触角粗长。前翅较窄，外缘平直或略内凹，R_1 脉起点与 CuA_2 脉起点隔中室相对，中室端部第一与第二横脉共线；后翅浑圆，外缘平直或波状，无尾突。雄蝶后翅臀褶内具绒毛状香鳞。性二型显著，雄蝶后翅少有纹饰，雌蝶则具明显的黑斑。

♂外生殖器整体骨化程度强，上钩突正常，囊形突饱满，尾突厚膜质被毛；抱器瓣大而宽圆，内突高度骨化、强大具齿，基部具钩状突起；阳茎短粗；阳茎基环窄片形。

本属物种主要分布于热带区域，其中金裳凤蝶 *Troides aeacus* (C. Felder & R. Felder, 1865) 可分布至中亚热带及北亚热带区。成虫飞行缓慢，雄蝶常于树冠或高空滑翔巡视，雌蝶多见于蜜源或寄主旁，在清晨两性均喜欢在开阔山谷间乘气流滑行。两性均喜访花，尤其嗜访马缨丹 *Lantana camara*、龙船花 *Ixora chinensis* 和合欢 *Albizia* spp.等；雄蝶也具吸水习性，常在林间空地溪流边少数聚集。幼虫取食马兜铃科植物。

种检索表

1. 雄蝶前翅宽阔，脉侧不透明，后翅外缘斑内无灰晕；雌蝶后翅前区全黑，亚外缘斑与外缘斑相接……………………………………………………………………裳凤蝶 *Troides helena*
2. 雄蝶前翅窄，脉侧半透明，后翅外缘斑内有灰晕；雌蝶后翅前区具黄斑，亚外缘斑与外缘斑分离，中间有灰晕……………………………………………………………………金裳凤蝶 *Troides aeacus*

38. 裳凤蝶 *Troides helena* (Linnaeus, 1758)

Papilio helena Linnaeus, 1758; Systema Naturae (Ed. 10), 1: 461; TL: 'in floribus Arecae Americes' [on American palm flowers, loc. err. = Java].

【识别特征】

体形硕大，翅宽阔；雄蝶前翅天鹅绒黑色具灰黄色脉侧纹，后翅黄色，脉黑色，具黑色钝三角形外缘斑；雌蝶前翅黑褐色具清晰的灰黄色脉侧纹，后翅除外缘斑外各翅室中部还有黑斑。

【成虫形态】

雄蝶：前翅长 75–76 mm。前翅正面天鹅绒黑色，具暗灰黄色脉侧纹；反面黑色，翅脉两侧灰黄色至污白色，2A 室内具 1 条黄色纵纹。后翅金黄色半透明、翅脉黑色，前缘具较宽的黑色，外缘各翅室具黑色钝三角形斑，臀缘棕黑色，香鳞灰黄色；反面斑纹与正面大体相同，臀角处具 1 枚游离的卵形黑斑。

雌蝶：前翅长 79–82 mm。前翅正面黑褐色，具灰黄色脉侧纹；反面黑褐色，翅脉两侧灰白色。后翅正面深黄色，前缘具宽阔的黑色区域，臀缘棕褐色，外缘黑斑发达，各翅室具 1 枚黑色三角形斑，部分与外缘斑相接触；反面斑纹与正面相同，各翅室外缘处染污白色。

♂外生殖器：整体强度骨化。上钩突基部宽、端部窄；尾突薄，背面观兔耳状，被毛；囊形突宽圆。抱器瓣心脏形，腹缘平滑、背缘中部弓出，端部具 1 枚短指突；内突极发达，纵贯抱器瓣，基部勺状，上缘内侧基 1/3 处具 1 枚三角形片状突起，端部向背侧转折，骨化程度进一步加强，边缘及内面具成列的齿。阳茎基环长条形，基部稍宽，端部分为很浅的二叉。阳茎粗短，中段稍扭曲，端部具三角形突起。

♀外生殖器：肛突短圆，边缘平滑，基部不骨化；后内骨突细。交配孔深陷；孔前板基部两侧各具 1 枚高度骨化的角状突起，端部突出为宽袋状，中央具窄长的隆脊，孔后板小，半月状。交配囊椭球形，表面密布纵脊纹；囊突特化呈大片轻度骨化的结构；囊导管中长，不骨化。

【个体变异】

前翅正、反面脉侧灰白色纹发达程度变异较大，雄蝶后翅翅室内可出现数目不等的黑色圆斑。

【亚种分布】

38a. 大陆亚种

Troides helena cerberus (C. Felder & R. Felder, 1865)

Papilio cerberus C. Felder & R. Felder, 1865; Reise öst. Fregatte Novara, 1: 19; TL: 'India septentrionalis: Assam, Bangalia' [Assam, Bengal, N. India].

Ornithoptera helena euthycrates Fruhstorfer, 1913; Dt. ent. Z. Iris., 27(3): 134; TL: 'Tonkin, Than-Moi'[Than Moi, N. Vietnam].

Troides helena cerberus♀ f. *chongkiakwangi* Tung, 1982; Tokurana. 4: 7; TL: 'Malay Pen'. [IFS]

分布于云南南部及西南部低海拔区域。

红河州：1♂，河口花鱼洞（500 m），2011-V-6，易传辉，[SFU]；3♂♂、1♀，金平马鞍底（980 m），2013-VIII-12，曾全，[SFU]；4♂♂，金平马鞍底（860 m），2013-IX-29，曾全，[SFU]；1♂，河口戈哈（350 m），2017-VII-29，段匡，[YNU]。

西双版纳州：5♂♂，景洪，1997-VI-11，何纪昌，[YNU]；3♂♂，1♀，景洪，1998-VI-18，何纪昌，[YNU]；2♂♂，景洪，1998-VII-25，何纪昌，[YNU]；1♂，景洪普文，2007-VI-10，胡劭骥，[YNU]；1♂，景洪小勐养，2007-VIII-6，胡劭骥，[YNU]；1♂，景洪关坪，2007-VIII-6，胡劭骥，[YNU]；1♀，勐腊磨憨，2008-VIII-15，胡劭骥，[YNU]；1♂，景洪曼点瀑布，2008-VIII-16，当地采者，[YNU]；1♂、1♀，勐腊磨憨，

2008-VIII-9，胡劭骥，[YNU]；1♂，勐腊磨憨，2013-V-6，胡劭骥，[YNU]；1♂，勐腊补蚌，2013-V-6，胡劭骥，[YNU]；1♂，勐腊勐远，2013-VII-13，胡劭骥，[YNU]；1♂，勐腊南木窝河边，2013-VII-13，胡劭骥，[YNU]；1♀，勐腊勐仑，2017-X-16，胡劭骥，[YNU]；7♀♀，勐腊勐仑植物园，2020-IX-2–3，胡劭骥、李建军，[YNU]。

39. 金裳凤蝶

Troides aeacus **(C. Felder & R. Felder, 1860)**

Ornithoptera aeacus C. Felder & R. Felder, 1860; Wien. ent. Montaschr., 4(8): 225; TL: 'not stated' [presumably India].

【识别特征】

似前种，前翅更窄长，后翅外缘圆弧形；雄蝶前翅脉侧纹略透明，后翅近臀角的 3 个外缘斑具灰黑色晕；雌蝶极似裳凤蝶，但后翅各室内的黑斑均不接触外缘斑且近顶角处具 1 枚黄斑。

【成虫形态】

雄蝶：前翅长 75–76 mm。前翅正面天鹅绒黑色，具灰黄色脉侧纹；反面黑色，脉侧纹灰白色略黄，2A 室内具 1 条黄色细纵纹。后翅正面金黄色半透明、翅脉黑色，外缘各翅室具黑色钝三角斑，其中 CuA_1 室至 M_2 室的 3 枚外缘斑内侧具灰黑色晕，臀缘黑色，香鳞灰黄色；斑纹与正面大体相同，臀角处具 1 枚游离的卵形黑斑。

雌蝶：前翅长 78–83 mm。前翅正面黑褐色，具灰色脉侧纹；反面斑纹同正面但色泽较浅。后翅正面黄色、翅脉黑色，前缘具宽阔的黑色区域，R_1 室外缘处具 1 枚黄斑，外缘具略呈方形的黑斑，各翅室具 1 枚与外缘斑分离的黑色卵形至三角形斑，其中 CuA_1 室至 M_2 室的 3 枚外缘斑内侧具浸染状灰色鳞，臀缘棕褐色；反面斑纹与正面相同，各翅室外缘处污白色。

♂外生殖器：整体强度骨化。上钩突基部稍宽、其余部分等宽；尾突薄，背面观兔耳状，被毛；囊形突宽阔饱满。抱器瓣心脏形，腹缘平滑、背缘中部弓出，端部 1 枚短指状突起有或无；内突极发达，纵贯抱器瓣，基部勺状，上缘内侧基 1/3 处具 1 枚三角形片状突起，端部向背侧转折，骨化程度进一步加强，边缘及内面具成列的齿。阳茎基环长条形，基部稍宽，端部中央分为深二叉。阳茎粗短，中段稍扭曲，端部宽阔。

♀外生殖器：肛突短圆，端部略尖，基部不骨化；后内骨突细。交配孔深陷；孔前板基部两侧具宽叶状突起，端部突出为宽袋状，中央具窄长的隆脊，孔后板为 3 枚小瓣状结构。交配囊椭圆球形，表面密布纵脊纹；囊突特化为大片轻度骨化的结构；囊导管中长，与交配囊连接处膨大。

【亚种分布】

39a. 指名亚种

Troides aeacus aeacus **(C. Felder & R. Felder, 1860)**

Ornithoptera rhadamanthus [sic] var. *thomsonii* Bates, 1875; in Thomson, Straits Malacca Indo- China China: 546; TL: 'Siam' [loc. err. = Cambodia].

Ornithoptera aeacus forma *praecox* Fruhstorfer, 1913; Dt. ent. Z. Iris., 27(3): 134; TL: 'Siam, Bangkok … Muok Lek … Angkor'.

本亚种雄蝶腹部侧面呈金黄色，黑色毛簇不发达，仅局限于腹面。分布于云南西部、西南部、南部及东南部海拔 2500 m 以下的区域。

大理州：1♂，漾濞平坡（1600 m），2019-V-6，李建军，[KIZ]。

德宏州：1♀，龙陵，2017-III-15，当地采者，[YNU]；1♂，盈江铜壁关（1000 m），2017-V-13，杨维宗，[KIZ]；1♂，盈江铜壁关（1000 m），2017-VII-22，杨维宗，[KIZ]。

红河州：1♂，河口戈哈（350 m），2016-X-23，张晖宏，[YNU]。

临沧市：1♂，永德大雪山，2015-VIII-25，毛巍伟，[SNU]。

西双版纳州：1♂，景洪曼点瀑布，2013-V-5，胡劭骥，[KIZ]；1♂，勐腊补蚌，2013-V-7，胡劭骥，[KIZ]；1♂，勐腊勐仑（545 m），2014-X-20，胡劭骥，[KIZ]。

39b. 四川亚种

Troides aeacus szechwanus **M. Okano & T. Okano, 1983**

Troides minos szechwanus M. Okano & T. Okano, 1983; Artes Liberales, 32: 190; TL: 'Xinxing, Sichuan'.

本亚种雄蝶腹部黑色毛发达浓密并扩展进入侧面，使腹侧呈黑色。分布于云南中部至东北部海拔 2500 m 以下的区域。

昆明市：1♂，昆明三碗水（2100 m），2014-IV-27，段匡，[YNU]；1（♂♀），昆明陡嘴瀑布（1910 m），2016-V，申臻俐，[YNU]；1♂，安宁青龙峡（1900 m），

2017-VI-7，张晖宏，[KIZ]。

昭通市：1♂，盐津盐井（430 m），2016-V-25，蒋卓衡，[KIZ]；1♂、1♀，永善小岩方（1000 m），2018-VI-29，张晖宏，[YNU]。

曙凤蝶属 *Atrophaneura* Reakirt, [1865]

Atrophaneura Reakirt, [1865]; Proc. ent. Soc. Philad., 3(3): 446; TS: *Atrophaneura erythrosoma* Reakirt, [1865].

Pangerana Moore, 1886; J. Linn. Soc. Lond. (Zool), 21(126): 51; TS: *Papilio varuna* White, 1842.

Karanga Moore, 1902; Lepid. Ind., 5(55): 157; TS: *Papilio nox* Swainson, 1833.

Atrophaneuria Zin & Leow, 1982; Malay. nat. J., 35: 285. [ISS]

本属全球已知约 12 种，我国分布 3 种，云南分布 2 种。

大型种，体背黑色，腹面红色，胸侧具红色绒毛，雄蝶翅面常具暗蓝色或同色天鹅绒光泽。头较小，复眼裸露，触角较短，端部向上弯曲。翅形窄长；前翅外缘平直；后翅外缘波状或齿状，无尾突。雄蝶后翅臀褶内具大片香鳞。性二型多不显著。

♂外生殖器中度以上骨化，上钩突正常，囊形突短而饱满，尾突厚膜质被毛；抱器瓣宽，末端具突起，内突高度骨化，形态多变，是重要的分类特征；阳茎短粗，多于中部发生扭转；阳茎基环常为"Y"形。

本属物种主要分布于热带和亚热带的低海拔至中海拔区域。成虫常见于林间空地及灌丛旁，飞行缓慢，但受到惊扰后可迅速乘气流逃脱。两性均访花，尤其嗜访马缨丹 *Lantana camara*、合欢 *Albizia* spp.及多种菊科植物的花；雄蝶吸水较为少见。幼虫取食马兜铃科植物。

种检索表

1. 腹侧具粉红色纵条，后翅中室色同周边，雄蝶香鳞斑大，白色........................暖曙凤蝶 *Atrophaneura aidoneus*
2. 腹侧无粉红色纵条，后翅中室天鹅绒黑色，雄蝶香鳞斑小，灰褐色.................瓦曙凤蝶 *Atrophaneura astorion*

40. 暖曙凤蝶

***Atrophaneura aidoneus* (Doubleday, 1845)**

P.[apilio] aidoneus Doubleday, 1845, Ann. Mag. nat. Hist., 16(104): 178; TL: 'Montibus Himalayis' [Himalayan Mts.].

[*Papilio*] *Erioleuca* Oberthür, 1879; Ét. ent., 4: 33, pl. 3, f. 1; TL: 'Darjeeling' [N. India].

Atrophaneura aidonea aidonea Chou, 1994; Monographia Rhopalocerorum Sinensium: 53, 103. [UE]

Atrophaneura nox hainanensis Gu, 1997; in Gu and Chen, Butts. Hainan Island: 36, f. 6; TL: 'Hainan, China'.

【识别特征】

中大型种，无尾突，腹侧具粉红色纵条；雄蝶前翅灰黑色具黑色脉间纹，后翅黑色，正面具暗蓝色光泽，香鳞发达、白色；雌蝶褐色无光泽，前翅脉间纹黑褐色。

【成虫形态】

雄蝶：前翅长 56–60 mm。前翅正面灰黑色略带暗蓝色光泽，具黑色翅脉、中室纹及脉间纹；反面斑纹同正面，色泽略淡。后翅无尾突，正面黑色具较强的暗蓝色光泽，香鳞白色，呈心脏形，其外缘处淡红色；反面黑色。

雌蝶：前翅长 66–67 mm。前翅正面褐色无光泽，具黑褐色翅脉、中室纹及脉间纹；反面斑纹同正面，色泽略淡。后翅正反面均为褐色。

♂外生殖器：整体骨化程度强。上钩长而向腹面弯曲，基部稍宽，其余部分较细，末端尖锐；尾突阔三角形，末端钝，膜质被短毛；囊形宽圆。抱器瓣近耳廓状、全缘平滑，背缘中段略凹入；内突骨化程度加强，背缘向抱器瓣近端部伸出 1 片窄三角形，腹缘基部具 1 枚末端尖锐的钩状大突起。阳茎基环大体"T"形，柄部宽阔、两端稍伸出短臂；阳茎粗短平直，端部尖。

♀外生殖器：肛突小、椭圆形，内缘具细刺，基部略骨化不突出；后内骨突细。交配孔宽；孔前板紧密相连，呈"V"形向后延伸，孔后板为光滑片状。交配囊长椭球形，囊突高度骨化呈纺锤形，表面具横褶；囊导管短粗，不骨化。

【亚种分布】

本种目前无亚种。分布于云南西南部至南部低海拔区域。

德宏州：1♂、2♀♀，盈江苏典（980 m），2016-VIII-5，杨维宗，[SJH]。

红河州：1♂，金平马鞍底（990 m），2014-IV-16，曾全，[SFU]。

西双版纳州：2♂♂，景洪小勐养，2006-VII-9，叶尔泰，[SJH]；3♂♂、2♀♀，景洪橄榄坝（530 m），2015-II-19，当地采者，[SJH]；2♂♂，勐腊勐仑（545 m），2015-III-7，岩腊，[SJH]。

41. 瓦曙凤蝶 *Atrophaneura astorion* (Westwood, 1842)

Papilio astorion Westwood, 1842, Ann. Mag. nat. Hist., 9(55): 37; TL: 'Sylhet'[southern Khasia Hills, India; north of Sylhet, Bangladesh].

【识别特征】

似前种，但腹侧无粉红色纵条，香鳞小、褐色，后翅中室明显呈天鹅绒黑色。云南南部的亚种（ssp. *zaleucus*）后翅具白斑。

【成虫形态】

雄蝶：前翅长 41–51 mm。前翅正面深灰黑色，具不清晰的黑色翅脉、中室纹及脉间纹；反面斑纹同正面，色泽略淡。后翅无尾突，正面黑色具较强的蓝黑色光泽，中室呈明显的天鹅绒黑色，CuA_1 室至 M_1 室外缘处可有发达程度不一的白斑（发达者如 ssp. *zaleucus*），香鳞褐色；反面黑色，白斑如正面但略扩大。

雌蝶：前翅长 58–61 mm。翅形较宽圆，斑纹同雄蝶但色泽较淡，如有白斑则较发达。

♂外生殖器：整体骨化程度强。上钩长而显著向腹面弯曲，基 1/3 部较宽，其后突然变窄而后约等宽；尾突大、三角形，末端钝，膜质被短毛；囊形长而宽。抱器瓣近矩形，背缘中段突出为尖齿、腹缘较平直，端部具 1 枚锐三角状突起；内突骨化程度加强，足状向背侧弯曲，全缘平滑、端部尖，基部腹侧具 1 枚尖指状短突起。阳茎基环大体“T”形，柄部及两端均较长；阳茎粗短平直，端部钝。

♀外生殖器：肛突短宽，内缘具少量短刺，基部略骨化不突出；后内骨突细。交配孔宽；孔前板高度骨化，两侧隆起并向后延伸，孔后板呈宽舌状。交配囊椭球形，表面具纵褶，囊突高度骨化呈带状，表面具横褶；囊导管长度中等，不骨化。

【个体变异】

后翅白斑大小和数量具有较宽的变异幅度，并具过渡型个体，部分个体白斑内缀有黑点。

【亚种分布】

41a. 指名亚种

***Atrophaneura astorion astorion* (Westwood, 1842)**

Papilio chara Westwood, 1842; Ann. Mag. nat. Hist., 9: 37; TL: 'Sylhet' [southern Khasia Hills, India; north of Sylhet, Bangladesh].

Atrophaneura zaleucus liziensis Zhao, 1997; in Chao and Wang, Lepidoptera of China, 3: 19; TL: 'Lizi, Xizang' [Nying chi, Xizang, China].

本亚种前翅后缘附近染白（雌蝶更为明显），后翅无白斑，但少数个体在反面可见沿翅脉的白纹。仅分布于云南西南部低海拔区域。

德宏州：1♀，盈江芒蚌，2018-IX-8，张晖宏，[HHZ]。

41b. 白斑亚种

***Atrophaneura astorion zaleucus* (Hewitson, [1865])**

Papilio zaleucus Hewitson, [1865], Ill. Exot. Butts., 3(54): [6], pl. [3], f. 24-25; TL: 'Burmah' [Myanmar].

Byasa zaleucus ♂ v. *punctata* Evans, 1923, J. Bomb. nat. Hist. Soc., 29(1): 231; TL: 'Shan States–S. Burma'. [IFS]

Papilio zaleucus f. indiv. *anomala* Rousseau-Decelle, 1947; Bull. Soc. ent. Fr., 51(9): 128; TL: 'Kalataung, Tavoy, Birmanie'. [IFS]

Atrophaneura zaleuca Chou, 1994; Monographia Rhopalocerorum Sinensium: 53, 104. [UE]

本亚种以后翅白斑为主要特征区别于其他亚种，但该特征具有一定变异幅度，部分个体后翅白斑消失，或仅在反面可见小块残余。分布于云南南部低海拔区域。

普洱市：1♀，江城整董，2019-VIII-12，许振邦，[SJH]。

西双版纳州：1♂、1♀，景洪小勐养，2006-VII-9，叶尔泰，[SJH]；5♂♂，景洪橄榄坝（530 m），2015-II-19；当地采者，[SJH]；1♂，勐腊勐仑（545 m），2015-III-7，岩腊，[SJH]。

麝凤蝶属 *Byasa* Moore, 1882

Byasa Moore, 1882; Proc. Zool. Soc. Lond., 1882(1): 258; TS: *Papilio philoxenus* G. Gray, 1831.

Panosmia Wood-Mason & Nicéville, [1887]; J. Asiat. Soc. Bengal, (2), 55(4): 374; TS: *Papilio dasarada* Moore, [1858].

Paenasmia Kirby, 1896; in Allen, Naturalist's Libr., Lepid 1, Butts., 2: 303. [ISS]

Mineroides Bryk, 1930; in Strand, Lepid. Cat. 37: 63; TS: *Papilio* (*Byasa*) *minereoides* Elwes & Nicéville, 1887. [PS]

Byaia Yang & Hsu, 1990; Chinese J. Entomol. 10: 239. [ISS]

本属全球已知约 17 种，我国分布 15 种，云南分布 13 种。

大中型种，体背黑色，腹面红色，胸侧具红色绒毛，雄蝶翅面常具同色天鹅绒光泽。头较小，复眼裸露，触角较短，端部向上弯曲。翅形窄长；前翅外缘平直；后翅外缘波状或齿状，具尾突。雄蝶后翅臀褶内具大片香鳞。无性二型。

♂外生殖器中度以上骨化，上钩突正常，囊形突短而饱满，尾突厚膜质被毛；抱器瓣宽、形态多样，末端多平滑，内突高度骨化，形态多变，是重要的分类特征；阳茎短粗，多于中部发生扭转；阳茎基环常为“Y”形。

本属物种分布范围宽，热带至温带、低海拔至中高海拔均有分布。成虫常见于林间空地及灌丛旁，飞行缓慢，但受到惊扰后可迅速乘气流逃脱。两性均访花，尤其嗜访马缨丹 *Lantana camara*、合欢 *Albizia* spp.及多种菊科植物的花；雄蝶吸水较为少见。幼虫取食马兜铃科植物。

种检索表

1a. 后翅决无白斑……2

1b. 后翅具大小不一的白斑……5

2a. 后翅尾突极短，雄蝶翅面缺乏光泽，香鳞非绒毛状……短尾麝凤蝶 *Byasa crassipes*

2b. 不如上述……3

3a. 雄蝶香鳞灰黑色，后翅脉端十分突出……突缘麝凤蝶 *Byasa plutonius*

3b. 雄蝶香鳞类灰白色……4

4a. 个体小，后翅尾突短，反面臀角红斑 2 枚，雌蝶浅灰色……达摩麝凤蝶 *Byasa daemonius*

4b. 个体大，后翅尾突长，反面臀角红斑 1 枚，雌蝶深灰色……长尾麝凤蝶 *Byasa impediens*

5a. 后翅白斑 1 或 2 枚，稀 3 枚……6

5b. 后翅白斑 3 枚及以上……11

6a. 后翅尾突无红斑……7

6b. 后翅尾突具红斑……10

7a. 后翅中室二叉状黑线明显，雄蝶香鳞黄白色……粗绒麝凤蝶 *Byasa nevilli*

7b. 后翅中室黑线模糊……8

8a. 后翅尾突窄长，雄蝶香鳞灰色……娆麝凤蝶 *Byasa rhadinus*

8b. 后翅尾突较短，雄蝶香鳞灰黑色……9

9a. 两性后翅亚顶区白斑都大，2–3 枚……云南麝凤蝶 *Byasa hedistus*

9b. 雄蝶后翅亚顶区白斑退化，雌蝶稍明显……高山麝凤蝶 *Byasa mukoyamai*

10a. 后翅尾突短，M_2 室亚外缘斑白色……白斑麝凤蝶 *Byasa dasarada*

10b. 后翅尾突正常，M_2室亚外缘斑红色 .... 多姿麝凤蝶 *Byasa polyeuctes*
11a. 后翅尾突端半部及与之邻近的脉端、外缘鲜红色 .... 彩裙麝凤蝶 *Byasa polla*
11b. 后翅尾突端半部及与之邻近的脉端、外缘黑色，饰有红点 12
12a. 翅底色，尤其是后翅前区黑色 .... 纨绔麝凤蝶 *Byasa latreillei*
12b. 翅底色，尤其是后翅前区灰色 .... 绮罗麝凤蝶 *Byasa genestieri*

42. 短尾麝凤蝶 *Byasa crassipes* (Oberthür, 1893)

Papilio crassipes Oberthür, 1893; Ét. ent., 17: 2, pl. 4, f. 38, 38a; TL: 'Haut-Tonkin, Rivière-Noire' [Black River, N. Vietnam].

【识别特征】

中型种，后翅尾突极短，香鳞白色；翅褐黑色，后翅反面亚外缘及尾突端部具红斑。

【成虫形态】

雄蝶：前翅长 55–61 mm。前翅正面褐黑色，具不清晰的黑色翅脉、中室纹及脉间纹；反面斑纹同正面，色泽略淡。后翅 M_3 脉端具 1 枚短圆形尾突，正面褐黑色，亚外缘可透见反面红斑，香鳞白色；反面灰黑色，亚外缘 CuA_1 室至 R_5 室、尾突端部及臀角各具 1 枚红斑，其中 R_5 室红斑极小。

雌蝶：前翅长 66–68 mm。斑纹同雄蝶，但色泽灰暗，后翅正面红斑明显。

♂外生殖器：整体骨化程度中等。上钩较短而直，基部较宽，向端部逐渐变窄，从基部直接折向腹面；尾突小，三角形，末端稍尖，膜质被短毛，也从基部转折指向腹面，其基部两侧各向末端伸出 1 枚短而尖、略向背侧弯曲的指突，与上钩突共同构成“象牙与象鼻”状；囊形突短宽。抱器瓣斜长，背缘明显弓出，腹缘较平直，端部呈三角叶状突出；内突骨化程度加强，耳廓状，边缘大体与抱器瓣腹缘平行，基部腹侧具 1 枚具小齿突宽钝的突起，其上方具 2 处由 2 或 3 枚小齿突聚集而成的突起，内突端 1/3 处具 1 枚强度骨化的大齿突，周围分布有 4 枚小齿突。阳茎基环大体“T”形，柄部较长，端部倒三角形，两端稍延长为短臂，端部中部凹入；阳茎粗短平直，端部尖。

♀外生殖器：肛突短圆，内缘具少量短刺，基部不骨化且不突出；后内骨突细。交配孔狭窄；孔前板呈 2 个端部相连、基部分离的大漏斗状结构，孔后板为小漏斗状结构。交配囊近球形，囊突轻度骨化呈水滴形；囊导管短，轻微骨化。

【亚种分布】

本种目前无亚种区分。分布于云南西部至南部低海拔区域。

德宏州：1♀，盈江苏典（980 m），2016-VIII-5，杨维宗，[SJH]；1♂，盈江铜壁关（1000 m），2016-VIII-18，杨维宗，[SJH]。

红河州：1♂，金平马鞍底（684 m），2014-V-6，曾全，[SFU]；1♀，河口戈哈，2020-IX-26，蒋卓衡，[ZHJ]；2♂♂、1♀，金平期咱迷，2020-X-4，张鑫，[XZ]；1♀，金平马鞍底，2020-X-5，张鑫，[XZ]。

西双版纳州：1♂，勐腊勐仑，2007-VIII，当地采者，[SJH]；1♂，勐腊大龙哈（570 m），2015-II-3，段匡，[KD]。

43. 突缘麝凤蝶 *Byasa plutonius* (Oberthür, 1876)

Papilio plutonius Oberthür, 1876; Ét. ent., 2: 16, pl. 3, f. 2; TL: 'Moupin' [Baoxing, W. Sichuan, China].

【识别特征】

大型种，尾突正常，后翅各脉端强烈突出；雄蝶翅黑色，后翅具红色亚外缘斑；雌蝶呈灰褐色。

【成虫形态】

雄蝶：前翅长 56–61 mm。前翅正面深灰黑色，具不清晰的黑色翅脉、中室纹及脉间纹；反面斑纹同正面，色泽略淡。后翅 M_3 脉端具 1 条端部膨大的尾突，正面深灰黑色，外缘黑色，亚外缘 CuA_1 室具 1 枚红斑，M_3 室至 M_1 室各具 1 枚模糊的暗红色斑，香鳞灰褐色；反面色泽较浅，黑色翅脉及外缘清晰，亚外缘各翅室具红色月形斑，臀角处具 1 枚不规则红斑。

雌蝶：前翅长 56–67 mm。翅灰褐色，斑纹同雄蝶，后翅正面亚外缘红斑明显，反面红斑则色较浅。

♂外生殖器：整体骨化程度较强。上钩突长，基部较宽，其余部分等宽并向腹侧弯曲；尾突三角形，末端稍尖，膜质被短毛；囊形突短宽。抱器瓣宽圆，背、腹缘及端部均平滑；内突强度骨化，与抱器瓣边缘几平行，其背、腹两端均突出为角状，中段突起形态据亚种而异，在指名亚种为 1 个发达的多刺突起而在缅印亚种则为 1 枚三角形叶状突起。阳茎基环沙漏形，基部近圆形、中部收细、端三角形；阳茎粗短平直，端部尖锐且开口右边缘骨化加强。

♀外生殖器：肛突短圆，基部骨化但不突出；后内骨突细。交配孔宽而深陷，背侧具 1 条骨化横褶；孔前板反折，高度骨化并向后包围延伸，表面密布皱褶，孔后板高度骨化近方形。交配囊近球形，囊突中度骨化，基部窄、端部宽，表面具横褶；囊导管极短，不骨化。

【亚种分布】

43a. 缅印亚种 *Byasa plutonius tytleri* Evans, 1923

Byasa alcinous tytleri Evans, 1923, J. Bomb. nat. Hist. Soc., 29(1): 233; TL: 'Manipur' [India].

本亚种后翅黑色外缘较宽，雄蝶正面红斑极退化，仅余 CuA_1 室红斑稳定，其余的常退化为残存的痕迹或消失，雌蝶色调偏黄。分布于云南西部澜沧江、怒江及独龙江流域山地。

保山市：1♂，腾冲曲石（2200 m），2014-IV-30，罗益奎，[KFBG]。

大理州：2♂♂，云龙天池（3100 m），1983-VI-4，董大志，[KIZ]；1♂，漾濞石门关（1850 m），1986-V-31，李昌廉，[KIZ]；2♂♂，大理下关大坡箐（2300 m），1988-V-25，李昌廉，[KIZ]；2♂♂，6♀♀，云龙天池（3100 m），1991-V-22，董大志，[KIZ]；3♂♂，漾濞东南 18 km 点苍山（1500–1850 m），V. Tshikolovets，[AMC]；2♂♂，漾濞漾江（1600–1700 m），2018-V，杨扬，[SJH]；1♀，漾濞平坡，2018-V，杨扬，[SJH]；4♂♂、2♀♀，漾濞平坡，2019-V，当地采者，[SJH]；3♂♂，1♀，漾濞漾江（1600–1700 m），2019-V，杨扬，[SJH]；3♂♂、1♀，大理凤仪，2019-V，杨扬，[SJH]。

怒江州：1♂，福贡以西山地，2006-VII-5，当地采者，[AMC]。

普洱市：1♂，景东哀牢山（2600 m），1992-V-29，董大志，[KIZ]。

43b. 指名亚种

Byasa plutonius plutonius (Oberthür, 1876)

本亚种后翅黑色外缘窄，雄蝶正面红斑较明显，CuA_1 室至 M_1 室有数量不等的红斑，雌蝶色调青灰。分布于云南西北部至东北部金沙江流域山地。

大理州：3♂♂、2♀♀，宾川鸡足山，1983-V-17，董大志，[KIZ]；1♂，宾川鸡足山祝圣寺（2240 m），1986-VI-4，李昌廉，[KIZ]；1♀，宾川鸡足山，1986-VI-5，李昌廉，[KIZ]；1♂，宾川鸡足山祝圣寺，1988-V-25，李昌廉，[KIZ]；宾川鸡足山祝圣寺（2300 m），1988-VI-3，李昌廉，[KIZ]。

迪庆州：5♂♂，香格里拉冲江河（2400 m），1991-V-19，林苏，[KIZ]；3♂♂，香格里拉冲江河，1992-V-19–23，董大志、林苏，[KIZ]；4♂♂、1♀，香格里拉拖木楠（3100 m），1996-VI-7–9，董大志，[KIZ]；2♂♂，香格里拉土官村（2600 m），2009-VI-14，朱建青，[JQZ、SJH]。

昆明市：1♀，东川深沟村（1450 m），2013-VI-16，张鑫，[XZ]。

丽江市：1♀，玉龙文海（2700 m），2009-VI-15，朱建青，[JQZ]；2♂♂、1♀，玉龙新尚（2570 m），2013-VI-2，曾全，[SFU]；2♂♂、1♀，玉龙新尚（2360–2660 m），2015-IV-25–26，胡劭骥，[SJH]；1♂、1♀，玉龙瓦盖（2480 m），2015-V-9，赵健，[SFU]。

44. 高山麝凤蝶 *Byasa mukoyamai* Nakae, 2015

Byasa hedistus mukoyamai Nakae, 2015; Butterflies, 70: 4, f. 1-2, 4-5; TL: 'Baima Xueshan, Yunnan, China'.

【识别特征】

中型种；翅形略狭窄，翅黑色，后翅顶区无白斑或有很小的模糊白斑，亚外缘具红色斑列，尾突无红斑，香鳞灰黑色。

【成虫形态】

雄蝶：前翅长 47–50 mm。前翅正面深灰黑色，具不清晰的黑色翅脉、脉间纹及中室纹；反面斑纹同正面，但色泽较淡。后翅 M_3 脉端具 1 条指状尾突，正面黑色具光泽，亚顶区白斑十分退化，亚外缘 CuA_1 室至 M_2 室各具 1 枚暗红色新月斑，香鳞灰黑色；反面黑色，斑纹同正面但红斑更鲜明，臀角具 1 枚不规则形红斑。

雌蝶：前翅长 49–52 mm，斑纹同雄蝶但翅色较淡，后翅顶区白斑较明显。

♂外生殖器：整体骨化程度较强。上钩突基部宽，中部收窄，末端尖；尾突宽大，三角形、膜质被短毛；囊形突短宽。抱器瓣耳廓状，腹缘显著长于背缘，背缘中段向外弓出，末端圆钝；内突发达，上端角长、下端角很短，中段具1枚大的齿突，下半段具齿。阳茎基环呈短领带形，基部宽、中部收窄、端部又扩大出两臂；阳茎短粗，微扭转，末端稍尖且分瓣不明显。

♀外生殖器：雌蝶未能解剖。

【亚种分布】

本种目前无亚种区分，分布于云南西北 2500 m 以上的高山区。

迪庆州：2♂♂，德钦白马雪山，1997-VII，采者不详，[SMNH]。

丽江市：1♂、1♀（副模），丽江北部，1997-VII，采者不详，[SMNH]。

【附记】

Nakae（2015）将本种作为云南麝凤蝶 *Byasa hedistus* (Jordan, 1928) 的亚种发表，但其在后续论文里引证了 DNA 分子数据，将 *mukoyamai* 独立为种（Nakae，2021）。本书采纳这个观点，将二者分别作为独立物种看待。

45. 云南麝凤蝶 *Byasa hedistus* (Jordan, 1928)

Papilio hedistus Jordan, 1928; Novit. Zool., 34(2): 165, pl. 7, f. 5; TL: 'Yunnan: Tali' [Dali, W. Yunnan, China].

【识别特征】

中型种；后翅各脉端突出较钝，尾突端部略呈方形，顶角附近具一大一小 2 枚白斑，亚外缘具红色斑列，尾突无红斑，香鳞灰黑色。

【成虫形态】

雄蝶：前翅长 47–55 mm。前翅正面深灰黑色，具不清晰的黑色翅脉、脉间纹及中室纹；反面斑纹同正面，但色泽较淡。后翅 M_3 脉端具 1 条末端略呈方形的指状尾突，正面黑色具光泽，M_1 室及 R_5 室具一小一大 2 枚白斑，亚外缘 CuA_1 室至 M_2 室各具 1 枚暗红色新月斑，香鳞灰黑色；反面黑色，斑纹同正面但红斑更鲜明，臀角具 1 枚不规则形红斑。

雌蝶：前翅长 50–52 mm，斑纹同雄蝶但翅色较淡。

♂外生殖器：整体骨化程度较强。上钩突基部宽，中部收窄，末端尖；尾突宽大，三角形、膜质被短毛；囊形突短宽。抱器瓣斜长，腹缘显著长于背缘，背缘与腹缘中段均向外弓出，末端圆钝而其两侧略凹入；内突发达，呈具两角的片状，其中上端角长、下端角短，边缘具齿。阳茎基环呈领带形，基部宽、中部收窄、端部又扩大并伸出两臂；阳茎短粗，微扭转，末端稍尖且分瓣不明显。

♀外生殖器：肛突短圆，边缘平滑，内缘具刺，基部外侧骨化并突出；后内骨突细。交配孔宽而深陷；孔前板高度骨化，基部具纵褶，两侧向后延伸，孔后板呈蹄状。交配囊椭圆球状，囊突高度骨化呈带状，表面具横褶；囊导管极短，不骨化。

【个体变异】

部分个体后翅 R_1 室内可出现 1 枚小白斑，M_2 室内的红斑可染白色。

【亚种分布】

本种目前无亚种分布，广布于除云南西北高山以外的区域。

楚雄州：1♀，一平浪，1985-VII-31，李昌廉，[KIZ]。

大理州：1♀，漾濞县，1983-V-23，采者不详，[KIZ]；1♂，漾濞县，1983-V-24，董大志，[KIZ]；2♂♂，大理下关团山（2050 m），1986-V-22，李昌廉，[KIZ]；1♀，宾川鸡足山，1988-V-28，李昌廉，[KIZ]；1♂，宾川鸡足山，1988-VI-1，李昌廉，[KIZ]。

红河州：1♀，弥勒可邑，2015-VIII-7，毛巍伟，[WWM]。

昆明市：1♀，昆明花红洞，1980-VIII-8，王云珍，[KIZ]；2♂♂，昆明西山（2340 m），2008-VII-15，胡劭骥，[SJH]；1♂，昆明宝珠森林公园（1910 m），2009-V-17，胡劭骥，[SJH]；1♀，昆明西山（2340 m），2009-X-31，张鑫，[SJH]；1♂，昆明西山（2340 m），2010-IX-10（羽化），张鑫，[SJH]；1♂，昆明三碗水（2100 m），2014-V-10，胡劭骥，[SJH]；1♂、1♀，东川森林公园（1900 m），2015-V-9–10，胡劭骥，[SJH]；3♂♂、2♀♀，昆明乌西（2100 m），2015-V-9–19，胡劭骥，[SJH]；1♂，宜良小哨（1800 m），2015-VII-7，胡劭骥，[SJH]。

临沧市：1♂，临沧，1981-VII-5，沈发荣，[KIZ]；1♂，云县漫湾慢旧村（2000 m），2013-V-15，王法磊，[SJH]。

文山州：1♀，丘北城关，1981-IV-26，采者不详，[KIZ]。

玉溪市：1♂，元江哈及冲（750 m），2014-IV-6，段匡，[KD]。

46. 白斑麝凤蝶 *Byasa dasarada* (Moore, [1858])

Papilio dasarada Moore, [1858]; in Horsfield and Moore, Cat. Lepid. Ins. Mus. East India Company, 1: 96; TL: 'Cherra Poonjee' [Cherrapunji, Meghalaya, N. India].

【识别特征】

大型种，翅形狭长；后翅外缘各脉端突出明显，尾突短钝，顶角附近具 1–3 枚大小不等的白斑，亚外缘及尾突具染红色的白色斑列，香鳞灰黑色。

【成虫形态】

雄蝶：前翅长 62–65 mm。前翅正面深灰黑色，具不清晰的黑色翅脉、脉间纹及中室纹；反面斑纹同正面，但色泽较淡。后翅 M_3 脉端具 1 条短圆的尾突，正面黑色具光泽，M_2 室至 R_1 室可出现 2–4 枚白斑，亚外缘 M_2 室具 1 枚染红色的白斑，CuA_2 室及 CuA_1 室各具 1 枚暗红色新月斑，尾突具 1 枚暗红色圆斑，香鳞灰黑色；反面黑色，斑纹同正面但红斑更鲜明，臀角具 1 枚不规则形红斑。

雌蝶：前翅长 58–68 mm，斑纹同雄蝶但翅色较淡。

♂外生殖器：整体骨化程度强。上钩突强烈骨化，基部宽，向端部渐细，末端尖；尾突宽猫耳状，膜质被短毛；囊形突短宽。抱器瓣宽，背缘、腹缘及端部平滑；内突强度骨化，呈"<"形，其下支游离，整体边缘具齿。阳茎基环大体呈"Y"形，基部近宽，中部变窄，端部又宽而发出两短臂；阳茎粗短，微扭转，末端尖锐，开口近心形且右侧瓣骨化程度加强。

♀外生殖器：肛突短宽，端部钝，内缘具刺，基部外侧骨化但不突出；后内骨突细。交配孔宽而深陷；孔前板中央具纵脊，两侧各具纵褶，孔后板片状，前后缘均具缺刻。交配囊椭球形，表面具褶皱，囊突高度骨化呈带状，表面具横褶；囊导管极短，不骨化。

【个体变异】

后翅白斑数目及大小在个体和亚种间具有显著变异，其中 R_1 室的白斑和 M_2 室的小白斑在部分个体消失，详见亚种特征。

【亚种分布】

46a. 滇藏亚种

Byasa dasarada ouvrardi (Oberthür, 1920)

Papilio (*Byasa*) *ravana ouvrardi* Oberthür, 1920; Bull. Soc. ent. Fr., 1920(12): 202; TL: 'région de Wei-Si, nord du Yunnan' [Weixi, N.W. Yunnan, China].

Byasa dasarada nujiangana Huang, 2001; Neue ent. Nachr., 51: 98, pl. 9, f. 65, 73; TL: 'Longpo to Nidadan, Nujiang Valley, S. E. Tibet'.

本亚种翅型较宽，后翅 R_5 室的白斑发达，多数个体 R_1 室具白斑。分布于云南西北怒江、独龙江流域。

保山市：1♀，腾冲，1981-IV-25，董大志，[KIZ]；1♀，腾冲明光（2100 m），2015-V-22，罗益奎，[KFBG]

德宏州：1♂，盈江铜壁关（1000 m），2017-V-19，杨维宗，[SJH]；1♂、1♀，盈江铜壁关（1000 m），2018-IX，杨维宗，[HHZ]。

怒江州：1♂，贡山独龙江钦郎当（1400 m），2009-VI-3，朱建青，[JQZ]；1♂，贡山独龙江马库（1200 m），2015-IV-25，毕文煊，[JQZ]。

46b. 中南亚种

Byasa dasarada barata (Rothschild, 1908)

Papilio dasarada barata Rothschild, 1908; Novit. Zool., 15(1): 168; TL: 'Shan State and Tenasserim' [Shan State and Tanintharyi, E. Myanmar].

本亚种翅形较狭窄，后翅 R_5 室及 R_1 室通常无白斑，多数个体在 M_2 室具 1 枚小白斑。分布于云南西南至南部低海拔区域。

西双版纳州：1♂，勐腊勐远（800 m），2018-I-26，张晖宏，[HHZ]；1♀，勐腊，2019-IX，董瑞航，[RHD]。

47. 多姿麝凤蝶 *Byasa polyeuctes* (Doubleday, 1842)

Papilio polyeuctes Doubleday, 1842; in J. Gray, Zool. Misc., 2: 74; TL: 'Silhet' [southern Khasia Hills, India; north of Sylhet, Bangladesh].

Papilio philoxenus G. Gray, 1831; in J. Gray, Zool. Misc., 1: 32; TL: 'Nepaul'. [JH of *Papilio philoxenus* Esper, 1780; Die Schmett., 1(Bd. 2) Forts. Tagschmett.: 25, pl. 54, fig. 3(Nymphalidae: Satyrinae)]

【识别特征】

似前种，但尾突较长，后翅中室外侧仅有 1 枚明显的大白斑和 1 枚很小的白斑，亚外缘红斑不染白色。

【成虫形态】

雄蝶：前翅长 46–66 mm。前翅正面灰黑色至深灰黑色，具黑色翅脉、脉间纹及中室纹；反面斑纹同正面，但色泽较淡。后翅 M_3 脉端具 1 条端部膨大的尾突，正面深灰黑色，M_2 室及 M_1 室具一大一小 2 枚白斑，亚外缘 CuA_1 室至 M_2 室各具 1 枚暗红色斑，CuA_1 脉端缀有 1 枚小的暗红色斑，尾突具 1 枚暗红色圆斑，香鳞灰黑色；反面黑色，斑纹同正面但红斑更鲜明，臀角具 1 枚不规则形红斑。

雌蝶：前翅长 60–68 mm。前翅较宽圆，斑纹同雄蝶但翅色较淡。

♂外生殖器：整体骨化程度较强。上钩突强烈骨化，侧面观二叉状，上支短，下支细长下弯，近中部向两侧上方延伸长度不一的尖锐突起，尾突宽大；囊形突短宽。抱器瓣宽，背缘及腹缘向端部过渡区域略呈角状，端部圆滑；内突强度骨化，基部阔，向外渐窄，于腹缘平直段 1/2 处急剧转折形成 1 枚锐角状突起，其后向背侧延伸变细，止于抱器瓣背缘平直段向末端过渡的转折处下方，边缘具稀疏小齿。阳茎基环呈“Y”形，基部近卵圆形，两臂片状；阳茎粗短，微扭转，末端内凹，开口近心形且右侧瓣骨化程度加强。

♀外生殖器：肛突短圆，边缘平滑，内缘具刺，基部外侧稍突出；后内骨突细。交配孔深陷；孔前板具 4 条纵脊，孔后板为光滑片状。交配囊椭球形，表面褶皱，囊突高度骨化呈带状，表面具横褶；囊导管短粗，不骨化。

【个体变异】

后翅 M_2 室内的小白斑在部分个体消失。

【亚种分布】

47a. 指名亚种

***Byasa polyeuctes polyeuctes* (Doubleday, 1842)**

Pap.[*ilio*] *philoxenus hostilius* Fruhstorfer, 1908; ent. Zeit., 22(18): 72 [JH of *Papilio hostilius* C. Felder & R. Felder, 1861; Wien. ent. Monats., 5(3): 73 [synonym of *Eurytides* (Mimoides) *ilus* (Fabricius, 1793) (Papilionidae)]; TL: ‘S.-Annam, Plateau von Lang-Bian’ [Lang Bian Plateau, S. Vietnam].

Papilio philoxenus var. *polymitis* Tytler, 1912; J. Bombay nat. Hist. Soc., 21(2): 589. [ISS]

Papilio nepenthes Ehrmann, 1920; Bull. Brooklyn ent. Soc., 15(1): 21; TL: ‘South East Assam’ [N. India].

广布于云南海拔 2500 m 以下的区域。

大理州：2♂♂，云龙天池，1983-VI-4，董大志，[KIZ]；1♀，云龙五宝山，1983-VII-3，董大志，[KIZ]；1♀，大理苍山东坡（2200 m），1986-V-28，李昌廉，[KIZ]；1♀，大理下关大坡箐（2300 m），1988-V-16，李昌廉，[KIZ]；1♂，大理苍山感通寺（2700 m），1988-V-20，李昌廉，[KIZ]；1♂，大理蝴蝶泉（2100 m），1988-V-26，李昌廉，[KIZ]；4♂♂，云龙天池（3100 m），1991-V-22–23，林苏，[KIZ]。

德宏州：3♂♂，瑞丽南京里，1981-X-20，李昌廉，[KIZ]；1♂，盈江铜壁关（1000 m），2016-X-24，杨维宗，[SJH]。

迪庆州：2♂♂，香格里拉桥头（1740 m），1991-V-18，董大志，[KIZ]；4♂♂，香格里拉冲江河（2400 m），1992-V-23，董大志，[KIZ]；1♀，香格里拉拖木楠（3100 m），1996-VI-7，董大志，[KIZ]。

红河州：1♀，金平，1982-VI-15，李昌廉，[KIZ]；2♂♂，金平分水岭，1996-V-26，董大志，[KIZ]；2♂♂，金平马鞍底（1850 m），2014-VII-24，曾全，[SFU]。

昆明市：1♂，昆明西山（2000 m），2009-III-15，胡劭骥，[SJH]；1♂，昆明西山（2340 m），2010-IX-10（羽化），张鑫，[SJH]；1♂、1♀，昆明西山（2250 m），2013-III-30，胡劭骥，[SJH]；1♂，昆明西山（2210 m），2015-III-29，胡劭骥，[SJH]；1♀，昆明西山（2200 m），2016-VIII-2，胡劭骥，[SJH]。

丽江市：3♂♂、1♀，玉龙新尚（2360 m），2013-VI-2，曾全，[SFU]；2♂♂，玉龙新尚（2360 m），2015-IV-24–25，胡劭骥，[SJH]；1♂，玉龙新尚（2660 m），2015-IV-26，胡劭骥，[SJH]。

临沧市：4♂♂，永德大雪山，2015-VIII-24–25，毛巍伟，[WWM、SJH]。

怒江州：1♂，贡山独龙江，2010-VIII-25，吴竹刚，[SJH]；1♀，贡山独龙江龙源（1700 m），2015-VII-14，毕文煊，[JQZ]；1♂，福贡阿亚比，2017-VI-13，P. Sukkit，[SJH]。

西双版纳州：2♂♂，勐腊小苦聪，1974-V-16，王容玉，[KIZ]；1♂，勐腊曼粉，1974-VII，甘运兴，[KIZ]；1♂、1♀，景洪橄榄坝（600 m），2018-V，当地采者，[SJH]。

48. 纨绔麝凤蝶 *Byasa latreillei* (Donovan, 1826)

Papilio latreillei Donovan, 1826; Nat. Repos., 4: [97], pl. 140; TL: “Nepaul” [Nepal].

【识别特征】

大型种；后翅狭长，各脉端显著突出，中室外侧 4 或 5 枚长形白斑相互融合，亚外缘及尾突端部具大而鲜艳的红斑。

【成虫形态】

雄蝶：前翅长 48–60 mm。前翅正面灰黑色，具黑色翅脉、中室纹及脉间纹；反面斑纹同正面但色泽较淡。后翅 M_3 脉端具 1 条端部膨大的尾突，正面灰黑色，翅脉黑色，外中区在 CuA_2 室至 M_1 室具 4 或 5 枚大小不等的长形白斑，亚外缘 CuA_2 室至 M_1 室各具 1 枚暗红色斑，CuA_1 脉端及 M_2 脉端各有 1 枚小的暗红色斑，尾突端部具 1 枚大红斑，香鳞白色；反面底色较浅，斑纹同正面，红斑色泽更艳。

雌蝶：前翅长 61–62 mm，斑纹同雄蝶但色泽暗淡。

♂外生殖器：整体骨化程度中等较弱。上钩突粗长，大部平直而向腹侧倾斜，近端部急剧下弯并具 1 枚向内的倒钩状突起；尾突窄三角形，末端钝，膜质被短毛；囊形突短宽。抱器瓣宽圆，背、腹缘及端部均平滑；内突不甚发达但骨化程度较强，与抱器瓣边缘几平行，近端部及至背侧段弧曲并生锯齿。阳茎基环呈“Y”形，基部宽，两臂细长；阳茎粗短，向腹侧弯曲，端部分 2 瓣，左侧瓣末端尖锐、右侧瓣骨化程度加强。

♀外生殖器：肛突短圆，边缘平滑，内缘具刺，基部外侧不甚突出；后内骨突细。交配孔深陷；孔前具 2 条纵脊，孔后板为 1 对彼此紧靠的光滑片状结构。交配囊椭球形，表面褶皱，囊突高度骨化呈带状，表面具横褶；囊导管短粗，不骨化。

【个体变异】

后翅中室外侧白斑及亚外缘红斑具有一定程度变异，部分个体白色进入中室端部，CuA_2 室白斑可染红色，M_1 室内的亚外缘红斑偏白色。

【亚种分布】

48a. 缅北亚种 *Byasa latreillei ticona* (Tytler, 1939)

Polydorus latreillei ticona Tytler, 1939; J. Bombay nat. Hist. Soc., 41(2): 236; TL: “Hthawgaw, N. E. Burma” [Kachin State, N.E. Myanmar].

本亚种个体较大，翅色黑，后翅白斑大且进入中室端部，亚外缘红斑发达，色泽鲜艳。分布于云南西北高黎贡山以西的区域。

保山市：1♂，腾冲明光（2100 m），2015-V-22，罗益奎，[KFBG]；1♂，腾冲滇滩，2019-VI-3，张晖宏，[SJH]。

德宏州：1♂、1♀，盈江苏典至雷新，2019-V-20，杨维宗，[SJH]。

怒江州：2♂♂、1♀，泸水片马，1983-VI-4，董大志，[KIZ]；1♂，贡山独龙江钦郎当（1400 m），2009-VI-3，朱建青，[JQZ]；1♂，贡山独龙江三乡（1500 m），2011-V-28，王家麒，[JQZ]。

49. 绮罗麝凤蝶 *Byasa genestieri* (Oberthür, 1918)

Papilio latreillei genestieri Oberthür, 1918; Bull. Soc. ent. Fr., 1918(12): 187; TL: ‘Siao-lou, Tchang-chau-pin et au haut Lou-Tse-Kiang’ [Sichuan and Yunnan (upper Lancang Jiang), China].

【识别特征】

似前种；但翅底色灰色而非黑色，后翅中室外侧白斑小，亚外缘及尾突端部红斑小而暗淡。

【成虫形态】

雄蝶：前翅长 48–60 mm。前翅正面灰色，具黑色翅脉、中室纹及脉间纹；反面斑纹同正面但色泽较淡。后翅 M_3 脉端具 1 条端部膨大的尾突，正面灰色，翅脉黑色，外中区在 CuA_2 室至 M_1 室具 4 或 5 枚大小不等的长形白斑，亚外缘 CuA_2 室至 M_1 室各具 1 枚暗红色斑，CuA_1 脉端及 M_2 脉端各有 1 枚小的暗红色斑，尾突端部具 1 枚红斑，香鳞白色；反面底色较浅，斑纹同正面，红斑色泽鲜亮。

雌蝶：前翅长 61–62 mm，斑纹同雄蝶但色泽暗淡。

♂外生殖器：整体骨化程度中等较弱。上钩突粗长，大部平直而向腹侧倾斜，近端部急剧下弯并具 1 枚向内的倒钩状突起；尾突窄三角形，末端钝，膜质被短毛；囊形突短宽。抱器瓣宽圆，背、腹缘及端部均平滑；内突近端部及至背侧段弧曲并生锯齿，腹侧段光滑平直、常无齿。阳茎基环呈“Y”形，基部宽，两臂细长；阳茎粗短，向腹侧弯曲，端部分 2 瓣，左侧瓣末端尖锐。

♀外生殖器：肛突短宽，端部圆钝，边缘平滑，内缘具刺，基部外侧骨化但不突出；后内骨突细。交配孔宽；孔前板中线具1条纵脊，两端向后延伸包围交配孔，孔后板为1对相连的光滑片状结构，两侧边缘隆起。交配囊椭球形，囊突高度骨化呈带状，表面具横褶；囊导管短，不骨化。

【个体变异】

后翅中室外侧白斑及亚外缘红斑具有一定的变异幅度，CuA_2室白斑或染红色，M_1室内的亚外缘红斑偏白色。

【亚种分布】

49a. 指名亚种

Byasa genestieri genestieri **(Oberthür, 1918)**

本亚种个体较小，前后翅底色浅，后翅红斑小而暗；分布于云南中、滇东高原，以及西部至西北高黎贡山以东的区域。

大理州：2♂♂、4♀♀，大理苍山东坡（2300 m），1986-V-25–28，李昌廉，[KIZ]；1♀，宾川鸡足山祝圣寺，1986-VI-4，李昌廉，[KIZ]；2♂♂，大理苍山感通寺（2300 m），1988-V-20，李昌廉，[KIZ]；1♂、1♀，大理苍山茫涌溪（2400 m），1988-V-21，李昌廉，[KIZ]；2♂♂，大理蝴蝶泉（2200 m），1988-V-22，李昌廉，[KIZ]；1♂，宾川鸡足山祝圣寺，1988-V-23，李昌廉，[KIZ]；1♀，大理下关大坡箐，1988-V-23，李昌廉，[KIZ]；2♂♂、1♀，宾川鸡足山，1988-V-28，李昌廉，[KIZ]；3♂♂、1♀，漾濞漾江（1600–1700 m），2017-V-23，杨扬，[SJH]；5♂♂，漾濞平坡，2019-V，当地采者，[SJH]；1♀，漾濞漾江（1600–1700 m），2019-V，杨扬，[SJH]。

昆明市：1♂，昆明西山（2300m），2010-V-22，张晖宏，[SJH]；1♂，昆明陡嘴瀑布（1910 m），2016-V，中臻俐，[ZLS]；1♂，昆明陡嘴瀑布（1910 m），2016-V-29，张晖宏，[HHZ]；1♀，昆明陡嘴瀑布（1910 m），2016-VI-1，张晖宏，[HHZ]。

怒江州：1♀，福贡西部山区，2007-VII-5，P. Sukkit，[AMC]；1♂，贡山马西当，2009-V-28，朱建青，[JQZ]；3♂♂，福贡阿亚比，2017-V-23，P. Sukkit，[SJH]。

49b. 老越亚种 ***Byasa genestieri robus*** **(Jordan, 1928)**

Papilio latreillei robus Jordan, 1928; Novit. Zool., 34(2): 161; TL: 'Tonkin, Ngai Tio' [Ngai Tio, N.W. Vietnam[1]].

本亚种个体较大，前后翅底色较深，后翅红斑大而鲜艳；分布于云南南部与老挝、越南交界的区域。

红河州：1♂，金平马鞍底（684 m），2015-V-6，曾全，[SFU]。

【附记】

本种长期作为纨绔麝凤蝶的亚种，二者外形特征也较为接近，主要区别在于绮罗麝凤蝶翅色呈灰色而非黑色，翅面红斑也不如纨绔麝凤蝶鲜艳。近年来不同学者利用DNA研究发现二者之间有显著的遗传差距，本书作者基于多个线粒体DNA片段和雄、雌外生殖器差异确认了该种独立。本书作者将其中文名取“绮罗”，其与“纨绔”皆有华贵丝织品衣物之意，前者多用于女子，后者多用于男子，以表达两种的形态接近。

50. 彩裙麝凤蝶 ***Byasa polla*** **(Nicéville, 1897)**

Papilio (*Byasa*) *polla* Niceville, 1897; J. nat. Hist. Soc.,10(4): 633; TL: 'North Shan State; North Chin Hills' [N. Shan State and N. Chin Hills, Myanmar].

【识别特征】

似纨绔麝凤蝶 *Byasa latreillei* (Donovan, 1826)，但体型更大；翅底色深黑，后翅各白斑外缘具角状凹刻，亚外缘红斑发达，外缘及尾突端部浸润鲜艳的红色。

【成虫形态】

雄蝶：前翅长62–65 mm。前翅正面灰黑色，具黑色翅脉、中室纹及脉间纹；反面褐黑色，斑纹同正面。后翅M_3脉端具1条端部膨大的尾突，正面灰黑色，翅脉黑色，R_5室中部具1枚孤立的白斑，外中区在CuA_1室至M_1室具4枚大小不等、外缘呈角状缺刻的长形白斑，在CuA_2室具1枚粉红色斑，在亚外缘各具1枚暗红色斑，其中M_1室内的红斑染有白色，各脉端突出部分及尾突端部具向邻近外缘浸润的深红色斑，香鳞类白色，臀缘具黑色长毛；反面底色较浅，斑纹同正面，R_5室中部的白斑较正面略扩大，红斑色泽更艳。

雌蝶：前翅长79–82 mm，斑纹同雄蝶，底色略呈

1 据查，该模式产地位于今中国云南省金平县境内，作者认为这与历史上的边境变化有关，本书保留其原始发表的模式产地归属，特此注明。

褐色，红斑色泽暗淡。

♂外生殖器：整体骨化程度中等。上钩突长而下弯，基部宽；尾突短钝，膜质被短毛；囊形突短宽。抱器瓣宽圆，背、腹缘及端部均平滑；内突与抱器瓣边缘几平行，腹侧段光滑略平直，近端部具 1 片强度骨化的突起、边缘具齿。阳茎基环呈长“Y”形，基部较宽，两臂细长；阳茎粗短，向腹侧弯曲，端部分 2 瓣。

♀外生殖器：肛突短宽，端部钝，边缘平滑，内缘具刺，基部略骨化；后内骨突粗细中等。交配孔深陷；孔前板由两侧隆起后向中央聚拢呈袋状，孔后板为 2 片光滑的长片状结构。交配囊椭圆球形，表面具纵褶，囊突高度骨化呈带状，表面具横褶；囊导管极短，不骨化。

【个体变异】

后翅红斑发达程度具有一定的变异幅度，部分个体 R_5 室白斑退化。

【亚种分布】

本种目前无亚种区分。分布于云南西部至西北高黎贡山以西的区域。

保山市：1♂，保山百花岭（1000 m），2016-V-25，董志巍，[KIZ]。

德宏州：1♀，盈江苏典（980 m），2016-VII-12，杨维宗，[CMS]；1♂，盈江铜壁关（1000 m），2017-VII-22，杨维宗，[SJH]；1♂、1♀，盈江昔马（1100 m），2020-VII-25–30，杨维宗，[SJH]。

51. 粗绒麝凤蝶 *Byasa nevilli* (Wood-Mason, 1882)

Papilio nevilli Wood-Mason, 1882; Ann. Mag. nat. Hist., (5) 9(50): 105; TL: ‘Silchar, Cachar’ [Silchar, Assam, N.E. India].

Papilio chentsong Oberthür, 1886; Ét. ent., 11: 13, pl. 1, f. 1; TL: ‘Yerkalo’ [W. China].

Papilio chentsong Ab. *Luctus* Oberthür, 1914; Étud. Lep. Comp., 9(2): 45, pl. 252, f. 2133 [IFS]; TL: ‘Région sino-thibétaine de Tâ-tsien-lu’ [Kangding, W. Sichuan, China].

Papilio nivelli Draeseke, 1923; Dt. ent. Z. Iris, 37(3/4): 55. [ISS]

【识别特征】

似云南麝凤蝶 *Byasa hedistus* (Jordan, 1928)，但翅色较浅，脉间纹、翅脉及中室纹清晰，后翅尾突末端圆，雄蝶香鳞黄白色。

【成虫形态】

雄蝶：前翅长 45–53 mm。前翅正面灰黑色，具清晰的黑色翅脉、脉间纹及中室纹；反面斑纹同正面，但色泽较淡。后翅 M_3 脉端具 1 条较短且末端圆钝的指状尾突，正面灰黑色光泽弱，M_1 室及 R_5 室具一小一大 2 枚白斑，亚外缘 CuA_1 室至 M_2 室各具 1 枚暗红色新月斑，香鳞黄白色；反面灰黑色，斑纹同正面但红斑更鲜明，臀角具 1 枚不规则形红斑。

雌蝶：前翅长 49–51 mm，斑纹同雄蝶但翅形较宽圆，翅色较淡，深色翅脉、脉间纹及中室纹更加清晰，后翅正面亚外缘红斑较雄蝶清晰，M_1 室、R_5 室白斑及反面红斑较发达。

♂外生殖器：整体骨化程度较强。上钩突基部宽，在基 1/3 处突然收窄，其余部分几等宽，末端尖；尾突较小，乳突状向内收拢，膜质被短毛；囊形突短宽。抱器瓣斜长，腹缘显著长于背缘，背缘、腹缘及末端均平滑；内突发达，大致与抱器瓣边缘平行，基部具 1 枚短粗的指状突起，端部稍扩大呈三角形、边缘具齿。阳茎基环大体呈“Y”形，基部宽、中部较窄、端部又扩大并伸出 2 个短臂；阳茎短粗，微扭转，末端稍尖且分为 2 瓣，其中右侧瓣骨化程度加强。

♀外生殖器：肛突短圆，端部钝，边缘平滑，内缘具刺，基部骨化但不突出；后内骨突细。交配孔深陷；孔前板中央具纵脊并伴数条横褶，两侧分别隆起呈袋状，孔后板为单一片状结构，靠近交配孔处具“V”形隆起。交配囊近球形，表面具皱褶，囊突为弱骨化的短棒状；囊导管极短，不骨化。

【个体变异】

部分个体后翅白斑边缘染淡红色或呈污白色，少数个体后翅白斑整体呈淡红色。

【亚种分布】

本种目前无亚种区分。分布于云南中部高原至西部海拔 2000 m 以上的山区。

楚雄州：1♂，南华县，1983-VIII-7，李昌廉，[KIZ]。

大理州：1♂，宾川鸡足山，1983-V-19，杨大荣，[KIZ]；1♂，大理下关团山（2050 m），1986-V-22，李昌廉，[KIZ]；1♂，大理苍山东坡（2150 m），1986-V-28，李昌廉，[KIZ]；4♂♂、1♀，漾濞雪山河（2240 m），1986-V-30，李昌廉，[KIZ]；1♀，大理

苍山西坡（2220 m），1986-V-30，李昌廉，[KIZ]；2♂♂，宾川鸡足山祝圣寺，1986-VI-4–6，李昌廉，[KIZ]；3♂♂，宾川鸡足山祝圣寺，1988-VI-31，李昌廉，[KIZ]；1♂，大理凤仪（2000 m），2019-V，杨扬，[SJH]。

迪庆州：1♂，香格里拉冲江河，1991-V-19，林苏，[KIZ]；2♂♂，香格里拉冲江河，1992-V-23，董大志，[KIZ]；1♂，香格里拉冲江河，1992-VIII-19，李昌廉，[KIZ]。

昆明市：1♂，昆明筇竹寺，1979-VIII-13，王云珍，[KIZ]；1♂，昆明西山（2135 m），2009-IV-25，胡劭骥，[SJH]；1♂，昆明西山（2340 m），2009-VI-6，胡劭骥，[SJH]；1♀，昆明西山（2340 m），2009-VI-13，胡劭骥，[SJH]；1♂，昆明西山（2340 m），2009-IX-13，胡劭骥，[SJH]；1♀，昆明西山（2330 m），2010-VIII-14，胡劭骥，[SJH]；3♂♂，昆明西山（2350 m），2013-V-15，胡劭骥，[SJH]；1♂，东川深沟村（1450 m），2013-VI-16，胡劭骥，[SJH]；2♂♂，昆明乌西（2100 m），2015-V-12，胡劭骥，[SJH]；1♂，昆明花箐（2000 m），2015-V-19，胡劭骥，[SJH]。

丽江市：2♂♂，丽江黑水，1992-V-25，董大志，[KIZ]；1♂，玉龙文海（2700 m），2009-VI-15，朱建青，[JQZ]；1♂，玉龙虎跳峡，2010-VII-24，宋晓兵，[JQZ]；3♂♂，玉龙新尚（2360 m），2013-VI-2，曾全，[SFU]；1♂，玉龙新尚（2580 m），2015-IV-25，胡劭骥，[SJH]；1♂，玉龙新尚（2660 m），2015-V-8，赵健，[SFU]。

玉溪市：1♂，玉溪小石桥，1975-V-18，甘运兴，[KIZ]。

52. 达摩麝凤蝶 *Byasa daemonius* (Alphéraky, 1895)

Papilio daemonius Alphéraky, 1895; Dt. ent. Z. Iris, 8(1): 180; TL: ‘montagnes Kham, près de Batang’ [near Batang, W. Sichuan, China].

【识别特征】

与突缘麝凤蝶 *Byasa plutonius* (Oberthür, 1876) 近似，但体型明显小，后翅各脉端不甚突出，臀角红斑被翅脉割裂为 2 块。

【成虫形态】

雄蝶：前翅长 47–53 mm。前翅正面褐黑色，具黑色翅脉、中室纹及脉间纹；反面灰褐色，斑纹同正面。后翅 M_3 脉端具 1 条端部膨大的尾突，正面褐黑色，翅脉及外缘黑色，亚外缘 CuA_1 室至 M_1 室具暗红色新月形斑，香鳞白色；反面灰褐色，黑色翅脉及外缘清晰，亚外缘 R_5 室至 CuA_1 室具红色新月形斑，臀角红斑被 CuA_2 脉分割为 2 块。

雌蝶：前翅长 44–51 mm。翅灰褐色，斑纹同雄蝶，后翅亚外缘红斑色泽较浅。

♂外生殖器：整体骨化程度较强。上钩突基部宽，在基 1/3 处突然收窄，其余部分几等宽，末端尖；尾突宽大，阔三角形被短毛；囊形突短小。抱器瓣窄而斜长、耳廓状，腹缘显著长于背缘，背缘、腹缘及末端均平滑；内突发达，呈尖猫耳状、边缘具齿，腹缘近基部具 1 处大圆缺刻。阳茎基环呈狭长“Y”形，基部稍宽、中部窄、端部伸出 2 个细长臂；阳茎短粗，末端尖而向上弯曲。

♀外生殖器：肛突短圆，端部钝，边缘平滑，内缘具刺，基部骨化略突出；后内骨突细。交配孔深陷；孔前板两侧呈长条状向后延伸，孔后板呈“V”形。交配囊近椭球形，表面具少量纵褶，囊突退化；囊导管短粗，不骨化。

【亚种分布】

52a. 云南亚种

***Byasa daemonius yunnana* (Oberthür, 1907)**

[*Papilio*] *daemonius* var. *yunnana* Oberthür, 1907; Bull. Soc. ent. Fr., 1907(8): 137; TL: ‘Yunnan: Tapintze’ [Dapingzi, Yunnan, China].

分布于云南中部高原西边缘至西部中海拔区域。

大理州：1♀，宾川鸡足山，1983-V-17，董大志，[KIZ]；7♂♂，大理蝴蝶泉（2100 m），1986-V-24–26，李昌廉，[KIZ]；1♂，大理苍山东坡（2300 m），1986-V-25，李昌廉，[KIZ]；5♂♂，大理蝴蝶泉，1987-VI-13–16，李昌廉，[KIZ]；1♂，洱源凤羽，2016-IX-13，张晖宏，[HHZ]；1♀，洱源凤羽，2017-V-10（羽化），张晖宏，[SJH]；1♀，洱源凤羽，2017-V-21（羽化），张晖宏，[ZLS]。

迪庆州：1♀，香格里拉虎跳峡，2016-IV-19，当地采者，[ZHJ]；1♂，香格里拉，2016-V-23，当地采者，[SJH]；1♀，香格里拉尼西（3000 m），2019-VI-23，杨扬，[SJH]。

丽江市：2♂♂，玉龙石鼓（1900 m），2016-IV-28，张晖宏，[HHZ]；1♂，玉龙石鼓（1900 m），2016-V-14，张晖宏，[SJH]。

53. 娆麝凤蝶 *Byasa rhadinus* (Jordan, 1928)

P.[*apilio*] *mencius rhadinus* Jordan, 1928; Novit. Zool., 34(2): 169, pl. 7, f. 3–4; TL: 'Yunnan: Tapintze' [Dapingzi, Binchuan, W. Yunnan, China].

【识别特征】

外观与云南麝凤蝶 *Byasa hedistus* (Jordan, 1928) 和粗绒麝凤蝶 *B. nevilli* (Wood-Mason, 1882) 相似，但尾突明显窄长，雄蝶香鳞灰色。

【成虫形态】

雄蝶：前翅长 45–47mm。前翅正面灰黑色，具清晰的黑色翅脉、脉间纹及中室纹；反面斑纹同正面，但色泽较淡。后翅 M_3 脉端具 1 条较长且末端圆钝的指状尾突，正面灰黑色光泽弱，M_1 室及 R_5 室具一小一大 2 枚白斑，亚外缘 CuA_1 室至 M_2 室各具 1 枚暗红色新月斑，香鳞灰白色；反面灰黑色，斑纹同正面但红斑更鲜明，臀角具 1 枚不规则形红斑。

雌蝶：前翅长 47–50 mm，斑纹同雄蝶但翅色较淡。

♂外生殖器：整体骨化程度较强。上钩突基部宽，在基 1/3 处收窄，其余部分几等宽，末端尖；尾突大，兔耳状被短毛；囊形突短小。抱器瓣耳廓状，腹缘显著长于背缘，背缘、腹缘及末端均平滑；内突发达，背端部片状突出、边缘具齿，腹缘近基部具一长一短 2 条几平行的指状突出。阳茎基环呈短“Y”形，基部稍宽、中部窄、端部伸出 2 个短臂；阳茎短粗、中部扭转，末端分瓣。

♀外生殖器：肛突短圆，端部钝，边缘平滑，内缘具刺，基部骨化略突出；后内骨突细。交配孔深陷；孔前板中部三角形，具 3 条开口宽阔的“V”形褶，两侧隆起为密集皱褶，孔后板呈“V”形。交配囊长椭球形，囊突高度骨化呈带状，表面具横褶；囊导管短粗，不骨化。

【亚种分布】

本种目前无亚种区分。分布于大理。

大理州：1♀，祥云，1983-V-14，周又生，[KIZ]；2♂♂，漾濞东南 18 km 点苍山（1500–1800 m），2007-VI-4，V. Tshikolovets，[AMC]；2♂♂、1♀，大理苍山，2008-VII-19，王家麒，[JQZ]；11♂♂、8♀♀，洱源凤羽（2100 m），2016-IX-10，张晖宏，[HHZ、SJH]；4♂♂、3♀♀，洱源凤羽（2100 m），2019-V-3，张晖宏、许振邦，[HHZ、SJH]；5♂♂，漾濞平坡（1600 m），2019-V-4，张晖宏、许振邦，[HHZ、SJH]；7♂♂、4♀♀，洱源凤羽（2100 m），2019-VIII-20，张晖宏，[HHZ]。

【附记】

本种原始发表作为灰绒麝凤蝶 *Byasa mencius* (C. Felder & R. Felder, 1862) 的一个亚种，此后国内外部分学者在其著述中也沿用或支持这一观点（武春生，2001）。Wu 和 Bai（2001）曾报道二者♂外生殖器没有明显差异，但在大理同域分布，仅发生期不同，其中“*rhadinus*”于 4 月羽化而“*mencius*”在 7 月发生。

一般而言，有效的地理隔离是亚种分化的必需条件，同域分布但发生期不同的群体并不能解释亚种关系。此外，该种的发生期从 4 月持续至 9 月，该时间段与报道中所指的“*mencius*”发生期重叠，暗示了二者间并非亚种关系。

灰绒麝凤蝶在我国仅有 2 个亚种，其中指名亚种分布于华东（浙江、福建等地）至四川东部，秦岭亚种 *B. mencius tsinlingshani* (von Rosen, 1929) 则分布于西北的陕西、甘肃等地，在四川西部及云南并无分布。Racheli 和 Cotton（2010）认为，Wu 和 Bai（2001）所引证的雄性“灰绒麝凤蝶”可能为 1 头黑化的 *B. rhadinus*，也可能是由采集信息错误所致，并根据二者间的♂外生殖器差异和地理隔离将 *B. rhadinus* 处理为独立的种。对中国及周边区域凤蝶科物种的最新 DNA 条形码进行研究后发现，*B. mencius* 与 *B. rhadinus* 在系统进化树上亲缘关系较近，但已完全分开，且具有较高的支持率，表明二者是相互独立的种。据此，本书将 *B. rhadinus* 作为独立的种看待。

54. 长尾麝凤蝶 *Byasa impediens* (Seitz, 1907)

P. [*apilio*] *alcinous impediens* Seitz, 1907; Gross-Schmett. Erde, 1(1): 9; TL: 'Ta-tsien-lu' [Kangding, W. Sichuan, China].

Papilio alcinous mencius [aberration] *impediens* Rothschild, 1895; Novit. Zool., 2(3): 270, pl. 6, f. 26, 40; TL: 'Ta-tsien-lu' [Kangding, W. Sichuan, China]. [IFS]

【识别特征】

中型种，翅形狭长；后翅无白斑，亚外缘具红色斑列，尾突长指状，香鳞灰色。

【成虫形态】

雄蝶：前翅长 48–60 mm。前翅正面褐黑色，具黑色翅脉、中室纹及脉间纹；反面灰褐色，斑纹同正面。后翅 M_3 脉端具 1 条长指状尾突，正面褐黑色，翅脉及外缘黑色，亚外缘 CuA_1 室至 M_1 室具暗红色新月形斑，香鳞灰色；反面灰褐色，黑色翅脉及外缘清晰，亚外缘 CuA_1 室至 R_5 室具红色新月形斑，臀角具 1 枚不规则形红斑。

雌蝶：前翅长 52–61 mm。翅灰褐色，斑纹同雄蝶，后翅亚外缘红斑色泽较浅。

♂外生殖器：整体骨化程度较强。上钩突基部宽，向端部渐窄；尾突大，兔耳状被短毛；囊形突较小。抱器瓣椭圆形，腹缘显著长于背缘，背缘、腹缘及末端均平滑；内突发达，平行于抱器瓣内缘、具几乎等距的齿，基部有 1 枚较大的尖突起。阳茎基环呈短“Y”形，基部稍宽、中部窄、端部伸出 2 个短臂；阳茎短粗、中部扭转，末端分瓣。

♀外生殖器：肛突短圆，端部钝，边缘平滑，内缘具长刺，基部骨化略突出；后内骨突细。交配孔宽；孔前板为彼此靠近的长带状，孔后板呈穹窿形，两侧有隆脊。交配囊球形，表面具多条纵褶，囊突高度骨化呈带状，基部和端部稍窄，表面具横褶；囊导管极短，略骨化。

【亚种分布】

54a. 指名亚种 *Byasa impediens impediens* (Seitz, 1907)

[*Papilio alcinous*] *imperius* Rothsch. Fruhstorfer, 1901; Soc. ent., 16(15): 113. [ISS]

分布于云南南部至东南部中海拔山区。

西双版纳州：11♂♂、4♀♀，景洪勐罕（800 m），2008-VII–VIII，当地采者，[AMC]。

【附记】

本种命名人在诸多文献中均以“(Rothschild, 1895)”出现，但藤岡知夫等（1997）考证发现，Rothschild 当时仅仅将 *B. impediens* 作为 *Papilio alcinous mencius* 的一个型来描述，根据 ICZN 法则为无效名，其后 Seitz（1907）在其著作 *Die Grossschmetterlinge der Erde* 第一卷中将其作为 *Papilio alcinous* 的亚种处理，使之成为有效名，据此应将命名人处理为 Seitz。

凤蝶族 PAPILIONINI Latreille, [1802]

Papilionides Latreille, [1802]; Hist. nat. Crustac. Ins., 3: 387; TG: *Papilio* Linnaeus, 1758.

下唇须基部斑纹形成内盖；♀外生殖器交配囊导管扭转呈肘状。此外，IV 龄幼虫体表光滑也是一个重要的参考指标。

钩凤蝶属 *Meandrusa* Moore, 1888

Meandrusa Moore, 1888; in Hewitson & Moore, Descr. New Ind. Lep. Coll. Atkinson, 3: 284; TS: *Papilio evan* Doubleday, 1845.

Dabasa Moore, 1888; in Hewitson & Moore, Descr. New Ind. Lep. Coll. Atkinson, 3: 283; TS: *Papilio gyas* Westwood, 1841.

Menandrusa Funahashi, 2003; Wallace, 8: 3—4, pl. 1. [ISS]

Menandrusia Racheli & Cotton, 2009; Guide to the Butterflies of the Palearctic Region, Papilionidae part 1: 50. [ISS, PS]

本属全球已知 3 种，我国分布 3 种，云南分布 3 种。

大型种，体背黑色或赭黄色，腹面灰褐色或赭黄色，密被鳞毛。头大，复眼裸露，触角较短，长度不及前翅前缘的 1/2，末端膨大。足跗爪中部具齿。翅形多宽阔（钩凤蝶 *Meandrusa payeni* 翅形狭长）；前翅顶角突出、外缘内凹，R_1脉与R_2脉均游离，R_3脉发自中室端部之前，中室端部第二横脉明显内凹，M_2脉弧形；后翅外缘波状，M_3脉端具1条尾突，臀褶极不发达。性二型明显。

♂外生殖器骨化程度中强，骨环宽度中等，囊形突饱满；上钩突发达，端部形态多样，钩形突足（舌）状；抱器瓣宽圆，端部平滑，内突简单；阳茎长，端部生倒刺或锯齿；阳茎基环两侧或有反折的翼状突起。

本属物种飞行迅速、机警敏捷，雄蝶常在开阔区域进行跳跃状飞行，喜在积水处短暂停留吸水。幼虫取食樟科植物。

种检索表

1a. 翅黄色，前翅顶角尖锐呈钩状……钩凤蝶 *Meandrusa payeni*

1b. 不如上述……2

2a. 前后翅中带赭黄色，雌蝶似雄蝶……褐钩凤蝶 *Meandrusa sciron*

2b. 雄蝶无明显的中带，雌蝶中带白色……西藏钩凤蝶 *Meandrusa lachinus*

55. 褐钩凤蝶 *Meandrusa sciron* (Leech, 1890)

Papilio sciron Leech, 1890; Entomologist, 23(325): 192; TL: 'Chia-Kou-Ho … Huang-mu-Chung' [Jinkouhe (Leshan) and Huangmu Zhen (Hanyuan), W. Sichuan, China].

Papilio hercules Blanchard, 1871; C. R. Hebd. Séanc. Acad. Sci., 72(25): 809(note); TL: 'Mou-pin' [Baoxing, W. Sichuan, China] [JH of *Papilio hercules* Dalman, 1823(Nymphalidae)]

Papilio gyas var. *porus* Strecker, 1900; Lepid. Rhop. Het., Suppl. 3: 17; TL: 'Garo Hills, Assam' ['Meghalaya, N.E. India', loc. err. = China]. [IFS]

Meandrusa sciron subsp. *abaensis* Sugiyama, 1994; Pallarge, (3): 6, f. 13-16; TL: 'N.-Mt Signian, Sichuan, China' [north of Siguniang Shan, W. Sichuan, China].

Dabasa hercules splendens Huang, 1995; Bull. Amat. ent. Soc., 54(399): 64; TL: 'Dazhulan, Jianyang, Fujian Prov. of China'.

Menandrusa [sic] *hercules hajiangensis* Funahashi, 2003; Wallace, 8: 4, pl. 1, f. 3; TL: 'Hajiang, N. Vietnam' [Hagiang, N. Vietnam].

Menandrusa [sic] *hercures* [sic] Funahashi, 2003; Wallace, 8: pl. 1, f. 3. [ISS]

Menandrusa [sic] *hercures* [sic] *hajangensis* Funahashi, 2003; Wallace, 8: pl. 1, f. 3. [IOS]

【识别特征】

大型种；前翅顶角突出但不尖锐，尾突较短；翅正面褐色具赭黄色中带及亚外缘斑，反面中区着灰色；雌蝶与雄蝶相近。

【成虫形态】

雄蝶：前翅长47–53 mm。前翅正面褐色，中室端部至亚顶区具不连续的赭黄色斑，中区M_1脉至后缘贯穿1条不规则的赭黄色横带，其外侧在M_2室及M_1室内各具1枚孤立的赭黄色斑，亚外缘具赭黄色斑列；反面基1/3褐色，中区及亚顶区赭灰色具不规则深色波纹，中室端部具1枚褐色瓶状斑，亚外缘具浅色斑列。后翅正面褐色，中区贯穿1条赭黄色横带，其外侧臀角处具灰蓝色鳞，亚外缘各翅室具赭黄色斑；反面基1/3褐色，中区赭灰色具不规则深色波纹，中室端部具1枚褐色斑，亚外缘具浅色波纹，其在M_3室及M_2室内呈白色。

雌蝶：前翅长48–55 mm，斑纹同雄蝶但赭黄色区域较宽阔。

♂外生殖器：整体骨化程度中等。上钩突三叉状，背侧2支自基部分为二叉状，先上扬而后向腹面弯曲，腹面1支基部宽，向端部渐窄，末端钝；尾突愈合，背面观呈舌状，侧面观呈马鞍状；囊形突长而饱满。抱器瓣肾形，背缘、腹缘及末端均平滑；内突位于腹侧基部，基部宽，端部渐内翻呈宽匙状。阳茎基环基部窄细并分为2支，端部扩展为宽阔的2叶，并向上弯折为立体结构；阳茎中长，中部稍向腹面弯曲，大部等宽，端1/3向右弯曲，端部扩大并分3瓣，其中左瓣扩展为边缘有锯齿、末端截平的小叶，其余2瓣退化为纵脊。

♀外生殖器：肛突长圆形，端部钝，内缘具刺，基部略骨化但不突出；后内骨突细弱。交配孔宽；孔前板单一片状，两侧延伸并反卷，孔后板心形片状。交配囊椭球形，表面具不规则分布的弱骨化斑块，囊突小，呈“V”形；囊导管中长，不骨化。

【亚种分布】

本种无亚种区分，分布于云南北部及东北部山区。

红河州：1♂，屏边大围山，2010-VII-26，蒋卓衡，[ZHJ]。

昆明市：3♂♂，东川竹山（2500 m），2014-VII-17，当地采者，[SJH]。

56. 西藏钩凤蝶

Meandrusa lachinus **(Fruhstorfer, 1902)**

Papilio gyas lachinus Fruhstorfer, 1902; Dt. ent. Z. Iris, 14(2): 342; TL: ‘Senchal bei Darjeeling’ [Senchal, near Darjeeling, N. India].

Papilio gyas Westwood, 1841; Arcana ent., 1(3): 41, pl. 11, f. 1; TL: ‘Assam’ [N.E. India]. [JH of *Papilio gyas* Cramer, 1775]

【识别特征】

似前种但尾突长；雄蝶翅正面褐色无明显斑纹，雌蝶翅正面具发达的白色中带及赭黄色亚外缘斑。

【成虫形态】

雄蝶：前翅长 49–56 mm。前翅正面褐色无斑纹或具模糊的浅色亚外缘斑；反面基 1/3 褐色，中室端部具 1 枚褐色瓶状斑，其余部分赭灰色具模糊斑纹。后翅正面基 2/3 褐色，外中区黑色，亚外缘褐色具模糊的浅色斑列，臀角处具蓝灰色鳞；反面基 1/3 褐色，中区赭灰色具灰白色曲线纹，中室端部具 1 枚褐色斑，亚外缘 M_1 室至臀缘具灰白色波纹。

雌蝶：前翅长 51–58 mm。前翅正面褐色，中区白色宽横带，其上端渐呈黄色，前缘近亚顶区具 3 枚赭黄色斑，亚外缘具清晰的赭黄色斑列；反面基 1/3 深褐色，中区具外侧饰有淡棕色锯齿线的白色宽横带，中室端部具 1 枚深褐色瓶状斑，亚外缘具清晰的赭黄色斑列，外 1/3 淡褐色有土黄色斑列。后翅正面褐色，中区白色宽横带，亚外缘具淡黄色斑列，臀区外缘及尾突边缘棕红色；反面基 1/3 深褐色，中区具白色横带，中室端部具 1 枚深褐色大斑，亚外缘具清晰的赭黄色斑列，端半部的前半部淡褐色、后半部深褐色，亚外缘土黄色斑列在 CuA_2 室至 M_2 室冠以灰白色，臀区外缘及尾突边缘棕红色。

♂外生殖器：整体骨化程度中等。上钩突三叉状，背侧 2 支自基部分为二叉状、先上扬而后向腹面弯曲，腹面 1 支基部宽，向端部渐窄，末端钝；尾突愈合，背面观呈舌状，侧面观呈马鞍状；囊形突长而饱满。抱器瓣较短，背缘、腹缘及末端均平滑，端部更宽；内突小、位于腹侧基部，基部宽，端部渐窄。阳茎基环基部窄细并分为 2 支，端部扩展为宽阔的 2 叶，并向上弯折为立体结构；阳茎中长，中部稍向腹面弯曲，大部等宽，端 1/3 向右弯曲，端部扩大并分 3 瓣，其中左瓣扩展为边缘有锯齿、末端截平的小叶，其余 2 瓣退化为纵脊。

♀外生殖器：肛突长圆形，端部钝，内缘具刺，基部略骨化但不突出；后内骨突细弱。交配孔宽；孔前板单一片状，两侧延伸包围交配孔，孔后板片状，中部凹入。交配囊椭球形，囊突小，呈“V”形；囊导管细长，不骨化。

【亚种分布】

56a. 风伯亚种

Meandrusa lachinus aribbas **(Fruhstorfer, 1909)**

P.[apilio] gyas aribbas Fruhstorfer, 1909; Ent. Z., 22(43): 177; TL: ‘Oberbirma’ [Upper Myanmar].

分布于云南西部、南部及东南部中山区。

保山市：1♂，腾冲明光（2200 m），2015-V-1，罗益奎，[KFBG]；2♂♂，龙陵小黑山，2018-VIII-28，李凯，[KL]。

红河州：1♂，金平马鞍底（1250 m），2014-V-12，曾全，[SFU]；1♂、1♀，金平马鞍底（860 m），2017-V-23，当地采者，[SJH]；1♀，金平阿得博（1730 m），2019-V-17，当地采者，[SJH]。

57. 钩凤蝶 *Meandrusa payeni* (Boisduval, 1836)

Papilio payeni Boisduval, 1836; Spec. Gén. Lépid., 1: 235; TL: ‘Java’ [Java, Indonesia].

【识别特征】

大型种；翅形狭长，前翅顶角尖出，尾突较长；翅正反面底色均为赭黄色、饰有若干不规则的棕色斑纹。

【成虫形态】

雄蝶：前翅长 50–57 mm。前翅正面赭黄色，翅基、前缘及外缘棕色，中室端部具 1 枚不规则褐色斑，外中区具 2 列棕色至褐色的箭纹；反面赭黄色，外缘棕色，翅基、中室内、中室端部及亚顶区具不规则棕色斑，亚外缘具棕色波纹。后翅正面赭黄色，翅基色略深，外缘及尾突棕色，中室端部具 1 枚褐色斑，外中区贯穿 1 条褐色宽波带，其在 CuA_1 室至 M_2 室各饰有 1 枚赭黄色箭纹，臀角处另有 1 枚褐色斑；反面赭黄色，尾突棕色，内中区具 4 枚不规则的棕色斑，中室端部具 1 枚棕色椭圆形斑，外中区具 2 条不规则的棕色波带，其中内侧一条在 CuA_2 室至 M_3 室内饰有灰白色斑，亚外缘贯穿棕色细波纹。

雌蝶：前翅长 47–60 mm，与雄蝶相似但翅形较宽圆，斑纹颜色较浅。

♂外生殖器：整体骨化程度中等偏弱。上钩突较短，先上扬而后向腹面弯曲，基部宽，向端部渐窄，末端钝；尾突愈合，背面观呈舌状、侧面观足状；囊形突稍膨大。抱器瓣近圆形，背缘、腹缘及末端均平滑；内突发达、位于中部，基部宽，而后变窄，端部二叉状。阳茎基环基部圆钝，中部以后扩展为宽阔的 2 叶，并向上弯折为立体结构，中线处深凹入；阳茎长，中部显著向腹面弯曲，大部等宽，端部扩大并分 3 瓣，其中左瓣扩展为边缘有锯齿的半圆形，右瓣扩展为边缘有锯齿的倒钩形。

♀外生殖器：肛突长圆形，端部钝，内缘前端具刺，基部骨化略突出；后内骨突细。交配孔深陷；前后孔板愈合呈漏斗状。交配囊椭圆球形，囊突轻度骨化，纺锤形具放射纹；囊导管中长，不骨化，基部膨大弯曲。

【亚种分布】

57a. 泰缅亚种

***Meandrusa payeni amphis* (Jordan, 1909)**

P.[apilio] payeni amphis Jordan, 1909; Gross-Schmett. Erde, 9(40): 91; TL: 'Tenasserim and Burma' [N. Tanintharyi and S.E. Myanmar].

分布于云南西南部至南部低海拔区域。

西双版纳州：1♂，景洪基诺山，2004-V-16，董大志，[KIZ]；1♂，景洪橄榄坝（530 m），2015-VII-6，当地采者，[SJH]；1♂，勐腊勐仑（580 m），2017-II-10，胡劭骥，[ZLS]；14♂♂，勐腊勐仑水库（580 m），2018-II-22–24，胡劭骥，[SJH]；1♀，勐腊勐仑，2018-III，当地采者，[HHZ]。

57b. 越桂亚种

***Meandrusa payeni langsonensis* (Fruhstorfer, 1901)**

Papilio payeni langsonensis Fruhstorfer, 1901; Soc. ent., 16(12): 89; TL: 'Than Moi, Tonkin' [Thanh Moi, N. Vietnam].

分布于云南东南部低海拔区域。

红河州：1♂，河口戈哈，2013-X-4，胡劭骥，[SJH]。1♂、1♀，河口戈哈，2019-VIII-8–9，段匡，[KD]。

凤蝶属 *Papilio* Linnaeus, 1758

Papilio Linnaeus, 1758; Systema Naturae (Ed. 10), 1: 458; TS: *Papilio machaon* Linnaeus, 1758.

Princeps Hübner, [1806]; Tentamen: [1]; TS. *Papilio machaon* Linnaeus, 1758. [rejected name, included in a work rejected for nomenclatural purposes, ICZN Opinion 278]

Amaryssus Dalman, 1816; K. Svenska VetenskAkad. Handl. 1816(1): 60; TS. *Papilio machaon* Linnaeus, 1758. [JOS]

Papirio Billberg, 1820; Enum. Ins. Mus. Billb.: 78. [ISS]

Papileo G. Gray, 1832; in Griffith & Pidgeon, Anim. Kingdom Cuvier, 15(34) (Ins.2): pl. 38. [ISS]

Paiplio Lucas, 1835; Hist. nat. Lép. Exot., (livr. 10): 80. [ISS]

Aernauta Berge, 1842; Schmetterlingsbuch: 19, 106-109; TS. *Papilio machaon* Linnaeus, 1758. [JOS]

Papilia Tegetmeier, 1874; Reprint of Boddaert's Table: 4. [ISS]

Achivus Kirby, 1896; in Allen, Naturalist's Libr., Lepid. 1, Butts., 2: 286; TS. *Papilio machaon* Linnaeus, 1758. [JOS]

Papilius Ribbe, 1898; Soc. ent., 12(21): 161. [ISS]

Papillio Nelson, 2022; J. Lepid. Soc., 76(2): 116. [ISS]

本属全球已知逾220种，我国分布30种，云南分布26种。

中型至大型种，体背黑色或饰有黄、绿、蓝色鳞，腹面颜色多样。头大，复眼裸露，触角端部膨大。多数物种翅形宽阔；前翅外缘较平直，微波状或内凹；后翅外缘波状，尾突有或无。雄蝶后翅无臀褶及香鳞。多数物种无性二型，但美凤蝶亚属 *Menelaides* 部分物种兼具性二型与雌多型。

本属物种飞行迅速，常见于林间空地、果园或农田附近。雄蝶常于溪流、河边群聚吸水，且不同物种常混杂群聚，雌蝶则多见于寄主及蜜源附近。两性均访花，尤其嗜访马缨丹 *Lantana camara*、合欢 *Albizia* spp.、光叶子花 *Bougainvillea glabra* 及多种菊科植物的花。幼虫取食芸香科、樟科及伞形科等植物。

亚属检索表

1a. 模拟斑蝶……斑凤蝶亚属 *Chilasa*
1b. 不模拟上述对象……2
2a. 后翅尾突具2条翅脉……宽尾凤蝶亚属 *Agehana*
2b. 后翅如有尾突则仅有1条翅脉……3
3a. 体翅黑色无黄色斑纹……4
3b. 体翅黑黄斑纹交错……5
4a. 体翅密布金绿色鳞……翠凤蝶亚属 *Achillides*
4b. 体翅无金绿色鳞……7
5a. 翅面散布淡黄色斑块，后翅前区具蓝色眼斑……帝凤蝶亚属 *Princeps*
5b. 后翅前区无眼斑……6
6a. 翅底色淡黄色，前翅中室内有线纹……华凤蝶亚属 *Sinoprinceps*
6b. 翅底色金黄色至深黄色，前翅中室内散布黄色鳞……凤蝶亚属 *Papilio*
7a. 后翅反面外中区具淡橙色斑列……雅凤蝶亚属 *Araminta*
7b. 后翅反面外中区无淡橙色斑……美凤蝶亚属 *Menelaides*

华凤蝶亚属 *Sinoprinceps* Hancock, 1983

Sinoprinceps Hancock, 1983; Smithersia, 2: 35; TS. *Papilio xuthus* Linnaeus, 1767.

58. 柑橘凤蝶 *Papilio xuthus* Linnaeus, 1767

Papilio xuthus Linnaeus, 1767; Systema Naturae (Ed. 12), 1(2): 751 corrigenda; TL: 'India orientali' [Guangdong, China].

Papilio ajax Linnaeus, 1758; Systema Naturae (Ed. 10), 1: 462; TL: 'America boreali' [loc. err.]. [name suppressed for the purposes of the Principle of Priority, ICZN Opinion 286]

Papilio xanthus Linnaeus, 1767; Systema Naturae (Ed. 12), 1(2): 751. [name rejected for nomenclatural purposes, ICZN Opinion 286] [IOS]

Papilio xathus Fabricius, 1787; Mantissa Ins., 2: 10. [ISS]

Papilio xuthulus Bremer, 1861; Bull. Acad. Imp. Sci. St. Pétersb., 3(7): 463; TL: 'Bureja-Gebirge' [Bureinsky Ridge, Russia (Far East)].

P.[apilio] xuthulinus Murray, 1874; Ent. Month. Mag., 11(127): 166; TL: 'Yokohama' [Yokohama, Kanagawa, Japan]. [NN]

Papilio xuthus ab. *chinensis* Neuburger, 1900; Illte. Z. ent., 5(11): 168; TL: 'China (Env. de Changai)' [near Shanghai, China]. [IFS]

Papilio xanthus koxinga Fruhstorfer, 1908; Ent. Z., 22(11): 46; TL: 'Formosa' [Taiwan, China].

Papilio xanthus neoxuthus Fruhstorfer, 1908; Ent. Z., 22(11): 46; TL: 'Ta-Tsien-lu' [Kangding, W. Sichuan, China].

Papilio xanthus neoxanthus Fruhstorfer, 1908; Ent. Z., 22(11): 47. [IOS]

Papilio xanthus neoxanthus forma *xuthina* Fruhstorfer, 1908; Ent. Z., 22(11): 47; TL: 'Siao-Lou' [Washan, Sichuan, China]. [IFS]

P.[*apilio*] *xuthus* ab. *pseudozancleus* Stetter- Stättermayer, 1924; Ent. Anz., 4(15): 133; TL: 'Peking' [Beijing, China]. [IFS]

P.[*apilio*] *xuthus* ab. *depuncta* Stetter-Stättermayer, 1924; Ent. Anz., 4(15): 133; TL: 'Ussuri; Omisien (Szetschwan); Jokohama' [Ussuri, FE. Russia; Emeishan, Sichuan, China; Yokohama, Japan]. [IFS]

P.[*apilio*] *xuthus* aber. *feminisimilis* Mell, 1938; Dt. ent. Z., 1938(2): 306; TL: 'Fumui (südlich von Waichow am Unterlauf des Tung-Flusses)' [south of Huizhou at the lower reaches of the Dong He, Guangdong, China]. [IFS]

P.[*apilio*] *xuthus* f. *ochrea* Mell, 1938; Dt. ent. Z., 1938(2): 306; TL: 'Westyunnan (Tali, Chaochow)' [Dali and Fengyi (9 km E. of Dali township), W. Yunnan, China]. [IFS]

Papilio xuthus koxinga ab. *umbriferus* Murayama & Shimonoya, 1966; Tyô to Ga, 16(3/4): 58, f. 5; TL: 'Kuraru' [Sheding, Pingtung, S. Taiwan, China]. [IFS]

【识别特征】

中型种，后翅具细尾突，翅黑色，散布淡黄绿色斑，前后翅具宽黑边并饰有淡黄色新月纹，后翅黑带饰有一列金蓝色鳞，臀角具橙色眼斑。

【成虫形态】

雄蝶：前翅长 47–59 mm。前翅正面黑色散布淡黄绿色斑，其中中室基 2/3 具 4 条不规则续断的线纹，端部 2 枚相对的新月纹与其中黑色形成大眼斑，R_3 室内具 1 枚小斑，R_4 室及 R_5 室内各具 1 枚中心饰黑点的楔形斑，中区 CuA_1 室至 M_1 室具由小渐大的 4 枚楔形斑，CuA_2 室内的斑较大且被叉状黑纹分割，2A 室内的斑呈窄条状，外中区散布稀疏的淡黄绿色鳞，亚外缘具淡黄绿色新月形斑列；反面斑纹与正面相似，但淡黄色斑较扩大，其中 R_4 室及 R_5 室内的斑无黑点，外中区具 1 条不达后缘淡黄色横带，亚外缘具 1 条相对完整的淡黄绿色横带。后翅 M_3 脉端具 1 条细指状尾突，正面基半部淡黄绿色具黑色翅脉，Rs 脉中部上方具小团黑色鳞，端半部黑色，外中区各翅室具金蓝色鳞形成的斑，亚外缘具淡黄色新月形斑列，臀角具 1 枚中心黑色、上半橙色的眼斑，尾突黑色；反面淡黄色具黑色翅脉，外中区贯穿 1 条黑色宽横带，其中各翅室饰有金蓝色鳞形成的斑，该横带外侧的 M_1 室、R_5 室、R_1 室及内侧的 CuA_1 室至 R_5 室多少染橙色，近外缘处有黑边，臀角眼斑及尾突同正面。

雌蝶：前翅长 47–50 mm。斑纹同雄蝶，但色泽略偏黄，后翅臀角眼斑橙色几乎填满。

♂外生殖器：整体骨化程度中等。上钩突中长，端部下弯，基部宽阔，中部稍窄、端部略宽；尾突大，侧面观末端尖钩状，背部被稀毛；囊形突稍发达。抱器瓣心形，背缘中段弧形、腹缘较直，近端部向内凹入，端部圆钝，内突基 2/3 段细长，与抱器瓣腹缘平行，端 1/3 突然向内错位为背缘具锯齿的刀状。阳茎基环盾形，近基部中央凹陷，端侧部向前轻微反折为立体结构，阳茎中长，于中部向腹面微弯曲，宽度均匀，开口稍宽。

♀外生殖器：肛突短圆，边缘平滑，端部钝，基部骨化略突出；后内骨突细长。交配孔宽；孔前板双层，内层中部向后凸出，两侧包围交配孔口并与孔后板相连，外层“C”形，两侧中部具齿状突起，孔后板近菱形。交配囊椭球形，囊突弱骨化，纺锤形；囊导管短粗，不骨化。

【个体变异】

本种具明显的季节型，旱季型（春型）个体较小，翅面黑纹较细弱，雨季型（夏型）个体较大，翅面黑纹粗重；部分雄蝶后翅臀角眼斑橙色退化或完全消失。

【亚种分布】

本种目前无亚种分布，广布于云南大部分区域。

楚雄州：1♀，禄丰黑井，2013-IV-6，胡劭骥，[SJH]。

红河州：1♀，金平马鞍底（860 m），2014-VIII-26，曾全，[SFU]；1♂，弥勒锦屏山（1400 m），2015-VIII-7，胡劭骥，[SJH]；1♂，弥勒洛那，2015-VIII-8，毛巍伟，[WWM]。

昆明市：1♂，昆明团结，2011-IX-11，胡劭骥，[SJH]；1♀，昆明团结，2013-IV-13，胡劭骥，[SJH]；4♂♂，东川森林公园（1450 m），2013-VIII-3，胡劭骥，[SJH]；2♂♂，昆明三碗水（2100 m），2014-V-23，胡劭骥，[SJH]。

丽江市：2♂♂，玉龙新尚（2400 m），2016-V-26（羽化），胡劭骥，[SJH]；1♂，玉龙长松坪（2600 m），2017-VII-14，胡劭骥，[SJH]；1♀，玉龙云杉坪（2900 m），2017-VII-16，胡劭骥，[ZLS]。

怒江州：1♂，兰坪大黄登（2500 m），2014-VIII-12，尹丽春，[SFU]；1♂，兰坪小黄登（2500 m），2014-VIII-18，尹丽春，[SFU]。

曲靖市：1♂，会泽迤车，2011-VII-27，胡劭骥，[SJH]；1♂，师宗英武山（2400 m），2014-VIII-1，胡劭骥，[SJH]；2♂♂，陆良召夸，2015-VIII-19–20，毛巍伟，[WWM]。

凤蝶亚属 *Papilio* Linnaeus, 1758

Papilio Linnaeus, 1758; Systema Naturae(Ed. 10), 1: 458; TS: *Papilio machaon* Linnaeus, 1758.

59. 高山金凤蝶 *Papilio everesti* Riley, 1927

P.[*apilio*] *machaon everesti* Riley, 1927; Trans. ent. Soc. Lond., 1927(1): 120; TL: 'Tibet: Rongbuk Glacier, 15–17,000 ft.'

【识别特征】

中小型种翅色呈浅金黄色，尾突短，后翅臀角具1枚较小的橙红色斑眼斑。

【成虫形态】

雄蝶：前翅长41–43 mm。前翅正面金黄色至深黄色具黑色翅脉，翅基1/3黑色散布黄色鳞，中室端1/3处及端部外侧各具1条黑色粗横带，R_4室内具1枚黑色圆点，其上方翅室内具较密的金黄色鳞，外中区至外缘具宽黑边，其内侧具稀疏黄色鳞形成的横带，中部具金黄色至深黄色椭圆形斑列；反面黄色，CuA_2室基部染黑色，外缘黑色，亚外缘双黑带之内的翅脉黑色，2条黑带之间散布黑色鳞，中室中部和端1/3处具黑色横带，室端外方黑色较正面缩小，前缘近顶区具1条黑色短横带。后翅M_3脉端具1条细指状尾突，正面金黄色至深黄色具黑色翅脉，翅基黑色，臀区生疏毛，外中区至外缘具宽阔的波状黑带，其内半部各翅室具灰蓝色鳞形成的斑，外半部具金黄色至深黄色半月形或长椭圆形斑列，臀角具1枚椭圆形橙红色斑；反面黄色具黑色翅脉，外中区具相互错位的双黑线组成的横带，其间夹有黄色鳞和灰蓝色鳞，并在M_3室至M_1室内侧染橙红色，外缘饰有波状黑边，臀角橙红斑如正面。

雌蝶：前翅长43–44 mm。色泽斑纹同雄蝶但翅形较阔。

♂外生殖器：整体骨化程度较强。上钩突中长，端部稍向腹面弯曲，基部宽，其余部分几等宽；尾突较小，侧面观末端略呈钝钩状、中部被毛；囊形突极退化。抱器瓣心形，背缘弓曲，腹缘近端部凹入，末端平滑圆润；内突基半段细条状，端半段上弯并骨化为背缘具齿的窄条状。阳茎基环三角形片状，基部尖，端部中央微凹入；阳茎中长，中段向腹侧弯曲，端部稍宽。

♀外生殖器：肛突短圆，边缘平滑，端部钝，基部骨化并突出；后内骨突细。交配孔宽阔；孔前板为2枚自基部分离的叶状突起，边缘具较密的锯齿，孔后板圆片状。交配囊椭球形，囊突长棒状，表面具拉链状褶皱；囊导管短粗，不骨化。

【亚种分布】

59a. 滇藏亚种

***Papilio everesti alpherakyi* O. Bang-Haas, 1933**

Papilio machaon alpherakyi O. Bang-Haas, 1933; Ent. Z., 47(11): 90; TL: 'Kansu mer. or., Minschan Gebirge, Min Tanho, 2600 m.' [Minshan, S. Gansu, China].

Papilio Machaon var. *Montanus* Alphéraky, 1897; in Romanoff, Mém. Lépid., 9: 85; TL: 'Tâ-tsien-loû' [Kangding, W. Sichuan, China]. [JH of *Papilio montanus* C. Felder & R. Felder, 1864(Papilionidae)]

Papilio machaon Sikkimensis Erebennis Oberthür, 1914; Ét. Lépid. comp., 9(2): 44, pl. 253, f. 2135; TL: 'Région de Tâ-tsien-lou' [Kangding, W. Sichuan, China]. [IFS]

Papilio Machaon var. *Sikkimensis-erebinais* Houlbert & Rondou, 1925; in Oberthür, Ét. Lépid. Comp., 23: 127. [ISS]

Papilio machaon hieromax Hemming, 1934; Stylops, 3(9): 195. [Replacement Name for *Papilio Machaon* var. *montanus* Alphéraky, 1897]

Papilio machaon alpheraki Eller, 1939; Verh. int. Kongr. ent., 7: 85. [ISS]

P.[*apilio*] *machaon chinensomandschuriensis* Eller, 1939; Verh. int. Kongr. ent., 7: 100; TL: 'in den nördlichen

Kansugebieten … zwisehen 3000 bis 4000 m' [N. Gansu, China]. [NN]

Papilio machaon minschani Seyer, 1976; Mitt. ent. Ges. Basel, 26(3): 69. [NN attributed to Bang-Haas]

Papilio sikkimensis soi Sorimachi, 2010; Dino, 65: 87, pl. 12B; TL: 'Manigango 31°54′ N, 99°13′ E, 4000–4500m, Sichuan' [Manigange village, Garze, Sichuan, China].

Papilio sikkimensis yunnanensis Sorimachi, 2010; Dino, 65: 88, pl. 12C; TL: 'Sorth [sic] De Quin 10km 2900m, Yunnan, CHINA' [South of Deqen, N.W. Yunnan, China]

本亚种体型较小、尾突短，翅面黑色区域面积较宽。分布于云南西北部高海拔山地。

迪庆州：1♀，德钦奔子栏，2017-VIII，蒋卓衡，[ZHJ]。

怒江州：1♂，贡山丙中洛，2017-V-19，当地采者，[HHZ]。

60. 长尾金凤蝶

Papilio verityi Fruhstorfer, 1907

Pap.[ilio] machaon verityi Fruhstorfer, 1907; Ent. Z., 20(41): 301; 'Mannao, Yunnan' [Manhao, S. Yunnan, China].

Papilio machaon birmanicus Rothschild, 1908; Novit. Zool., 15(1): 168; TL: 'Shan State and Burma' [E. Myanmar].

Papilio machaon suroia Tytler, 1939; J. Bomb. nat. Hist. Soc., 41(2): 239; TL: 'Suroi, Manipur' [N.E. India].

Papilio machaon taliensis Eller, 1939; Verh. Int. Kongr. ent., 7(1): 85. [NN]

Papilio machaon suroius Eller, 1939; Verh. Int. Kongr. ent., 7(1): 85. [UE]

Papilio machaon taliens Eller, 1939; Verh. Int. Kongr. ent., 7(1): 98. [NN]

P. [apilio] machaon tschekulensis Eller, 1939; Verh. Int. Kongr. ent., 7(1): 85. [NN]

Papilio machaon suroiae Seyer, 1976; Mitt. ent. Ges. Basel (N.F.), 26(4): 123. [UE]

【识别特征】

中型种，翅色呈深黄色，后翅臀角具 1 枚椭圆形橙红色斑，中室端部黑纹不加粗。

【成虫形态】

雄蝶：前翅长 43–46 mm。前翅正面金黄色至深黄色具黑色翅脉，翅基 1/3 黑色散布黄色鳞，中室端 1/3 处及端部外侧各具 1 条黑色粗横带，R_4 室内具 1 枚黑色圆点，其上方翅室内具较密的金黄色鳞，外中区至外缘具宽黑边，其内侧具稀疏黄色鳞形成的横带，中部具金黄色至深黄色椭圆形斑列；反面黄色，CuA_2 室基部染黑色，外缘黑色，亚外缘双黑带之内的翅脉黑色，2 条黑带之间散布黑色鳞，中室中部和端 1/3 处具黑色横带，室端外方黑色较正面缩小，前缘近顶区具 1 条黑色短横带。后翅 M_3 脉端具 1 条细指状尾突，正面金黄色至深黄色具黑色翅脉，翅基黑色，臀区生疏毛，外中区至外缘具宽阔的波状黑带，其内半部各翅室具灰蓝色鳞形成的斑，外半部具金黄色至深黄色半月形或长椭圆形斑列，臀角具 1 枚椭圆形橙红色斑；反面黄色具黑色翅脉，外中区具相互错位的双黑线组成的横带，其间夹有黄色鳞和灰蓝色鳞，并在 M_3 室至 M_1 室内侧染橙红色，外缘饰有波状黑边，臀角橙红斑如正面。

雌蝶：前翅长 45–46 mm。色泽斑纹同雄蝶但翅形较阔。

♂外生殖器：整体骨化程度较强。上钩突中长，端部明显向腹面弯曲，基部宽，其余部分几等宽；尾突较小，侧面观末端钝而无钩状、中部被毛；囊形突极退化。抱器瓣心形，背缘稍弓曲，腹缘稍平直，近端部凹入，末端平滑圆润；内突基半段细条状，端半段上弯并骨化为背缘具锯齿的窄条状。阳茎基环三角形片状；阳茎中长，中段向腹侧弯曲，端部稍宽。

♀外生殖器：肛突短圆，边缘平滑，端部钝，基部骨化并突出；后内骨突细。交配孔宽阔；孔前板为 2 枚分离的长叶状突起，边缘具疏齿，孔后板圆片状。交配囊椭球形，囊突长棒状，表面具拉链状褶皱；囊导管短粗，不骨化。

【亚种分布】

本种目前无亚种区分，分布于云南中部至西部高原山地及南部中低海拔山区。

楚雄州：1♀，禄丰黑井，2013-IV-6，胡劭骥，[SJH]；1♂，武定狮子山，2016-VIII-27，张晖宏，[ZLS]。

德宏州：1♂，盈江铜壁关，2017-II-5，杨维宗，[HHZ]；1♂，芒市，2018-III，当地采者，[HHZ]。

红河州：1♂，石屏，1999-V，采者不详，[SFU]；2♂♂，弥勒东风，2016-VI-10，胡劭骥，[SJH]。

昆明市：1♀，昆明茨坝，1998-V-1，胡劭骥，[SJH]；1♀，东川（1900 m），1999-V-1，采者不详，[SFU]；1♀，昆明茨坝，1999-V-2，胡劭骥，[SJH]；1♂，禄劝龙潭（1860 m），2011-VII-22，胡劭骥，[SJH]；1♂，东川法者，2014-V-2，张晖宏，[HHZ]；1♀，昆明小墨雨，2015-IV-18，胡劭骥，[SJH]；1♂，富民罗免，2017-VI-3，张晖宏，[HHZ]。

丽江市：1♂，玉龙玉水寨（2600 m），2009-VI-15，朱建青，[JQZ]。

怒江州：1♀，贡山（1500 m），2009-VI-6，朱建青，[JQZ]；3♂♂，兰坪大黄登（2500 m），2014-VIII-12，尹丽春，[SFU]。

普洱市：1♂，江城国庆（1120 m），2010-I-26，胡劭骥，[SJH]。

文山州：1♀，砚山红那，2004-VII-26，曾全，[SFU]。

玉溪市：1♂，元江那诺（1700 m），2010-I-17，胡劭骥，[SJH]。

61. 金凤蝶 *Papilio machaon* Linnaeus, 1758

Papilio machaon Linnaeus, 1758; Systema Naturae (Ed. 10), 1: 462; TL: 'Europae' [Sweden (Honey & Scoble, 2001)].

【识别特征】

中型种，斑纹似柑橘凤蝶但翅色呈金黄色至深黄色，后翅臀角具 1 枚椭圆形橙红色斑而非眼斑。

【成虫形态】

雄蝶：前翅长 41–48 mm。前翅正面金黄色至深黄色具黑色翅脉，翅基 1/3 黑色散布黄色鳞，中室端 1/3 处及端部外侧各具 1 条黑色粗横带，R_4 室内具 1 枚黑色圆点，其上方翅室内具较密的金黄色鳞，外中区至外缘具宽黑边，其内侧具稀疏黄色鳞形成的横带，中部具金黄色至深黄色椭圆形斑列；反面黄色，CuA_2 室基部染黑色，外缘黑色，亚外缘双黑带之内的翅脉黑色，2 条黑带之间散布黑色鳞，中室中部和端 1/3 处具黑色横带，室端外方黑色较正面缩小，前缘近顶区具 1 条黑色短横带。后翅 M_3 脉端具 1 条细指状尾突，正面金黄色至深黄色具黑色翅脉，翅基黑色，臀区生疏毛，外中区至外缘具宽阔的波状黑带，其内半部各翅室具灰蓝色鳞形成的斑，外半部具金黄色至深黄色半月形或长椭圆形斑列，臀角具 1 枚椭圆形橙红色斑；反面黄色具黑色翅脉，外中区具相互错位的双黑线组成的横带，其间夹有黄色鳞和灰蓝色鳞，并在 M_3 室至 M_1 室内侧染橙红色，外缘饰有波状黑边，臀角橙红斑如正面。

雌蝶：前翅长 46–48 mm。色泽斑纹同雄蝶但翅形较阔。

♂外生殖器：整体骨化程度较强。上钩突中长，端部明显向腹面弯曲，基部宽，其余部分几等宽；尾突较小，侧面观末端钝而无钩状、中部被毛；囊形突极退化。抱器瓣心形，背缘稍弓曲，腹缘稍平直，近端部凹入，末端平滑圆润；内突基半段细条状，端半段骨化为腹缘具大锯齿的窄条状。阳茎基环三角形片状，基部尖，端部中央微凹入；阳茎中长，中段向腹侧弯曲，端部稍宽。

♀外生殖器：肛突短圆，边缘平滑，端部钝，基部骨化并突出；后内骨突细。交配孔宽阔；孔前板为 2 枚分离的叶状突起，边缘锯齿状，孔后板圆片状。交配囊椭球形，囊突长棒状，表面具拉链状褶皱；囊导管短粗，不骨化。

61a. 中华亚种

Papilio machaon schantungensis Eller, 1936

Papilio machaon schantungensis Eller, 1936; Abh. Bayer. Akad. Wiss. (N.F.), 36: 41, pl. 7, f. 38; TL: 'Tsingtau ··· Kiautschau ··· Tschifu ... Fokien' [Shandong ··· K ··· T ··· Fujian, China].

Papilio machaon var. *hippocrates* forme *chinensis* Verity, 1907; Rhop. Pal., (11/12): 108, pl. 3, f. 2; TL: 'Vench-uan et Traku, Set-chouen occ.' [Wenchuan and Lixian, W. Sichuan, China]. [IFS]

Papilio machaon chinensis v. *neochinensis* Sheljuzhko, 1913; Dt. ent. Z. Iris, 27(1): 15; TL: 'Ta-tsien-lu' [Kangding, W. Sichuan, China]. [IFS]

Papilio machaon chinensis Bang-Haas, 1933; Ent. Z., 47(11): 90; TL: 'Vench-nan [sic] et Traku, Setzschwan occ.; Washan, China centr.; Kiou-kiang'[Wenchuan and Lixian (W. Sichuan); Washan (W. Sichuan); Jiujiang (Jiangxi), China]. [Elevation of IFS name to subspecies] [JH of *Papilio paris chinensis* Rothschild, 1895(Papilionidae)].

Papilio machaon kunkalaschani Eller, 1939; Z. Indukt. Abst. Vererb., 77(1): 149. [NN]

Papilio machaon jeholensis Matsumura, 1939; Bull. Biogeogr. Soc. Japan, 9(20): 345; TL: 'Jehol ··· Aihon' [Chengde, Hebei, China].

Papilio machaon venchuanus Moonen, 1984; Papilio Int., 1(3): 47. [repl. *Papilio machaon chinensis* Verity, 1907]

Papilio machaon rizvangul Koçak & Kemal, 2000; Misc. Pap. Centre ent. Stud., (71): 2. [repl. *Papilio machaon chinensis* Eller, 1936 [sic]]

本亚种体型较大、尾突长度中等，翅面黑色区域面积介于前述两个亚种之间，后翅中室端脉的黑纹明显加粗，且靠近外中区黑带。分布于云南东北部中低海拔山区。

曲靖市：2♂♂、4♀♀，富源营盘山，2005-VI-19–27，当地采者，[AMC]。

昭通市：1♂，盐津杉木滩（750 m），2017-VII-10（羽化），申臻俐，[SJH]；1♂，盐津杉木滩（750 m），2017-VII-12（羽化），申臻俐，[ZLS]；1♀，盐津杉木滩（750 m），2017-VII-13（羽化），申臻俐，[SJH]；2♂♂，盐津陈家坪（880 m），2017-VII-25，蒋卓衡，[ZHJ]。

翠凤蝶亚属 *Achillides* Hübner, [1819]

Achillides Hübner, [1819]; Verz. Bek. Schmett., (6): 85; TS: *Papilio paris* Linnaeus, 1758.

Harimala Moore, [1881]; Lepid. Ceylon, 1(4): 145; TS. *Papilio crino* Fabricius, 1793.

Sarbaria Moore, 1882; Proc. Zool. Soc. Lond., 1882(1): 258; TS. *Papilio polyctor* Boisduval, 1836.

Pangeranopsis Wood-Mason & Nicéville, [1887]; J. Asiat. Soc. Bengal, (2), 55(4): 374; TS. *Papilio elephenor* Doubleday, 1845.

Achillaides Adamson, 1897; Cat. Butt. Coll. Burmah up to 1895, 47. [ISS]

种和亚种检索表

1a. 后翅正面亚顶区金蓝绿色大斑边界绝对清晰 2
1b. 后翅正面亚顶区缺乏金蓝绿色大斑或边界模糊 4
2a. 后翅大斑饱满，多呈绿色 .... 巴黎翠凤蝶 *Papilio paris*
2b. 后翅大斑窄，蓝色 3
3a. 前翅外中带模糊、绿色，后翅大斑斧头状 .... 窄斑翠凤蝶 *Papilio arcturus*
3b. 前翅外中带清晰、黄白色，后翅大斑具齿状 .... 克里翠凤蝶 *Papilio krishna*
4a. 后翅正面决无密集金绿色鳞，反面 CuA_2 室斑环状 .... 穹翠凤蝶 *Papilio dialis*
4b. 不如上述 5
5a. 后翅正面具白斑 .... 西番翠凤蝶白斑亚种 *Papilio syfanius albosyfanius*
5b. 后翅正面无白斑 6
6a. 后翅正面外中区散布金蓝绿色鳞，反面 CuA_2 室斑“C”形 .... 碧凤蝶 *Papilio bianor*
6b. 后翅正面外中区黑色 7
7a. 个体较大，翅形阔，后翅金蓝绿色鳞散布 .... 绿带翠凤蝶 *Papilio maackii*
7b. 个体小，翅形窄，后翅金蓝绿色鳞片在亚顶区集中 .... 西番翠凤蝶藏南亚种 *Papilio syfanius kitawakii*

62. 巴黎翠凤蝶 *Papilio paris* Linnaeus, 1758

Papilio paris Linneaus, 1758; Systema Naturae (Ed. 10), 1: 459; TL: ‘Asia’ [Guangdong, China].

【识别特征】

大型种，体翅密布金绿色鳞片，后翅正面具金属蓝绿色大斑，反面臀角附近的 2 枚红斑近环状。

【成虫形态】

雄蝶：前翅长 48–63 mm。前翅正面黑色散布金绿色鳞片，外中区具 1 条不发达的金绿色横带；反面褐色，翅基散布草黄色鳞片，端半部具灰色脉间纹。后翅 M_3 脉端具 1 条末端略膨大的尾突，正面黑色散布金绿色鳞片，外中区具 1 块由 4 枚斑组成的金属蓝绿色大斑，其中 R_1 室内的最小，M_1 室与 R_5 室内的最大且相当，M_2

室内的较小，该金属斑后端与臀角间连有1条金绿色外中线，CuA_2室具1枚饰有金蓝色鳞的暗红色环纹；反面黑褐色，基2/3色较浅且散布草黄色鳞片，亚外缘各翅室具1枚饰有金蓝色鳞的红色新月斑，其中CuA_2室及CuA_1室内的2枚几呈环状。

雌蝶：前翅长58–60 mm。翅正反面底色均较浅，正面金绿色鳞片稀疏，后翅正面外中区金属斑R_1室中的1枚常退化，亚外缘具暗红色新月斑列。

♂外生殖器：整体骨化程度中等。上钩突中长略下弯，基部宽阔，向端部渐窄；尾突侧面观钩状，背部被稀毛；囊形突短窄。抱器瓣长心形，背缘中段弓出、腹缘弧形，端部平滑，内突长条形平行于腹缘，近端半段扩大，边缘具稀齿，端部具1处缺刻。阳茎基环羊蹄形片状，中央凹入深、开口较宽，阳茎中长略向腹面弯曲，宽度均匀。

♀外生殖器：肛突短圆，边缘平滑，端部钝，基部骨化但不突出；后内骨突细。交配孔深陷；孔前板端部扩展并向后延伸包围交配孔，交配孔两侧具半圆形片状结构，孔后板椭圆形具横褶。交配囊椭球形，囊突长，稍宽，表面具拉链状褶皱；囊导管短粗，不骨化。

【亚种分布】

62a. 指名亚种 *Papilio paris paris* Linnaeus, 1758

P.[apilio] paris majestatis Fruhstorfer, 1909; Ent. Z., 22(41): 171; TL: ‘Tonkin, Annam, Tenasserim’ [Vietnam and Tanintharyi, Myanmar].

P.[apilio] paris splendorifer Fruhstorfer, 1909; Ent. Z., 22(41): 171; TL: ‘Siam’ [Thailand].

P.[apilio] paris tissaphernes Fruhstorfer, 1909; Ent. Z., 22(41): 171; TL: ‘Hainan’ [Hainan, China].

P.[apilio] paris paris forma *decorosa* Fruhstorfer, 1909; Ent. Z., 22(41): 171; TL: ‘Sikkim’. [IFS]

P.[apilio] paris fa. *angelicae* Bryk, 1939; Ent. Tidskr., 60: 262, f. 5; TL: ‘Assam’. [IFS]

P.[apilio] paris forma *reductomaculata* Bryk, 1939; Ent. Tidskr., 60(3/4): 263; TL: ‘Assam’. [IFS]

本亚种后翅外中区大斑发达，通常为鲜亮的金属绿色，其后方与臀角斑间的蓝绿色连线连续。分布于云南西部、南部、中部、东部和东南部低海拔区域。

红河州：3♂♂，绿春牛孔，2012-II-24，胡劭骥，[SJH]；1♂，弥勒可邑，2015-VIII-7，毛巍伟，[WWM]；1♂，弥勒锦屏山（1400 m），2015-VIII-8，胡劭骥，[SJH]；1♂，弥勒洛那，2015-VIII-8，郭树军，[SJH]。

临沧市：2♂♂，永德大雪山，2015-VIII-25–26，毛巍伟，[WWM]。

怒江州：1♀，福贡西部山区，2006-VII-13，P. Sukkit，[AMC]；♂，兰坪小黄登（2500 m），2014-VIII-18，尹丽春，[SFU]；2♂♂，福贡阿亚比，2017-V-22–23，P. Sukkit，[SJH]。

普洱市：1♀，普洱曼歇坝（1120 m），2011-VIII-7，胡劭骥，[SJH]；1♂，江城中董，2012-II-23，胡劭骥，[SJH]；1♂，普洱曼歇坝（1120 m），2014-IV-7，胡劭骥，[SJH]；1♀，景东无量山，2015-VIII-22，毛巍伟，[WWM]。

西双版纳州：1♂，勐腊磨憨，2008-VIII-16，胡劭骥，[SJH]；1♂，勐腊大龙哈（770 m），2014-IV-6，胡劭骥，[SJH]。

玉溪市：1♂，元江哈及冲（750 m），2009-IX-1，胡劭骥，[SJH]；1♀，元江哈及冲（750 m），2011-VI-4，胡劭骥，[SJH]；1♂，元江哈及冲（750 m），2015-VIII-16，毛巍伟，[WWM]。

62b. 中华亚种 *Papilio paris chinensis* Rothschild, 1895

Papilio paris chinensis Rothschild, 1895; Novit. Zool., 2(3): 385; TL: ‘Western China…and probably Thibet’.

Papilio paris chinensis f. *gemmifera* Fruhstorfer, 1909; Ent. Z., 22(41): 170; TL: ‘Hochgebirge von Szetchuan’ [High mountains of Sichuan, China]. [IFS]

Achillides paris wittmanni Schäffler, 2004; Notes on Papilionidae, 2: 3, pl. 5, f. 1–6; TL: ‘China, Sichuan, “Rotes Becken”, Renshou’ [Renshou, W. Sichuan].

本亚种后翅外中区大斑在R_1室趋于消失，色泽偏蓝色，雌蝶则完全为宝蓝色，其后方与臀角斑间的蓝绿色连线不连续。分布于云南东北部低海拔山谷区域。

昭通市：2♂♂，盐津盐津溪（670 m），2016-VI-23，蒋卓衡，[ZHJ、SJH]；1♀，盐津斑竹林（440 m），2017-VI-30，申臻俐，[ZLS]。

63. 窄斑翠凤蝶 *Papilio arcturus* Westwood, 1842

Papilio arcturus Westwood, 1842; Ann. Mag. nat. Hist., 9(55): 37; TL: ‘Himalayan Mountains’.

【识别特征】

大型种，翅面散布金绿色鳞片，前翅正面外中区具金绿色横带，后翅正面具金属蓝色的斧头状斑，亚外缘具紫红色斑列，臀角斑环状。

【成虫形态】

雄蝶：前翅长 57–64 mm。前翅正面灰黑色，具黑色翅脉、脉间纹和中室纹，并散布金绿色鳞片，外中区具 1 条金绿色横带；反面基半部灰黑色散布草黄色鳞片、端半部灰色，黑色翅脉、脉间纹和中室纹清晰，外缘灰黑色。后翅 M_3 脉端具 1 条末端略膨大的尾突，正面黑色散布金绿色鳞片，外中区至外缘 R_5 室、R_1 室及中室上端侧的金属蓝色斑构成斧头状，亚外缘除 M_3 室外其余翅室多少均有紫红色斑，其中 R_5 室和 R_1 室的斑为金属蓝色所覆盖，而 CuA_2 室的斑呈环形，其上饰有金绿色短波带；反面灰黑色，基 2/3 散布草黄色鳞片，亚外缘各翅室具 1 枚饰有金蓝色鳞的红色新月斑，其中 CuA_2 室及 CuA_1 室内的 2 枚较发达且呈闭合环状，外缘 M_2 室至 R_1 室的凹入处饰有赭黄色。

雌蝶：前翅长 66–70 mm。翅正反面底色均较浅，正面金绿色鳞片稀疏，后翅正面外中区金属斑暗淡。

♂外生殖器：整体骨化程度中等。上钩突中长、明显下弯，基部宽阔，向中部渐窄、端部等宽；尾突侧面观钩状，背部被稀毛；囊形突短窄。抱器瓣心形，背缘中段弓出、腹缘弧形，端部平滑，内突长条形平行于腹缘，近端半段扩大，边缘具稀齿，端部具 1 处缺刻。阳茎基环羊蹄形片状，中央凹入浅、开口宽，阳茎背腹扁，中长而略向腹面弯曲，端部稍膨大。

♀外生殖器：肛突扁圆，边缘平滑，端部钝，基部骨化并突出；后内骨突细。交配孔深陷；孔前板基部相连，端部扩展成片状向后延伸包围交配孔，孔后板近心形，表面具横褶。交配囊近球形，囊突宽而长，表面具拉链状褶皱；囊导管短粗，不骨化。

【个体变异】

前翅正面外中区金绿色横带和后翅正面亚外缘紫红色斑在部分个体退化。

【亚种分布】

63a. 指名亚种

***Papilio arcturus arcturus* Westwood, 1842**

P.[*apilio*] *arcturus arcturulus* Fruhstorfer, 1902; Dt. ent. Z. Iris, 14(2): 349; TL: ‘Szechuan, China’ [Sichuan, China].

Papilio arcturus [ab.] *porphyrians* Oberthür, 1914; Ét. Lépid. Comp., 9(2): 45, pl. 251, f. 2131; TL: ‘la région sino-thibétaine, non loin de Tâ-tsien-lou’[not far from Kangding, Sichuan, China]. [IFS]

Papilio arcturus ab. *privatus* Röber, 1927; Int. ent. Z., 20(44): 400; TL: ‘Naga Hills’ [Nagaland, N.E. India]. [IFS]

Papilio arcturus dawna Tytler, 1939; J. Bomb. nat. Hist. Soc., 41(2): 237; TL: ‘Dawna Taung, Dawnas’ [Dawna Range, S. Myanmar].

本亚种翅色鲜艳，蓝绿色斑发达，广布于云南全境。

德宏州：1♂、1♀，盈江铜壁关（980 m），2016-X-24，杨维宗，[SJH]。

昆明市：1♂，昆明陡嘴瀑布（1910 m），2016-VI-28，张晖宏，[HHZ]。

临沧市：4♂♂，永德大雪山，2015-VIII-24，毛巍伟，[WWM]。

普洱市：1♂，思茅，1997-VI-12，何纪昌，[YNU]。

西双版纳州：1♂，景洪，1994-VI-17，何纪昌，[YNU]。

昭通市：1♂，永善小岩方（1800 m），2018-VI-29，张晖宏，[HHZ]。

64. 克里翠凤蝶 *Papilio krishna* Moore, [1858]

Papilio krishna Moore, [1858]; in Horsfield and Moore, Cat. lepid. Ins. Mus. East India Company, 1: 108, pl. 2a, f. 6; TL: ‘Bootan··· Darjeeling’ [Bhutan and Darjeeling, N.E. India].

【识别特征】

中大型种，前翅正面外中区具草黄色横带，后翅尾突较窄长，外中区具 1 条前半段较宽呈金属蓝色、后半段呈金绿色的横带，亚外缘具紫红色新月纹，臀角斑环状。

【成虫形态】

雄蝶：前翅长 58–62 mm。前翅正面灰黑色，具不清晰的黑色翅脉、脉间纹和中室纹，并散布金绿色鳞片，外中区具 1 条草黄色横带；反面基半部灰黑色散布草黄色和金绿色鳞片、端半部灰色，具黑色翅脉、脉间纹和中室纹，外中区具 1 条灰白色横带，外缘灰黑色。后翅 M_3 脉端具 1 条末端略膨大的窄长尾突，正面黑色，基半部散布金属蓝绿色鳞片，外中区至外缘 M_2 室至 R_1 室的金属蓝斑构成带状，其中 R_1 室的斑最小、R_5室的斑长达外缘、M_1室外缘处尚有1枚游离的斑，该金属蓝斑向后发出的金绿色横带直达臀缘，亚外缘CuA_2室至M_1室各具1枚饰有金蓝色鳞的紫红色斑，其中M_3室的斑较退化、CuA_2室的斑呈环形，CuA_1室至M_1室的红斑附近及尾突中部散布稀疏的金绿色鳞；反面黑色，基2/3散布草黄色鳞片，外中区具不完全的草黄色横带，亚外缘各翅室具1枚饰有蓝色鳞的红色椭圆斑，其中M_3室的斑最小，CuA_2室的斑呈闭合环状，外缘CuA_1室、M_2室至R_1室的凹入处饰有赭黄色。

雌蝶：前翅长60–68 mm。翅正反面底色均较浅，正面金绿色鳞片稀疏，后翅正面外中区金属斑暗淡。

♂外生殖器：整体骨化程度中等。上钩突略短、明显下弯，基部宽阔，向端部渐窄；尾突侧面观末端强烈向上钩曲，背部被稀毛；囊形突短窄。抱器瓣心形，背缘中段弓出、腹缘弧形，端部平滑，内突长条形平行于腹缘，端半部宽，边缘具稀齿，端部尖锐，紧邻1处缺刻。阳茎基环羊蹄形片状，中央凹入浅、开口宽，阳茎背腹扁，中长而略向腹面弯曲，端部稍膨大。

♀外生殖器：肛突扁圆，边缘平滑，端部钝，基部骨化并突出；后内骨突细。交配孔深陷；孔前板基部相连，端部隆起并向后延伸包围交配孔，孔后板椭圆形，表面具横褶，中央隆起。交配囊近球形，囊突宽而长，表面具拉链状褶皱；囊导管短粗，不骨化。

【亚种分布】

64a. 滇缅亚种 *Papilio krishna thawgawa* Tytler, 1939

Papilio krishna thawgawa Tytler, 1939; J. Bomb. nat. Hist. Soc., 41(2): 238; TL: 'Hthawgaw, N.E. Burma' [Htawgaw, E. Kachin State, Myanmar].

Papilio krishna nu Yoshino, 1995; Neo Lepidoptera, 1: 1, f. 1–2; TL: 'Gaolingong Mts., midwast [sic] Yunnan Prov., China' [Gaoligong Shan, W. Yunnan, China].

本亚种后翅反面草黄色外中带在CuA_1室至M_2室区间多退化或至完全断裂。分布于怒山以西的区域。

保山市：1♂，腾冲明光（2100 m），2015-V-20，罗益奎，[KFBG]。

迪庆州：1♂，维西维登，2018-VI，当地采者，[HHZ]。

怒江州：1♂，贡山黑娃底（2000 m），2009-VI-7，朱建青，[JQZ]；1♂，贡山独龙江马库，2015-V-6，黄灏，[WWM]；1♂，福贡阿亚比，2017-V-21，P. Sukkit，[SJH]；1♂，福贡阿亚比，2017-V-23，P. Sukkit，[AMC]。

64b. 大理亚种

***Papilio krishna benyongi* Hu & Cotton, 2023**

Papilio krishna benyongi Hu & Cotton, 2023 Zootaxa, 5362(1):44; TL: 'Pingpo, Yangbi, Yunnan, China'.

本亚种后翅反面草黄色外中带在CuA_1室至M_2室区间多较发达而连续。分布于怒山以东的区域。

大理州：1♂（副模），漾濞平坡（2200 m），2016-IV-25–V-20，杨扬，[AMC]；2♂♂，漾濞平坡（2200 m），2017-V–VI，杨扬，[AMC]；1♂（正模），漾濞平坡（1860 m），2019-V-6，胡劭骥，[KIZ]；6♂♂，漾濞平坡（1860 m），2019-V-6，胡劭骥，[SJH]。

65. 碧凤蝶 *Papilio bianor* Cramer, 1777

Papilio bianor Cramer, 1777; Uitl. Kapellen, 2(9): 10, pl. 103, f. C; TL: 'Canton, China' [Guangdong, China].

【识别特征】

中大型种，翅黑褐色散布金绿色至金蓝色鳞，后翅顶角处金蓝绿色鳞有时成斑，亚外缘具紫红色斑列，臀角斑呈“C”形，雄蝶前翅2A脉至M_3脉具黑色绒毛状香鳞。

【成虫形态】

雄蝶：前翅长56–70 mm。前翅正面黑褐色，具不清晰的黑色翅脉、脉间纹和中室纹，并散布金绿色鳞片，外中区具1条不清晰的金绿色横带，2A脉至M_3脉具黑色绒毛状香鳞；反面基半部黑褐色散布草黄色鳞片、端半部灰色，具黑色翅脉、脉间纹和中室纹，外缘灰黑色。后翅M_3脉端具1条末端略膨大的尾突，正面黑色，散布金属蓝绿色鳞片，外中区至外缘M_2室至R_1室的金属蓝绿色鳞片较集中，或形成边界不清的斑，亚外缘CuA_2室至M_1室各具1枚饰有金蓝色鳞的紫红色斑，其中M_3室的斑较退化、CuA_2室的斑不呈环形，CuA_1室至M_1室的红斑附近及尾突中部散布稀疏的金绿色鳞；反面黑色，基2/3散布草黄色鳞片，亚外缘各翅室具1枚饰有蓝色鳞的红色飞鸟形斑或新月斑，其中M_3室的斑最小，CuA_2室的斑呈

“C”形，外缘 CuA_1 室、M_2 室至 R_1 室的凹入处饰有赭黄色。

雌蝶：前翅长 55–75 mm。翅正反面底色均较浅，呈灰褐色，正面金绿色鳞片稀疏，前翅正面 2A 脉至 M_3 脉无黑色绒毛状香鳞，后翅正面亚外缘红斑发达清晰。

♂外生殖器：整体骨化程度中等。上钩突中长，先上扬、再下弯，基部宽阔，其余部分宽度相当；尾突侧面观钩状，背部被稀毛；囊形突短窄。抱器瓣长心形，背缘中段弓出、腹缘弧形，端部圆钝、不明显突出，内突长条形平行于腹缘，宽度变化不大，边缘具密齿，端部具 1 处缺刻。阳茎基环羊蹄形片状，中央凹入稍浅、开口宽，阳茎中长，端部略向腹面弯曲，宽度均匀。

♀外生殖器：肛突短圆，边缘平滑，端部钝，基部骨化但不突出；后内骨突细弱。交配孔深陷；孔前板端部扩展并向后延伸包围交配孔，交配孔两侧具宽圆形片状结构，孔后板蹄形。交配囊椭球形，囊突长纺锤形，表面具 1 条拉链状褶皱；囊导管细长，不骨化。

【亚种分布】

65a. 华西亚种

***Papilio bianor triumphator* Fruhstorfer, 1902**

Papilio bianor gladiator Fruhstorfer, 1902; D ent. Z. Iris., 14(2): 270; TL:‘Chiem-Hoa’[Chiem Hoa, N. Vietnam].

Papilio polyctor triumphator Fruhstorfer, 1902; Soc. ent., 17(9): 65; TL: ‘Sikkim ⋯ Assam ⋯ Tonkin ⋯ Siam’ [Sikkim, Assam, N.E. India; N. Vietnam; Thailand].

P.[apilio] polyctor connectens Mell, 1938; Dt. ent. Z., 1938(2): 320; TL: ‘Tali und Chaochow, Westyunnan’ [Dali and Fengyi (9 km E. of Dali township), W. Yunnan, China]. [JH of *Papilio connectens* Fruhstorfer, 1906(Papilionidae)]

Papilio polyctor kingtungensis Lee, 1962; Acta ent. Sinica, 11(2): 139, 144, pl. 2, f. 3, 5; TL: ‘Jingdong, Yunnan, China’.

Papilio polyctor xiei Chou, 1994; Monographia Rhopalocerorum Sinensium, 2: 150, 751, f. 5; TL: ‘Mengla, Yunnan, China’.

本亚种翅面金绿色鳞片较指名亚种密集且颜色亮丽，尤其在前后翅外中区较明显，多数个体前翅外中区金绿色鳞片密集成带，后翅 M_1 室至 R_1 室具金蓝绿色鳞片形成的大斑。广布于云南元江河谷以西的岭谷区域。

保山市：1♂，腾冲古永林场（2100 m），2014-V-16，胡劭骥，[SJH]。

大理州：1♂，大理苍山，2008-VII-19，王家麒，[JQZ]；1♂，漾濞顺濞河边（1470 m），2015-IV-23，胡劭骥，[SJH]。

红河州：1♂，河口花鱼洞（500 m），2011-V-6，肖宁年，[SFU]；1♀，金平马鞍底（680 m），2013-III-6，曾全，[SFU]；1♂，金平马鞍底（1310 m），2013-VI-26，王珂珩，[SFU]；4♂♂、2♀♀，金平马鞍底（680–980 m），2013-VIII-11–12，曾全，[SFU]；1♂，金平马鞍底（1360 m），2013-IX-24，曾全，[SFU]；1♂，河口戈哈，2013-X-4，胡劭骥，[SJH]。

丽江市：2♂♂，玉龙长松坪（2660 m），2015-V-8，赵健，[SFU]；1♀，玉龙长松坪（2660 m），2016-VIII-14，蒋卓衡，[ZHJ]；1♂，玉龙新尚（2360 m），2016-VIII-16，蒋卓衡，[ZHJ]。

临沧市：2♂♂，永德大雪山，2015-VIII-24–25，毛巍伟，[WWM]。

怒江州：1♂，福贡，2006-VIII-12，P. Sukkit，[AMC]；1♂，贡山（1550 m），2009-V-23，朱建青，[JQZ]；2♂♂，贡山嘎足（1650 m），2009-V-24，朱建青，[JQZ]；3♂♂，贡山达拉底（1550 m），2009-VI-8，朱建青，[JQZ]；1♂，贡山独龙江，2010-VIII-25，吴竹刚，[SJH]；2♂♂，贡山独龙江，2010-VIII-25，吴竹刚，[YNU]；1♂，福贡阿亚比，2017-VI-12，P. Sukkit，[SJH]。

西双版纳州：1♂，景洪橄榄坝（530 m），2014-IX-17，当地采者，[SJH]；1♂，勐腊勐仑（545 m），2015-III-5，岩腊，[SJH]。

65b. 指名亚种 *Papilio bianor bianor* Cramer, 1777

Papilio bianor gladiator Fruhstorfer, 1902; D. ent. Z. Iris., 14(2): 270; TL: ‘Chiem-Hoa’ [Chiem Hoa, N. Vietnam].

P.[apilio] bianor bianor ab. *majalis* Seitz, 1906; Gross-Schmett. Erde, 1(1): 10, pl. 3c, f. [2]; TL. ‘Kwang-Tung (z. B. auf Hongkong)’ [Guangdong, China, near Hong Kong]. [IFS]

Pap.[ilio] polyctor titus Fruhstorfer, 1909; Ent. Z., 22(41): 167; TL: ‘Tonkin, Chiem-Hoa’ [Chiem Hoa, N. Vietnam].

Papilio elegans Chou, Yuan & Wang, 2000; Entomotaxonomia, 22(4): 266, 273, f. 1-2; TL: ‘Lushan, Sichuan’ [Lushan, Sichuan, China].

Papilio pulcher Chou, Yuan & Wang, 2000; Entomotaxonomia, 22(4): 266, 273, f. 3–4; TL: 'Lushan, Sichuan' [Lushan, Sichuan, China].

Papilio longimacula Wang & Niu, 2002; Entomotaxonomia, 24(4): 276, 284, f. 3–4, 18–20; TL: 'Luoshan, Henan' [Luoshan, Henan, China].

Achillides polyctor simoni Sturm, 2006; Notes on Papilionidae, 4: 3, f. 1–6; TL: 'China, Sichuan, Mt. Quiong-Lai' [Qionglai Shan, Sichuan, China]. [JH of Papilio ucalegon var. simoni Aurivillius, 1899(Papilionidae)]

本亚种翅面金绿色鳞片相对稀疏且色泽较暗，后翅 M_1 室至 R_1 室金蓝绿色鳞片散生。不形成斑。分布于云南元江河谷以东的高原区域。

红河州：2♂♂，弥勒洛那，2015-VIII-8，郭树军，[SJH]；1♂，弥勒洛那，2015-VIII-8，毛巍伟，[WWM]。

昆明市：2♂♂，昆明植物园，2008-VII-30，胡劭骥，[SJH]；1♀，昆明西山（2200 m），2009-V-17，胡劭骥，[SJH]；2♂♂，昆明宝珠森林公园（1910 m），2010-V-10，胡劭骥，[SJH]；1♂、1♀，昆明宝珠森林公园（1910 m），2010-V-17，胡劭骥，[SJH]；1♀，昆明西山（2250 m），2012-IV-22，胡劭骥，[SJH]；2♂♂，东川森林公园（1350 m），2013-VIII-3，胡劭骥，[SJH]；1♂，东川森林公园（1450 m），2014-VIII-30，胡劭骥，[SJH]；1♂，东川森林公园（1450 m），2014-VIII-31，胡劭骥，[SJH]；1♂，昆明市区（1900 m），2014-IX-6，胡劭骥，[SJH]；1♂，宜良小哨（1800 m），2015-VII-7，胡劭骥，[SJH]；2♂♂，石林大叠水瀑布（1580 m），2015-VII-7，胡劭骥，[SJH]。

曲靖市：1♂，师宗英武山（2400 m），2015-VIII-3，胡劭骥，[SJH]；1♂，师宗英武山（2400 m），2015-VIII-3，蒋卓衡，[ZHJ]。

玉溪市：1♂，易门龙泉森林公园（1500 m），2005-VIII-22，胡劭骥，[SJH]。

昭通市：1♂，盐津盐津溪（670 m），2016-V-25，蒋卓衡，[SJH]；1♂，盐津陈家坪（820 m），2016-V-27（羽化），蒋卓衡，[SJH]；1♂，盐津盐津溪（670 m），2016-VII-23，蒋卓衡，[ZHJ]；1♂，盐津盐津溪（670 m），2017-VII-26，蒋卓衡，[ZHJ]。

【附记】

华西亚种在很多文献中为 *gladiator*，据 Cotton 等（2021）考证，Fruhstorfer（1902）的原始发表中所用的标本来自越南清化（Chiem Hoa），该种群与我国华南的指名亚种 ssp. *bianor* 并无差异，而 Fruhstorfer 的标本是具有蓝斑变异的个体。据此，*gladiator* 应该作为 *bianor* 的同物异名。鉴于此，华西亚种最早的有效亚种名为 *triumphator*。

66. 穹翠凤蝶 *Papilio dialis* (Leech, 1893)

Papilio dialis Leech, 1893; Entomologist, 26(357)(Suppl.): 104; TL: 'Chia-ting-fu' [Leshan, Sichuan, W. China].

【识别特征】

大型种，与碧凤蝶 *Papilio bianor* Cramer, 1777 相似，但尾突长度短于前者，反面基部草黄色鳞片分布较窄，且臀角斑几乎为闭合环状。

【成虫形态】

雄蝶：前翅长 68–70 mm。前翅正面黑褐色，具不清晰的黑色翅脉、脉间纹和中室纹，并散布金绿色鳞片，2A 脉至 M_3 脉具黑色绒毛状香鳞；反面基半部黑褐色散布草黄色鳞片、端半部灰色，具黑色翅脉、脉间纹和中室纹，外缘灰黑色。后翅 M_3 脉端具 1 条长度可变的尾突，正面黑色，散布金属绿色鳞片，外中区至外缘 M_2 室至 R_1 室散布金属蓝色鳞片，亚外缘 CuA_2 室至 M_1 室各具 1 枚饰有金蓝色鳞的紫红色斑，其中 M_3 室的斑较退化，CuA_2 室的斑呈闭合环状，CuA_1 室至 M_1 室的红斑附近及尾突中部散布稀疏的金绿色鳞，但各红斑外侧至外缘间为黑色；反面黑色，基 2/3 散布草黄色鳞片，亚外缘各翅室具 1 枚饰有蓝色鳞的红色飞鸟形斑，其中 M_3 室的斑最小、CuA_2 室的斑呈闭合环状，外缘 CuA_1 室、M_2 室至 R_1 室的凹入处饰有赭黄色。

雌蝶：前翅长 70–77 mm。翅正反面底色均较浅，正面金绿色鳞片稀疏，前翅正面 2A 脉至 M_3 脉无黑色绒毛状香鳞。

♂外生殖器：整体骨化程度中等。上钩突中长，先上扬，再下弯，基部宽阔，向端部渐窄；尾突背面观锐三角形、侧面观钩状，背部被稀毛；囊形突退化近消失。抱器瓣长心形，背缘中段弓出、腹缘较平直，端部平滑、不甚突出，内突长条形平行于腹缘，近端半段明显扩大近勺形，边缘具齿，端部具 1 处缺刻。阳茎基环羊蹄形片状，中央凹入中等、开口不宽，两个端部中央具加厚的脊，阳茎中长，背腹略扁，向腹面弯曲，宽度均匀。

♀外生殖器：肛突短圆，边缘平滑，端部钝，基部骨化但不突出；后内骨突细长。交配孔深陷；孔前板端部扩展包围交配孔并与孔后板相接，交配孔两侧伸出 2 片基部相连的长耳廓状突起，孔后板蹄形。交配囊椭球形，囊突长带状，表面具拉链状褶皱；囊导管细长，不骨化。

【亚种分布】

66a. 老越亚种 *Papilio dialis doddsi* Janet, 1896

Papilio doddsi Janet, 1896; Bull. Soc. ent. Fr., 1896(9): 215; TL: 'Laos Tonkinois. -- Chaine de partage des eaux entre le versant du Mékong et celui du golfe du Tonkin' [the watershed hills between Mekong River in Laos and the Gulf of Tonkin in Vietnam].

Papilio megei Oberthür, 1899; Bull. Soc. ent. Fr., 1899(14): 268; TL: 'Haut-Tonkin' [N. Vietnam].

Papilio dialis schanus Jordan, 1909; in Seitz, Gross-Schmett. Erde, 9(33): 77; TL: 'Southern Shan States' [S. Shan States, Myanmar].

本亚种尾突长度变异甚大，同一地域采集的标本中兼具长尾、中尾和短尾个体。长尾个体的尾突长度仍较分布于我国长江流域的指名亚种短。分布于云南南部及东南部低海拔区域。

红河州：1♂，河口戈哈（350 m），2014-X-3，胡劭骥，[SJH]；1♂，河口戈哈（350 m），2014-X-4，段匡，[KD]；1♂，河口戈哈（350 m），2014-X-5，段匡，[HHZ]；1♂，河口戈哈（350 m），2017-V-15，申臻俐，[ZLS]。

67. 西番翠凤蝶 *Papilio syfanius* Oberthür, 1886

Papilio syfanius Oberthür, 1886; Étud. Ent., 11: 13, pl. 1, f. 3; TL: 'Tâ-Tsien-Loû'[Kangding, Sichuan, China].

【识别特征】

中大型种，四翅狭窄，外缘较平直，翅面散布暗蓝绿色鳞，部分种群可在后翅外中区室端部出现白斑。

【成虫形态】

雄蝶：前翅长 52–58 mm。前翅正面灰黑色，具黑色翅脉、脉间纹和中室纹并散布暗蓝绿色鳞片，2A 脉至 M_3 脉具黑色绒毛状香鳞；反面灰黑色，具黑色翅脉、脉间纹和中室纹，外缘灰黑色，端半部散布稀疏的灰色鳞片。后翅 M_3 脉端具 1 条末端膨大的尾突，正面黑色，散布稀疏的金属蓝绿色鳞片，外中区 M_2 室至 R_5 室具发达程度不一的白斑，亚外缘 R_5 室及 R_1 室各具 1 枚金蓝色斑，CuA_2 室至 M_1 室各具 1 枚饰有金蓝色鳞的紫红色斑，其中 M_3 室的斑较小、CuA_2 室的斑几呈环形；反面灰黑色，基 2/3 散布灰白色鳞片，外中区白斑如正面，亚外缘各翅室具 1 枚饰有蓝色鳞的暗红色新月斑，其中 M_3 室的斑最小，CuA_2 室的斑不呈环状，外缘 CuA_1 室、M_2 室至 R_1 室的凹入处饰有赭色。

雌蝶：前翅长 55–60 mm。斑纹与雄蝶相同，仅色泽较淡。

♂外生殖器：整体骨化程度中等。上钩突中长，先稍上扬，再下弯，基部宽阔，向端部渐窄，末端圆钝；尾突背面观尖耳状，侧面观钩状，背部被稀毛；囊形突窄小。抱器瓣心形，背缘中段强烈弓出，腹缘较平直，端部平滑，不甚突出，内突长条形平行于腹缘，近端半段稍扩大，边缘具细齿，端部具 1 处缺刻。阳茎基环大体盾形，中央凹入中等，开口不宽，阳茎中长，背腹略扁，中段稍向腹面弯曲，宽度均匀。

♀外生殖器：肛突短圆，边缘平滑，端部钝，基部骨化略突出；后内骨突细长。交配孔深陷；孔前板端部延伸包围交配孔至孔后板，基部具多层皱褶，交配孔两侧伸出 2 片基部相连的条形突起，孔后板椭圆形浅漏斗状，端部具缺口。交配囊椭球形，囊突带状，表面具拉链状褶皱；囊导管短粗，不骨化。

【亚种分布】

67a. 藏南亚种

Papilio syfanius kitawakii Shimogôri & Fujioka, 1997

Papilio maackii kitawakii Shimogôri & Fujioka, 1997; Jap. Butts. Relativ. World, 1: 294; TL: '23 km N. of Zayu, East Tibet' [Chayu, E. Xizang, W. China].

Papilio pavonis Chou, Zhang & Xie, 2000; Entomotaxonomia, 22(3): 223, 227, f. 1-2; TL: 'Yunnan' [Yunnan, China].

本亚种翅面金绿色较鲜亮，后翅外中区通常无白斑，或仅存模糊退化的痕迹。分布于云南西北部高山峡谷区。

怒江州：1♂，怒山，2005-V，当地采者，[AMC]。

67b. 白斑亚种

***Papilio syfanius albosyfanius* Shimogôri & Fujioka, 1997**

Papilio maackii albosyfanius Shimogôri & Fujioka, 1997; Jap. Butts. Relativ. World, 1: 294; TL: 'Likiang, Yunnan, China' [Lijiang, Yunnan, China].

本亚种翅形狭窄，翅面金绿色更暗，呈墨绿色，后翅外中区具清晰发达的白斑。分布于云南中部至西部金沙江流域的高原山地。

迪庆州：1♀，香格里拉土官村（2600 m），2009-VI-14，朱建青，[JQZ]；1♂，德钦扎安（3000m），2019-VI-9，张晖宏，[SJH]。

昆明市：1♀，昆明西山（2200 m），2009-V-10，胡劭骥，[SJH]；1♂，昆明小墨雨，2015-IV-18，胡劭骥，[SJH]；1♂，东川森林公园（1900 m），2015-V-9，胡劭骥，[SJH]；1♀，昆明西山（2350 m），2016-IV-28，蒋卓衡，[ZHJ]；2♂♂，昆明西冲（2100 m），2016-VI-10（羽化），胡劭骥，[SJH]；1♂，昆明黄龙箐（2030 m），2016-VI-23，胡劭骥，[SJH]；1♂，昆明黄龙箐（2030 m），2016-VI-23，申臻俐，[ZLS]；1♂，昆明黄龙箐（2030 m），2016-VII-10，胡劭骥，[SJH]；1♀，昆明西山（2350 m），2016-VIII-2，胡劭骥，[SJH]。

丽江市：2♂♂，玉龙老君山，2004-VI，当地采者，[AMC]。

【附记】

藤冈知夫等（1997）基于杂交能产生可育后代的证据将西番翠凤蝶和绿带翠凤蝶作为同一个物种看待，但最新的基因组研究表明，二者虽然存在自然分布重叠和一定程度的杂交，但其核基因的分化已经达到了物种水平，线粒体基因由于受杂交的影响分化程度极小（Xiong *et al.*，2022）。本书采纳这个观点，将二者分别作为独立物种看待。

68. 绿带翠凤蝶 *Papilio maackii* Ménétriès, 1858

Papilio maackii Ménétriès, 1858; Bull. Cl. Phys.-Math. Acad. Imp. Sci. St.-Pétersb., 17(12/14): 212; TL: 'à l'embouchure de l'Oussouri dans l'Amour ··· depuis les montagnes de Chingan, jusqu'à Khangar' [Khingan Mts. in the Amur region to Khangar, F.E. Russia].

【识别特征】

中型至大型种，四翅外缘较平直，翅面金绿色鳞数量及聚集程度变异幅度极大，部分种群可在前翅外中区形成亮丽的横带，后翅外中区室端部具散布的蓝绿色鳞。

【成虫形态】

雄蝶：前翅长 70–75 mm。前翅正面灰黑色，具黑色翅脉、脉间纹和中室纹并散布金绿色鳞片，2A 脉至 M_3 脉具黑色绒毛状香鳞；反面灰黑色，具黑色翅脉、脉间纹和中室纹，外缘灰黑色，端半部散布稀疏的灰色鳞片。后翅 M_3 脉端具 1 条末端略膨大的尾突，正面黑色，散布稀疏的金属蓝绿色鳞片，外中区 M_2 室至 R_5 室金属蓝绿色鳞片较集中，亚外缘 R_5 室及 R_1 室各具 1 枚金蓝色斑，CuA_2 室至 M_1 室各具 1 枚饰有金蓝色鳞的紫红色斑，其中 M_3 室的斑较小、CuA_2 室的斑几呈环形；反面灰黑色，基 2/3 散布灰白色鳞片，亚外缘各翅室具 1 枚饰有蓝色鳞的暗红色新月斑，其中 M_3 室的斑最小，CuA_2 室的斑不呈环状，外缘 CuA_1 室、M_2 室至 R_1 室的凹入处饰有赭色。

雌蝶：前翅长 60–80 mm。斑纹与雄蝶相同，仅色泽较淡。

♂外生殖器：整体骨化程度中等。上钩突较短，下弯，基部宽阔，向端部渐窄，末端钝；尾突背面观指状，侧面观钩状，背部被稀毛；囊形突窄小。抱器瓣长心形，背缘中段稍弓出，腹缘较平直，端部平滑，内突长条形平行于腹缘，近端半段稍扩大，边缘具细齿，端部具 1 处缺刻。阳茎基环蹄形，开口不宽，阳茎中长而粗，中段较平直，宽度均匀。

♀外生殖器：肛突短圆，边缘平滑，端部钝，基部骨化略突出；后内骨突细长。交配孔深陷；孔前板端部延伸包围交配孔至孔后板，基部具多层皱褶，交配孔两侧伸出 2 片基部相连的短耳廓状突起，孔后板椭圆形具多条横褶，端部具缺口。交配囊椭球形，囊突带状，表面具拉链状褶皱；囊导管短粗，不骨化。

【亚种分布】

68a. 华中亚种 *Papilio maackii han* Yoshino, 1997

Achillides maackii han Yoshino, 1997; Neo Lepidoptera, 2(2): 2, pl. 1, f. 5–10, 54; TL: 'Mt. Wuyishan, Fujiang Prov., China' [Wuyi Shan, Fujian, E. China].

Papilio maackii shimogorii Fujioka, 1997; Jap. Butts Relativ. World, 1: 293; TL: 'Mt. Omeishan, Sichuan, China'.

本亚种翅形较阔，翅面金绿色较暗，前翅外中区横带不明显，后翅外中区具密集的金绿色鳞但不形成横带；外形似碧凤蝶 *P. bianor* Cramer, 1777。分布于云南东北部金沙江流域低海拔山地。

昭通市：1♂，盐津盐津溪（670 m），2016-V-25，蒋卓衡，[ZHJ]；1♀，盐津陈家坪（820 m），2016-V-30（羽化），蒋卓衡，[ZHJ]；1♂，盐津杉木滩（580 m），2016-VI-22，蒋卓衡，[ZHJ]；1♂，盐津盐津溪（670 m），2016-VII-23，蒋卓衡，[ZHJ]；1♂，盐津盐津溪（670 m），2017-VII-26，蒋卓衡，[ZHJ]；1♂，盐津盐津溪（820 m），2017-X，蒋卓衡，[SJH]；1♀，盐津盐津溪（600 m），2018-V-30，张晖宏，[HHZ]。

帝凤蝶亚属 *Princeps* Hübner, [1807]

Princeps Hübner, [1807]; Samml. Exot. Schmett., 1: pl. [116]; TS: *Papilio demodocus* Esper, 1799.

Orpheides Hübner, [1819]; Verz. Bekannt. Schmett., (6): 86; TS. *Papilio demodocus* Esper, 1799. [JOS]

Opheides Swinhoe, 1885; Proc. Zool. Soc. Lond., 1885(1): 145. [ISS]

Ophiedes Swinhoe, 1887; J. Bomb. nat. Hist. Soc., 2(4): 279. [ISS]

Princeps 亚属名的使用范围存在一定的混乱，武春生（2001）将达摩凤蝶 *Papilio demoleus* Linnaeus, 1758 和翠凤蝶亚属 *Achillides* Hübner, [1819] 的物种放入该亚属下，寿建新等（2006）又将非洲白凤蝶 *Papilio dardanus* Yeats, 1776、福凤蝶 *P. phorcas* Cramer, 1775、珞凤蝶 *P. lormieri* Distant, 1874 等物种放入该亚属下。本书作者考证认为，*Princeps* 亚属名只应适用于达摩凤蝶及其近缘物种；翠凤蝶亚属不应归入其中，应保留其原有亚属名；上述非洲白凤蝶等物种也不应归入其中。“*Princeps*”在拉丁语中有“第一”“首位”之意，该亚属的非洲物种又有“emperor swallowtail”的英文通名，本书取其意，将该亚属中文名取为“帝凤蝶亚属”。

69. 达摩凤蝶 *Papilio demoleus* Linnaeus, 1758

Papilio demoleus Linnaeus, 1758; Systema Naturae (Ed. 10), 1: 464; TL: ‘Asia’ [Guangzhou, Guangdong, S. China].

【识别特征】

中型种，后翅无尾突，翅黑色散布淡黄色斑，前翅基部具淡黄色鳞状纹，后翅近顶角处具大眼斑，臀角具红斑。

【成虫形态】

雄蝶：前翅长 44–45 mm。前翅正面黑色散布淡黄色斑，其中基部为鳞状纹，中室近端部具 1 枚近方形斑和 1 枚椭圆斑，其外上方具 2 枚线形斑，亚顶区具 3 枚大小不一的斑，位于中间的 1 枚饰有黑点，顶角具 1 枚斜长形斑，中区 CuA_1 室至 M_2 室各具 3 枚由小而大的斑，CuA_2 室具 1 枚大齿状斑，其下方 2A 室内具 1 枚较小的近方形斑，此斑外侧至外缘 1/2 处尚有 1 枚更小的斑，亚外缘及外缘具小斑列；反面与正面近似，仅翅基及中室内为放射条纹，各斑较正面略大，亚顶区饰有模糊的赭黄色。后翅正面黑色，基部及中区密布淡黄色鳞，其余部分散布淡黄色斑，其中内中区各斑发达、愈合为外侧不平的宽带，亚外缘 R_1 室内具 1 枚新月形斑，CuA_1 室至 R_5 室各具 1 枚近方形斑，其中第三枚向内错位，R_1 室中部具 1 枚饰蓝色鳞的黑色大眼斑，臀角具 1 枚上部镶蓝色鳞的暗红色椭圆斑；反面淡黄色具黑色翅脉，近基部具 1 条黑色粗斜纹，R_1 室内眼斑蓝色鳞中心尚有赭黄色鳞，中室端部及中区各翅室黑色横带饰有内侧镶蓝边的赭黄色斑，亚外缘贯穿黑色波带。

雌蝶：前翅长 50–54 mm。斑纹同雄蝶但翅正反面黄色更深。

♂外生殖器：整体骨化程度较强。上钩突中长，端部下弯，宽阔、呈舌形；尾突大，侧面观末端尖锐但无明显钩状，背部被稀毛；囊形突短窄。抱器瓣近三角形，背缘中段明显弓出，腹缘弧形，端部显著扩大呈三角形，内突从腹缘基部一直延伸至背缘基部，其中腹缘段细长，骨化程度一般，腹缘段骨化程度突然加强，并扩展为边缘具细齿的长片状。阳茎基环盾形，端部中央凹入，侧缘向前反折为立体结构，阳茎中长，于端 1/3 处向腹面弯曲，宽度均匀，开口稍宽。

♀外生殖器：肛突短圆，边缘平滑，端部钝，基部骨化略突出；后内骨突细。交配孔小；孔前板基部分离，位于交配孔两侧，端部呈反折为片状隆起，孔后板为单一片状，具 4 条纵褶，基端部突出。交配囊椭球形，囊突细长带状，中表面具拉链状褶皱；囊导管较短，基部略骨化。

【亚种分布】

69a. 指名亚种

***Papilio demoleus demoleus* Linnaeus, 1758**

Papilio erithonius Cramer, 1779; Uitl. Kapellen, 3(20): 67, pl. 232, f. A–B; TL: 'en Chine, à Java & sur la Côte de Coromandel' [China, Java and coastal S.E. India].

Papilio epius Fabricius, 1793; Ent. Syst., 3(1): 35; TL: 'China'.

Papilio erithonius var. *Demoleinus* Oberthür, 1879; Ét. Ent., 4: 57; TL: 'Chine' [China].

Pap.[*ilio*] *demoleus libanius* Fruhstorfer, 1908; Ent. Z., 22(35): 141; TL: 'Takau, Formosa' [Kaohsiung, Taiwan, China].[JH of *Papilio libanius* Stoll, 1782(Lycaenidae)]

P.[*apilio*] *d.*[*emoleus*] *demoleus* ab. *rubropunctata* Dufrane, 1946; Bull. Annls. Soc. R. ent. Belg., 82(5/6): 112; TL: 'Cho Ganh, Tonkin' [Cho Ganh, Ninh Bình, N. Vietnam]. [IFS]

P.[*apilio*] *d.*[*emoleus*] *demoleus* ab. *obliterata* Dufrane, 1946; Bull. Annls. Soc. R. ent. Belg., 82(5/6): 112; TL: 'Phu-lang-thuong, Tonkin' [Bac Giang, N. Vietnam]. [IFS]

P.[*apilio*] *d.*[*emoleus*] *demoleus* ab. *jordani* Dufrane, 1946; Bull. Annls. Soc. R. ent. Belg., 82(5/6): 113; TL: 'région de Hanoï, Tonkin' [Hanoi, N. Vietnam]. [IFS]

P.[*apilio*] *d.*[*emoleus*] *demoleus* ab. *bipunctata* Dufrane, 1946; Bull. Annls. Soc. R. ent. Belg., 82(5/6): 113; TL: 'Cho Ganh, Tonkin' [Cho Ganh, Ninh Bình, N. Vietnam]. [IFS]

P.[*apilio*] *d.*[*emoleus*] *demoleus* ab. *punctata* Dufrane, 1946; Bull. Annls. Soc. R. ent. Belg., 82(5/6): 113; TL: 'Hoa binh, Tonkin' [Hoa Binh, N. Vietnam]. [IFS]

P.[*apilio*] *d.*[*emoleus*] *demoleus* ab. *tripunctata* Dufrane, 1946; Bull. Annls. Soc. R. ent. Belg., 82(5/6): 113; TL: 'Hoa binh, Tonkin' [Hoa Binh, N. Vietnam]. [IFS]

P.[*apilio*] *d.*[*emoleus*] *demoleus* ab. *coomani* Dufrane, 1946; Bull. Annls. Soc. R. ent. Belg., 82(5/6): 113; TL: 'Hoa binh, Tonkin' [Hoa Binh, N. Vietnam]. [IFS]

P.[*apilio*] *d.*[*emoleus*] *demoleus* ab. *lemoulti* Dufrane, 1946; Bull. Annls. Soc. R. ent. Belg., 82(5/6): 113; TL: 'Longt Che Ou, Chine' [Longzhou, Guangxi, China]. [IFS]

P.[*apilio*] *d.*[*emoleus*] *demoleus* ab. *joannisi* Dufrane, 1946; Bull. Annls. Soc. R. Ent. Belg., 82(5/6): 113; TL: 'Cho Ganh, Tonkin' [Cho Ganh, Ninh Bình, N. Vietnam]. [IFS]

P.[*apilio*] *d.*[*emoleus*] *demoleus* ab. *ochrea* Dufrane, 1946; Bull. Annls. Soc. R. ent. Belg., 82(5/6): 113; TL: 'Longt Che Ou, Chine' [Longzhou, Guangxi, China]. [IFS]

Papilio demoleus var. *flavosignatus* Heydemann, 1954; Z. Wien. ent. Ges., 39(11): 388; TL: 'Dschellalabad, Afganistan' [Jalalabad, Afghanistan].

本亚种广布于云南中部、西部至南部低海拔区域。

保山市：2♂♂、1♀，昌宁勐统，2013-VIII-19，曾全，[SFU]。

红河州：1♂，金平马鞍底（860 m），2013-IX-29，曾全，[SFU]；1♂，金平马鞍底（860 m），2014-VIII-25，尹昭发，[SFU]；1♂、1♀，河口戈哈（350 m），2016-X-22，张晖宏，[HHZ]。

玉溪市：1♀，元江红侨农场（510 m），2008-III-30，胡劭骥，[SJH]；2♂♂，元江哈及冲（750 m），2010-V-13，陈德道，[SJH]；1♂，元江哈及冲（750 m），2012-II-4，胡劭骥，[SJH]；2♂♂，新平泥者，2012-VII-11，胡劭骥，[SJH]；2♂♂，元江哈及冲（750 m），2015-VIII-13，毛巍伟，[WWM]。

雅凤蝶亚属 *Araminta* Moore, 1886

Araminta Moore, 1886; J. Linn. Soc. Lond. (Zool.), 21(126): 50; TS: *Papilio demolion* Cramer, 1776.

衲补凤蝶 *P. noblei* Nicéville, 1889 及其近缘物种在一些文献中（如寿建新等，2006）被归入美凤蝶亚属 *Menelaides* Hübner, [1819] 中，但这些物种后翅反面独有的淡橙色斑和♂外生殖器结构特征均与美凤蝶亚属物种明显不同，本书作者认为，衲补凤蝶及其近缘物种应归为其原有的亚属 *Araminta* Moore, 1886。"*Araminta*"有"高雅"的含义，因此本书将亚属中文名取为"雅凤蝶亚属"。

70. 衲补凤蝶 *Papilio noblei* Nicéville, 1889

Papilio noblei Nicéville, 1889; J. Asiat. Soc. Bengal, (2), 57(4): 287, pl. 13, f. 2; TL: 'Karen Hills, Burma' [N. Kayin State, Myanmar].

Papilio henricus Oberthür, 1893; Ét. Ent., 17: 3, pl. 4, f. 39; TL: 'Muong-Mou' [N. Vietnam].

P.[apilio] noblei f. *vitalisi* Dubois, 1921; in Dubois & Vitalis, Contr. Faune ent. Indoch. Fr., (3): 12; TL: '(Ban-van-Nam) Laos'. [NN]

Papilio noblei haynei Tytler, 1926; J. Bomb. nat. Hist. Soc., 31(2): 249; TL: 'Myitkyina, North Burma' [Myitkyina, N. Myanmar].

Papilio noblei hoa Gabriel, 1945; Entomologist, 78(989): 152; TL: 'Central Tonkin, Chiem Hoa' [Chiem Hoa, N. Vietnam]

Papilio noblei f. indiv. ♂ *anteratra* Rousseau-Decelle, 1947; Bull. Soc. ent. Fr., 51(9): 129; TL: 'Hoa-Binh, Tonkin' [Hoa Binh, N. Vietnam]. [IFS]

【识别特征】

中大型种，后翅具匙状尾突，翅黑褐色，前翅后缘近中部具白点，后翅亚顶区具下缘有缺刻的黄白色大斑，反面亚外缘具橙色纹。

【成虫形态】

雄蝶：前翅长 55–58 mm。前翅正面黑褐色，基半部散布稀疏的暗黄色鳞，2A 室外 1/3 处具 1 枚黄白色小斑；反面黑褐色，中室上、下缘翅脉染白色，中室内自基部向端部发出 4 条乳白色线纹，外中区散布稀疏的乳白色鳞片，2A 室小白斑较正面略大，外缘 M_1 室至 CuA_2 室各具 1 枚细小的白斑。后翅 M_3 脉端具 1 条匙状尾突，正面黑褐色，亚顶区 M_1 室、R_5 室、R_1 室及中室端部的 4 块形态不一的黄白色斑共同构成 1 块外缘呈波齿状、下缘具缺刻的大斑，臀角具 1 枚橙红色"C"形斑；反面黑褐色，基部散布乳白色鳞，亚顶区大斑如正面，但呈乳白色，其下缘中室斑与臀缘间缀有不甚连贯的乳白色波状横带，亚外缘除臀角（CuA_2 室）外各翅室具染乳白色的橙色新月纹，臀角橙色"C"形斑较正面发达。

雌蝶：前翅长 56–59 mm。斑纹同雄蝶但色泽较淡。

♂外生殖器：整体骨化程度中等。上钩突较短而直，端部下弯，基部宽阔，向端部渐窄；尾突大，侧面观钝钩状，背部被稀毛；囊形突短窄。抱器瓣宽圆，背缘中段弓出，腹缘平直，端部平钝，内突发达，中部具 1 枚尖锐的长指状突起指向腹缘深处。阳茎基环盾形，端部向前反折为立体结构，并具有加厚的角和脊，阳茎中长而粗壮，于基 1/3 处向腹面强烈弯曲，宽度均匀，开口分二叉。

♀外生殖器：肛突宽圆，边缘平滑，内缘具刺，基部骨化但不突出；后内骨突细弱。交配孔较小；孔前板发达，近交配孔口处具突起呈近似"M"形，基部两侧突出为阔三角形，端部两侧向后延伸包围后板，孔后板较小，圆片状。交配囊长椭球形，囊突长纺锤形，表面具拉链状褶皱；囊导管短，不骨化。

【亚种分布】

本种目前无亚种区分，分布于云南南部低海拔区域。

西双版纳州：6♂♂，景洪，1999-VI-14，何纪昌，[YNU]；4♂♂，景洪橄榄坝（530 m），2015-II-19，当地采者，[SJH]；1♀，勐腊勐仑（550 m），2015-II-19，苗白鸽，[XTBG]；2♂♂，勐腊勐仑水库（580 m），2018-II-24，胡劭骥，[SJH]。

美凤蝶亚属 *Menelaides* Hübner, [1819]

Menelaides Hübner, [1819]; Verz. Bekannt. Schmett., (6): 84; TS: *Papilio polytes* Linnaeus, 1758.

Nestorides Hübner, [1819]; Verz. Bekannt. Schmett., (6): 86; TS. *Papilio gambrisius* Cramer, 1777.

Iliades Hübner, [1819]; Verz. Bekannt. Schmett., (6): 88; TS. *Papilio memnon* Linnaeus, 1758.

Ecaudati Koch, 1860; Stett. ent. Ztg., 21(4/6): 230; TS. *Papilio memnon* Linnaeus, 1758. [JOS]

Charus Moore, [1881]; Lepid. Ceylon, 1(4): 149; TS. *Papilio helenus* Linnaeus, 1758.

Sainia Moore, 1882; Proc. Zool. Soc. Lond., 1882(1): 260; TS. *Papilio protenor* Cramer, 1775.

Panosmiopsis Wood-Mason & Nicéville, [1887]; J. Asiat. Soc. Bengal, (2), 55(4): 374; TS. *Papilio rhetenor* Westwood, 1841.

Tamera Moore, 1888; in Hewitson & Moore, Descr. new Ind. Lep. Coll. Atkinson, (3): 284; TS. *Papilio castor* Westwood, 1842.

Saunia Kirby, 1896; in Allen, Naturalist's Libr., Lepid. 1, Butts., 2: 301. [ISS]

Sadengia Moore, 1902; Lepid. ind., 5(58): 213; TS. *Papilio nephelus* Boisduval, 1836.

Heterocreon Kirby, 1902; in Wytsman, Samml. exot. Schmett., Addit. Notes, 3: 101; TS. *Papilio polytes* Linnaeus, 1758. [JOS]

Mimbyasa Evans, 1912; J. Bomb. nat. Hist. Soc., 21(3): 972; TS. *Papilio janaka* Moore, 1857.

种检索表

1a. 体侧红色，模拟麝凤蝶 2
1b. 体侧非红色，不模拟麝凤蝶 3
2a. 翅色深黑，后翅白斑 4 枚，反面臀缘红斑连贯 .... 织女凤蝶 *Papilio janaka*
2b. 翅色灰黑，后翅白斑 1–4 枚，反面臀缘红斑不连贯 .... 牛郎凤蝶 *Papilio bootes*
3a. 无明显性二型 4
3b. 有明显性二型 7
4a. 后翅亚顶区或中区无白斑 .... 蓝凤蝶 *Papilio protenor*
4b. 后翅亚顶区或中区具白斑 5
5a. 后翅白斑不局限于亚顶区，无尾突 .... 玉牙凤蝶 *Papilio castor*
5b. 后翅白斑至少正面局限于亚顶区，有尾突 6
6a. 后翅白斑 3 枚，反面亚外缘斑红色 .... 玉斑凤蝶 *Papilio helenus*
6b. 后翅白斑 4 枚，反面亚外缘斑黄色 .... 宽带凤蝶 *Papilio chaon*
7a. 体型小，两性均有尾突，雄蝶后翅具白斑列，雌蝶可模拟红珠凤蝶 .... 玉带凤蝶 *Papilio polytes*
7b. 体型大，仅雌蝶有尾突，雄蝶后翅无白斑 8
8a. 翅形狭长，雄蝶后翅无灰蓝色条纹；雌蝶后翅具 2 或 3 枚白斑和红色亚外缘斑 .... 红基蓝凤蝶 *Papilio alcmenor*
8b. 翅形宽阔，雄蝶后翅具灰蓝色条纹；雌蝶后翅具大白斑，无红斑，或有尾突 .... 大陆美凤蝶 *Papilio agenor*

71. 玉斑凤蝶 *Papilio helenus* Linnaeus, 1758

Papilio helenus Linnaeus, 1758; Systema Naturae (Ed. 10), 1: 459; TL: ‘Asia’ [Guangzhou, Guangdong, S. China].

【识别特征】

中大型种，体翅黑色，后翅具宽匙状尾突，外中区具 3 枚大小不等的斑组成的牙白色大斑，反面亚外缘具红色新月纹。

【成虫形态】

雄蝶：前翅长 55–63 mm。前翅正面基半部黑色，端半部各翅室具暗土黄色脉间纹，中室自基部发出 4 条暗土黄色线纹，中室下方翅基部散布暗土黄色鳞；反面灰黑色，中室纹及脉间纹清晰且呈灰白色。后翅 M_3 脉端具 1 条匙状尾突，正面黑色，M_1 室基半部、R_5 室中部及 R_1 室中部 3 枚大小不一的牙白色斑共同构成 1 块大斑，CuA_2 室至 M_3 室亚外缘处具暗红色新月纹；反面灰黑色，肩区及 R_1 室基半部散布灰白色鳞，中室基部发出 3 条灰白色线纹，M_1 室至 R_1 室的白斑似正面但较窄小，其中 R_1 室中部白斑外侧还饰有灰蓝色鳞，亚外缘 M_3 室至 R_1 室具绛红色新月纹，CuA_1 室具绛红色环纹，CuA_2 室具镶紫白色鳞的绛红色“C”形斑，其外侧 CuA_1 室内尚缀有 1 枚同色斑，外缘各翅室凹入处具牙白色小斑。

雌蝶：前翅长 57–68 mm，翅色呈黑褐色，后翅白斑更黄，亚外缘红斑发达清晰。

♂外生殖器：整体骨化程度较高。上钩突中长下弯，基部宽阔，中部窄、端部又宽，呈鸭喙状；尾突大，侧面观末端呈尖钩状并强烈上扬，背部被稀毛；囊形突短窄。抱器瓣宽圆，背缘中段强烈弓出、腹缘弧形，端部较平滑，内突叶片状，末端尖锐上钩。阳茎基环圆片状，端部中央具 1 处浅缺刻，阳茎中长而粗壮，宽度均匀，末端稍宽。

♀外生殖器：肛突短圆，边缘平滑，内缘具刺，基部骨化并突出；后内骨突细长。交配孔窄长；孔前板两端带状延伸半包围交配孔，基部中央具 1 枚边缘带锯齿的箭头状突起，交配孔外方两侧各具 1 枚角状突起，孔后板近半圆形，边缘具皱褶。交配囊长椭球形，囊突窄带状，表面具拉链状褶皱；囊导管中长，不骨化。

【个体变异】

后翅亚外缘绛红色斑个体变异较明显，部分个体反面红斑发达，CuA_1 室内上下 2 枚斑可连通；部分个体后翅反面外缘凹入处小斑呈黄红色，正面 M_1 室白斑下方的 M_2 室基部出现较密集的白色鳞。

【亚种分布】

71a. 指名亚种 *Papilio helenus helenus* Linnaeus, 1758

P.[*apilio*] *helenus helenus* ♂-ab. *rufatus* Rothschild, 1895; Novit. Zool., 2(3): 286; TL: ‘Sikkim’. [IFS]

Pap.[*ilio*] *helenus aulus* Fruhstorfer, 1908; Ent. Wochenbl., 25(9): 38; TL: ‘Hainan’ [Hainan, China].

Papilio helenus ab. *aurea* Boullet & Le Cerf, 1912; Bull. Soc. ent. Fr., 1912(11): 247; TL: ‘Cambodge, Pnom-Penh’ [Phnom Penh, Cambodia]. [IFS]

P.[*apilio*] *helenus aspadantus* Fruhstorfer, 1916; Arch. Naturgesch., (A)81(11): 75; TL: ‘Malayische Halbinsel’ [Malay Peninsula].

广布于海拔 2500 m 以下的区域，低海拔地区常见。

保山市：1♀，昌宁勐统，2013-VIII-19，欧绍龙，[SFU]。

大理州：1♂，大理蝴蝶泉，1985-VII-14，李昌廉，[KIZ]。

德宏州：1♀，盈江，1981-X-3，周又生，[KIZ]；1♂，陇川户撒，1981-X-9，李昌廉，[KIZ]；1♀，陇川章凤，1981-X-12，李昌廉，[KIZ]；1♂，瑞丽江桥，1981-X-15，李昌廉，[KIZ]；1♂，瑞丽江桥，1981-X-15，周又生，[KIZ]；1♀，瑞丽勐休，1981-X-16，李昌廉，[KIZ]；1♀，瑞丽勐休，1981-X-16，董大志，[KIZ]；2♂♂，瑞丽南京里，1981-X-17，李昌廉，[KIZ]；1♂、1♀，瑞丽南京里，1981-X-20，李昌廉，[KIZ]；1♂，芒市遮放，1981-X-22，王吉光，[KIZ]。

红河州：1♀，金平，1982-VI-16，李昌廉，[KIZ]；1♀，屏边，1982-VI-17，李昌廉，[KIZ]；1♂，蒙自，1982-VI-20，李昌廉，[KIZ]；1♀，石屏，1982-VI-24，李昌廉，[KIZ]；1♂，金平（1170m），1991-IV-22，董大志，[KIZ]；1♂，河口花鱼洞（500 m），2011-V-6，易传辉，[SFU]；2♂♂、2♀♀，金平马鞍底（860–990 m），2013-IX-25–29，曾全，[SFU]；1♂、2♀♀，金平马鞍底（860–990 m），2013-XI-2–6，曾全，[SFU]；3♂♂，金平马鞍底（1250 m），2014-VII-26，曾全，[SFU]。

昆明市：1♂，昆明花红洞，1991-IX-3，王云珍，[KIZ]；1♂，昆明云南大学（1910 m），2010-III-22，刘晓飞，[SJH]；1♀，昆明市区（1900 m），2010-XI-10（羽化），张鑫，[SJH]。

临沧市：1♀，云县，1981-VII-7，董大志，[KIZ]；6♂♂，永德大雪山，2015-VIII-23–26，毛巍伟，[WWM、SJH]。

普洱市：1♀，思茅水库，1989-X-1，李昌廉，[KIZ]；1♀，普洱曼歇坝（1120 m），2010-I-24，陈德道，[SJH]；1♂，普洱曼歇坝（1120 m），2011-VIII-8，胡劭骥，[SJH]；1♂，普洱曼歇坝（1120 m），2014-IV-7，胡劭骥，[SJH]。

曲靖市：1♂，师宗五龙（900 m），2015-VIII-4，胡劭骥，[SJH]。

西双版纳州：1♀，勐腊曼庄，1974-V-7，王容玉，[KIZ]；2♂♂，勐腊小苦聪，1974-V-16，甘运兴，[KIZ]；1♂，勐腊曼庄，1974-VII-5，甘运兴，[KIZ]；1♂，景洪，1979-IV-19，王云珍，[KIZ]；1♀，勐腊，1979-IX-17，熊江，[KIZ]；1♂，勐腊，1981-V-25，董大志，[KIZ]；1♀，勐腊尚勇，1982-IV-15，李昌廉，[KIZ]；1♂，勐腊勐捧，1982-IV-17，李昌廉，[KIZ]；1♂，景洪小勐养，1989-X-4，董大志，[KIZ]；1♀，勐海，1989-X-10，不详，[KIZ]；5♂♂、2♀♀，景洪基诺，1989-X-18，董大志，[KIZ]。

玉溪市：4♂♂，元江哈及冲（750 m），2008-III-31，胡劭骥，[SJH]；1♂，元江哈及冲（750 m），2011-VI-4，胡劭骥，[SJH]。

72. 玉牙凤蝶 *Papilio castor* Westwood, 1842

Papilio castor Westwood, 1842; Ann. Mag. nat. Hist., 9: 37; TL: ‘Sylhet’ [southern Khasia Hills, India; north of Sylhet, Bangladesh]. [JH of *Papilio castor* Cramer, 1775(Nymphalidae)]

【识别特征】

中型种，后翅无尾，体翅黑褐色，后翅中部具 4 或 5 枚黄白色斑。

【成虫形态】

雄蝶：前翅长 46–53 mm。前翅正面黑色，中室内具 4 条模糊的灰黄色细纹，外缘具黄白色点列；反面褐黑色，中室端部具 1 枚白色圆点，外缘具白色点列。后翅正面黑色，中室外侧具 4–7 枚大小不一的黄白色斑，亚外缘具白色点列；反面褐黑色，斑纹同正面但呈白色。

雌蝶：前翅长 52–54 mm。翅底色褐色，后翅白斑较发达，可扩展至中室端部，中室外侧白斑中 M_2 室至 R_1 室的较清晰，其余 3 枚较暗淡，亚外缘斑列发达呈新月形。

♂外生殖器：整体骨化程度较高。上钩突中长下弯，基部宽阔，向端部变窄、末端钝；尾突大，背面观尖耳状，侧面观末端呈钩状，背部被稀毛；囊形突短窄。抱器瓣近肾形，背缘近端部弓出、腹缘平直，端部平滑，内突长条状平行于腹缘，末端扩大为扇形，边缘具密齿。阳茎基环大体椭圆形片状，基半部宽，中部平行，端 1/3 收窄；阳茎中长而粗壮，中段明显向腹面弯曲，宽度均匀，末端稍宽。

♀外生殖器：肛突短圆，边缘平滑，端部钝，基部骨化并突出；后内骨突细弱。交配孔宽；孔前板基部中央呈边缘有锯齿的宽叶片状突起覆盖交配孔口，端部向后延伸包围交配孔并向内反卷，交配孔外方两侧各具 1 枚角状突起，孔后板舌状。交配囊长椭球形，囊突长带状表面具拉链状褶皱；囊导管中长，不骨化。

【亚种分布】

72a. 滇南亚种 *Papilio castor kanlanpanus* Lee, 1962

Papilio castor kanlanpanus Lee, 1962; Acta ent. Sinica, 11(2): 144, pl. 2, f. 1–2; TL: ‘Ganlan Ba, Xishuangbanna, Yunnan, China’.

Papilio castor kanlinpanus Lee, 1962; Acta ent. Sinica, 11(2): 139. [IOS]

分布于云南南部低海拔区域。

西双版纳州：3♂♂，景洪橄榄坝（530 m），2015-II-19，当地采者，[SJH]；1♀，勐腊勐仑（550 m），2017-VI，马晨迪，[XTBG]。

73. 宽带凤蝶 *Papilio chaon* Westwood, 1845

Papilio chaon Westwood, 1845; Arcana ent., 2: 97, pl. 72, f. 1–1*; TL: ‘Assam’ [N.E. India].

【识别特征】

似玉斑凤蝶 *Papilio helenus* Linnaeus, 1758，但腹侧具白点列，后翅外中区黄白色大斑由 4 块小斑构成，反面亚外缘具土黄色斑。

【成虫形态】

雄蝶：前翅长 54–65 mm。前翅正面基半部黑色，端半部各翅室具稀疏土黄色鳞构成的脉间纹，中室自基部发出 4 条稀疏土黄色鳞构成的细纹；反面黑褐色，中室纹较正面清晰且呈灰白色，端半部脉间纹土黄色，中室外上方及 CuA_1 室端部具小白斑。后翅 M_3 脉端具 1 条匙状尾突，正面黑色，M_2 室基半部、M_1 室大部、R_5 室中部及 R_1 室中部 4 枚大小不一的牙白色斑共同构成 1 块大斑，其中 M_1 室的斑最大而 R_1 室的斑明显向内偏倚；反面黑褐色，肩区及 R_1 室基半部散布灰白色鳞，中室基部发出 3 条灰白色线纹，M_2 室至 R_1 室的白斑似正面但较窄小，亚外缘各翅室具土黄色斑，其中 CuA_2 室内为 2 枚。

雌蝶：前翅长 60–66 mm，翅色较暗淡，后翅白斑宽阔，在正面可进入中室或在 CuA_2 室至 CuA_1 室形成延伸，反面常向臀角延伸为带状。

♂外生殖器：整体骨化程度高。上钩突中长下弯，基部宽阔，向端部变窄；尾突大，侧面观末端呈钩状，背部被稀毛；囊形突短窄。抱器瓣近方形，背缘平直、腹缘弧形，端部平滑，内突长条状平行于腹缘，末端扩大为圆叶状，边缘具密齿。阳茎基环瓶形片状，基半部宽、中部平行、端 1/3 剧烈收窄呈瓶颈状；阳茎中长而粗壮，中段明显向腹面弯曲，宽度均匀，末端稍宽。

♀外生殖器：肛突短圆，边缘平滑，端部钝，基部骨化略突出；后内骨突细。交配孔宽；孔前板基部中央具 1 枚中央隆脊、两侧凹陷的枫叶状突起，端部向后延伸包围交配孔，并反卷为小叶状突起，交配孔外方两侧各具1处隆起，孔后板近圆形，中央具“U”形隆脊。交配囊长椭球形，囊突长带状，表面具拉链状褶皱；囊导管中长，不骨化。

【个体变异】

旱季型个体后翅白斑相对缩小并彼此分离，少数雄蝶后翅正面 CuA_1 室可出现第5枚牙白色斑。

【亚种分布】

73a. 指名亚种 *Papilio chaon chaon* Westwood, 1845

Pap.[ilio] chaon dispensator Fruhstorfer, 1908; Ent. Z., 22(18): 73; TL: 'Tonkin' [N. Vietnam].

Pap.[ilio] chaon duketius Fruhstorfer, 1908; Ent. Z., 22(18): 73; TL: 'Siam' [Thailand].

Pap.[ilio] chaon chaon ♀ forma *leucacantha* Fruhstorfer, 1908; Ent. Z., 22(18): 73; TL: 'Sikkim' [N.E. India]. [IFS]

P.[apilio] chaon chaon ab. *paryphanta* Jordan, 1909; in Seitz, Gross-Schmett. Erde, 9(27): 53; TL: 'Cherra Punji, Assam' [Cherrapunji, Meghalaya, N.E. India]. [IFS]

Papilio chaon ab. *xanthia* Boullet & Le Cerf, 1912; Bull. Soc. ent. Fr., 1912(11): 247; TL: 'Cambodge, Pnom-Penh' [Phnom Penh, Cambodia]. [IFS]

P.[apilio] ch.[aon] chaon ab. *tripunctata* Dufrane, 1936; Lambillionea, 36(2): 42; TL: 'Sikkim' [N.E. India]. [IFS]

P.[apilio] ch.[aon] chaon ab. *pseudochaonulus* Dufrane, 1936; Lambillionea, 36(2): 42; TL: 'Sikkim' [N.E. India]. [IFS]

分布于云南中部、西部至南部的低海拔区域。

红河州：1♀，河口戈哈（350 m），2013-X-3，胡劭骥，[SJH]；1♂，河口戈哈（350 m），2013-X-5，胡劭骥，[SJH]；3♂♂、2♀♀，金平马鞍底（680 m），2014-VI-17，曾全，[SFU]；1♂，河口戈哈（350 m），2014-X-6，胡劭骥，[SJH]。

西双版纳州：2♂♂，勐腊，2012-X，当地采者，[SJH]；1♀，勐腊，2017-X，当地采者，[HHZ]。

玉溪市：2♂♂，元江哈及冲（750 m），2008-III-31，胡劭骥，[SJH]；1♂，元江哈及冲（750 m），2009-IX-1，胡劭骥，[SJH]。

73b. 华中亚种 *Papilio chaon rileyi* Fruhstorfer, 1913

Papilio chaon rileyi Fruhstorfer, 1913; Dt. ent. Z. Iris, 27(3): 135; TL: 'Chungking, Szetchuan, Westchina' [Chongqing, W. China].

Papilio nephelus hefongenis C. Li & H. Li, 1993; in Huang F. S., Insects of Wuling Mountains Area, S.W. China: 549, 575; TL: 'Hefeng of Wuling Mts., Hubei'.

本亚种后翅正面黄白色斑退化变窄并彼此分离，反面前翅白纹退化，后翅 R_1 室内白斑仅余1条细白线。分布于云南东北部的低海拔区域。

昭通市：2♂♂、1♀，盐津陈家坪（820 m），2016-VI-22，蒋卓衡，[SJH]；1♂，盐津斑竹林（440 m），2016-VI-24，蒋卓衡，[SJH]；1♂，盐津陈家坪（820 m），2016-VII-21，蒋卓衡，[SJH]；1♀，永善细沙（600 m），2018-VII-17，邢东辉，[HHZ]。

【附记】

本种广布于我国长江以南省区，国外广布于中南半岛及马来群岛，具有多个可明显区分的地理亚种。其中分布于我国中部（四川、贵州、重庆至湖南一带）的华中亚种 *P.* (*M.*) *chaon rileyi* (Fruhstorfer, 1913)与华西亚种的区别在于后翅正面黄白色斑退化变窄并彼此分离，反面前翅白纹退化，后 R_1 室内白斑仅余1条细白线。分布于我国东部至南部的华东亚种 *P.* (*M.*) *chaon chaonulus* (Fruhstorfer, 1902) 则表现为前翅反面白斑相对发达，但雄蝶后翅反面黄斑较退化。本种两性皆存在季节型，因此详细的采集信息对准确鉴别亚种至关重要。

74. 玉带凤蝶 *Papilio polytes* Linnaeus, 1758

Papilio polytes Linnaeus, 1758; Systema Naturae (Ed. 10), 1: 460; TL: 'Asia' [southern China, probably Guangzhou, Guangdong Province].

【识别特征】

中型种，后翅有尾，翅黑色，雄蝶后翅外中区具1列白斑，雌蝶具2型，其中一型与雄蝶相似，另一型模拟红珠凤蝶。

【成虫形态】

雄蝶：前翅长40–48 mm。前翅正面黑色，中室自基部发出4条稀疏土黄色鳞构成的细纹，其余各翅室均具稀疏土黄色鳞构成的条纹，外缘具黄白色点列；反面与正面相似但色泽较淡，外缘点列呈白色。后翅 M_3 脉端具1条较短的尾突，正面黑色，外中区贯穿1列黄白色斑，亚外缘或出现绛红色新月纹，外缘具黄白色点列；反面褐黑色，翅基散布稀疏的土黄色鳞，外中区斑列同正面但呈白色，其外侧常具较稀疏的灰蓝色鳞，亚外缘具橙黄色至绛红色的斑列，臀角处亚外缘斑上方还具1枚色泽相同的斑。

雌蝶：前翅长41–58 mm。玉带型：斑纹同雄蝶仅色泽较淡。红珠型：前翅正面基1/3褐黑色，端2/3灰褐色，外缘褐黑色，中室内自基部发出5条褐黑色纹，各翅室具褐黑色脉间纹；反面与正面相似但色泽更淡。后翅正面褐黑色，中室端部及CuA_2室至M_1室基半部大小不一的白斑共同组成1块大白斑，其中CuA_2室及CuA_1室的白斑外侧常染红色及稀疏的灰蓝色鳞，亚外缘具红色新月纹，臀角处具1枚嵌有黑点的大红斑，外缘具白色至橙黄色的斑列；反面斑纹与正面相似，但红斑更发达鲜艳。

♂外生殖器：整体骨化程度较强。上钩突中长略下弯，基部宽阔，向端部渐窄；尾突背面观兔耳状，侧面观象牙形，背部被稀毛；囊形突短窄。抱器瓣近长方形，背缘及腹缘平直，端部平滑，内突大，基部细长条形，其余部分呈宽阔半月形，边缘具齿。阳茎基环圆片状，阳茎中长略向腹面弯曲，宽度均匀，末端稍宽。

♀外生殖器：肛突短圆，边缘平滑，端部钝，基部外侧骨化但不突出；后内骨突细。交配孔宽而长；孔前板中央具1枚长角突，端部延伸包围交配孔，各具1枚短角突，交配孔外方两侧体壁具表面多皱褶的膨隆，孔后板圆片状。交配囊长椭球形，囊突长带状，表面具拉链状褶皱；囊导管中长，不骨化。

【个体变异】

本种变异幅度极大，在云南产的标本中兼具地理变异和个体变异。地理变异详见各亚种描述。个体变异则主要体现为两性后翅正面外中区灰蓝色鳞的多寡及亚外缘斑列的发达程度，其中旱季型个体上述特征较雨季型个体明显；此外，红珠型雌蝶后翅室端斑的大小形态及色泽也具有较宽的变异幅度，部分个体染红现象明显，或全部变为红色。

【亚种分布】

74a. 怒江亚种

***Papilio polytes rubidimacula* Talbot, 1932**

Papilio polytes rubidimacula Talbot, 1932; Bull. Hill Mus. Witley, 4(3): 155; TL: 'Tibet (? south-east), Yunnan: Teng-yueh-Ting' [upper Nujiang Valley, Tengchong, Yunnan, China]

Papilio polytes liujidongi Huang, 2003; Neue ent. Nachr., 55: 45, pl. 4, f. 7–10; TL: 'Nidadan, Nujiang Valley, NW. Yunnan' [Nidadang, N.W. Yunnan, China].

[Papilio polytes] liujiodngi Yoshino, 2018; Butterfly Science, (12): 72. [ISS]

本亚种后翅白斑列宽，旱季型后翅红斑十分发达，分布于怒江峡谷。

怒江州：1♂（ssp. *liujidongi* 的正模），贡山尼大当，2002-VI-21，黄灏，[HH]；1♂（ssp. *liujidongi* 的副模）、1♀（ssp. *liujidongi* 的副模），贡山尼大当，2002-V，黄灏，[HH]；1♂，贡山（1500 m），2009-V-27，朱建青，[JQZ]；1♂，贡山马西当（1600 m），2009-V-28，朱建青，[JQZ]；1♂，贡山达拉底（1550 m），2009-VI-8，朱建青，[JQZ]。2♂♂、2♀♀，兰坪小黄登（2500 m），2014-VIII-18，尹丽春，[SFU]；1♂，贡山丙中洛，2019-V，杨扬，[SJH]。

74b. 印度亚种 *Papilio polytes romulus* Cramer, 1775

Papilio romulus Cramer, 1775; Uitl. Kapellen, 1(4): 67, pl. 43, f. A; TL: 'Côtes de Coromandel & de Ceylon' [S.E. India & Sri Lanka].

Papilio mutius Fabricius, 1793; Ent. Syst., 3(1): 3; TL: 'Tranquebariae' [Tharangambadi, S.E. India].

Papilio cyrus Fabricius, 1793; Ent. Syst., 3(1): 7; TL: '[unknown]'.

Papilio astyanax Fabricius, 1793; Ent. Syst., 3(1): 13; TL: 'India'. [JH of *Papilio astyanax*, Fabricius, 1775]

Princeps heroicus Stichius Hübner, [1808]; Samml. Exot. Schmett., 1: pl. [112], f. 1–2; TL: 'not stated'.

Papilio polytes ceylanicus C. Felder & R. Felder, 1864; Verh. Zool.-Bot. Ges. Wien, 14(3): 319, 367; TL: 'Ceylon (Rambodde)' [Ramboda, Sri Lanka].

P.[apilio] polytes pammon(?) forma *cyroides* Fruhstorfer, 1909; Ent. Z., 22(43): 178; TL: 'Sikkim' [N.E. India]. [IFS]

P.[apilio] polytes neomelanides Fruhstorfer, 1909; Ent. Z., 22(43): 178; TL: 'Singapore'.

P.[apilio] polytes ♀ forma *rubida* Fruhstorfer, 1909; Ent. Z., 22(43): 179; TL: 'Malabar' [S.W. India]. [IFS]

Papilio chalcas Fabricius, 1938; in Bryk, Syst. Glossat.: 19;

TL: 'in Asiae Chalcas'. [JH of *Papilio chalcas* Fabricius, 1775]

Papilio chalcaevorus Fabricius, 1938; in Bryk, Syst. Glossat.: 24; TL: 'in Asiae Chalcas'

Papilio polytes romulus ♂ f. *abdulazizia* Tung, 1982; Tokurana., 4: 58, pl. 10, f. 1–2; TL: 'Perak: Cameron Highlands 7th mile' [E. of Tapah, Perak, W. Malaysia]. [IFS]

本亚种雄蝶后翅白斑较宽，亚外缘正面几乎无红斑，反面亚外缘斑呈淡橙色至乳黄色。

红河州：1♀，河口戈哈（350 m），2014-X-4，胡劭骥，[SJH]；1♂，弥勒可邑，2015-VIII-7，毛巍伟，[WWM]；1♂，弥勒洛那，2015-VIII-8，毛巍伟，[WWM]。

玉溪市：5♂♂，元江哈及冲（750 m），2008-III-31，胡劭骥，[SJH]；2♂♂、1♀，元江哈及冲（750 m），2010-VII-9–10，胡劭骥，[SJH]；1♂，元江哈及冲（750 m），2011-VI-4，胡劭骥，[SJH]；1♀，元江哈及冲（750 m），2011-VII-10，胡劭骥，[SJH]。

西双版纳州：1♀，景洪橄榄坝（530 m），2015-II-19，胡劭骥，[SJH]。

74c. 滇中亚种

Papilio polytes latreilloides Yoshino, 2018

Papilio polytes latreilloides Yoshino, 2018; Butterfly Science, (12): 69, f. 1–4; TL: 'Weixi County, North Yunnan, China'.

P.[apilio] polytes yunnana Mell, 1938; Dt. ent. Z. Iris, 1938(2): 313; TL: 'Yunnan, Taligebiet, Mitu und Chipikuan bei Yunnanfu' [Dali mountains (probably Cang Shan), Midu and Bijiguan near Kunming, Yunnan, China]. [JH of *Papilio plutonius yunnana* Oberthür, 1907(Papilionidae)]

[Papilio polytes] latoreilloides Yoshino, 2018; Butterfly Science, (12): 71. [IOS]

[Papilio polytes] latrelloides Yoshino, 2018; Butterfly Science, (12): 72. [IOS]

[Papilio polytes] latreilioides Yoshino, 2018; Butterfly Science, (12): 72. [IOS]

本亚种后翅白斑较窄且相互分离，后翅红斑较发达但颜色相对暗。分布于云南中部高原区。

昆明市：5♂♂，昆明观音山，1998-V-23，何纪昌，[YNU]；2♂♂、1♀，昆明西山，1998-V-28，何纪昌，[YNU]；7♀♀，昆明西山气象台，1998-VII-11，何纪昌，[YNU]；1♂、1♀，昆明西山（2100 m），2009-V-10，胡劭骥，[SJH]；1♂，昆明西山（2350 m），2013-V-15，胡劭骥，[SJH]；1♂、2♀♀，昆明西山（2350 m），2013-VII-16，胡劭骥，[SJH]；1♂，昆明三碗水（2100 m），2015-V-17，胡劭骥，[SJH]；1♀，昆明西山（2200 m），2016-VIII-6，蒋卓衡，[ZHJ]；1♀，昆明西山（2350 m），2016-IX-3，胡劭骥，[SJH]。

大理州：1♀，洱源凤羽（2100 m），2016-IX-12，张晖宏，[SJH]；1♂，洱源凤羽（2100 m），2019-IV-28，胡劭骥，[SJH]。

丽江市：1♂，玉龙虎跳峡，2010-VII-24，宋晓兵，[JQZ]；1♂，玉龙拉市（2100 m），2014-VI-1，胡劭骥，[SJH]；1♀，玉龙新尚（2360 m），2014-VI-2，胡劭骥，[SJH]。

74d. 指名亚种 *Papilio polytes polytes* Linnaeus, 1758

Papilio pammon Linnaeus, 1758; Systema Naturae (Ed. 10), 1: 460; TL: 'Asia' [Guangzhou, Guangdong, China].

Papilio pammon var. *borealis* C. Felder & R. Felder, 1862; Wien. ent. Monatschr., 6(1): 22; TL: 'Ning-po' [Ningbo, Zhejiang, E. China].

P.[apilio] polytes borealis ♀-f. *mandane* Rothschild, 1895; Novit. Zool., 2(3): 348; TL: 'Western China ⋯ Loo Choo Islands'. [IFS]

Papilio richardi Fernández, 1912; Boln. R. Soc. Esp. Hist. nat., 12(5): 302, f. 1; TL 'Ya-lan, Hu-nan setentrional' [Yalan, Hunan, China].

P.[apilio] polytes v. *porealis* Draeseke, 1923; Dt. ent. Z. Iris, 37(3/4): 58. [ISS]

Papilio polytes flavolineatus Chou, Yuan & Wang, 2000; Entomotaxonomia, 22(4): 267, f. 9–10; TL: 'Nantong, Jiangsu' [Nantong, Jiangsu, China].

Papilio obscurus Chou, Yuan & Wang, 2000; Entomotaxonomia, 22(4): 267, 273, f. 11–12; TL: 'Lushan, Sichuan' [Lushan, Sichuan, China].

Papilio obscuras Chou, Yuan & Wang, 2000; Entomotaxonomia, 22(4): 273. [IOS]

[Papilio polytes] poltytes Yoshino, 2018; Butterfly Science, (12): 70. [ISS]

Papilio polytes sakiboso Yoshino, 2018; Butterfly Science, (12): 74, f. 5-8; TL: 'Ximen County 1,500 m, Mt. Kongashan, West Sichuan, China' [SE slope Mt. Gonggashan, W. Sichuan, China]

Papilio polytes boreales Yoshino, 2018; Butterfly Science, (12): 74. [ISS]

本亚种个体较大，雄蝶后翅白色带的斑较分离，正面红色新月纹较退化，分布于云南东北部。

昆明市：5♂♂，东川森林公园（1450 m），2013-VIII-3，胡劭骥，[SJH]。

昭通市：1♀，彝良洛旺，2012-VI-14，胡劭骥，[SJH]。

75. 蓝凤蝶 *Papilio protenor* Cramer, 1775

Papilio protenor Cramer, 1775; Uitl. Kapellen, 1(5): 77, pl. 49, f. A–B; TL: ‘China’.

【识别特征】

大型种，后翅无尾突，雄蝶翅黑色具深蓝色天鹅绒光泽，后翅前缘具 1 块淡黄色香鳞斑，外半部散布灰蓝色鳞，雌蝶灰褐色，后翅散布灰蓝色鳞，两性后翅臀角及反面外缘具红斑。

【成虫形态】

雄蝶：前翅长 52–63 mm。前翅正面灰黑色有较弱的深蓝色光泽，具清晰的黑色翅脉及脉间纹，中室内自基部发出 5 条黑色线纹；反面灰黑色，中室外侧区域呈灰色，中室纹、翅脉及脉间纹如正面。后翅黑色具深蓝色天鹅绒光泽，R_1 室上半部具 1 块长椭圆形淡黄色香鳞斑，M_2 室至 R_1 室下半部散布灰蓝色鳞，臀角具 1 枚镶黑点的绛红色斑；反面蓝黑色，R_5 室至 R_1 室各具 1 枚饰有蓝白色鳞的红色新月斑，M_1 室内也可出现 1 枚较小的红色新月斑，此 3 枚新月斑内侧散布灰蓝色鳞，外侧外缘处则为白色至深黄色，CuA_1 室端半部的 2 枚饰有蓝白色鳞的红斑沿 CuA_2 脉相连，臀角处具 1 枚外缘呈黄白色、中央镶黑点并饰有蓝白色鳞的不规则长形红斑。

雌蝶：前翅长 50–53 mm。前翅正面灰褐色无光泽，具清晰的黑褐色翅脉、脉间纹及中室纹；反面浅灰褐色，翅脉、脉间纹及中室纹如正面。后翅正面灰黑色，除翅基、臀缘、R_1 室上半部、CuA_1 室及 M_3 室端 2/3 部外均散布灰蓝色鳞，CuA_1 室外缘处具 1 枚绛红色“C”形斑，臀角具 1 枚外缘呈黄白色、中央镶黑点并饰有蓝白色鳞的不规则长形红斑，反面似雄蝶，但亚外缘各翅室均有红色新月斑，CuA_1 室、R_5 室、R_1 室及臀角红斑更发达，各翅室外缘处呈灰白色斑。

♂外生殖器：整体骨化程度稍强。上钩突基部宽，向端部变细而末端明显向腹面弯曲；尾突背面观长猫耳状，侧面观象牙形，末端稍细，背部被毛，末端尖；囊形突短窄。抱器瓣宽、近心形，腹缘平直且长于背缘，背缘弓曲，末端钝而微突出；内突发达，基部细条状，基 1/3 至端部急剧扩大为近菱形的宽刀片状，外缘具锯齿。阳茎基环卵圆形片状；阳茎长，略向腹侧弯曲，宽度均匀，端部截平。

♀外生殖器：肛突扁圆，边缘平滑，端部钝，基部骨化但不突出；后内骨突细。交配孔宽而长；孔前板中央具 1 枚钝角突，端部延伸包围交配孔并与孔后板相接，中部及孔后板具相分离的倒钩状突起，交配孔外方两侧体壁具膨隆，孔后板圆片状，中央隆起。交配囊长椭球形，囊突长纺锤形，表面具拉链状褶皱；囊导管短，不骨化。

【个体变异】

雄蝶后翅正面灰蓝色鳞面积变化较大，发达者可进入中室外端部，臀角红斑色泽、大小及清晰程度不一，后翅反面红斑发达程度有一定变异，部分个体 M_1 室红斑退化消失，雌蝶后翅红斑数量及发达程度也存在明显变化。

【亚种分布】

75a. 指名亚种 *Papilio protenor protenor* Cramer, 1775

Papilio laomedon Fabricius, 1793; Ent. Syst., 3(1): 12; TL: ‘China’. [JH of *Papilio laomedon* Cramer, 1775]

Pap.[ilio] protenor euanthes Fruhstorfer, 1908; Ent. Z., 22(11): 46; TL: ‘Hainan’ [Hainan, China].

P.[apilio] protenor sulpitius Fruhstorfer, 1909; Ent. Z., 22(42): 175; TL: ‘Tonkin, Annam’ [N. & C. Vietnam].

本亚种广布于云南中低海拔地区。

德宏州：1♀，盈江，1977-VI-4，沈发荣，[KIZ]；1♂，陇川电站，1981-X-11，李昌廉，[KIZ]。

红河州：1♀，金平，1982-VI-13，李昌廉，[KIZ]；1♂，金平，1991-IV-22，董大志，[KIZ]；1♂，绿春分水岭（1960 m），1996-V-30，董大志，[KIZ]；1♂、1♀，金平马鞍底（990 m），2013-IX-27，曾全，[SFU]；1♂，河口戈哈（350 m），2013-X-5，胡劭骥，[SJH]；2♂♂，金平马鞍底（990 m），2014-III-11，曾全，[SFU]；2♂♂、3♀♀，金平马鞍底（1850 m），2014-VIII-27，

曾全，[SFU]；1♀，弥勒江边，2017-III-15，申臻利，[ZLS]。

丽江市：1♂，玉龙新尚（2660 m），2015-V-8，赵健，[SFU]；1♀，玉龙石鼓（1900 m），2016-V-12，张晖宏，[SJH]。

昆明市：1♂，昆明黄龙箐（2020 m），2016-VI-28，蒋卓衡，[SJH]。

怒江州：1♀，碧江（知子罗）匹河，1983-VI-24，董大志，[KIZ]；1♂、1♀，泸水片马（1900m），1983-VII-5，董大志，[KIZ]；1♂，贡山其期（1980 m），2009-V-25，朱建青，[JQZ]；1♂，贡山独龙江，2010-VIII-25，吴竹刚，[SJH]。

普洱市：1♂，西盟勐梭河，1981-VI-21，朱世模，[KIZ]；2♂♂，普洱曼歇坝（1120 m），2011-VIII-7，胡劭骥，[SJH]；1♀，普洱曼歇坝（1120 m），2012-V-12，胡劭骥，[SJH]。

曲靖市：2♂♂，师宗五龙（900 m），2015-VIII-4–5，胡劭骥，[SJH]。

文山州：1♀，砚山八嘎，2003-V-15，梁醒财，[KIZ]。

西双版纳州：1♂，勐腊曼庄，1974-V-15，甘运兴，[KIZ]；1♂，勐仑，1974-V-22，甘运兴，[KIZ]；1♂，勐腊曼粉，1974-VII，甘运兴，[KIZ]；1♀，景洪小勐养，1981-V-30，李昌廉，[KIZ]；1♀，景洪橄榄坝，1981-X-7，赵万源，[KIZ]；1♂，景洪，1982-IV-13，李昌廉，[KIZ]；1♀，景洪，1989-X-5，采者不详，[KIZ]；1♂，勐腊磨憨（700 m），2008-VIII-16，胡劭骥，[SJH]；2♂♂、1♀，勐海勐混（1200 m），2011-VIII-5，胡劭骥，[SJH]；3♂♂，勐腊勐仑（545 m），2014-IV-5，当地采者，[SJH]。

昭通市：1♂，盐津豆沙关，2009-IX-4，齐玲，[SJH]；1♂，盐津盐津溪（670 m），2016-VI-23，蒋卓衡，[SJH]。

76. 红基蓝凤蝶

Papilio alcmenor C. Felder & R. Felder, 1865

Papilio alcmenor C. Felder & R. Felder, 1865; Reise Öst. Fregatte Novara, 2: 129, pl. 20, f. d; TL: 'India Septentrionalis' [E. India].

【识别特征】

雄蝶似前种，但翅形更狭窄，前后翅反面基部具发达的绛红色斑，后翅正面前区无香鳞，外中区灰蓝色鳞更稀疏；雌蝶后翅中区具明显的白斑，红斑更发达。

【成虫形态】

雄蝶：前翅长 61–64 mm。前翅正面灰黑色有较弱的深蓝色光泽，具清晰的黑色翅脉及脉间纹，中室内自基部发出 5 条黑色线纹；反面斑纹如正面，但底色较浅，翅基红斑鲜艳清晰。后翅黑色具深蓝色天鹅绒光泽，外中区散布极稀疏的灰蓝色鳞，臀角具 1 枚镶黑点的红白色斑；反面蓝黑色，R_5 室至 R_1 室外缘处各具 1 枚由灰蓝色鳞构成的斑，翅基及臀缘具连续、发达、夹有黑色翅脉的绛红色斑，其中 CuA_1 室内的红斑在基部和外中部饰有一小一大 2 枚近三角形黑斑，在近外缘处饰有 1 枚黑点，CuA_2 室内的红斑散布蓝白色鳞，臀角内缘呈白色，并饰有 2 枚黑点。

雌蝶：前翅长 71–75 mm。前翅正面灰褐色至黑褐色无光泽，具清晰的黑褐色翅脉、脉间纹及中室纹，中室基部红色；反面与正面相似但底色更浅。后翅 M_3 脉端具 1 条粗短的匙状尾突，正面黑褐色，中室端部及其外侧的 M_2 室至 R_5 室基部具 1 枚多边形白斑，CuA_1 室至 M_1 室亚外缘具绛红色新月斑，外缘凹入处呈淡红色，臀角具 1 枚镶黑点的红白色斑；反面与正面大致相似，但红斑更发达，翅基及臀缘的红斑如雄蝶，但其中镶嵌的黑斑更大。

♂外生殖器：整体骨化程度较强。上钩突中长强烈下弯，基部宽，向端部变窄；尾突发达，侧面观末端尖钩状，背部被稀毛；囊形突极不发达。抱器瓣长心形，背缘弧形不甚弓出，腹缘较平直，端部圆；内突基部窄细，延伸至腹缘端 1/3 处急剧扩展为三角形，边缘具细齿。阳茎基环葫芦形片状；阳茎基环瓶形片状，基半部宽圆、端半部明显收窄，阳茎长而粗壮，宽度均匀，自中部起向腹面明显弯曲，末端斜截且稍扩大。

♀外生殖器：肛突短圆，端部钝，内缘具刺，基部骨化并突出；后内骨突细。交配孔深陷；孔前板边缘锯齿状，中央具 1 枚边缘有锯齿的蝶形突起，其端部为马蹄形缺口，孔前板端部延伸包围交配孔，并向内卷曲为边缘齿的突起，孔后板近圆形，具横褶。交配囊长椭球形，囊突长带状，表面具拉链状褶皱；囊导管短，不骨化。

【个体变异】

雄蝶后翅正面臀角红白斑色泽、大小及清晰程度不一，后翅反面红斑发达程度有一定变异，雌蝶后翅红斑数量及发达程度也存在明显变化，部分个体正面 M_1 室亚外缘的红斑退化至消失。

【亚种分布】

76a. 指名亚种

***Papilio alcmenor alcmenor* C. Felder & R. Felder, 1865**

Papilio rhetenor Westwood, 1841; Arcana ent., 1(4): 59, pl. 16, f. 1–1a; TL: 'Assam' [N.E. India]. [JH of *Papilio rhetenor* Cramer, 1775].

Papilio icarius Westwood, 1847; Cab. Orient. ent.,: 5, pl. 2; TL: 'Assam'. [JH of *Papilio Icarius* Esper, 1793]

Papilio alcmenor C. Felder & R. Felder, 1864; Verh. Zool.-Bot. Ges. Wien, 14(3): 324; TL: 'India Septentr.' [E. India]. [NN]

P.[*apilio*] *rhetenor turificator* Fruhstorfer, 1909; Ent. Z., 22(42): 175; TL: 'Sikkim' [N.E. India].

P.[*apilio*] *rhetenor turificator* forma *albolunata* Fruhstorfer, 1909; Ent. Z., 22(42): 175; TL: 'Sikkim' [N.E. India]. [IFS]

P.[*apilio*] *rhetenor* ♂-ab. *leucocelis* Jordan, 1909; in Seitz, Gross-Schmett. Erde 9(33): 76; TL: '[not stated]'. [IFS]

分布于云南西南至南部低海拔山区。

德宏州：1♂，盈江芒冬，1981-X-8，王吉光，[KIZ]；3♂♂，盈江苏典（980 m），2016-VIII-5，杨维宗，[SJH]；1♀，盈江铜壁关（1000 m），2016-VIII-18，杨维宗，[SJH]。

西双版纳州：2♂♂，景洪橄榄坝（530 m），2015-V-6，当地采者，[SJH]。

77. 牛郎凤蝶 *Papilio bootes* Westwood, 1842

Papilio boötes [sic] Westwood, 1842; Ann. Mag. nat. Hist., 9(55): 36; TL: 'Sylhet in the East Indies' [southern Khasia Hills, India; north of Sylhet, Bangladesh].

【识别特征】

拟似麝凤蝶的大型种，头顶及胸腹侧暗红色，翅窄长，黑色，前后翅基部红色，后翅中部白斑有或无，亚外缘具红色新月纹。

【成虫形态】

雄蝶：前翅长 55–62 mm。前翅正面灰黑色具黑色翅脉和脉间纹，中室基部具 1 枚暗红色楔形小斑，并发出 3 或 4 条黑色线纹；反面斑纹同正面，但底色更浅，翅基红斑鲜艳清晰。后翅 M_3 脉端具 1 条宽匙状尾突，正面黑色，外中区室端白斑有或无，有则于 CuA_1 室至 M_1 室出现 2～4 枚形态大小不一的白斑，其中 CuA_1 室白斑边缘常染红色，亚外缘 CuA_2 室至 M_3 室具绛红色新月斑，外缘凹入处在 CuA_2 室至 M_2 室具发达程度不一的绛红色斑，其中 CuA_2 室红斑可愈合为环状，尾突红斑有或无；反面斑纹与正面相似，但翅基具清晰的红斑，亚外缘、外缘及尾突红斑更鲜艳发达，臀缘红带与肩角红斑分离。

雌蝶：前翅长 58–65 mm。斑纹同雄蝶，翅色较淡，正面红斑清晰发达。

♂外生殖器：整体骨化程度中等。上钩突中长，基部宽，其余部分大体等宽；尾突发达，侧面观末端钩状；囊形突极不发达。抱器瓣宽，背缘明显弓出，腹缘较平直，端部圆；内突基部窄细，延伸至腹缘端 1/3 处急剧扩展为三角形，其上具 1 条与外缘平行的脊，边缘具细齿。阳茎基环瓶形片状，基半部宽、中部稍窄，阳茎长，宽度均匀，自中部起向腹面明显弯曲，末端斜截且稍扩大。

♀外生殖器：肛突短圆，端部钝，内缘具刺，基部骨化略突出；后内骨突细。交配孔宽；孔前板基部中央及两端具边缘具齿状的方形突起，孔后板近圆形，表面具横褶。交配囊长椭球形，囊突长带状，表面具拉链状褶皱；囊导管短，不骨化。

【个体变异】

该种变异幅度大，同一亚种乃至同一产地的群体内都存在形态差异，主要体现为后翅白斑数量形态及染红程度、尾突斑大小色泽、反面臀缘红斑的发达程度。

【亚种分布】

77a. 滇缅亚种 *Papilio bootes mindoni* Tytler, 1939

Papilio bootes mindoni Tytler, 1939; J. Bomb. nat. Hist. Soc., 41(2): 237; TL: 'Hthawgaw, N.-E. Burma' [Htawgaw, E. Kachin State, N.E. Myanmar].

本亚种翅黑色，后翅稳定具 4 枚白斑，尾突斑淡红色至淡橙色。分布于云南西部高黎贡山以西邻接缅甸克钦邦（Kachin State）东部及东北部的区域。

德宏州：6♂♂，盈江铜壁关（1000 m），2017-V-13，杨维宗，[SJH]。

怒江州：2♂♂，泸水片马（1800 m），2005-V-20，董大志，[KIZ]。

保山市：1♂，腾冲小地方村，2009-V-21，朱建青，[JQZ]；1♀，腾冲古永林场（2000 m），2014-V-16，胡劭骥，[SJH]。

77b. 怒江亚种

***Papilio bootes parcesquamata* Rosen, 1929**

P.[*apilio*] *bootes parcesquamata* Rosen, 1929; in Seitz, Gross-Schmett. Erde, Suppl. 1: 12, pl. 2c; TL: 'from Lutsekiang and from Rohand [sic] in the Province of Yunnan' [upper Nu Jiang Valley and Baihanluo, N.W. Yunnan, China].

本亚种翅灰黑色，尤其后翅前区色更淡，后翅具4枚白斑，尾突斑退化或消失。分布于怒江流域山地。

怒江州：2♂♂，贡山（1500 m），2009-V-24–27，朱建青，[JQZ]；1♂，贡山独龙江巴坡（1600 m），2009-V-31，朱建青，[JQZ]；1♂，贡山黑娃底（2000 m），2009-VI-7，朱建青，[JQZ]；1♂，贡山茨开，2010-VI-25，朱建青，[SJH]；1♂，贡山独龙江三乡，2011-V-29，王家麒，[SJH]；1♂，福贡阿亚比，2017-VI-10，P. Sukkit，[SJH]；1♀，福贡阿亚比，2017-VI-14，P. Sukkit，[AMC]。

77c. 澜沧亚种

***Papilio bootes rubicundus* Fruhstorfer, 1909**

P.[*apilio*] *bootes rubicundus* Fruhstorfer, 1909; Ent. Z., 22(42): 176; TL: 'Tsekou' [Yanmen, N.W. Yunnan, China].

本亚种翅黑色，后翅具2～4枚白斑，尾突斑退化或消失。分布于澜沧江流域至元江以东的区域。

大理市：1♂，大理下关，1995-V-5，采者不详，[DLU]；1♀，大理苍山西坡，1995-V-22，采者不详，[DLU]；1♂，漾濞平坡，1997-VI-6，毛本勇，[DLU]；2♂♂，大理苍山西坡（2000–2200 m），1998-VI-2，杨自忠，[DLU]；1♂，漾濞苍山（1400–1850 m），2007-VI-3，V. Tshikolovets，[AMC]；1♂，大理苍山桃溪谷（2228 m），2017-VI-15，熊天竹，[SJH]；3♂♂，漾濞平坡，2019-V，当地采者，[SJH]。

红河州：1♂，金平马鞍底（1850 m），2013-IV-12，曾全，[SFU]；1♂，金平马鞍底（1850 m），2019-V-6，当地采者，[SJH]。

临沧市：1♂，云县漫湾慢旧村上坝（2000 m），2015-V-15，王法磊，[ZHJ]。

77d. 黑化亚种

***Papilio bootes nigricauda* Lamas & Cotton, 2023**

Papilio bootes nigricauda Lamas & Cotton, 2023; Zootaxa, 5362(1): 7. [Replacement name]

P.[*apilio*] *bootes nigricans* Rothschild, 1895; Novit. Zool., 2(3): 335; TL: 'Western China'. [JH of *Papilio aristeus* var. *nigricans* Eimer, 1889(Papilionidae)]

本亚种翅黑色略带暗光泽，后翅白斑有或无，有则在 M_3 室、M_2 室各具1枚楔形斑，M_1 室内仅有模糊痕迹，尾突无斑，反面红斑不发达。分布于云南中部至东北部金沙江流域。

迪庆州：3♂♂，香格里拉冲江河（2400 m），1992-V-23，董大志、林苏，[KIZ]；1♂，香格里拉土官村（2600 m），2009-VI-14，朱建青，[JQZ]；1♀，香格里拉冲江河（3000 m），2019-VI-12，张晖宏，[HHZ]。

昆明市：1♂，昆明三碗水（2100 m），2014-V-24，张鑫，[XZ]。

丽江市：1♂，玉龙文海（2600 m），2009-VI-5，朱建青，[JQZ]；1♂，玉龙阳坡（1910 m），2019-IV-28，张晖宏，[HHZ]。

78. 织女凤蝶 *Papilio janaka* Moore, 1857

Papilio janaka Moore, 1857; Proc. Zool. Soc., 1857(333): 104, Annulosa, pl. 45; TL: 'Darjeeling' [N.E. India].

Papilio sikkimensis Wood-Mason, 1882; Ann. Mag. nat. Hist. (5)9(50): 103; TL: 'Sikkim Hills' [N.E. India].

P.[*apilio*] *kala* Tytler, 1915; J. Bomb. nat. Hist. Soc., 23(3): 515; TL: 'Loharjang in Western Garhwal' [N.W. India].

【识别特征】

似前种，但翅形更窄长，后翅中室端部具4枚长形白斑，反面臀缘具连续的红带。

【成虫形态】

雄蝶：前翅长59–65 mm。前翅正面深灰黑色，具不甚清晰的黑色翅脉及脉间纹，中室自基部发出4或5条黑色线纹，反面斑纹同正面，但底色较浅，中室基部具1枚绛红色楔形小斑。后翅 M_3 脉端具1条宽匙状尾突，正面黑色，外中区室端在 CuA_1 室至 M_1 室具4枚形态大小不一的长形白斑，其中 CuA_1 室与 M_3 室白斑边缘常染红色，亚外缘 CuA_2 室至 M_2 室具红色新月斑，外缘凹入处在 CuA_2 室至 M_2 室具发达程度不一的红斑，尾突红斑色泽略黄，且被翅脉分割为二；反面斑纹与正面相似，但翅基至臀角具清晰连贯的红带，亚外缘、外缘及尾突红斑更鲜艳发达。

雌蝶：前翅长60–66 mm。斑纹与雄蝶相同，但翅色较浅，正面红斑清晰发达。

♂外生殖器：整体骨化程度中等。上钩突中长，基部宽，其余部分大体等宽；尾突发达，侧面观末端钩状；囊形突极不发达。抱器瓣宽，背缘明显弓出，腹缘较平直，端部圆；内突基部窄细，延伸至腹缘端 1/3 处急剧扩展为三角形并分为互相垂直的 2 片，边缘具细齿。阳茎基环瓶形片状，基半部宽、中部稍窄，阳茎长，宽度均匀，自中部起向腹面明显弯曲，末端斜截且稍扩大。

【亚种分布】

本种目前无亚种区分。分布于云南西北部独龙江流域。

怒江州：1♂，贡山独龙江，2010-VIII-25，吴竹刚，[SJH]。

79. 大陆美凤蝶 *Papilio agenor* (Linnaeus, 1758)

Papilio agenor Linnaeus, 1758; Systema Naturae (Ed. 10), 1: 460; TL: ‘Asia’ [Guangzhou, Guangdong, China].

【识别特征】

大型种，兼具性二型和雌多型；雄蝶翅黑色具暗蓝色光泽，后翅无尾突，正面具蓝灰色放射纹，反面具暗红色斑；雌蝶前翅灰褐色，无尾型后翅大半白色具黑色翅脉，有尾型后翅中区具白斑；两性前后翅反面基部具绛红色斑。

【成虫形态】

雄蝶：前翅长 63–75 mm。前翅正面黑色具暗蓝色光泽，中室基部具暗红色楔形斑，中室外侧各脉侧具成对的蓝灰色条纹，其中顶区的较暗淡；反面黑色，中室基部楔形红斑鲜艳发达，室内灰色贯穿 4 条黑纹，中室外侧除 2A 室和 CuA_2 室外的各翅室灰色具黑色脉间纹，CuA_2 室基半部黑色，2A 室仅外端部呈蓝灰色。后翅无尾突，正面黑色具暗蓝色光泽，外 2/3 部同中室端部密布蓝灰色鳞，其中的蓝黑色脉间纹及翅脉将蓝灰色部分分割为放射状纹；反面黑色，翅基具 1 块绛红色不规则斑，外中区饰有 1 条有蓝灰色鳞构成、镶嵌黑色圆斑的宽横带，CuA_2 室近外缘处具 1 块镶有 2 枚黑点且染蓝灰色鳞的绛红色长形斑，臀角具 1 枚镶黑点的绛红色斑。

雌蝶：前翅长 64–80 mm。无尾型（f. *agenor*）前翅正面灰褐色具黑色翅脉及脉间纹，中室基部具清晰的红色楔形斑，室内具 4 或 5 条黑色线纹，2A 室及 CuA_2 室基 1/3 黑色，其中 CuA_2 室基部还缀有 1 枚红色楔形小斑；反面斑纹如正面但底色较浅。后翅正面基半部黑色具暗蓝色光泽并散布少量蓝灰色鳞，端半部 2A 室至 R_5 室具染黄色至淡红色的长形白斑，近外缘处具黑色斑列，其中 2A 室内的黑斑缩小为圆点；反面与正面相似，但翅基具 1 块红色斑，其中翅脉为黑色，端半部白斑较正面发达。有尾型（f. *distantianus*）前翅同无尾型。后翅 M_3 脉端具 1 条匙状尾突，正面蓝黑色，中室端部及其外方 CuA_2 室至 R_5 室基半部染浅红色的长形白斑，2A 室具端部呈淡红色且镶黑点的长白斑，外缘凹入处具浅红色斑；反面斑纹与正面相似，但翅基具 1 块红色斑，外缘淡红色斑更发达。全黑型（f. *butlerianus*）后翅无尾突，斑纹与雄蝶近似，但色泽暗淡，前翅正面基部楔形红斑更发达。

♂外生殖器：整体骨化程度较强。上钩突基部宽，其余部分几等宽，末端明显向腹面弯曲；尾突侧面观双重钩状，末端尖锐、中部被毛；囊形突极退化。抱器瓣中等宽度、近心形，腹缘平直且长于背缘，背缘稍弓曲，末端平滑圆润；内突发达，基部细条状，端半段扩大呈片状，近端部则进一步扩大呈三角形，外缘具锯齿。阳茎基环卵圆形片状；阳茎长，中段显著向腹侧弯曲，端部斜截且稍宽。

♀外生殖器：肛突短，端部钝，内缘具刺，基部骨化不突出；后内骨突细。交配孔深陷；孔前板中部及两侧均为发达多刺的骨板，孔后板心形片状，中央隆起。交配囊长椭球形，囊突长带状，表面具拉链状褶皱；囊导管长，不骨化。

【个体变异】

该种雌蝶具有一定的变异幅度，其中后翅白斑大小数目及其周边染红、黄色的程度变化较大。

【亚种分布】

79a. 指名亚种

***Papilio agenor agenor* (Linnaeus, 1758)**

Papilio androgeos Cramer, 1776; Uitl. Kapellen, 1(8): 142, pl. 91, f. A–B; TL: ‘China’.

Papilio alcanor Cramer, 1777; Uitl. Kapellen, 2(14): 107, pl. 166, f. A; TL: ‘China’.

Papilio androgeus Stoll, 1782; in Stoll, C. (ed.), Uitl.

Kapellen 4(Essai): 2. [ISS]

Iliades mestor Hübner, [1819]; Verz. Bek. Schmett., (6): 89; TL: 'China'.

Papilio esperi Butler, 1877; J. linn. Soc. Lond. (Zool.), 13(68): 197; TL: 'Malacca'. [NN]

Papilio esperi Butler, 1879; Trans. Linn. Soc. Lond. (Zool.), 1(8): 553, pl. 68, f. 7; TL: 'Malacca, Penang' [W. Malaysia].

Papilio phoenix Distant, 1885; Rhop. Malay.: 340, pl. 27b, f. 7; TL: 'Malay Peninsula; Province Wellesley'[Seberang Perai, Penang State, Malaysia].

Papilio cilix Distant, 1885; Rhop. Malay.: 340, pl. 29, f. 4, 5; TL: 'Malay Peninsula; Malacca'. [JH of *Papilio cilix* Godman & Salvin, 1879]

P.[apilio] androgeos var. *depelchini* Robbe, 1892; Annls. Soc. ent. Belg., 36(3): 125; TL: 'Kurseong' [Dajeeling, N.E. India].

P.[apilio] memnon agenor ♂ -ab. *primigenius* Rothschild, 1895; Novit. Zool., 2(3): 319; TL: 'Khasia Hills' [Meghalaya, N. E. India]. [IFS]

P.[apilio] memnon agenor ♀ -ab. *butlerianus* Rothschild, 1895; Novit. Zool., 2(3): 320; TL: '[not stated]'. [IFS]

P.[apilio] memnon agenor ♀ -ab. *distantianus* Rothschild, 1895; Novit. Zool., 2(3): 320; TL: '[not stated]'. [IFS]

Iliades polymnestoroides Moore, 1902; Lepid. Ind., 5(58): 202, pl. 451, f. 1–2; TL: 'Jaintia Hills, Assam ··· Barrackpur Park, near Calcutta' [N.E. India].

P.[apilio] memnon agenor ♀ ab. *vinius* Fruhstorfer, 1903; Dt. ent. Z. Iris, 15(2): 307. [Replacement name for *cilix* Distant, 1885] [IFS]

P.[apilio] memnon agenor ♀-f. *rhetenorina* Jordan, 1909; in Seitz, Gross-Schmett. Erde, 9(33): 73; TL: 'North India'. [IFS]

Papilio memnon agenor ♀ form *phoeniciana* Strand, 1916; Lepidoptera Niepeltana, (2): 25, pl. 13, f. 8; TL: 'Sikkim' [N. E. India]. [IFS]

Papilio memnon L. ab ♀, *aphrodite* Röber, 1927; Int. ent. Z., 21(13): 97 TL: 'Naga-Bergen (Assam)' [Naga Hills, Nagaland, N.E. India]. [IFS]

Papilio memnon ♀ f. *bootesina* Talbot, 1932; Bull. Hill Mus. Witley, 4(3): 156. TL: 'unknown'.

Papilio Memnon-Agenor ♀ *alcanor* f. ind. *ensifer* Rousseau-Decelle, 1933 ; Bull. Soc. ent. Fr., 37(20): 301; TL: 'Khasia Hills, Assam' [Meghalaya, N.E. India]. [IFS]

Papilio memnon aurantiaca Rousseau-Decelle, 1933; Bull. Soc. ent. Fr., 38(17): 273; TL: 'ne porte pas de localité d'origine' [without locality of origin].

P.[apilio] memnon agenor ab. *pohli* Dufrane, 1946; Bull. Annls Soc. r. ent. Belg., 82(5/6): 116. TL: 'de l'Inde, sans localité précise' [India, without precise locality]. [IFS]

Papilio memnon agenor f. indiv. ♂ *coeruleocinctus* Rousseau-Decelle 1947 ; Bull. Soc. ent. Fr., 51(9): 130; TL: 'Khasia Hills, Assam' [Meghalaya, N. E. India]. [IFS]

Papilio memnon agenor ♀-f. *tanahsahi* Eliot, 1982; Malay nat. J., 35(1/2): 179; TL: 'Peninsular Malaysia, Perak, Gopeng, Ulu Groh 800 ft'. [IFS]

Papilio memnon agenor ♂ f. *syedzahiruddini* Tung, 1982; Tokurana, 4: 59, pl. 9, f. 1–2; TL: 'Perak: Cameron Highlands 17th mile' [W. Malaysia]. [IFS]

Papilio angustus Chou, Yuan & Wang, 2000; Entomotaxonomia, 22(4): 267, 273, f. 5–6; TL: 'Fujian' [incomplete collecting data, Fujian, China].

Papilio memnon f. *yunnanensis* Chou, Yuan & Wang, 2000; Entomotaxonomia, 22(4): 267, 273, f. 7–8; TL: 'Yunnan' [incomplete collecting data, Yunnan, China]. [IFS]

Papilio memnon f. *rhenorina* Chou, Yuan & Wang, 2000; Entomotaxonomia, 22(4): 267, 273. [ISS]

广布于云南低海拔山地及河谷区域。

大理州：3♂♂，大理点苍山，2004-VIII-13–14，刘建魁，[SFU]。

德宏州：1♀，芒市，1977-VI-12，杨建平，[KIZ]；1♂，盈江飞勐，1981-X-6，李昌廉，[KIZ]； 1♂、1♀，瑞丽弄岛，1981-X-19，李昌廉，[KIZ]。

红河州：1♀，河口，1982-VI-4，李昌廉，[KIZ]；1♂，金平马鞍底（680 m），2013-VIII-11，曾全，[SFU]；2♀♀，金平马鞍底（680 m），2013-IX-29，曾全，[SFU]；1♂，河口戈哈（350 m），2013-X-4，胡劭骥，[SJH]；1♀，金平马鞍底（990 m），2013-XI-2，曾全，[SFU]；1♂，金平马鞍底（990 m），2014-IV-16，曾全，[SFU]；1♂，河口戈哈（350 m），2014-X-5，张晖宏，[HHZ]。

普洱市：1♀，景谷林果场，1984-VI-28，李昌廉，[KIZ]；1♂，思茅，1989-X-21，董大志，[KIZ]。

曲靖市：1♀，师宗五龙（900 m），2015-VIII-4，胡劲骥，[SJH]。

文山州：1♂，马关，1982-VIII-12，董大志，[KIZ]；1♀，马关，2003-V-13，董大志，[KIZ]；1♂，广南坝美，2014-V-4，张晖宏，[SJH]。

西双版纳州：1♂，景洪，1974-IV-24，王容玉，[KIZ]；1♂，景洪，1974-IV-25，王容玉，[KIZ]；1♂，景洪，1974-VI-7，甘运兴，[KIZ]；2♂♂，景洪，1974-VI-13，甘运兴，[KIZ]；1♂，景洪，1974-VI-16，甘运兴，[KIZ]；1♂，景洪，1974-VI-19，甘运兴，[KIZ]；1♂，勐腊曼庄，1974-VI-20，甘运兴，[KIZ]；1♂，景洪，1974-VI-30，甘运兴，[KIZ]；1♀，景洪，1981-II-21，采者不详，[KIZ]；1♀，勐仑，1981-V-30，郭建强，[KIZ]；2♀♀，景洪，1981-VI-1，董大志，[KIZ]；1♀，勐腊，1981-X-19，董大志，[KIZ]；1♂，勐腊勐捧，1982-IV-17，李昌廉，[KIZ]；1♀，勐腊，1982-IV-18，何婉，[KIZ]；1♂，景洪勐龙，1984-VI-26，李昌廉，[KIZ]；5♂♂，景洪，1985-VI-8–11，董大志，[KIZ]；1♀，景洪勐龙，1985-VI-26，赵梦涛，[KIZ]；1♀，勐海，1989-X-16，董大志，[KIZ]；1♂，勐腊磨憨，2008-VIII-16，胡劲骥，[SJH]；2♂♂、2♀♀，勐海勐混，2011-VIII-5，胡劲骥，[SJH]；1♀，勐腊勐仑，2013-V-4，胡劲骥，[SJH]；2♂♂，勐腊勐仑（545 m），2014-V-18，胡劲骥，[KIZ]；1♀，勐腊勐仑（545 m），2014-V-18，胡劲骥，[XZ]；1♂，勐腊勐仑（545 m），2014-V-21，胡劲骥，[KD]。

玉溪市：1♀，元江哈及冲，2009-IX-3，胡劲骥，[SJH]。

昭通市：1♂，永善（900 m），1989-VIII-19，董大志，[KIZ]；1♂，永善（900 m），2003-VIII-19，董大志，[KIZ]；1♂，绥江（390 m），2003-VIII-21，董大志，[KIZ]；1♂，盐津陈家坪（820 m），2016-VI-22，蒋卓衡，[SJH]；1♀，盐津杉木滩（750 m），2016-VI-22，蒋卓衡，[SJH]；1♀，盐津杉木滩（750 m），2016-VI-23，蒋卓衡，[ZHJ]；1♀，盐津陈家坪（820 m），2016-VIII-26，胡劲骥，[SJH]；1♀，盐津斑竹林（440 m），2016-VIII-29，蒋卓衡，[SJH]；1♂，盐津三溪口（520 m）2017-IV-23，蒋卓衡，[ZLS]。

斑凤蝶亚属 *Chilasa* Moore, 1881

Chilasa Moore, [1881]; Lepid. Ceylon, 1(4): 153; TS: *Papilio dissimilis* Linnaeus, 1758.

Clytia Swainson, [1833]; Zool. Illustr., (2), 3(26): pl. 120; TS: *Papilio clytia* Linnaeus, 1758. [JH of *Clytia* Lamouroux, 1812].

Cadugoides Moore, 1882; Proc. Zool. Soc. Lond., 1882(1): 260; TS: *Papilio agestor* G. Gray, 1831.

Euploeopsis Nicéville, 1887; in Elwes & Nicéville, J. Asiat. Soc. Bengal, (2), 55(5): 433; TS. *Papilio telearchus* Hewitson, 1852.

Menamopsis Nicéville, 1887; in Elwes & Nicéville, J. Asiat. Soc. Bengal, (2), 55(5): 433; TS. *Papilio tavoyanus* Butler, 1882.

Isamiopsis Moore, 1888; in Hewitson & Moore, Deser. New Ind. Lep. Coll. Atkinson, (3): 284; TS. *Papilio telearchus* Hewitson, 1852. [JOS]

Chylasa Medicielo & Hanafusa, 1994; Futao, (15): 16. [ISS]

种检索表

1a. 前翅具强烈的蓝紫色光泽 .... 翠蓝斑凤蝶 *Papilio paradoxa*
1b. 不如上述 3
2a. 后翅整体或至少臀角底色栗红/橙色 .... 褐斑凤蝶 *Papilio agestor*
2b. 不如上述 4
3a. 后翅外缘具黄或白斑列 .... 斑凤蝶 *Papilio clytia*
3b. 后翅仅臀角具黄点 5
4a. 前后翅黄白色具黑脉 .... 小黑斑凤蝶 *Papilio epycides*
4b. 前翅紫黑色具蓝斑，后翅褐色或具白斑 .... 臀珠斑凤蝶 *Papilio slateri*

80. 斑凤蝶 *Papilio clytia* Linnaeus, 1758

Papilio clytia Linnaeus, 1758; Systema Naturae (Ed. 10), 1: 479; TL: 'Indiis'[mainland Asia, precise origin unknown (Honey & Scoble, 2001)].

【识别特征】

中型种，后翅无尾突，表型多变，其中正常型翅褐黑色，翅外缘具污白色斑列（模拟紫斑蝶属 *Euploea* 物种），异常型翅污白色微黄，翅脉及翅缘黑色，后翅外缘具黄色斑列（模拟青斑蝶属 *Tirumala* 物种）。

【成虫形态】

雄蝶：前翅长 48–54 mm。正常型（f. *clytia*）前翅正面褐黑色具暗蓝紫色光泽，顶区及外缘具污白色斑列；反面斑纹同正面，但底色较浅。后翅无尾突，正面褐黑色，亚外缘 CuA_2 室至 M_1 室具箭头状污白色斑，该斑列外侧各翅室还具 1 列污白色斑；反面底色较浅，白色斑列如正面，外缘具黄色斑列。异常型（f. *dissimilis*）前翅正面污白色具黑色翅脉，中室内具 4 条黑色线纹，室端 1/3 处具 1 条黑色横带，外中区至顶区具 4 条黑色横带，2A 室具 1 基部分叉的黑纹；反面斑纹同正面。后翅正面污白色具黑色翅脉，亚外缘具波状黑带，外缘黑色，臀角具 1 枚黄斑；反面斑纹与正面相似，仅外缘具黄斑列。

雌蝶：前翅长 50–56 mm。斑纹同雄蝶，正常型翅色通常较浅，白斑相对发达，异常型与雄蝶相同。

♂外生殖器：整体骨化程度强。上钩突较短，腹面中央具突出的脊，端部弯向腹面，基部宽，向端部渐窄，末端钝；尾突大，侧面观末端呈尖锐钩状、中部隆起；囊形突短窄。抱器瓣近心形，背缘略弓出而腹缘较平，末端尖；内突发达，基部宽、端部狭长，在腹缘基部呈宽指状突起、端部具齿，整体边缘具齿。阳茎基环舌状，基部窄而圆，端部稍宽且两角略向前弯曲为立体结构；阳茎中长，中段先向背侧拱曲后又向腹侧弯曲，末端钝。

♀外生殖器：肛突短圆，端部钝，内缘具刺，基部骨化略突出；后内骨突细。交配孔深陷；孔前板为双层结构，半包围交配孔口，内层曲折为“M”形，外层表面多褶皱，孔后板小，半圆片状。交配囊近球形，囊突细长带状；囊导管中长，不骨化。

【亚种分布】

80a. 指名亚种 *Papilio clytia clytia* Linnaeus, 1758

Papilio dissimilis Linnaeus, 1758; Systema Naturae (Ed. 10), 1: 479; TL: 'Asia' [China].

Papilio panope Linnaeus, 1758; Systema Naturae (Ed. 10), 1: 479; TL: 'Asia' [China].

Papilio lacedemon Fabricius, 1793; Ent. Syst., 3(1): 36; TL: 'Malabaria' [S.W. India].

Papilio panopes Godart, 1819; Encyc. Méth., 9(Ins.)(1): 75. [ISS]

Papilio papone Westwood, 1872; Trans. ent. Soc. Lond., 1872(2): 94, pl. 3, f. 2; TL: 'India orientali' [E. India].

Papilio saturata Moore, 1878; Proc. Zool. Soc. Lond., 1878(3): 697; TL: 'Hainan' [Hainan, China].

Papilio onpape Moore, [1879]; Proc. Zool. Soc. Lond., 1878(4): 840; TL: 'Hatsiega; Houngduran source; Naththoung' [Tanintharyi, S. Myanmar].

Papilio casyapa Moore, 1879; Proc. Zool. Soc. Lond., 1879(1): 143; TL: 'Calcutta district' [Kolkata, N.E. India].

P.[apilio] clytia clytia ab. *commixtus* Rothschild, 1895; Novit. Zool., 2(3): 367; TL: 'Khasia Hills' [Khasia Hills, Meghalaya, N.E. India].

Papilio clytia ab. *janus* Fruhstorfer, 1901; Ins. Börse, 18(52): 413; TL: 'Annam und Siam" [C. Vietnam and Thailand]. [IFS]

Pap.[ilio] clytia lanatus Fruhstorfer, 1907; ent. Z., 20(37): 269; TL: 'Süd-Indien. Malabar- und Coromandel-küste, Nilgherries und Karwar' [S. India].

Pap.[ilio] clytia lanata Fruhstorfer, 1907; Ent. Z., 20(37): 269. [IOS]

P.[apilio] clytia f. *vitalisi* Dubois, 1914; Annls. Soc. ent. Belg., 58(5): 147; TL: 'Hué (Annam)' [Thua Thien Hue, C. Vietnam]. [IFS]

P.[apilio] clytia f. *saint Chaffrayi* Vitalis, 1919; Essai Traité ent. Indochin.: 212; TL: 'Huê (Annam)' [Thua Thien Hue, C. Vietnam]. [IFS]

Chilasa clytia clytia v. *dissimillima* Evans, 1923; J. Bomb. nat. Hist. Soc., 29(1): 234; TL: 'N.E. India-Burma'. [IFS]

Papilio clytia dissimilis ab. *nigra* Dufrane, 1933; Lambillionea, 33(7): 164; TL: 'Cho Ganh (Tonkin)' [Cho Ganh, Ninh Bình,

N. Vietnam]. [IFS]

Papilio clytia dissimilis ab. *pallida* Dufrane, 1933; Lambillionea, 33(7): 164; TL: 'Cho Ganh (Tonkin)' [Cho Ganh, Ninh Bình, N. Vietnam]. [IFS]

分布于云南西南至南部的低海拔区域。

红河州：1♀，河口戈哈（350 m），2014-X-3，胡劭骥，[SJH]。

西双版纳州：1♂，景洪，2008-VII，当地采者，[SJH]；1♀，勐腊磨憨（830 m），2008-VIII-16，胡劭骥，[SJH]；2♂♂，勐腊勐仑（570 m），2013-V-4，胡劭骥，[SJH]；1♂，景洪关坪（960 m），2013-V-5，胡劭骥，[SJH]；2♂♂，勐腊勐仑（545 m），2014-IV-5，当地采者，[SJH]。

81. 翠蓝斑凤蝶 *Papilio paradoxa* (Zinken, 1831)

Zelima paradoxa Zinken, 1831; Nova Acta Phys.-Med. Acad. Caesar. Leop. Carol., 15(1): 162, pl. 15, f. 9–10; TL: 'Java' [Java, Indonesia].

【识别特征】

大型种，后翅无尾突，基本型雄蝶前翅黑色具蓝紫色光泽并饰有白点，后翅棕色，雌蝶前翅蓝紫色暗淡，后翅具污白色线纹，模拟异型紫斑蝶 *Euploea mulciber* (Cramer, 1777)，白斑型两性前翅室端和后翅基部均具大块白斑，模拟白壁紫斑蝶 *E. radamanthus* (Fabricius, 1793)。

【成虫形态】

雄蝶：前翅长 62–63 mm。基本型（f. *telearchus*）前翅正面黑色具亮蓝紫色光泽，中室端部具 1 枚蓝白色斑，外中区及亚外缘各具 1 列蓝白色点；反面棕色，中室端部具 1 枚白斑，外中区及亚外缘各具 1 列白色点。后翅无尾突，正面棕色，前缘色略淡，亚外缘具 1 列细小白点；反面棕色，亚外缘白点列清晰。白斑型（f. *danisepa*）前翅正面黑色具暗紫色光泽，中室端 1/3 具大白斑，其外侧 CuA_1 室至 M_2 室及前缘处具大小不一的紫白色斑，亚外缘具紫白色点列；反面褐色，白斑如正面。后翅无尾突，正面黑色具暗紫色光泽，基半部紫白色贯穿黑色翅脉，亚外缘具紫白色点列；反面褐色，白斑如正面。

雌蝶：前翅长 65–69 mm。基本型：前翅正面淡棕色具微弱的蓝紫色光泽，斑纹如雄蝶；反面淡棕色，室端、外中区及亚外缘斑如正面，中室内及 2A 室至 CuA_1 室具暗淡的污白色条纹。后翅正面淡棕色，各翅室具污白色条纹，亚外缘具三角形白斑；反面斑纹如正面。白斑型：斑纹与雄蝶相似，但翅底色较浅，蓝紫色光泽几消失，各白斑扩大。

♂外生殖器：整体骨化程度强。上钩突较短，腹面中央具突出的脊，端部向腹面钩曲，基部宽，向端部渐窄，末端钝；尾突大，近三角形，侧面观末端钝而无钩状、中部被毛；囊形突短窄。抱器瓣阔，背缘及腹缘均平直，末端平滑圆润但与背、腹缘交界处呈角状；内突呈简单条状，与抱器瓣腹缘平行。阳茎基环盔状，基部及端部均较尖、扁平，中央向前端隆起；阳茎较长，基部宽，中段以后弯向腹侧且渐变为背腹扁形，端部背面观圆而扁阔。

♀外生殖器：肛突短圆，端部钝，内缘具刺，基部骨化略突出；后内骨突细长。交配孔宽；孔前板基部中央具 1 枚长二叉状突起，其端部缘具齿，孔前板两端延伸包围交配孔，中部具 1 枚不规则形突起，孔后板退化。交配囊椭球形，囊突细长带状，表面具较弱的拉链状褶皱；囊导管中长，不骨化。

【个体变异】

部分个体后翅亚外缘具两列白点。

【亚种分布】

81a. 越泰亚种

***Papilio paradoxa telearchus* Hewitson, 1852**

Papilio telearchus Hewitson, 1852; Trans. ent. Soc. Lond., (2), 2(1): 22, pl. 6, f. 3; TL: 'Sylhet' [southern Khasia Hills, India; north of Sylhet, Bangladesh].

Papilio danisepa Butler, 1885; Ann. Mag. nat. Hist., (5), 16(95): 343; TL: 'Near Assam ··· Silhet' [N.E. India].

分布于云南南部低海拔区域。

西双版纳州：2♂♂，勐腊，2008-VII，当地采者，[SJH]；1♂，勐腊尚勇至磨憨路边，2011-IV-24，蒋卓衡，[ZHJ]；1♂，勐腊补蚌，2013-V-4，胡劭骥，[SJH]；1♀，景洪，2017-VI-8，当地采者，[HHZ]；1♂，勐腊，2018-V，当地采者，[HHZ]。

82. 褐斑凤蝶 *Papilio agestor* G. Gray, 1831

Papilio agestor G. Gray, 1831; in J. Gray, Zool. Miscell., 1: 32; TL: 'Sumatra' [loc. err. = Nepal].

【识别特征】

中型种，后翅无尾突，亚种间色泽斑纹差异明显，均模拟大绢斑蝶 *Parantica sita* (Kollar, 1844) 或黑绢斑蝶 *P. melaneus* (Cramer, 1775)；前翅黑色，后翅栗色至黑色，各室具青灰色斑。

【成虫形态】

雄蝶：前翅长 53–55 mm。前翅正面黑色，各室具青灰色斑，其中中室斑近端部被不规则黑纹隔断，亚外缘斑呈双列；反面斑纹同正面，但顶区底色呈栗色。后翅正面黑色至栗色，2A 室、R_1 室、中室及其外方各室相邻部分具青灰色斑，其中 M_1 室和 R_5 室内具 2 枚青灰色斑，中室斑饰有 2 条黑色至栗色的线纹，其中上方一条于近端部分叉，亚外缘具 1 列青白色类三角斑；反面色泽斑纹与正面极似，但亚外缘斑呈新月形。

雌蝶：前翅长 56–60 mm。斑纹同雄蝶，但色泽较淡。

♂外生殖器：整体骨化程度强。上钩突较短，腹面中央具突出的脊，端部弯向腹面，基部宽，向端部渐窄，末端钝；尾突大，侧面观末端呈尖锐钩状、中部被毛；囊形突短而膨大。抱器瓣近心形，背缘略弓出而腹缘平直，末端平滑圆钝；内突发达，基部宽、端部窄，在腹缘基部呈双褶状，整体边缘具齿。阳茎基环宽舌状，基部窄而圆，端部两角向前弯曲为立体结构；阳茎中长，中段先向背侧拱曲后又急剧向腹侧弯曲，末端钝。

♀外生殖器：肛突短圆，端部钝，内缘具刺，基部骨化并突出；后内骨突细。交配孔深陷；孔前板为双层结构，半包围交配孔，内层曲折为宽“W”形、两端具皱褶，外层表面较光滑，孔后板小，圆片状。交配囊近球形，囊突细长带状，表面具较弱的拉链状褶皱；囊导管中长，不骨化。

【亚种分布】

82a. 指名亚种 *Papilio agestor agestor* G. Gray, 1831

P.[apilio] agestor senchalus Fruhstorfer, 1909; Ent. Z., 22(45): 190; TL: ‘Sikkim, Bhutan’ [Sikkim, N.E. India; Bhutan].

P.[apilio] agestor cresconius Fruhstorfer, 1909; Ent. Z., 22(45): 190; TL: ‘Oberbirma, Assam’ [N. Myanmar; Assam, N.E. India].

P.[apilio] agestor agestorides Fruhstorfer, 1909; Ent. Z., 22(45): 190; TL: ‘Tibet(?), SW.-China, Lou-Tse-Kiang’ [the upper portion of Nu Jiang, S.W. China].

Papilio agestor ouvrardi Bang-Haas, 1927; Horae Macrolep. Reg. Pal., 1: 1; TL: ‘Yünnan (Oui Siou, Wei-si); Petschong, südl. der Stadt Yunnan’ [Weixi, N.W. Yunnan, China]. [JH of *Papilio ravana ouvrardi* Oberthür, 1920]

Chilasa agestor inaokai Funahashi, 2003; Wallace, 8: 5, pl. 2, f. 4; TL: ‘near Dalat, 1800 m, S. Vietnam’.

本亚种后翅底色呈栗色至锈红色。分布于云南西部至南部的中低海拔区域。

保山市：1♂、1♀，腾冲，1995-VI-12，何纪昌，[YNU]；1♂，腾冲五合（2200 m），2014-IV-26，罗益奎，[KFBG]。

怒江州：1♀，福贡以西，2005-V-29，当地采者，[AMC]；1♀，贡山（1500 m），2009-V-27，朱建青，[JQZ]。

普洱市：1♂，普洱曼歇坝（1120 m），2010-I-24，张鑫，[XZ]；1♀，普洱茶山，2018-III-1，张晖宏，[HHZ]。

西双版纳州：2♂♂，勐腊，2008-VII，当地采者，[SJH]；1♂，勐腊，2016-IV-27，当地采者，[HHZ]；1♂，勐腊勐远，2019-I-25，张晖宏，[HHZ]。

82b. 大陆亚种 *Papilio agestor restricta* Leech, [1893]

Papilio agestor var. *restricta* Leech, [1893]; Butts. China Japan Corea, (4): 557, pl. 35, f. 5; TL: ‘Chang-yang’ [Changyang, Hubei, C. China].

Papilio tahmourath Ehrmann, 1902; Ent. News, 13(9): 291; TL: ‘S. China’.

Papilio [restrictus-]undulosus Oberthür, 1911; Ét. Lépid. Comp., 5(1): 325, pl. 68, f. 651; TL: ‘Frontière chinoise orientale du Thibet’ [W. Sichuan, China]. [IFS]

Papilio agestor restrictus ab. *emarginata* Bang-Haas, 1934; Ent. Z., 47(22): 179; TL: ‘Sztschwan mer. occ., Bango, Ginfu Shan’ [Jinfoshan, Sichuan, China]. [IFS]

Papilio agestor restrictus ab. *submarginata* Bang-Haas, 1934; Ent. Z., 47(22): 179; TL: ‘Sztschwan mer. occ., Bango, Ginfu Shan’ [Jinfoshan, Sichuan, China]. [IFS]

Papilio agestor restrictus ab. *marginata* Bang-Haas, 1934; Ent. Z., 47(22): 179; TL: ‘Sztschwan mer. occ., Bango, Ginfu Shan’ [Jinfoshan, Sichuan, China]. [IFS]

Papilio agestor restrictus ab. *bimarginata* Bang-H aas, 1934; Ent. Z., 47(22): 179; TL: 'Sztschwan mer. occ., Bango, Ginfu Shan' [Jinfoshan, Sichuan, China]. [IFS]

Papilio agestor restrictus ab. *ferrugineus* Bang-Haas, 1934; Ent. Z., 47(22): 179; TL: 'Sztschwan mer. occ., Bango, Ginfu Shan' [Jinfoshan, Sichuan, China]. [IFS]

Papilio agestor restrictus ab. *obscura* Bang-Haas, 1934; Ent. Z., 47(22): 179; TL: 'Sztschwan mer. occ., Bango, Ginfu Shan' [Jinfoshan, Sichuan, China]. [IFS]

Papilio agestor restrictus ab. *castaneus* Bang-Haas, 1934; Ent. Z., 47(22): 179; TL: 'Sztschwan mer. occ., Bango, Ginfu Shan' [Jinfoshan, Sichuan, China]. [IFS]

Papilio agestor restrictus ab. *binervata* Bang-Haas, 1934; Ent. Z., 47(22): 179; TL: 'Sztschwan mer. occ., Bango, Ginfu Shan' [Jinfoshan, Sichuan, China]. [IFS]

Papilio agestor restrictus ab. *trinervata* Bang-Haas, 1934; Ent. Z., 47(22): 179; TL: 'Sztschwan mer. occ., Bango, Ginfu Shan' [Jinfoshan, Sichuan, China]. [IFS]

本亚种后翅底色黑褐色，臀角具栗色三角形大斑。分布于云南东北部金沙江流域。

丽江市：1♂，丽江，2009-IV，当地采者，[AMC]。

83. 小黑斑凤蝶 *Papilio epycides* Hewitson, 1864

Papilio epycides Hewitson, 1864; Ill. Exot. Butts., 3(49): [1], pl. [1], f. 16; TL: 'North India'.

Chilasa epicides Yoshino, 2008; Futao, (54): 8. [ISS]

【识别特征】

小型种，后翅无尾突，模拟绢斑蝶 *Parantica aglea* (Stoll, 1782)；翅褐黑色，各室具青灰色斑，中室内有放射纹，后翅臀角具黄斑。

【成虫形态】

雄蝶：前翅长 34–39 mm。前翅正面污白色具褐黑色前缘、外缘、顶区和翅脉，中室内有 4 条发自基部的褐黑色线纹，亚外缘具 2 条平行延伸、向中室端部弯曲的褐黑色横带，近外缘处污白色斑列模糊；反面底色褐色，斑纹同正面，但青白色斑更发达。后翅无尾突，正面污白色，前缘、翅脉和外 1/3 部分褐黑色，中室内具 3 条放射状褐黑色线纹，其中上方 2 条共柄，外中区至亚外缘具 2 列污白色斑，臀角具 1 枚椭圆形黄斑；反面底色褐色，斑纹同正面，但外中区污白色斑列较退化，臀角黄斑内侧围有白边。

雌蝶：前翅长 37–44 mm。色泽斑纹同雄蝶。

♂外生殖器：整体骨化程度强。上钩突较短，腹面中央具突出的脊，端部弯向腹面，基部宽，向端部渐窄，末端钝；尾突大，侧面观末端呈尖锐钩状、中段具尖突起；囊形突短而膨大。抱器瓣近心形，背缘弓出，腹缘稍平，末端平滑圆钝；内突大而简单，略平行于抱器瓣内缘。阳茎基环倒瓶形片状，端部具短臂；阳茎中长，中段先向背侧拱曲后又急剧向腹侧弯曲，末端钝。

♀外生殖器：肛突短圆，端部钝，内缘具刺，基部骨化并突出；后内骨突细。交配孔宽大；孔前板 2 层，内层新月形，中部微隆起，外层带状半包围交配孔，孔后板小，舌状。交配囊近球形，囊突细长带状，表面具拉链状褶皱；囊导管中长，不骨化。

【亚种分布】

83a. 缅北亚种

Papilio epycides curiatius Fruhstorfer, 1902

P.[*apilio*] *epycides curiatius* Fruhstorfer, 1902; Dt. ent. Z. Iris, 14(2): 349; TL: 'Ruby-Mines, Ober-Birma' [Kachin State, N. Myanmar].

P.[*apilio*] *epycides curatius* Fruhstorfer, 1902; Dt. ent. Z. Iris, 14(2): 350. [IOS]

Papilio epycides subsp. *curiatus* Moore, 1903; Lepid. Ind., 6(67): 105. [ISS]

本亚种分布于云南西北部怒江、独龙江流域。

怒江州：1♂，贡山尼打当，2002-V，黄灏，[HH]；1♂，贡山，2009-V-20，Lu Ji，[AMC]。

83b. 云南亚种

Papilio epycides yamabuki (Yoshino, 2008)

Chilasa epycides yamabuki Yoshino, 2008; Futao, (54): 7, pl. 1, f. 13–14; TL: 'Zhondian County, North Yunnan, China' [Shangri-La, N.W. Yunnan, China]

本亚种翅面色泽明显呈污黄色，黑纹粗。分布于西北部澜沧江、金沙江河谷区。

大理州：2♂♂，漾濞平坡（2200 m），2016-IV-25，[AMC]。

迪庆州：1♂，维西塔城（1900 m），2015-IV-29，胡劭骥，[SJH]。

昆明市：1♂，昆明陡嘴瀑布（1910 m），2016-IV-5，张晖宏，[HHZ]。

83c. 中南亚种 *Papilio epycides hypochra* Jordan, 1909

P.[apilio] epycides hypochra Jordan, 1909; in Seitz, Gross-Schmett. Erde, 9(24): 41; TL: 'Shan States … Karen Mountains (Salween River)' [Shan States, Kayah State and N. Kayin State, Myanmar].

Chilasa epycides hypochroa D'Abrera, 1982; Butterflies of the Oriental Region, (1): 90. [ISS]

本亚种整体色泽最白，翅面黑纹最窄细。分布于云南南部元江、澜沧江低海拔区域。

红河州：2♂♂，金平马鞍底（990 m），2014-III-11，曾全，[SFU]；2♂♂、1♀，金平马鞍底（1250–1500 m），2014-IV-11–14，曾全，[SFU]。

普洱市：1♀，普洱茶山，2018-II-28，张晖宏，[HHZ]。

西双版纳州：6♂♂，勐腊勐仑水库（580 m），2017-II-7–10，张晖宏，[HHZ、SJH]。

83d. 北越亚种

Papilio epycides camilla Rousseau-Decelle, 1947

Papilio epycides subsp. *camilla* Rousseau-Decelle, 1947; Bull. Soc. ent. Fr., 51(9): 128; TL: 'Hoa Bihn, Tonkin' [Hoa Binh, N. Vietnam].

Chilasa (s. str. (*Cadugoides*)) *epycides* ssp. *muhabbet* Koçak, 2005; Misc. Pap. Centre ent. Stud., (91/92): 10. [repl. for *camilla* Rousseau-Decelle, 1947]

Chilasa epycides camila Yoshino, 2008; Futao, (54): 7. [ISS]

本亚种介于中南亚种与云南亚种之间，翅面略黄，黑纹发达。分布于云南东部低海拔地区。

文山州：1♂，富宁，2019-IV，张晖宏，[SJH]。

红河州：1♀，屏边大围山，2018-I-24（羽化），董志巍，[SJH]。

84. 臀珠斑凤蝶 *Papilio slateri* Hewitson, 1859

Papilio slateri Hewitson, 1859; Ill. Exot. Butts., 2(30): [3], pl. [2], f. 9; TL: 'Borneo' [loc. err. = Darjeeling, India].

Papilio slateri G. Gray, 1856; List Spec. Lepid. Ins. Br. Mus., 1: 85. [NN]

【识别特征】

小型种，后翅无尾突，模拟紫斑蝶属 *Euploea* 物种；翅褐黑色，前翅外中区具蓝紫色长楔形纹，后翅臀角具黄斑。

【成虫形态】

雄蝶：前翅长 47–50 mm。前翅正面黑色，顶区及邻近外缘棕褐色，中室端部具一大一小 2 枚蓝紫色楔形斑，外中区各翅室具蓝紫色长楔形纹；反面棕色，中室端部及外中区具模糊的淡色斑。后翅正面棕色，外中区各翅室具成对的污白色或淡色楔形纹，臀角具 1 枚黄斑，其上方冠有黑线；反面棕色，外中区各翅室具模糊的淡色斑，臀角斑如正面。

雌蝶：前翅长 50–56 mm。色泽斑纹同雄蝶。

♂外生殖器：整体骨化程度强。上钩突极细长，平缓弯向腹面，基部宽，其余部分几等宽，末端钝；尾突极长且大部分愈合，侧面观端 1/3 向背侧隆起、被毛，端部略呈钩状；囊形突较长。抱器瓣近心形，背缘显著弓出，腹缘平直，末端平滑圆钝；内突较短，基半段部条状、端部稍扩大为边缘具齿的柳叶状。阳茎基环基部宽圆，端部具 2 条明显分开的长臂；阳茎较短，中段稍向腹侧弯曲，末端钝。

♀外生殖器：肛突短圆，端部钝，内缘具刺，基部骨化并突出；后内骨突细。交配孔宽大；孔前板 2 层，内层为后端具缺口的环形，边缘不规则，外层带状半包围交配孔，孔后板小，半圆形。交配囊近球形，囊突细长带状，表面具拉链状褶皱；囊导管中长，不骨化。

【亚种分布】

84a. 海南亚种

Papilio slateri hainanensis (Chou, 1994)

Chilasa slateri hainanensis Chou, 1994; Monographia Rhopalocerorum Sinensium, 1: 122; 2: 750, f 3; TL: 'Hainan'

本亚种后翅亚外缘具明显的白斑列。分布于云南南部至东南部低海拔区域。

红河州：2♂♂，金平马鞍底（990 m），2014-IV-16，曾全，[SFU]；1♂，金平马鞍底（680 m），2014-V-10，曾全，[SFU]。

文山州：8♂♂，富宁剥隘（600 m），2019-IV-7–13，当地采者，[SJH]。

西双版纳州：1♂，勐腊大龙哈（770 m），2014-IV-6，胡劭骥，[SJH]。

宽尾凤蝶亚属 *Agehana* Matsumura, 1936

Agehana Matsumura, 1936; Insecta matsum., 10(3): 86; TS. *Papilio maraho* Shiraki & Sonan, 1934.

85. 宽尾凤蝶 *Papilio elwesi* Leech, 1889

Papilio elwesi Leech, 1889; Trans. ent. Soc. Lond., 1889(1): 113, pl. 7, f. 1; TL: 'Kiukiang' [Jiujiang, Jiangxi, E. China].

Papilio elwesi cavaleriei Le Cerf, 1923; Bull. Mus. Natnl. Hist. nat. Paris, 29(5): 362; TL: 'Kouy- Tchéou, Kouy-Yang, China méridionale' [Guiyang, Guizhou, S.W. China].

Agehana elwesi moritai Sorimachi, 2010; Dino, (65): 87, f. 12A; TL: 'Luzhou, Sichuan, China'.

【识别特征】

大型种，前后翅较窄长，灰黑色，后翅尾突宽阔呈足状，贯穿 2 条翅脉，亚外缘具发达的绛红色新月斑；有 2 种可明显区分的表型。

【成虫形态】

雄蝶：前翅长 67–79 mm。基本型（f. *elwesi*）：前翅正面灰黑色具黑色翅脉、脉间纹和 4 条中室纹；反面同正面，仅色泽较淡。后翅 CuA_1 脉和 M_3 脉和端共同形成 1 枚宽大的足状尾突，正面灰黑色具黑色翅脉、脉间纹和 3 条模糊的中室纹，亚外缘 CuA_1 室至 R_1 室具大小不一的绛红色新月纹，CuA_2 室红斑呈"C"形或环状；反面底色较淡，亚外缘和外缘红斑更发达，$Sc+R_1$ 室内红斑明显。白斑型（f. *cavaleriei*）：两性后翅中室及 M_1 室基部具白斑，R_5 室及 R_1 室呈灰色，红斑较发达。

雌蝶：前翅长 70–82 mm。斑纹同雄蝶，但色泽较淡，红斑发达清晰。

♂外生殖器：整体骨化程度强。上钩突短，平缓弯向腹面，基部宽，其余部分几等宽，末端钝；尾突短、末端较尖锐，相互分离，侧面观端 1/3 向背侧隆起；囊形突小。抱器瓣略呈方形，腹缘平直，末端平滑圆钝；内突大，位于中部，大体三角形，端缘具齿，腹缘基部具 1 枚大刺。阳茎基环宽盾状；阳茎较短，中段向腹侧显著弯曲，末端宽而钝。

♀外生殖器：肛突宽圆，端部钝，内缘具刺，基部骨化略突出；后内骨突细。交配孔宽；孔前板为双层结构，内层基部中央为丘状突起，外层半包围交配孔，端部猫耳状，孔后板为分离的隆起。交配囊椭球形，囊突细长；囊导管中长，不骨化。

【亚种分布】

本种目前无亚种区分。

分布于云南东北部海拔 1000 m 以下的区域。

昭通市：1♂，盐津盐津溪（670 m），2017-VII-26，蒋卓衡，[SJH]；1♂，盐津盐津溪（670 m），2018-VI-26，张晖宏，[HHZ]。

【附记】

本种 2 个表型差异显著，曾被作为亚种看待，但饲育实验表明白斑性状不能稳定遗传（李传隆和张立军，1984），因此不能作为建立亚种的依据。同时，野外调查也表明 2 种表型在发生期或区域上都无差别。本种白斑型与台湾宽尾凤蝶 *P.*（*P.*）*maraho*（Shiraki and Sonan, 1934）类似，但后者后翅中区白斑和亚外缘红斑都明显扩大，仅分布于我国台湾。尽管台湾宽尾凤蝶的外形特征与其地理关系最近的宽尾凤蝶福建种群截然区分，缺乏过渡型个体，且寄主物种迥异（台湾宽尾凤蝶的寄主为樟科的台湾檫木 *Sassafras randaiense*），但二者幼期形态、行为和雄性生殖器差异极小（五十嵐邁，1979；李传隆和张立军，1984）。Lu 等（2009）基于线粒体 DNA 的亲缘关系研究也表明二者间遗传分化非常有限，这可能是由于台湾海峡形成时间较晚，导致二者间隔离历史较短所致。

图版
PLATES

所有图片均为标本实际尺寸（×1.0）

1. 依帕绢蝶 *Parnassius epaphus*

1-1: 川滇亚种 ssp. *poeta*. 1-1: 德钦阿墩子 A-tun-tse, Deqen, 1937-VI-27.

2. 珍珠绢蝶 *Parnassius orleans*

2-1–11: 指名亚种 ssp. *orleans*. 2-1: 德钦白马雪山 Baima Xueshan, Deqen, 2009-VI. 2-2: 同前 ditto (4500 m), 2015-VI-5. 2-3–9: 香格里拉 Shangri-La, 1995-VI-20. 2-10: 香格里拉东坝 Dongba (4000 m), Shangri-La, 2015-VI-12. 2-11: 同前 ditto, 2013-VI.

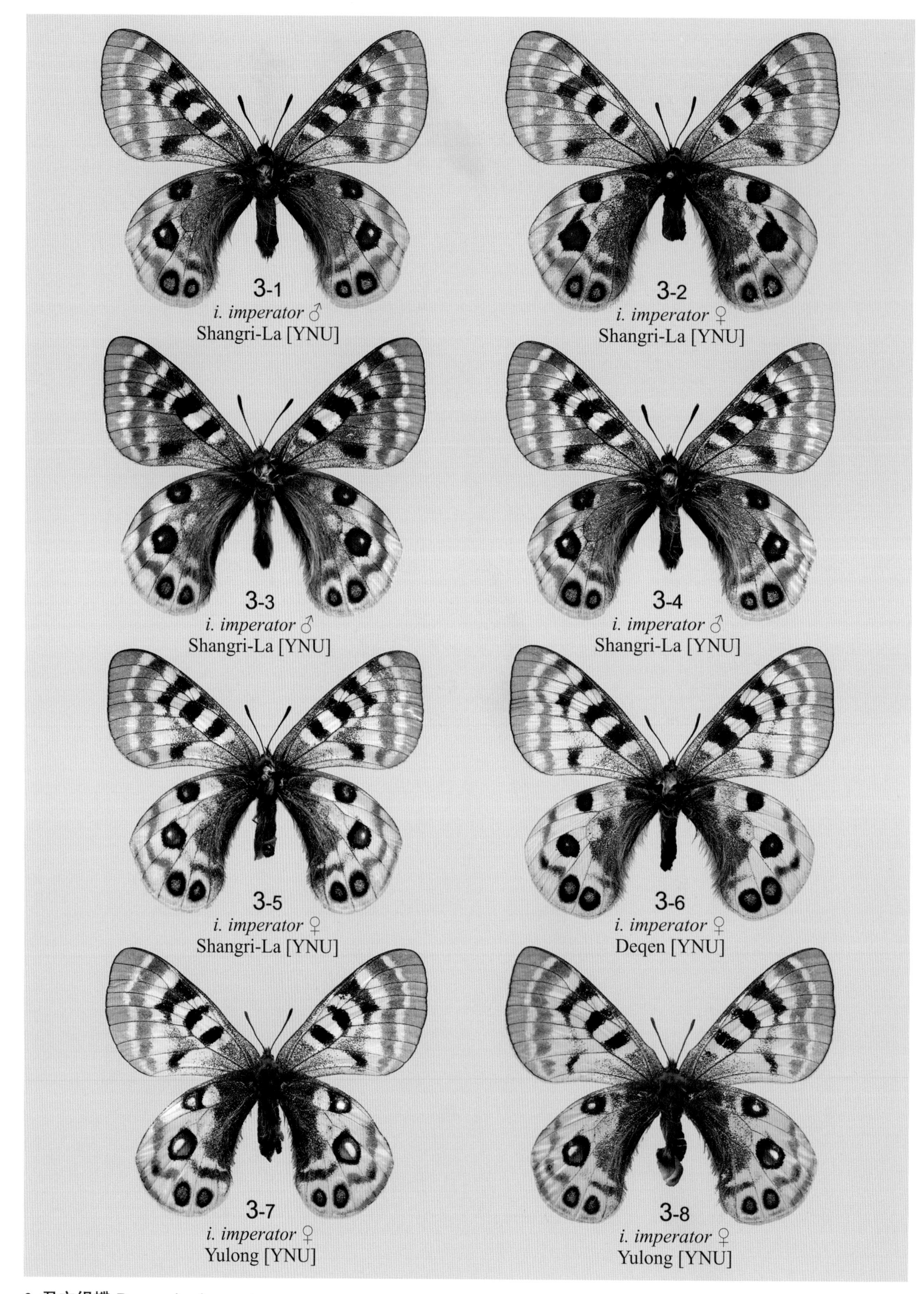

3. 君主绢蝶 *Parnassius imperator*

3-1–8: 指名亚种 ssp. *imperator*. 3-1–2: 香格里拉哈巴雪山 Haba Xueshan (4000 m), Shangri-La, 2015-VI-15. 3-3–5: 同前 ditto, 2016-V-29. 3-6: 德钦白马雪山 Baima Xueshan (4500 m), Deqen, 2015-V-5.

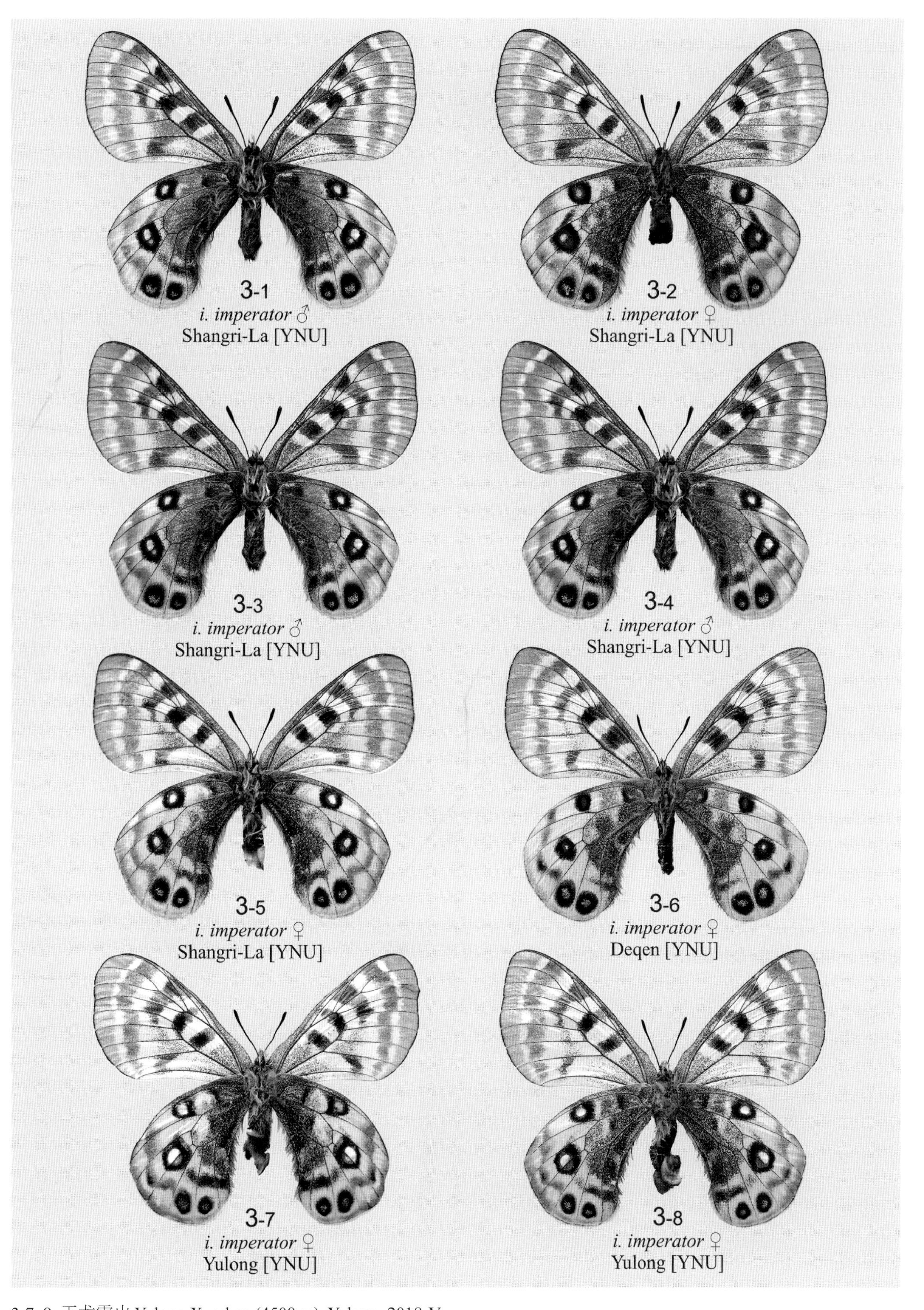

3-7–8: 玉龙雪山 Yulong Xueshan (4500 m), Yulong, 2018-V.

4. 西猴绢蝶 *Parnassius simo*

4-1–9: 白马亚种 ssp. *biamanensis*. 4-1–3: 德钦白马雪山 Baima Xueshan, Deqen, 1995-VI. 4-4–5: 同前 ditto, 2015-VI-2. 4-6–8: 同前 ditto (4600 m), 1998-VI-26. 4-9: 同前 ditto (4000 m), 2004-V.

5. 爱珂绢蝶 *Parnassius acco*

5-1–6: 川滇亚种 ssp. *bubo*. 5-1–3: 德钦白马雪山 Baima Xueshan, Deqen, 1996-VII-10. 5-4–6: 香格里拉Shangri-La, 1998-VII-6.

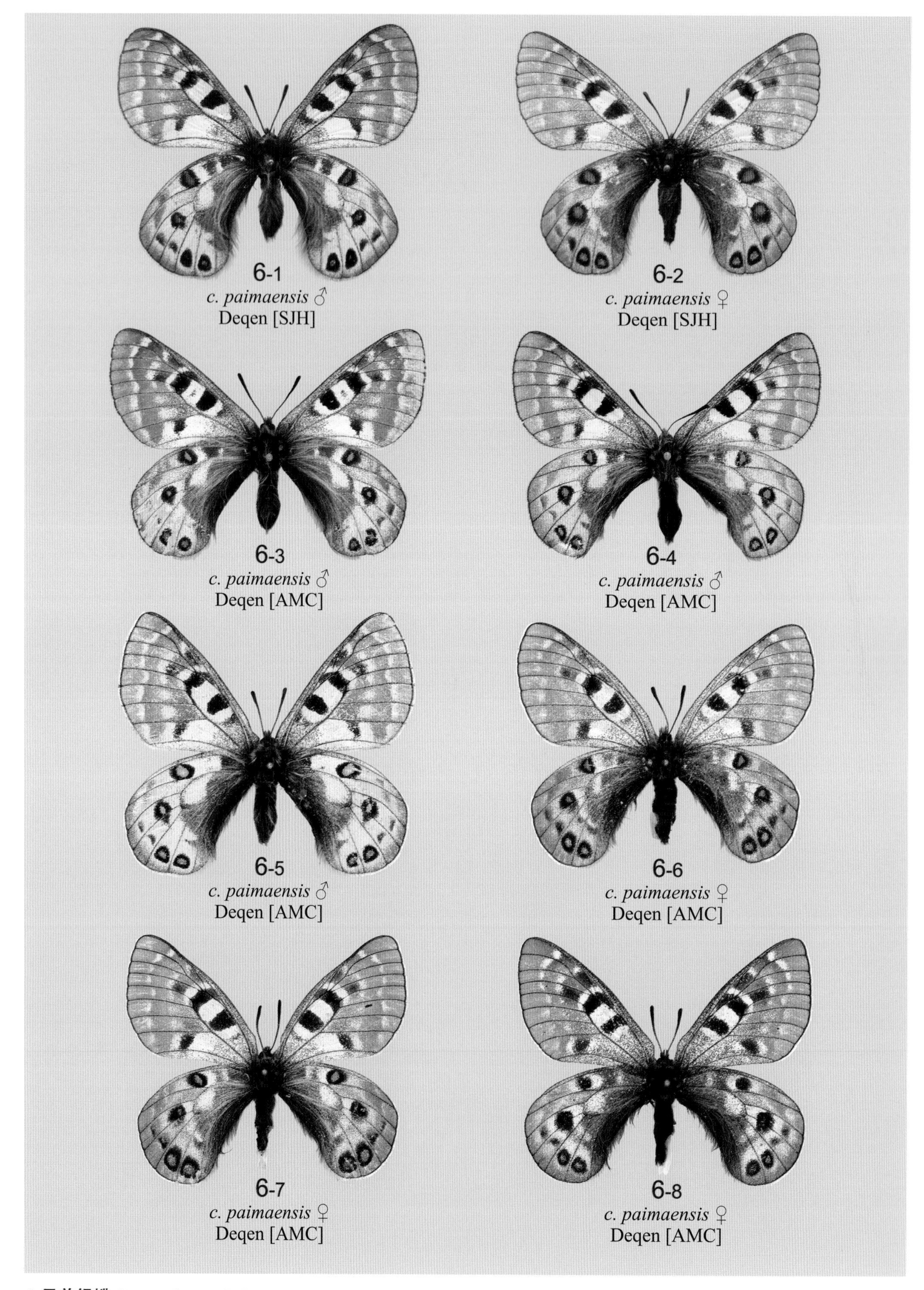

6. 元首绢蝶 *Parnassius cephalus*

6-1–8: 白马亚种 ssp. *paimaensis*. 6-1–2: 德钦白马雪山 Baima Xueshan, Deqen, 2014-VI-1. 6-3–4: 德钦白马雪山 Baima Xueshan (4600 m), Deqen, 2000-VI-28. 6-5–8: 德钦白马雪山 Baima Xueshan (4300–5000 m), Deqen, 2013-VI-1–10.

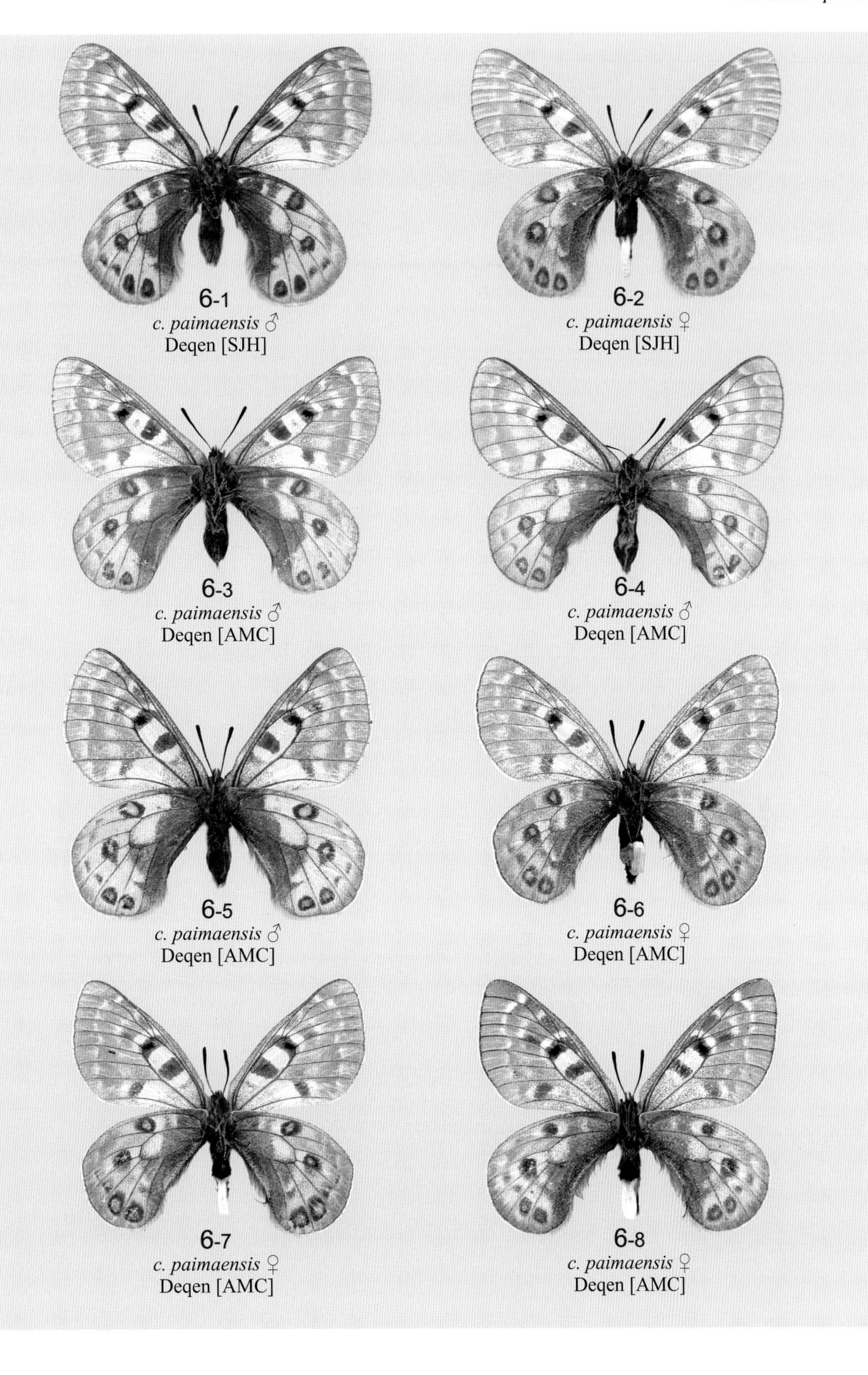

6-1
c. paimaensis ♂
Deqen [SJH]

6-2
c. paimaensis ♀
Deqen [SJH]

6-3
c. paimaensis ♂
Deqen [AMC]

6-4
c. paimaensis ♂
Deqen [AMC]

6-5
c. paimaensis ♂
Deqen [AMC]

6-6
c. paimaensis ♀
Deqen [AMC]

6-7
c. paimaensis ♀
Deqen [AMC]

6-8
c. paimaensis ♀
Deqen [AMC]

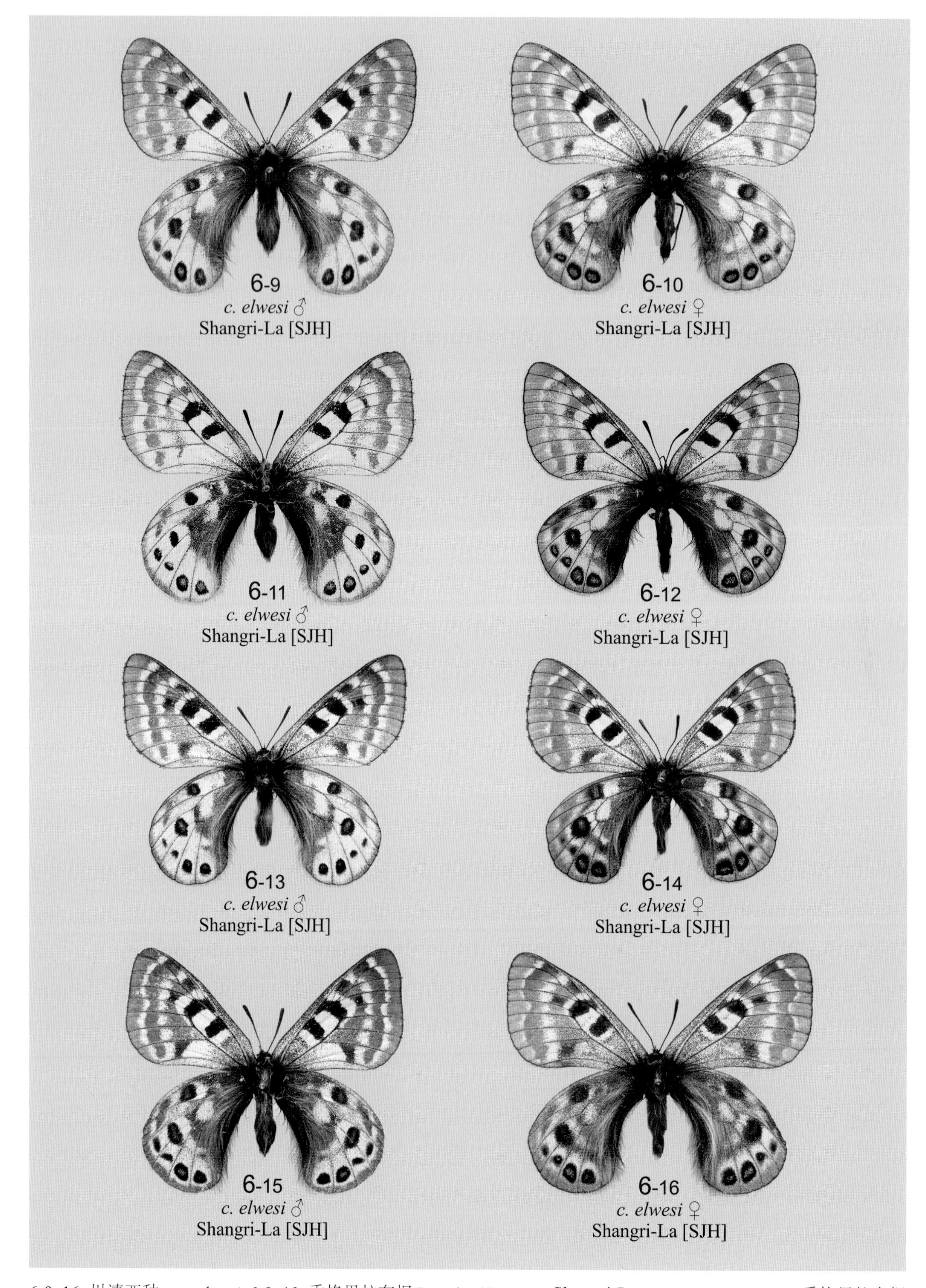

6-9–16: 川滇亚种 ssp. *elwesi*. 6-9–10: 香格里拉东坝 Dongba (4400 m), Shangri-La, 2014-VI-8. 6-11–12: 香格里拉东坝 Dongba (4400 m), Shangri-La, 2015-VI-12. 6-13–14: 香格里拉浪都 Langdu (4500 m), Shangri-La, 2014-VI-5. 6-15–16: 香格里拉天宝山 Tianbao Shan (4600 m), Shangri-La, 2014-VI-3.

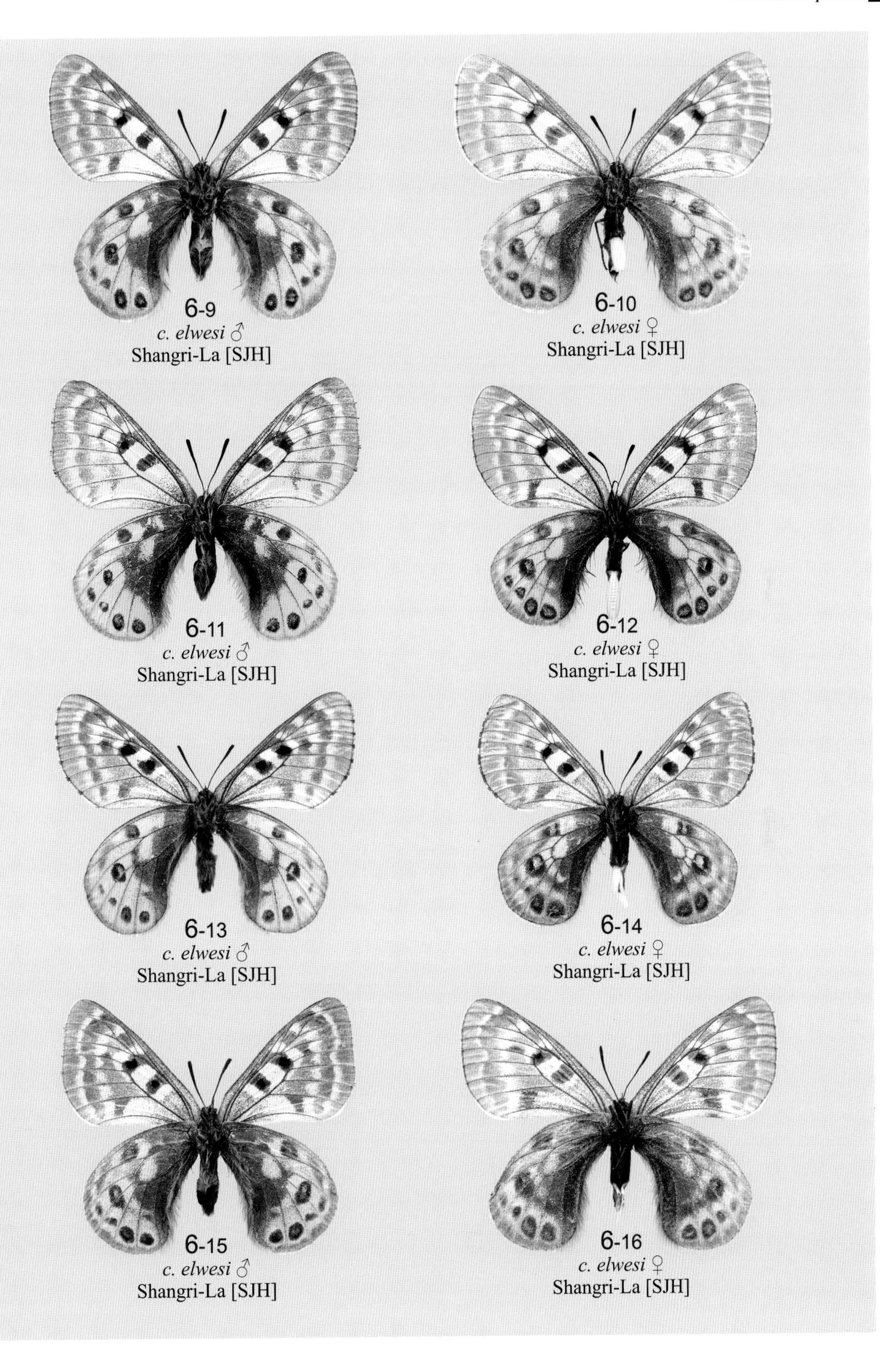

6-9
c. elwesi ♂
Shangri-La [SJH]

6-10
c. elwesi ♀
Shangri-La [SJH]

6-11
c. elwesi ♂
Shangri-La [SJH]

6-12
c. elwesi ♀
Shangri-La [SJH]

6-13
c. elwesi ♂
Shangri-La [SJH]

6-14
c. elwesi ♀
Shangri-La [SJH]

6-15
c. elwesi ♂
Shangri-La [SJH]

6-16
c. elwesi ♀
Shangri-La [SJH]

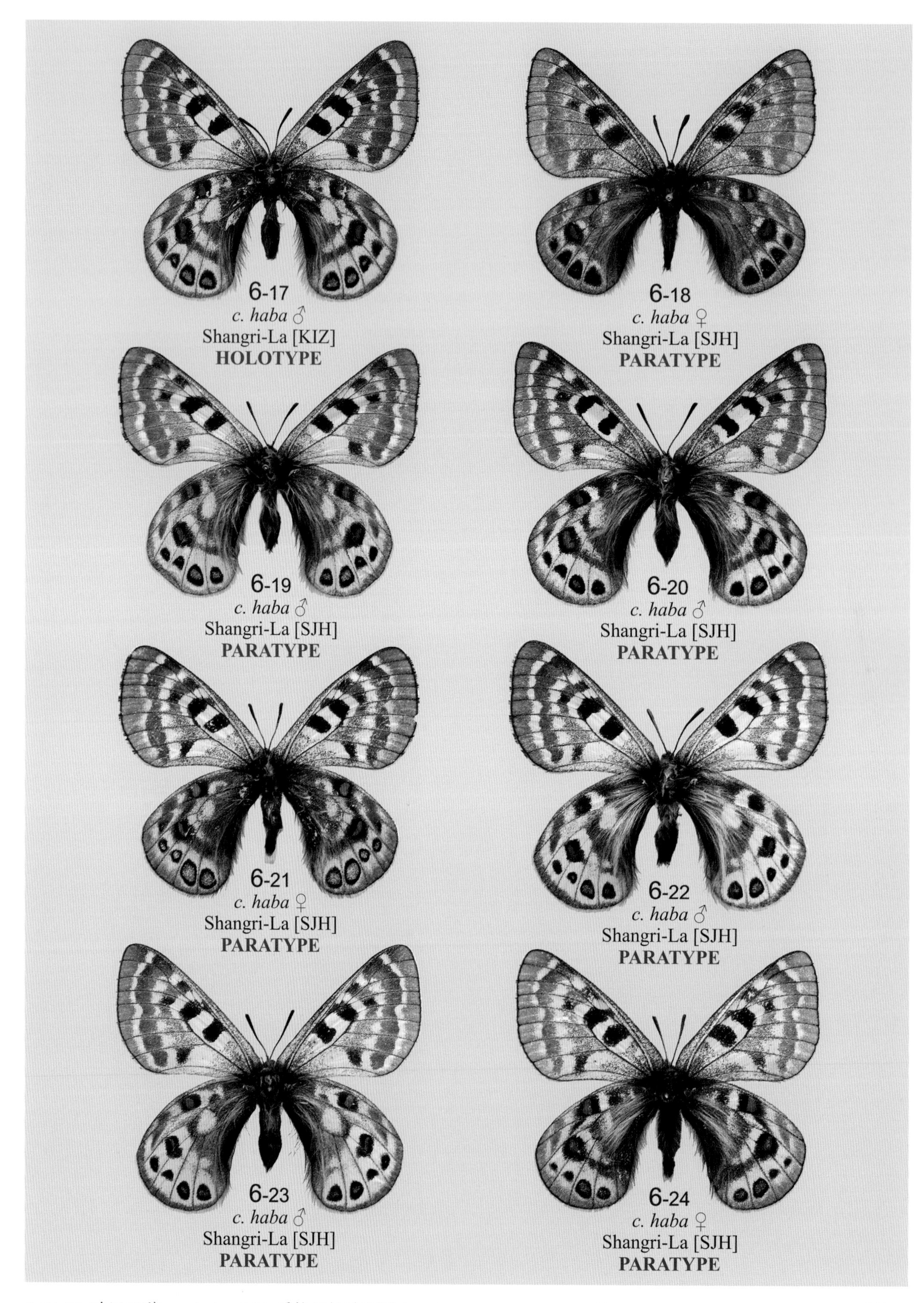

6-17–24: 哈巴亚种 ssp. *haba*. 6-17: 香格里拉哈巴雪山 Haba Xueshan (4000 m), Shangri-La, 2015-VI-15 (HT). 6-18: 香格里拉哈巴雪山 Haba Xueshan (4000 m), Shangri-La, 2015-VI-15 (PT). 6-19–24: 同前 ditto (4500 m), 2016-V-29 (PT).

6-17
c. haba ♂
Shangri-La [KIZ]
HOLOTYPE
6-18
c. haba ♀
Shangri-La [SJH]
PARATYPE
6-19
c. haba ♂
Shangri-La [SJH]
PARATYPE
6-20
c. haba ♂
Shangri-La [SJH]
PARATYPE
6-21
c. haba ♀
Shangri-La [SJH]
PARATYPE
6-22
c. haba ♂
Shangri-La [SJH]
PARATYPE
6-23
c. haba ♂
Shangri-La [SJH]
PARATYPE
6-24
c. haba ♀
Shangri-La [SJH]
PARATYPE

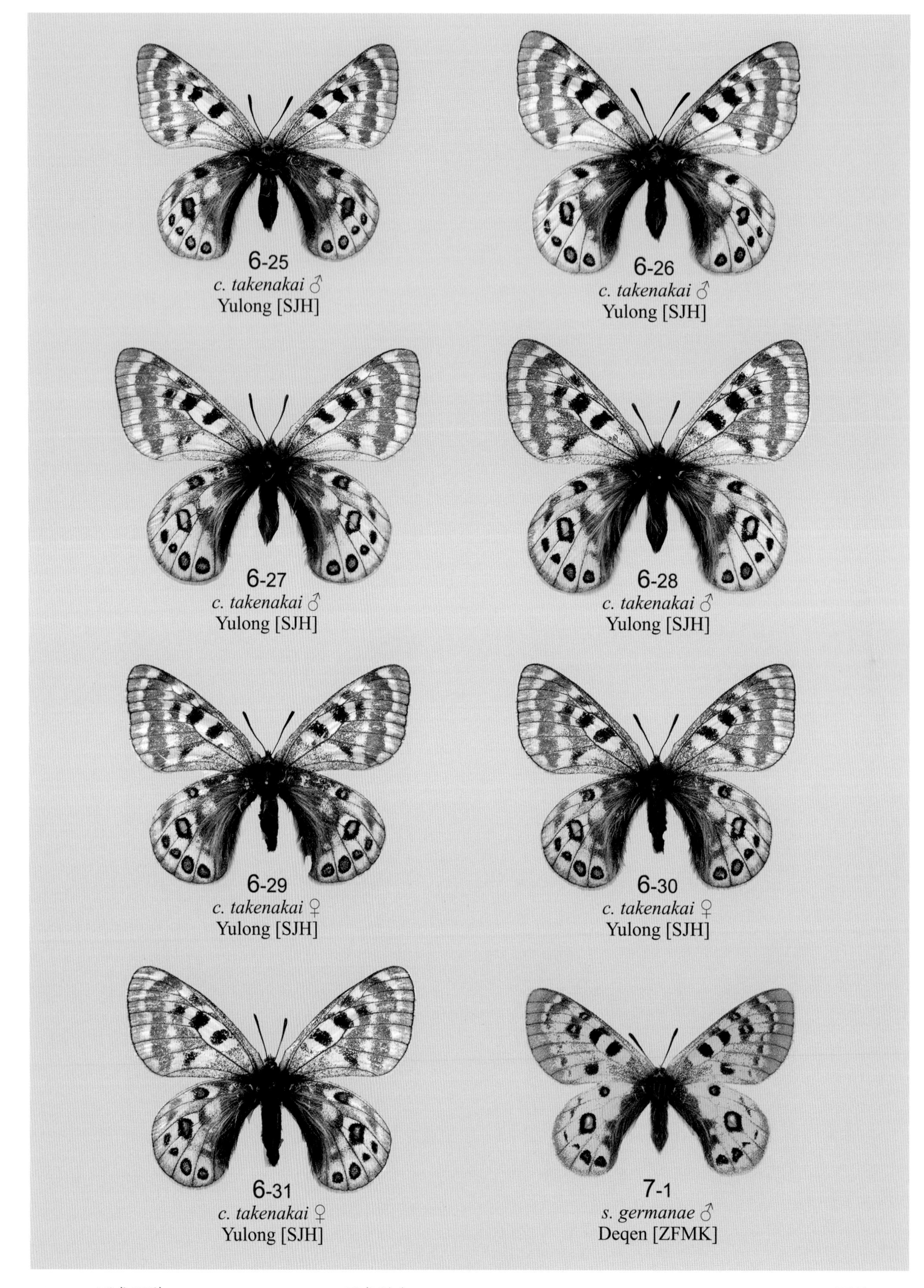

6-25–31: 玉龙亚种 ssp. *takenakai*. 6-25–26: 玉龙雪山 Yulong Xueshan (4500 m), Yulong, 2017-V-1–10. 6-27–28: 同前 ditto, 2018-V-1–10. 6-29: 同前 ditto, 2017-VI-1–10. 6-30–31: 同前 ditto, 2018-VI-1–10.

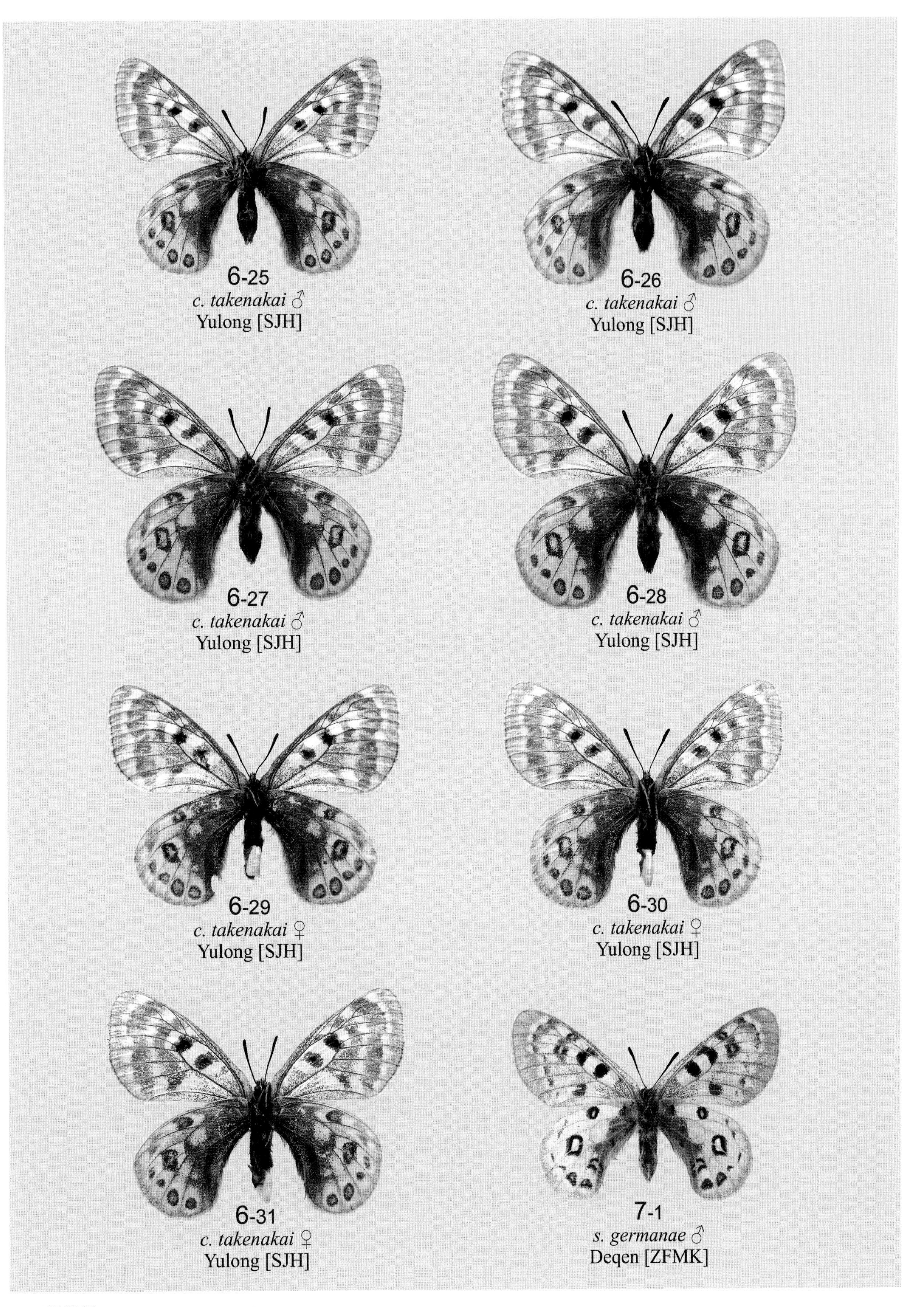

7. 四川绢蝶 *Parnassius szechenyii*

7-1: 康定亚种 ssp. *germanae*. 7-1: 德钦阿墩子 A-tun-tse, Deqen, 1936-VII-4.

8. 多尾凤蝶 *Bhutanitis lidderdalii*

8-1–6: 滇缅亚种 ssp. *spinosa*. 8-1: 福贡高黎贡山 Gaoligong Shan, Fugong, 2012-VIII-19. 8-2–3: 腾冲高黎贡山 Gaoligong Shan (1800 m), Tengchong, 2015-X-3 羽化.

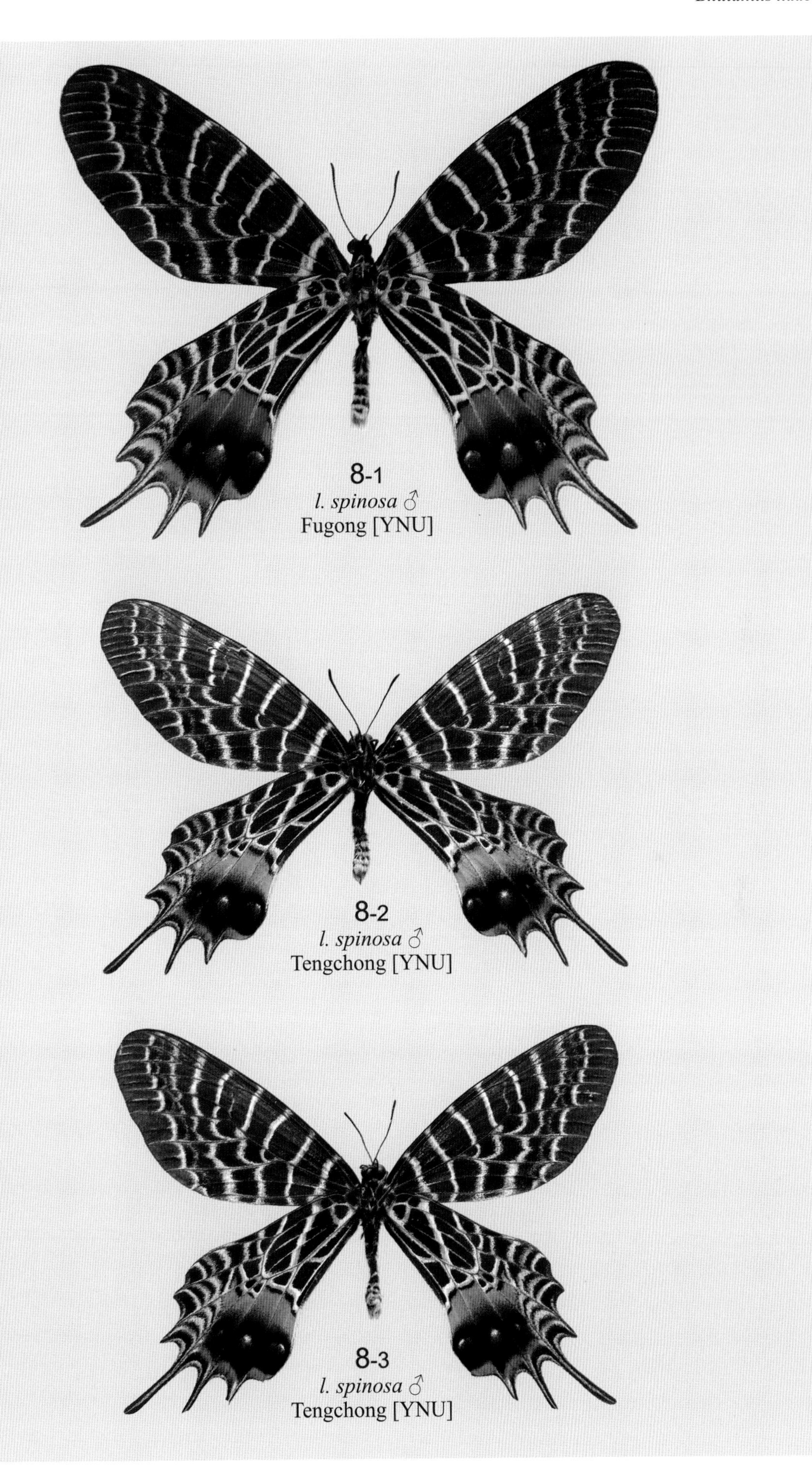

8-1
l. spinosa ♂
Fugong [YNU]

8-2
l. spinosa ♂
Tengchong [YNU]

8-3
l. spinosa ♂
Tengchong [YNU]

8-4: 云县大丙山 Dabing Shan (2400 m), Yunxian, 2013-IX-3. 8-5: 新平哀牢山金山垭口 Jinshan Yakou (2430 m), Ailao Shan, Xinping, 2009-VIII-31. 8-6: 盈江 Yingjiang (2300 m), 2014-IX-24.

8-4
l. spinosa ♂
Yunxian [SNU]

8-5
l. spinosa ♂
Xinping [YNU]

8-6
l. spinosa ♀
Yingjiang [BFU]

9. 三尾凤蝶 *Bhutanitis thaidina*

9-1–10: 云南亚种 ssp. *hoenei*. 9-1–3: 鹤庆 Heqing, 2005-IV-23. 9-4: 玉龙新尚 Xinshang (2660 m), Yulong, 2015-V-12. 9-5: 同前 ditto, 2015-IV-25. 9-6: 同前 ditto, 2015-V-7.

9-1
t. hoenei ♂
Heqing [SFU]
9-2
t. hoenei ♂
Heqing [SFU]
9-3
t. hoenei ♀
Heqing [SFU]
9-4
t. hoenei ♂
Yulong [SFU]
9-5
t. hoenei ♀
Yulong [SFU]
9-6
t. hoenei ♀
Yulong [SFU]

9-7: 维西巴迪 Badi, Weixi, 2019-VI-19. 9-8–9: 东川森林公园 Forest Park (1800–2000 m), Dongchuan, 2015-V-20. 9-10: 永善小岩方 Xiaoyanfang (1700 m), Yongshan, 2019-V-28.

10. 二尾凤蝶 *Bhutanitis mansfieldi*

10-1–2: 指名亚种 ssp. *mansfieldi*. 10-1: 香格里拉土官村哈巴雪山山脚 Foot of Haba Xueshan (3000 m), Tuguan Village, Shangri-La, 1990-V-11. 10-2: "云南 Yunnan", 1918 (collected by G. Forrest) (HT).

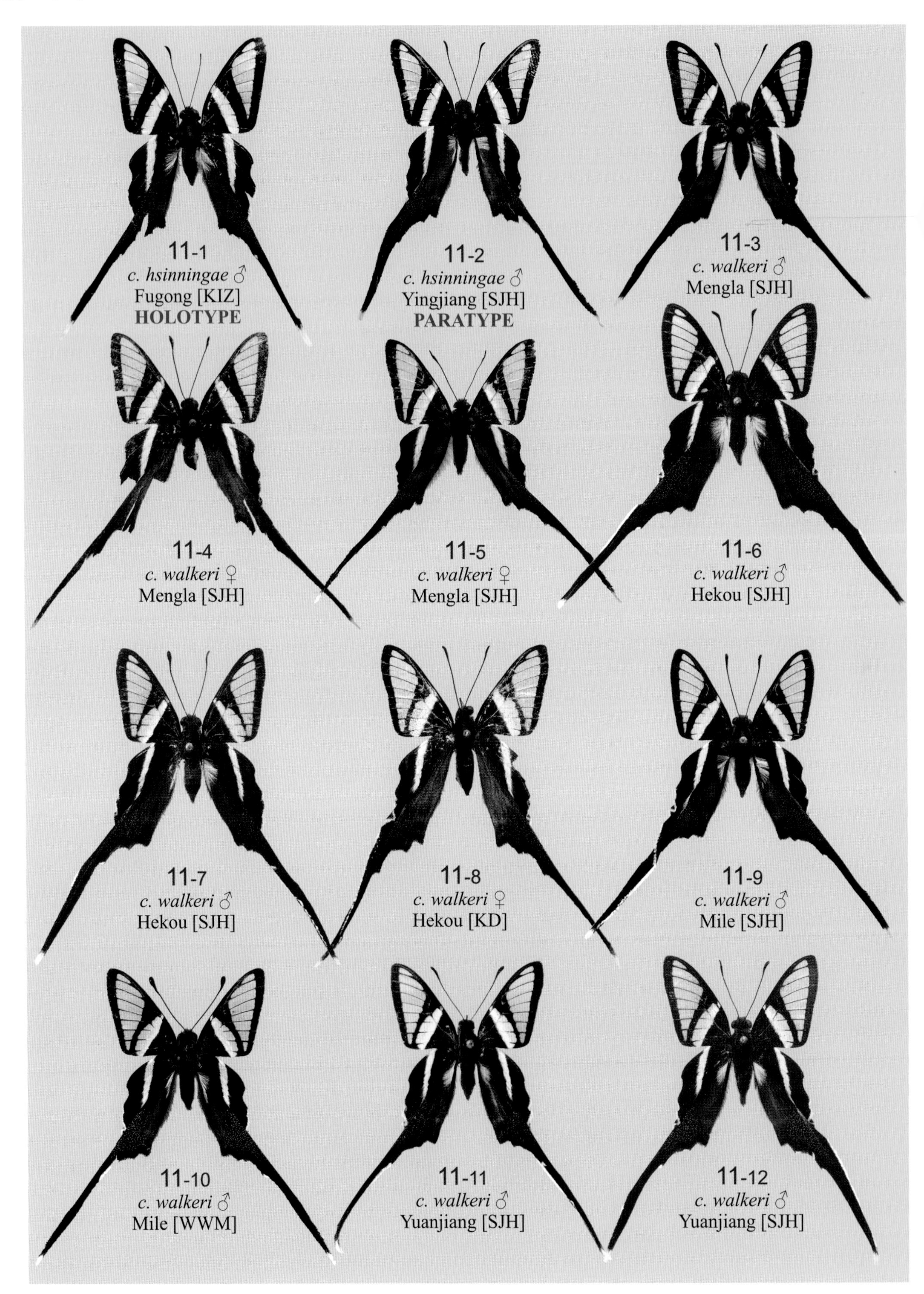

11. 燕凤蝶 *Lamproptera curius*

11-1–2: 滇藏亚种 ssp. *hsinningae*. 11-1: 福贡阿亚比 Ayabi, Fugong, 2017-V-23 (HT). 11-2: 盈江铜壁关 Tongbiguan (980 m), Yingjiang, 2016-X-22 (PT).

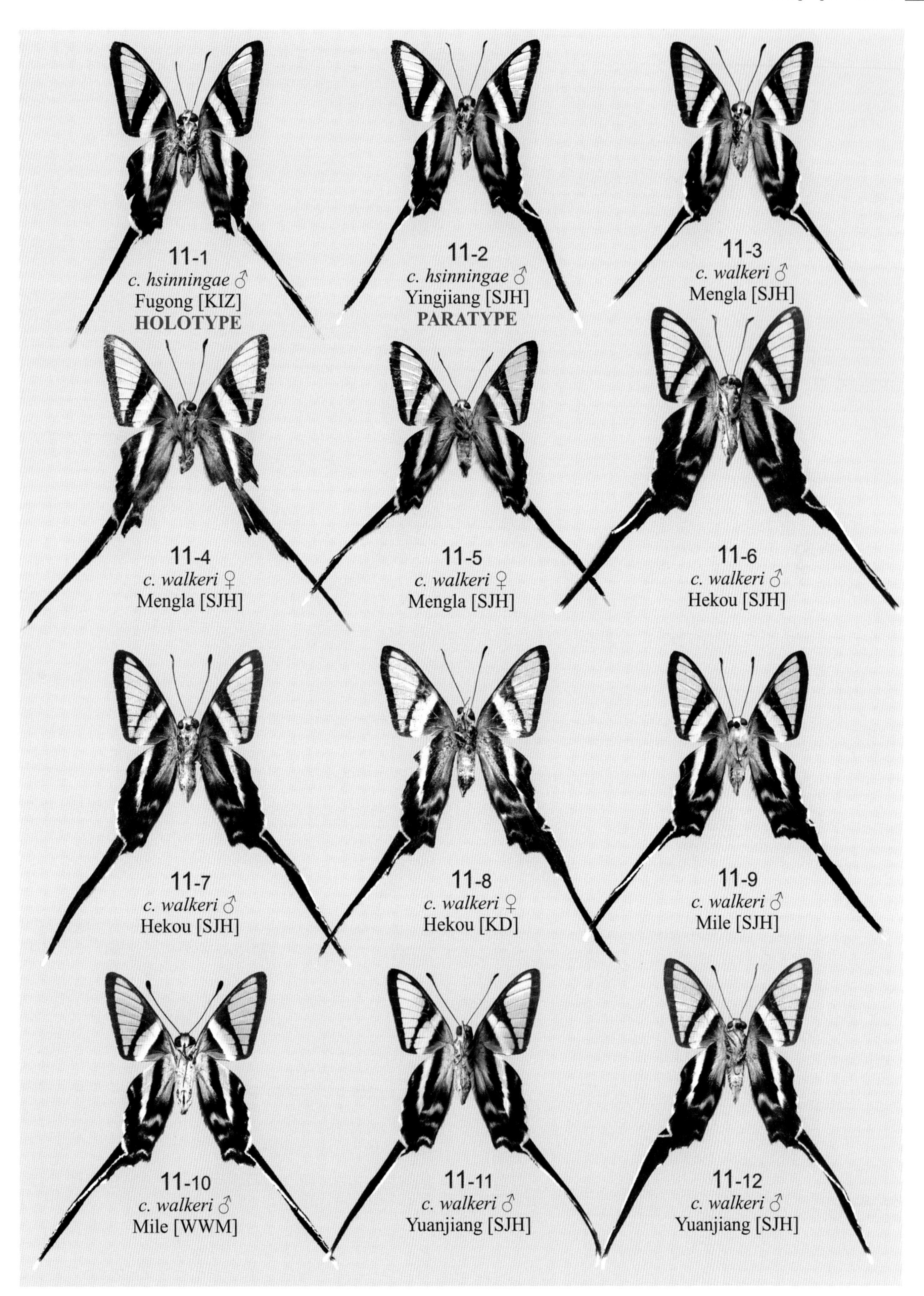

11-3–12: 华南亚种 ssp. *walkeri*. 11-3–5: 勐腊勐仑 Menglun (580 m), Mengla, 2016-II-2–4. 11-6–7: 河口戈哈 Geha (350 m), Hekou, 2014-X-5. 11-8: 同前 ditto, 2015-IV-4. 11-9–10: 弥勒洛那 Luona (350 m), Mile, 2015-VIII-8–9. 11-11–12: 元江哈及冲 Haji Chong (750 m), Yuanjiang, 2009-IX-3.

11-13–18: 北部亚种 ssp. *yangtzeanus*. 11-13: 东川森林公园 Forest Park (1450 m), Dongchuan, 2013-VIII-4 (HT). 11-14: 同前 ditto, 2013-VIII-4 (PT). 11-15–17: 同前 ditto, 2013-IX-8 (PT). 11-18: 同前 ditto, 2016-VIII-10.

12. 白线燕凤蝶 *Lamproptera paracurius*

12-1: 东川森林公园 Forest Park (1450 m), Dongchuan, 2013-VIII-4 (HT). 12-2–4: 同前 ditto, 2013-VIII-3 (PT). 12-5–6: 同前 ditto, 2016-VIII-10.

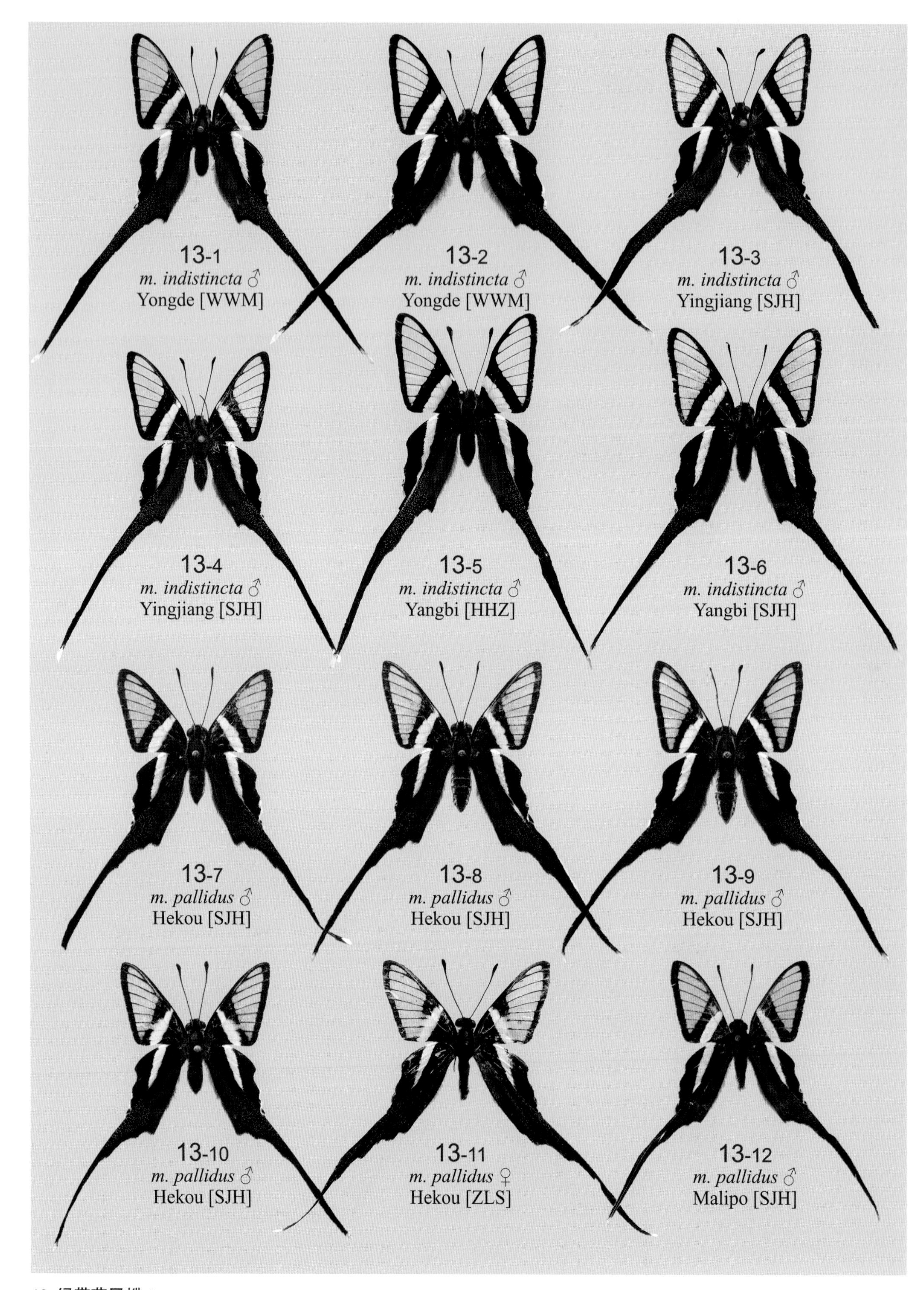

13. 绿带燕凤蝶 *Lamproptera meges*

13-1–6: 缅印亚种 ssp. *indistincta*. 13-1–2: 永德大雪山 Daxueshan, Yongde, 2015-VIII-24–25. 13-3–4: 盈江铜壁关 Tongbiguan (980 m), Yingjiang, 2016-VIII-20. 13-5–6: 漾濞平坡 Pingpo, Yangbi, 2019-IX-18.

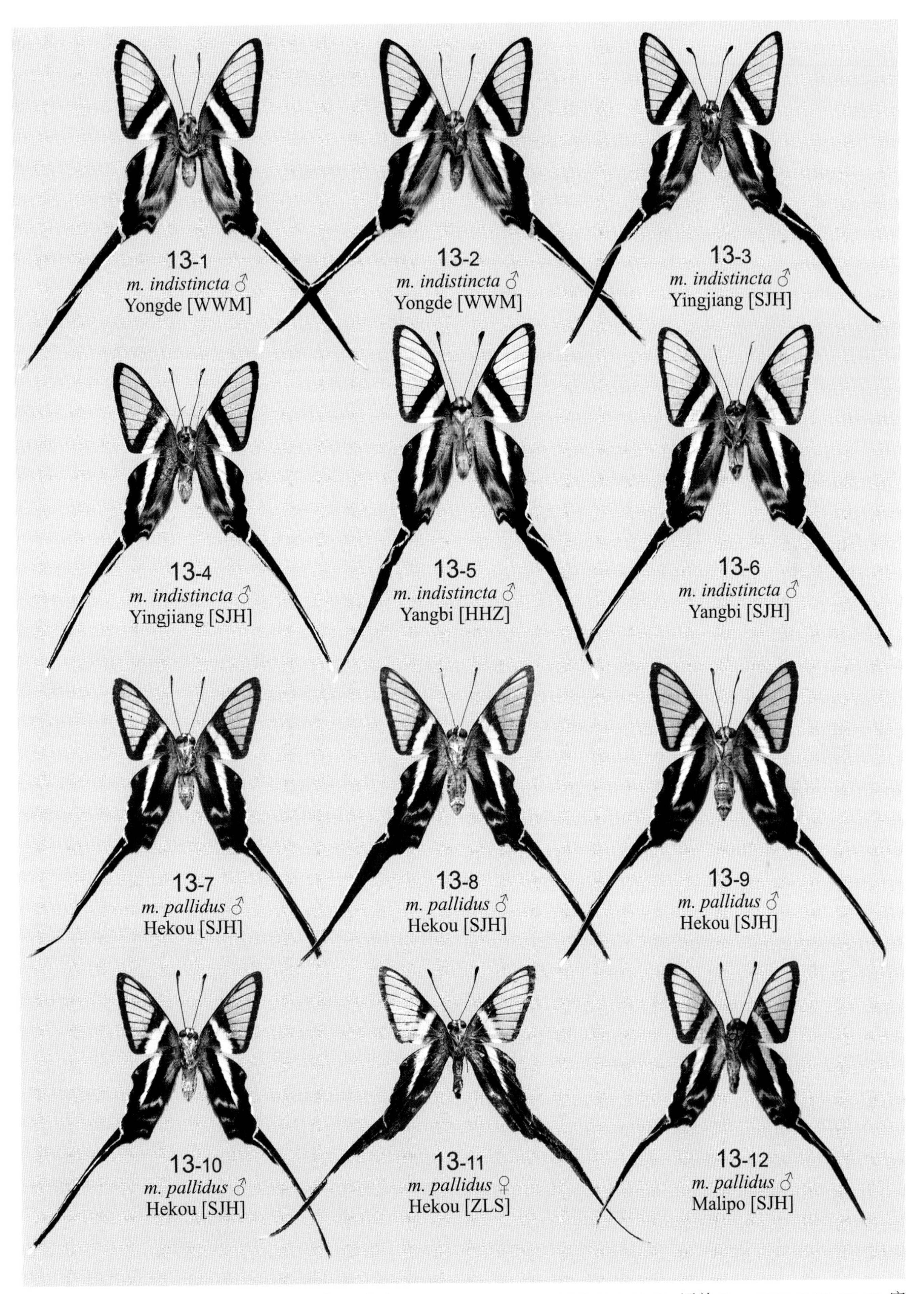

13-7–12: 北越亚种 ssp. *pallidus*. 13-7–10: 河口戈哈 Geha (350 m), Hekou, 2013-X-4. 13-11: 同前 ditto, 2016-X-21. 13-12: 麻栗坡 Malipo, 2017-VIII-4.

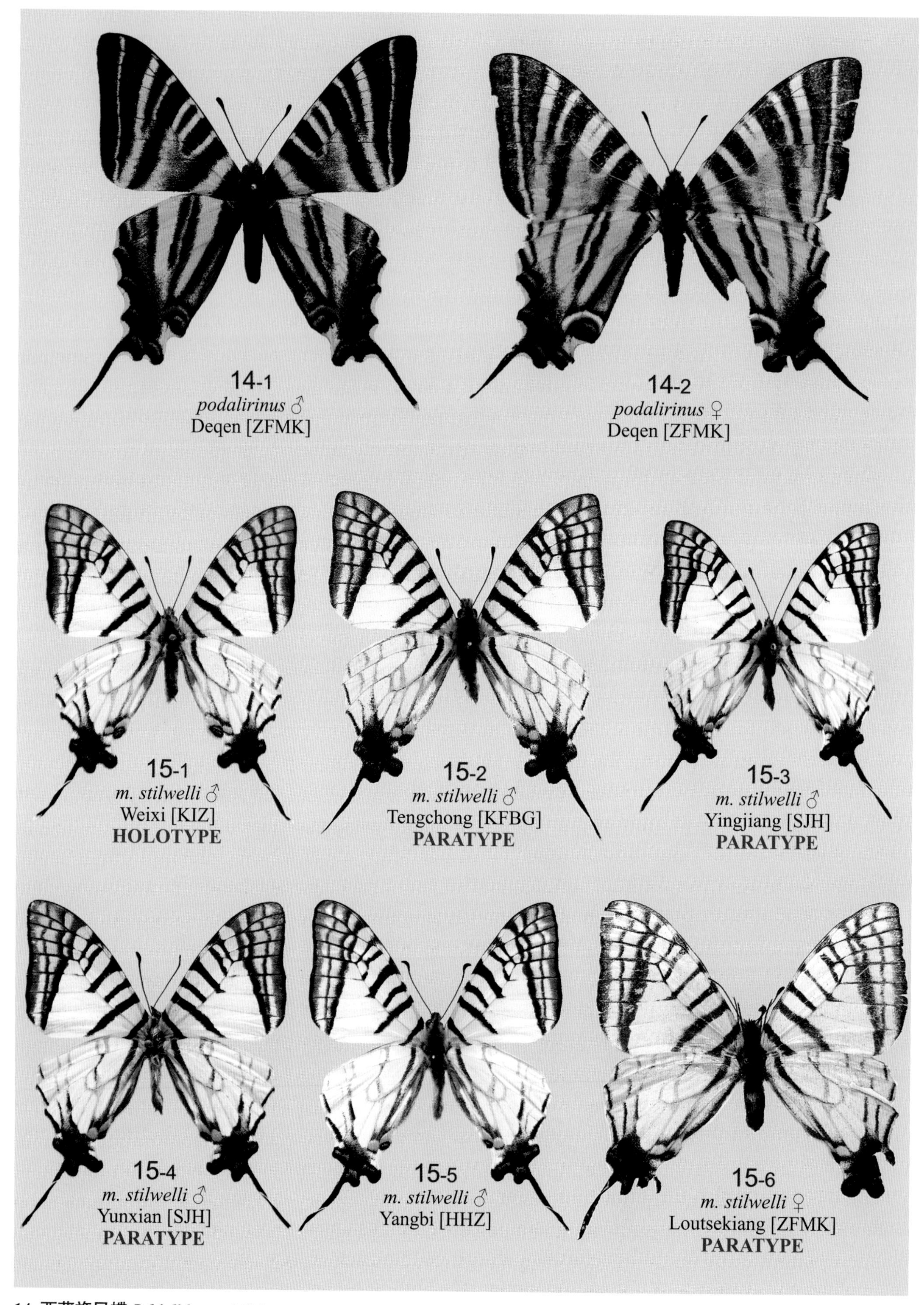

14. 西藏旖凤蝶 *Iphiclides podalirinus*

14-1: 德钦阿墩子 A-tun-tse, Deqen, 1936-VI-11. 14-2: 同前 ditto, 1936-VII-3.

15. 华夏剑凤蝶 *Graphium mandarinus*

15-1–6: 滇缅亚种 ssp. *stilwelli*. 15-1: 维西塔城 Tacheng (1900 m), Weixi, 2015-IV-29 (HT). 15-2: 腾冲高黎贡山 Gaoligong Shan, Tengchong, 2015-V-20 (PT). 15-3: 盈江铜壁关 Tongbiguan (1000 m), Yingjiang, 2017-III-9 (PT). 15-4: 云县嘎止河 Gazhi River (1050 m), Yunxian, 2016-V-9 (PT). 15-5: 漾濞平坡 Pingpo (1600 m), Yangbi, 2019-V-4. 15-6: 怒江上游 Loutsekiang (PT).

16. 孔子剑凤蝶 *Graphium confucius*

16-1: 昆明西冲河水库 Xichong Reservoir (2000 m), Kunming, 2015-V-19 (PT). 16-2: 同前 ditto, 2015-V-31 (HT). 16-3: 同前 ditto, 2015-V-31 (PT). 16-4–6: 东川森林公园 Forest Park (1570 m), Dongchuan, 2013-VIII-3 (PT).

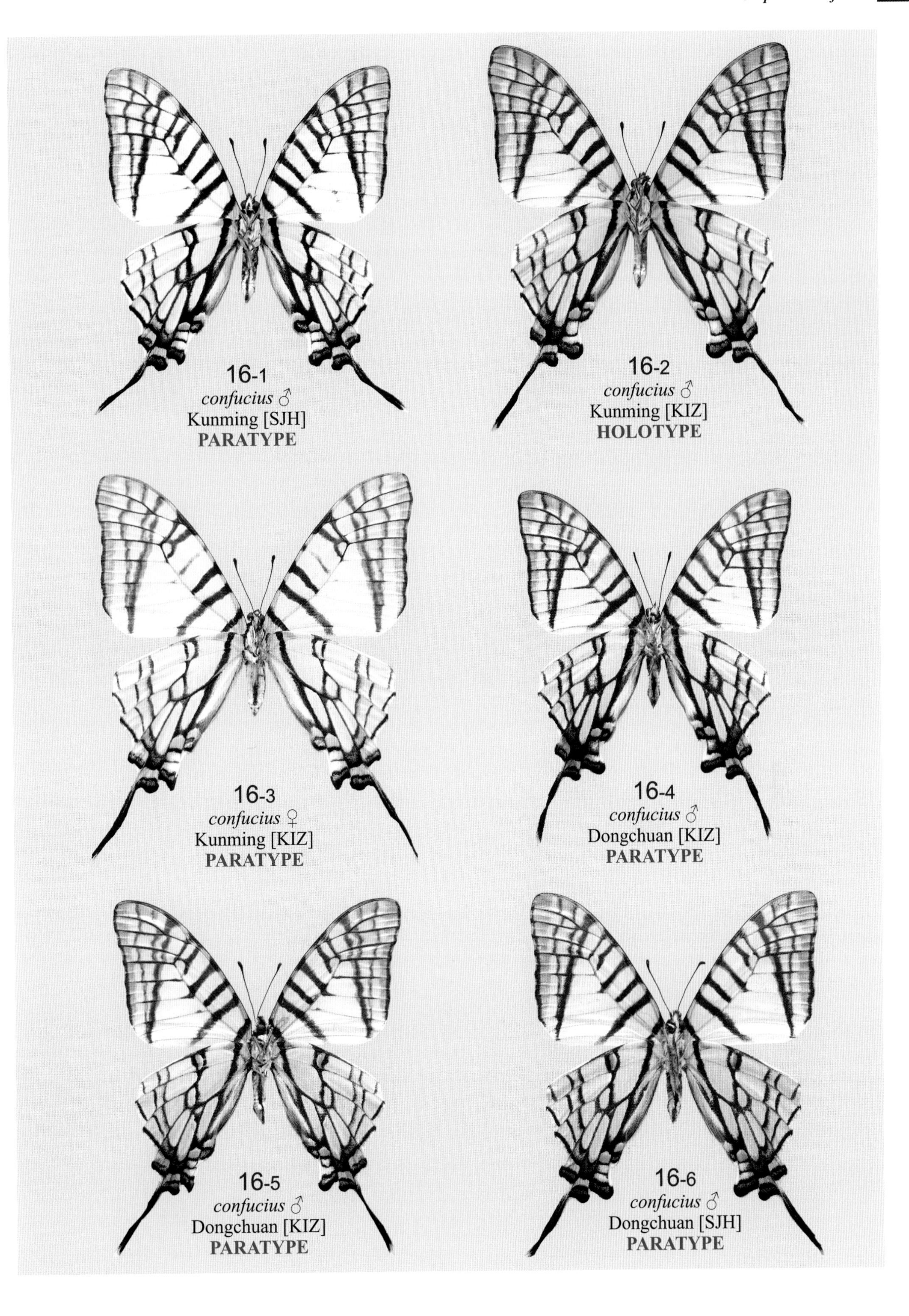
16-1
confucius ♂
Kunming [SJH]
PARATYPE
16-2
confucius ♂
Kunming [KIZ]
HOLOTYPE
16-3
confucius ♀
Kunming [KIZ]
PARATYPE
16-4
confucius ♂
Dongchuan [KIZ]
PARATYPE
16-5
confucius ♂
Dongchuan [KIZ]
PARATYPE
16-6
confucius ♂
Dongchuan [SJH]
PARATYPE

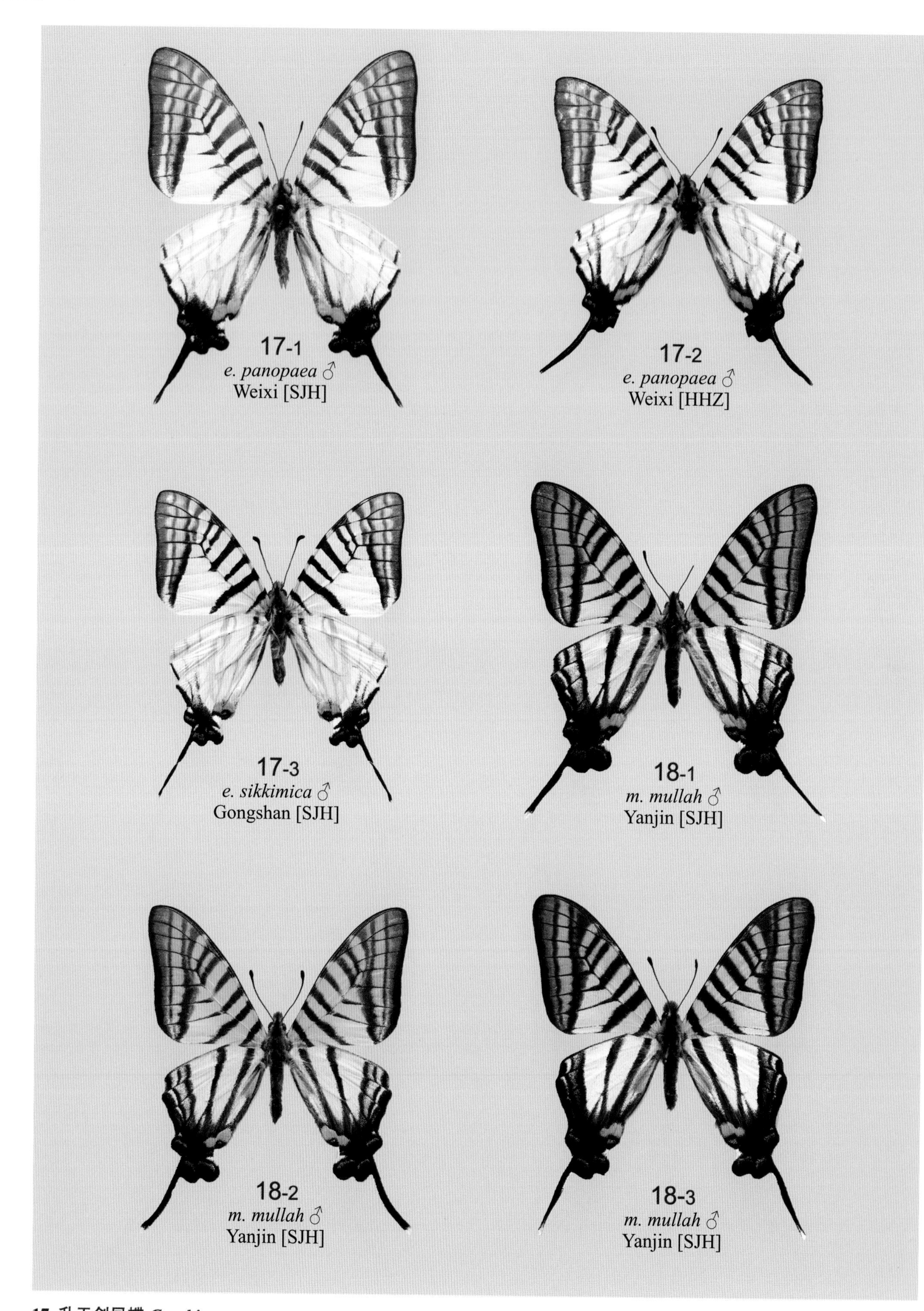

17. 升天剑凤蝶 *Graphium eurous*

17-1–2: 云南亚种 ssp. *panopaea*. 17-1–2: 维西塔城 Tacheng (1900 m), Weixi, 2014-IV-29.

17-3: 锡金亚种 ssp. *sikkimica*. 17-3: 贡山独龙江 Dulongjiang (1200 m), Gongshan, 2016-IV-12.

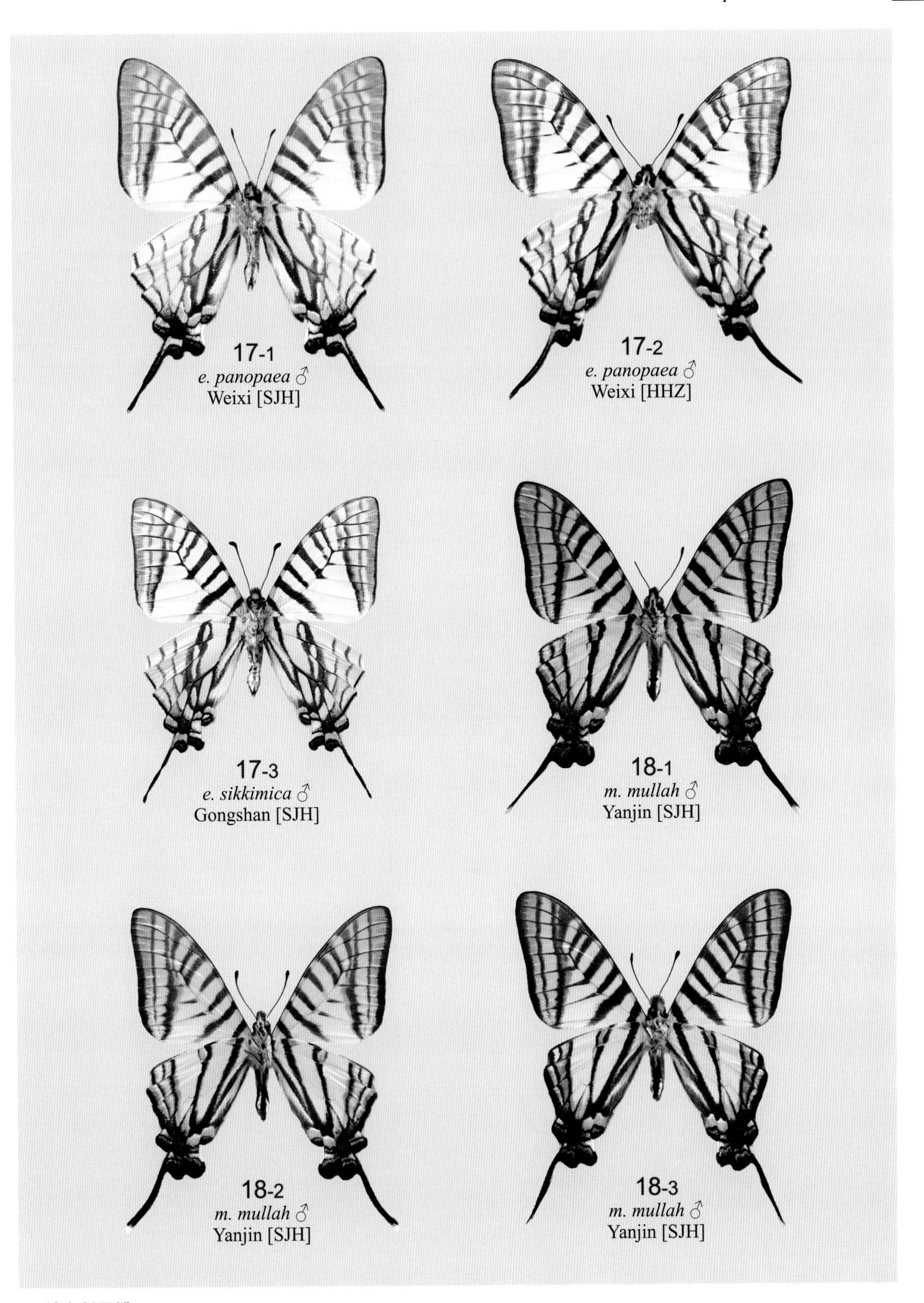

18. 铁木剑凤蝶 *Graphium mullah*

18-1–3: 指名亚种 ssp. *mullah*. 18-1: 盐津盐津溪 Yanjinxi (700 m), Yanjin, 2019-III-28. 18-2–3: 盐津盐津溪 Yanjinxi (590 m), Yanjin, 2019-III-29.

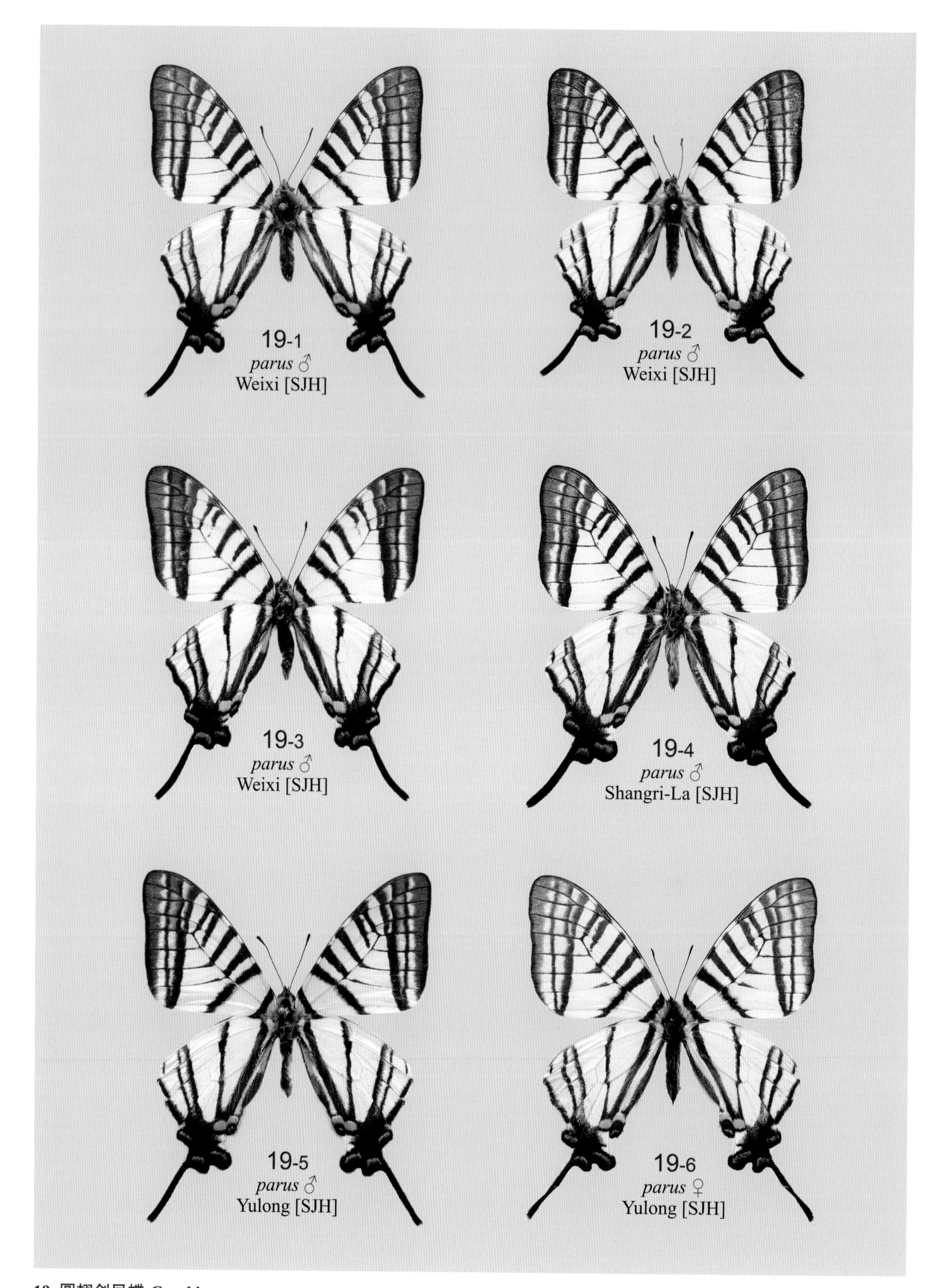

19. 圆翅剑凤蝶 *Graphium parus*

19-1–2: 维西攀天阁 Pantiange (2500 m), Weixi, 2015-IV-29. 19-3: 维西塔城 Tacheng (1900 m), Weixi, 2015-IV-29. 19-4: 香格里拉尼西 Nixi (3000 m), Shangri-La, 2019-VI. 19-5: 玉龙新尚 Xinshang (2640 m), Yulong, 2015-IV-26.

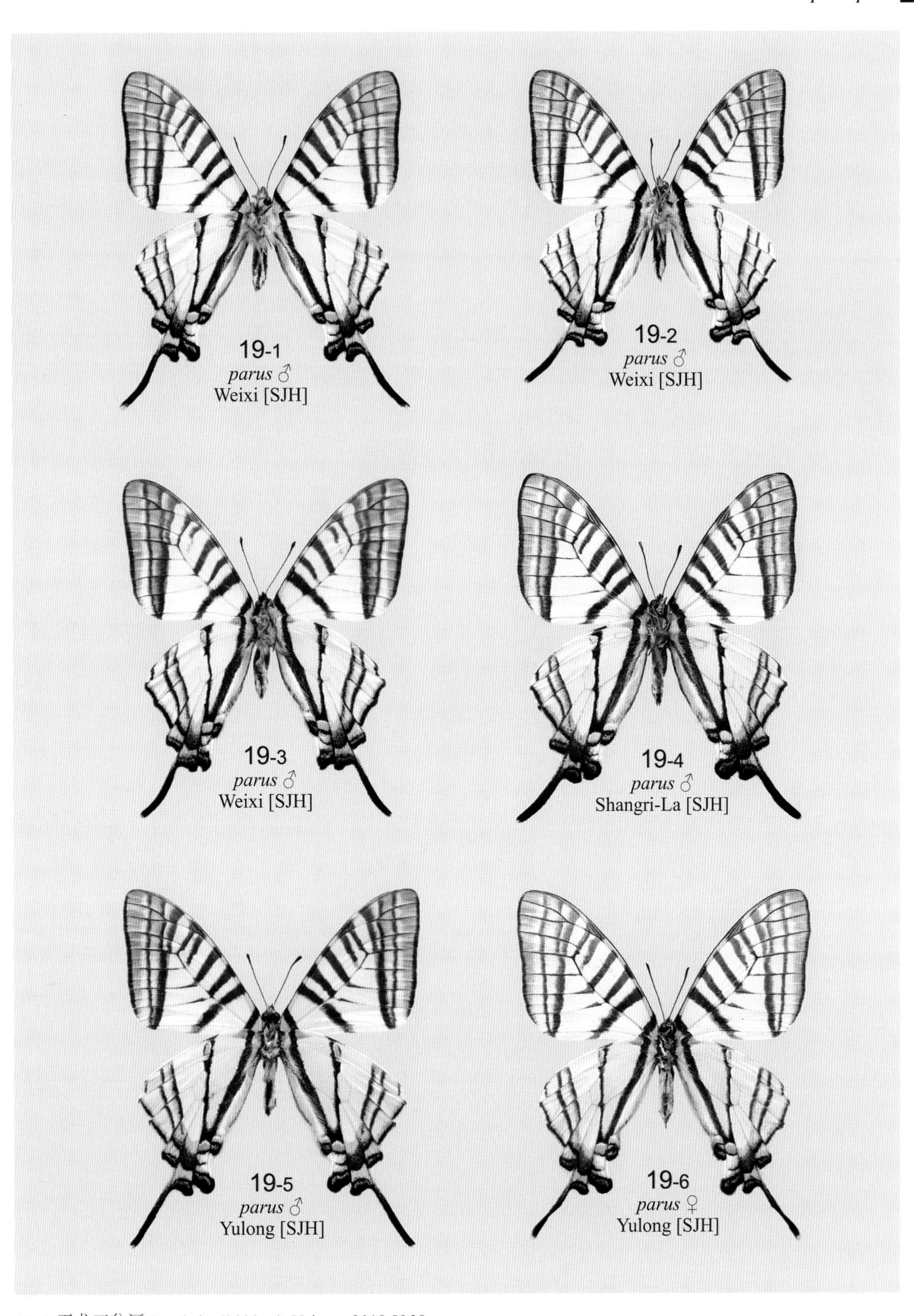

19-6: 玉龙三岔河 Sanchahe (3000 m), Yulong, 2018-V-28.

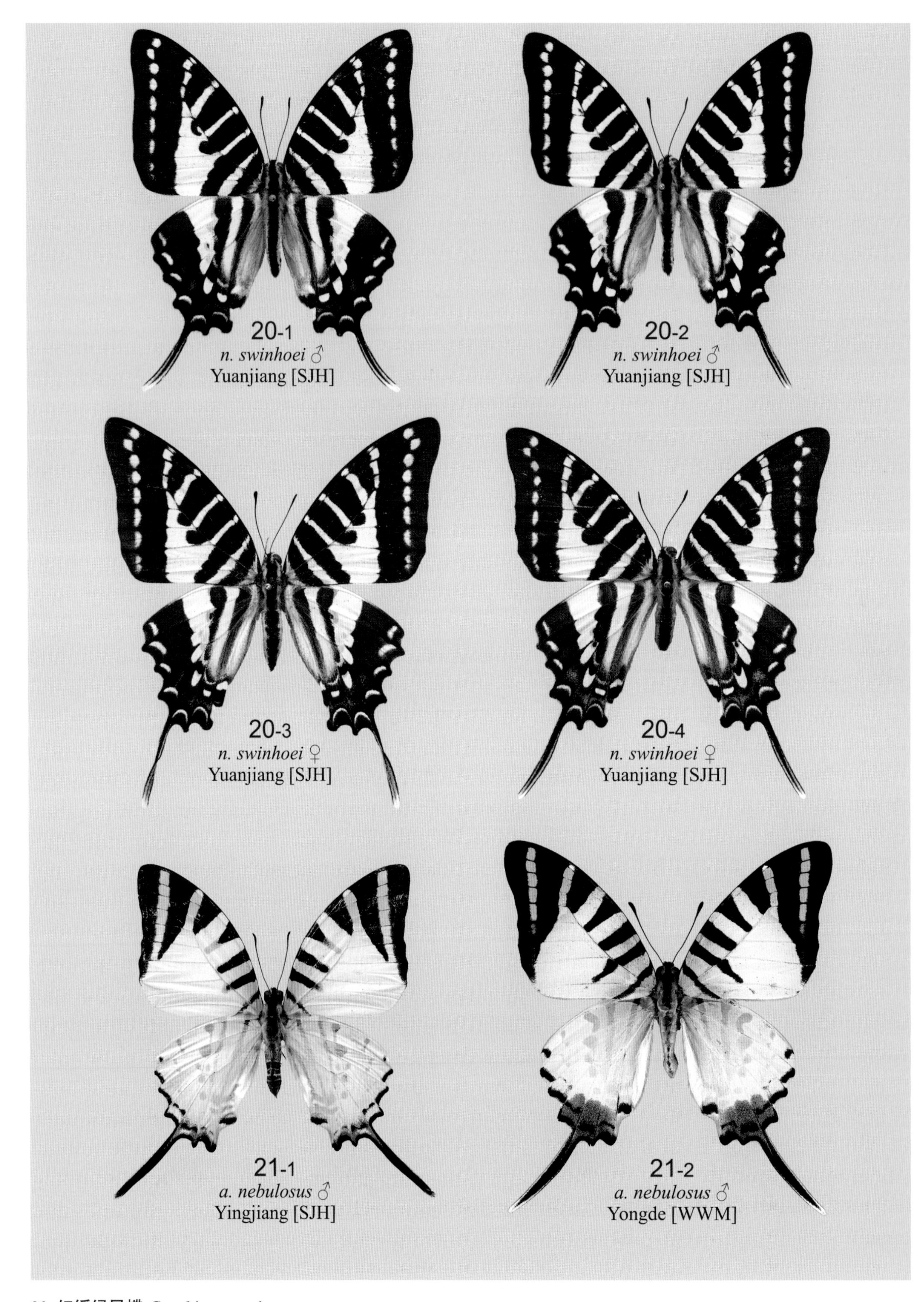

20. 红绶绿凤蝶 *Graphium nomius*

20-1–4: 中南亚种 ssp. *swinhoei*. 20-1–3: 元江哈及冲 Haji Chong (750 m), Yuanjiang, 2013-V-13. 20-4: 同前 ditto, 2008-III-31.

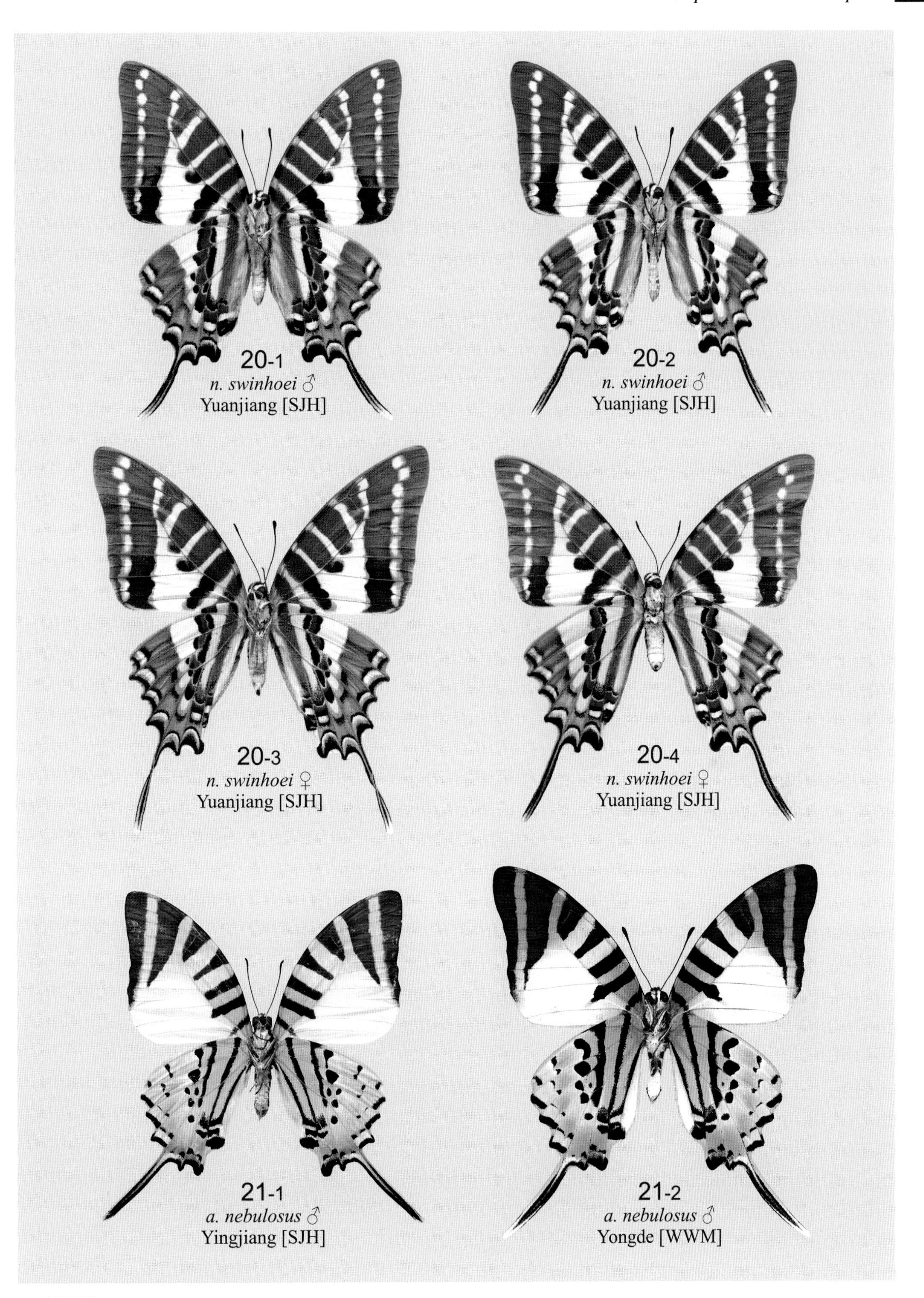

21. 绿凤蝶 *Graphium antiphates*

21-1–8: 中印亚种 ssp. *nebulosus*. 21-1: 盈江铜壁关 Tongbiguan (980 m), Yingjiang, 2016-III-2. 21-2: 永德大雪山 Daxueshan, Yongde, 2015-VIII-25.

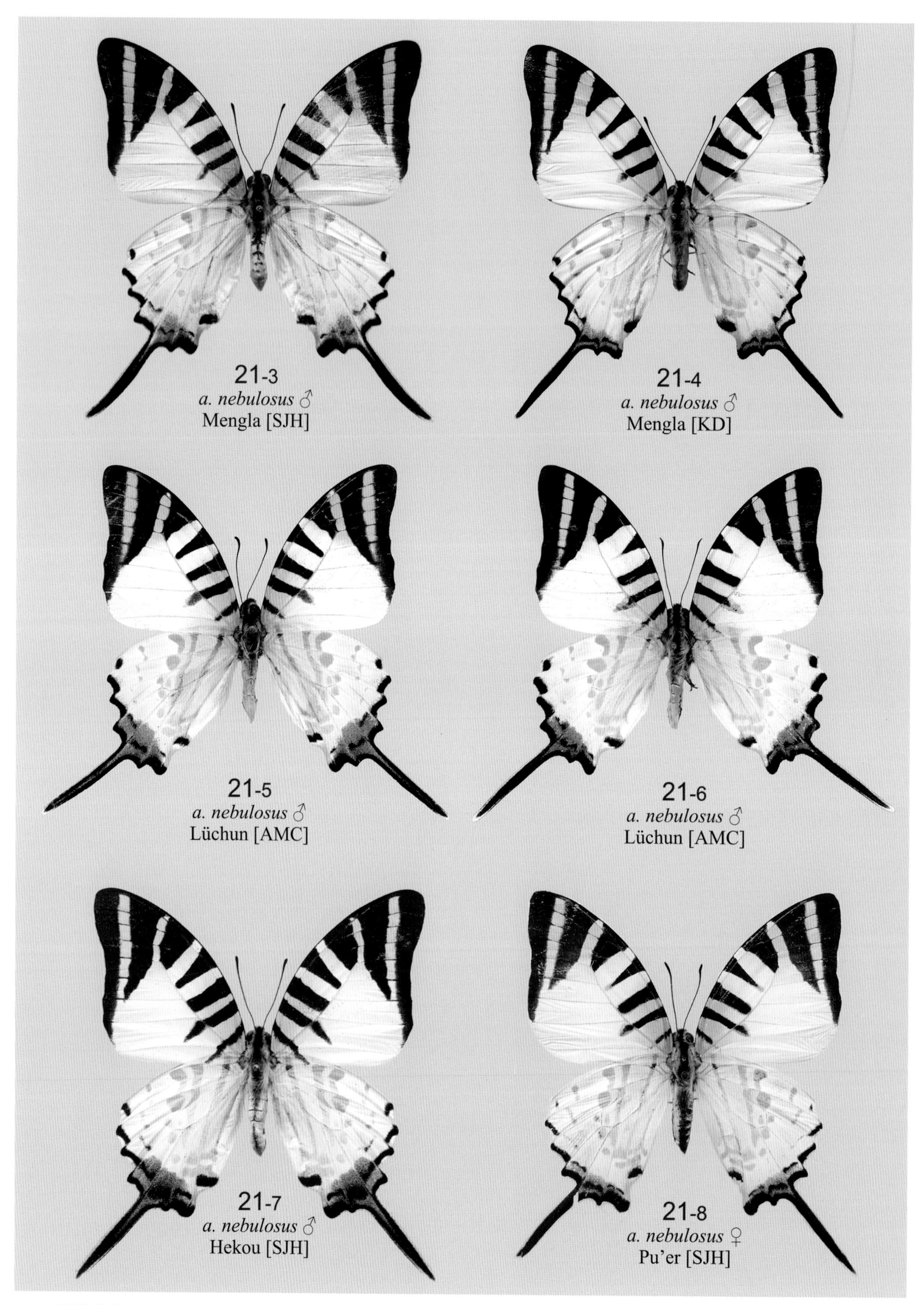

21-3: 勐腊勐仑 Menglun (545 m), Mengla, 2013-III-12. 21-4: 同前 ditto (580 m), 2018-II-26. 21-5–6: 绿春 Lüchun, 2009-VI. 21-7: 河口戈哈 Geha (350 m), Hekou, 2014-X-6. 21-8: 普洱茶山 Cha Shan (1,490 m), Pu’er, 2020-III-29.

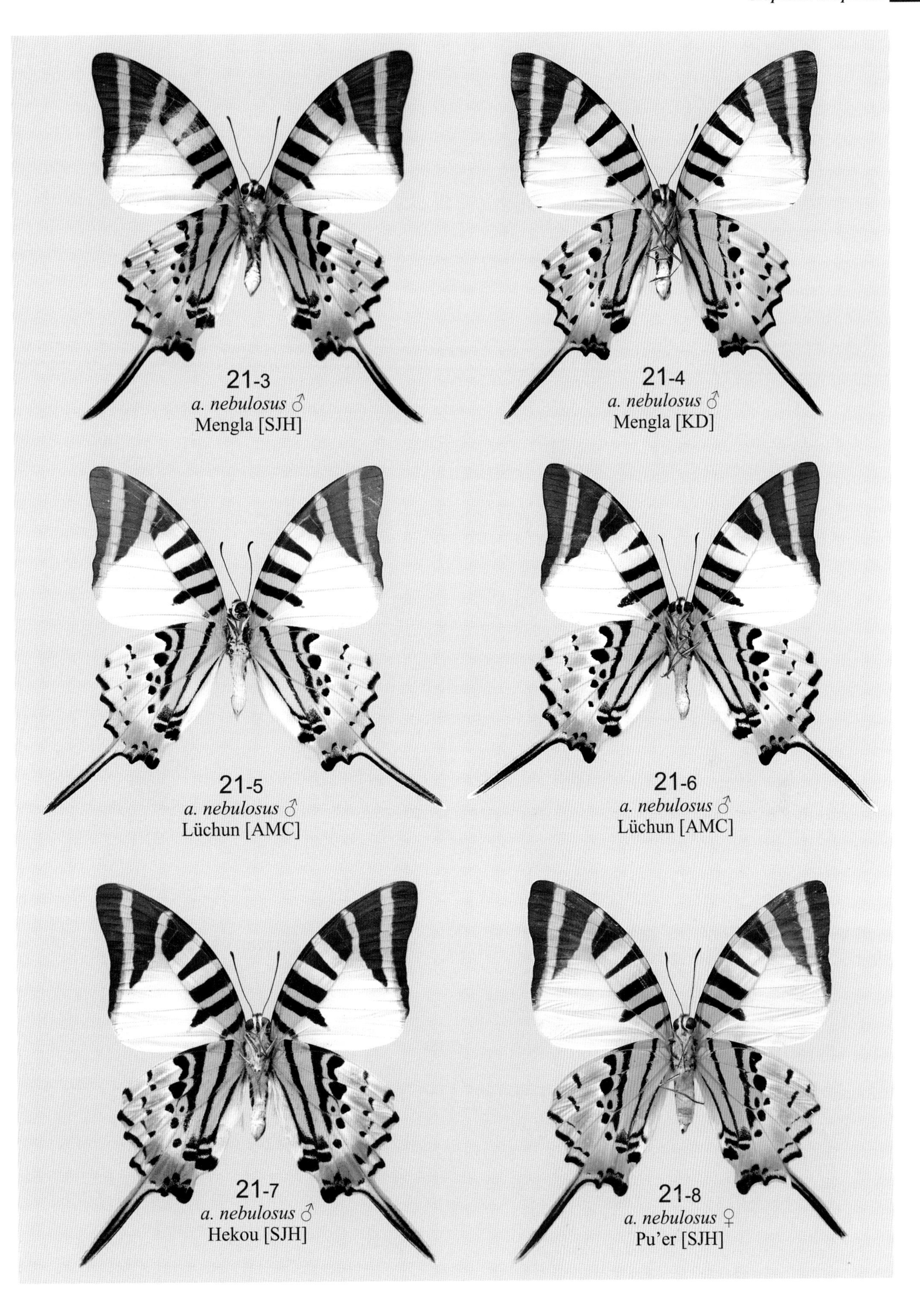
21-3
a. nebulosus ♂
Mengla [SJH]
21-4
a. nebulosus ♂
Mengla [KD]
21-5
a. nebulosus ♂
Lüchun [AMC]
21-6
a. nebulosus ♂
Lüchun [AMC]
21-7
a. nebulosus ♂
Hekou [SJH]
21-8
a. nebulosus ♀
Pu'er [SJH]

22. 斜纹绿凤蝶 *Graphium agetes*

22-1–4: 指名亚种 ssp. *agetes*. 22-1: 盈江铜壁关 Tongbiguan (1000 m), Yingjiang, 2017-III-30. 22-2: 景洪小勐养 Xiao Mengyang, Jinghong, 2006-IV-8. 22-3: 普洱曼歇坝 Manxie Ba (1110 m), Pu'er, 2014-IV-7.

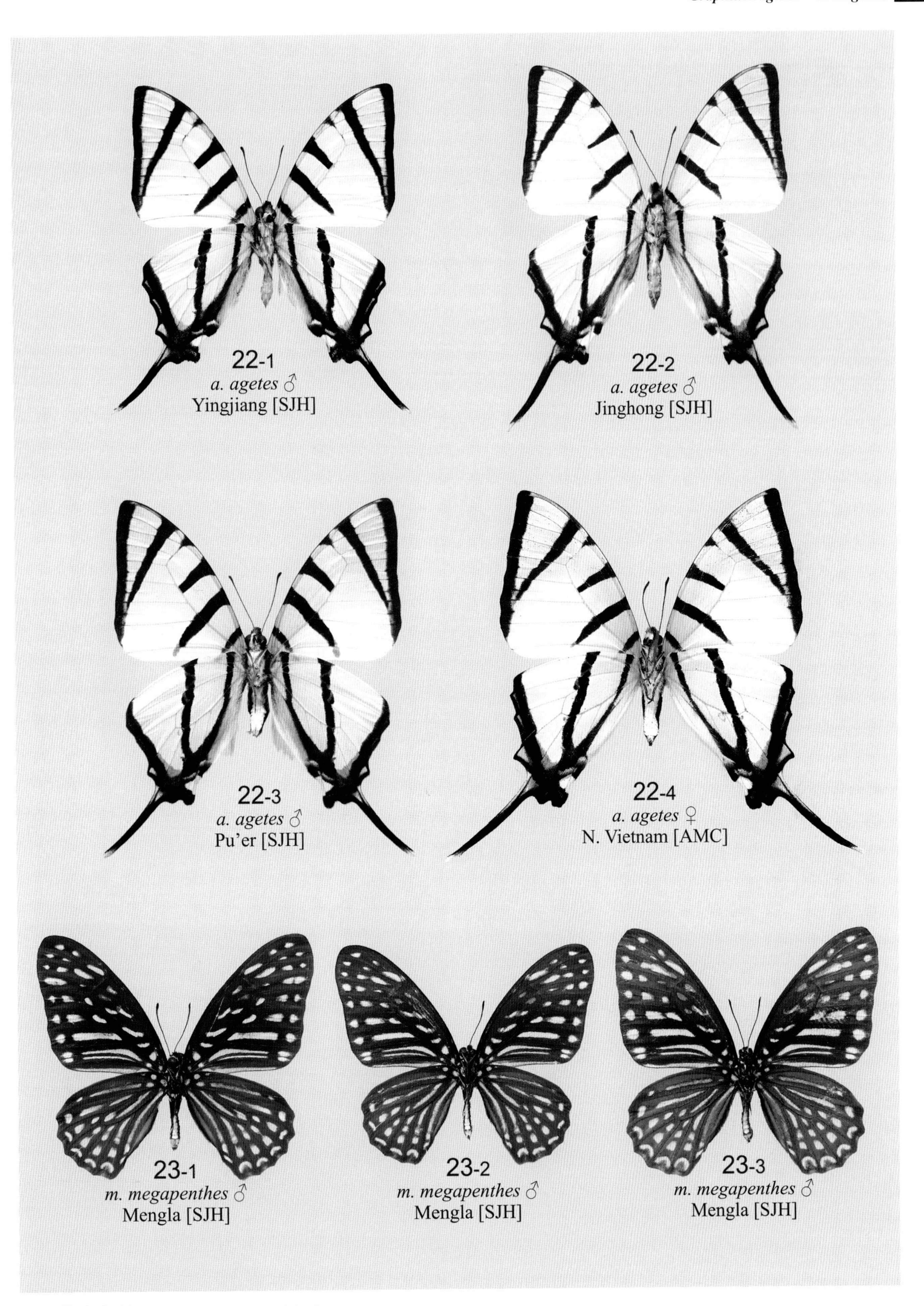

22-4: 越南北部 Sapa, N. Vietnam, 2006-III.

23. 细纹凤蝶 *Graphium megarus*

23-1–3: 西南亚种 ssp. *megapenthes*. 23-1–3: 勐腊大树脚 Dashujiao (1000 m), Mengla, 2020-III-1.

24. 客纹凤蝶 *Graphium xenocles*

24-1–6: 中越亚种 ssp. *kephisos*. 24-1: 景洪橄榄坝 Ganlan Ba (530 m), Jinghong, 2015-II-19. 24-2–3: 勐腊勐仑 Menglun (545 m), Mengla, 2014-IV-5. 24-4: 麻栗坡西部 W. of Malipo, 2009-V. 24-5: 麻栗坡 Malipo, 2019-IX-3.

24-6: 河口戈哈 Geha (350 m), Hekou, 2015-IV-5.

25. 纹凤蝶 *Graphium macareus*

25-1: 缅甸亚种 ssp. *burmensis*. 25-1: 盈江铜壁关 Tongbiguan (980 m), Yingjiang, 2017-III-2.

25-2–6: 中南亚种 ssp. *indochinensis*. 25-2–3: 勐腊勐仑 Menglun (545 m), Mengla, 2013-III-12. 25-4: 勐腊勐远 Mengyuan, Mengla, 2018-II-26. 25-5–6: 河口戈哈 Geha (350 m), Hekou, 2015-IV-4–5.

25-7–9: 澜沧亚种 ssp. *vadimi*. 25-7: 漾濞东南点苍山 Diancang Shan (1400–1850 m), Yangbi, 2007-VI-3 (HT). 25-8: 漾濞平坡 Pingpo (2000 m), Yangbi, 1998-VI-11 (PT). 25-9: 漾濞平坡 Pingpo, Yangbi, 1997-VI (PT).

25-7
m. vadimi ♂
Yangbi [AMC]
HOLOTYPE

25-8
m. vadimi ♀
Yangbi [DLU]
PARATYPE

25-9
m. vadimi ♀
Yangbi [DLU]
PARATYPE

26-1
leechi ♂
Yanjin [SJH]

26-2
leechi ♂
Jinping [SJH]

26-3
leechi ♀
Jinping [SJH]

26. 黎氏青凤蝶 *Graphium leechi*

26-1: 盐津盐津溪 Yanjinxi (670 m), Yanjin, 2016-VI-23. 26-2–3: 金平马鞍底 Ma'andi (960 m), Jinping, 2019-IV-15.

27. 碎斑青凤蝶 *Graphium chironides*

27-1–6: 指名亚种 ssp. *chironides*. 27-1: 盈江铜壁关 Tongbiguan (1000 m), Yingjiang, 2017-III-2. 27-2: 同前 ditto, 2017-V-13. 27-3–4: 勐腊勐仑 Menglun (545 m), Mengla, 2007-VIII-15.

27-5: 盐津上河坝 Shangheba (790 m), Yanjin, 2016-VII-27. 27-6: 盐津豆沙关 Doushaguan (1000 m), Yanjin, 2014-VII-14 (羽化).

28. 银钩青凤蝶 *Graphium eurypylus*

28-1–3: 大陆亚种 ssp. *acheron*. 28-1: 勐腊勐仑 Menglun (545 m), Mengla, 2014-IV-5. 28-2: 河口戈哈 Geha (350 m), Hekou, 2013-X-4. 28-3: 泰国东部 Chantaburi, E. Thailand, 1983-VI-1.

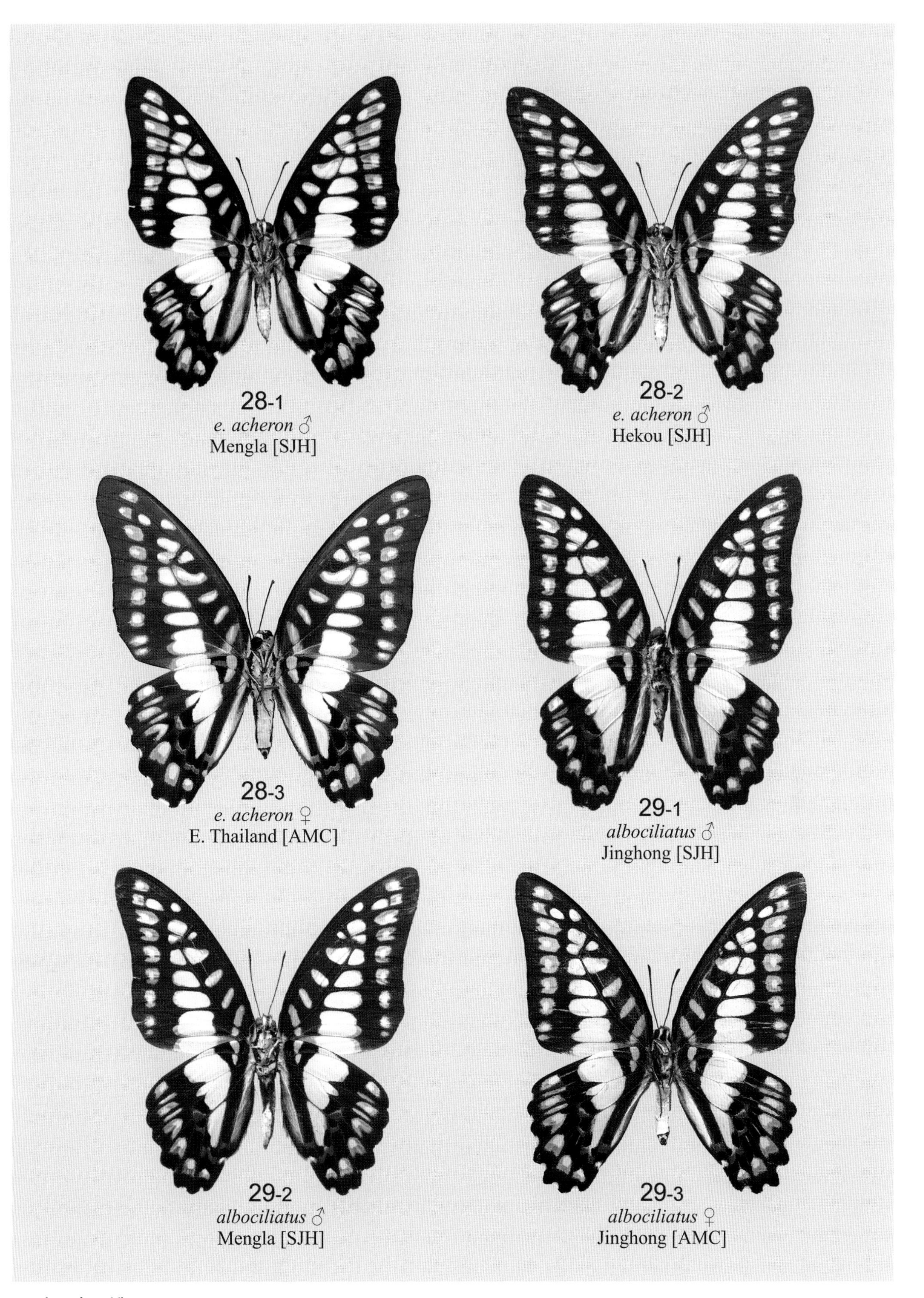

29. 南亚青凤蝶 *Graphium albociliatus*

29-1: 景洪小勐养 Xiao Mengyang, Jinghong, 1995-VI-7. 29-2: 勐腊 Mengla, 2007-VII. 29-3: 景洪 Jinghong, 2008-VIII.

30. 木兰青凤蝶 *Graphium doson*

30-1–4: 华南亚种 ssp. *actor*. 30-1: 景洪橄榄坝 Ganlan Ba (530 m), Jinghong, 2015-II-5. 30-2: 勐腊勐仑 Menglun, Mengla, 2007-VII. 30-3: 河口戈哈 Geha (350 m), Hekou, 2014-X-4. 30-4: 同前 ditto, 2014-X-5.

31. 统帅青凤蝶 *Graphium agamemnon*

31-1–8: 指名亚种 ssp. *agamemnon*. 31-1: 勐腊勐仑 Menglun (580 m), Mengla, 2017-II-10. 31-2: 元江哈及冲 Haji Chong (750 m), Yuanjiang, 2012-X-19.

31-3: 河口戈哈 Geha (350 m), Hekou, 2014-X-4. 31-4: 同前 ditto, 2014-X-5. 31-5–8: 师宗五龙 Wulong (950 m), Shizong, 2015-VIII-19–30 (羽化).

31-3
a. agamemnon ♂
Hekou [HHZ]
31-4
a. agamemnon ♀
Hekou [HHZ]
31-5
a. agamemnon ♂
Shizong [SJH]
31-6
a. agamemnon ♂
Shizong [WWM]
31-7
a. agamemnon ♀
Shizong [SJH]
31-8
a. agamemnon ♀
Shizong [SJH]

32. 青凤蝶 *Graphium sarpedon*

32-1–12: 指名亚种 ssp. *sarpedon*. 32-1–3: 昆明市区 Downtown (1900 m), Kunming, 2014-IX-6. 32-4: 昆明三碗水 Sanwanshui (2100 m), Kunming, 2015-V-17. 32-5: 昆明市区 Downtown (1900 m), Kunming, 2014-IX-8.

32-6: 东川森林公园 Forest Park (1500 m), Dongchuan, 2013-VIII-3. 32-7: 盐津斑竹林 Banzhulin (440 m), Yanjin, 2016-VII-23. 32-8: 盐津二溪口 Erxikou (520 m), Yanjin, 2016-IV-29.

32-9–10: 河口戈哈 Geha (350 m), Hekou, 2014-X-4–5. 32-11: 河口马多依 Maduoyi (430 m), Hekou, 2013-X-4. 32-12: 元江哈及冲 Haji Chong (750 m), Yuanjiang, 2010-VII-10.
32-13–15: 马来亚种 ssp. *luctatius*. 32-13: 勐腊尚勇 Shangyong (780 m), Mengla, 2014-IV-6.

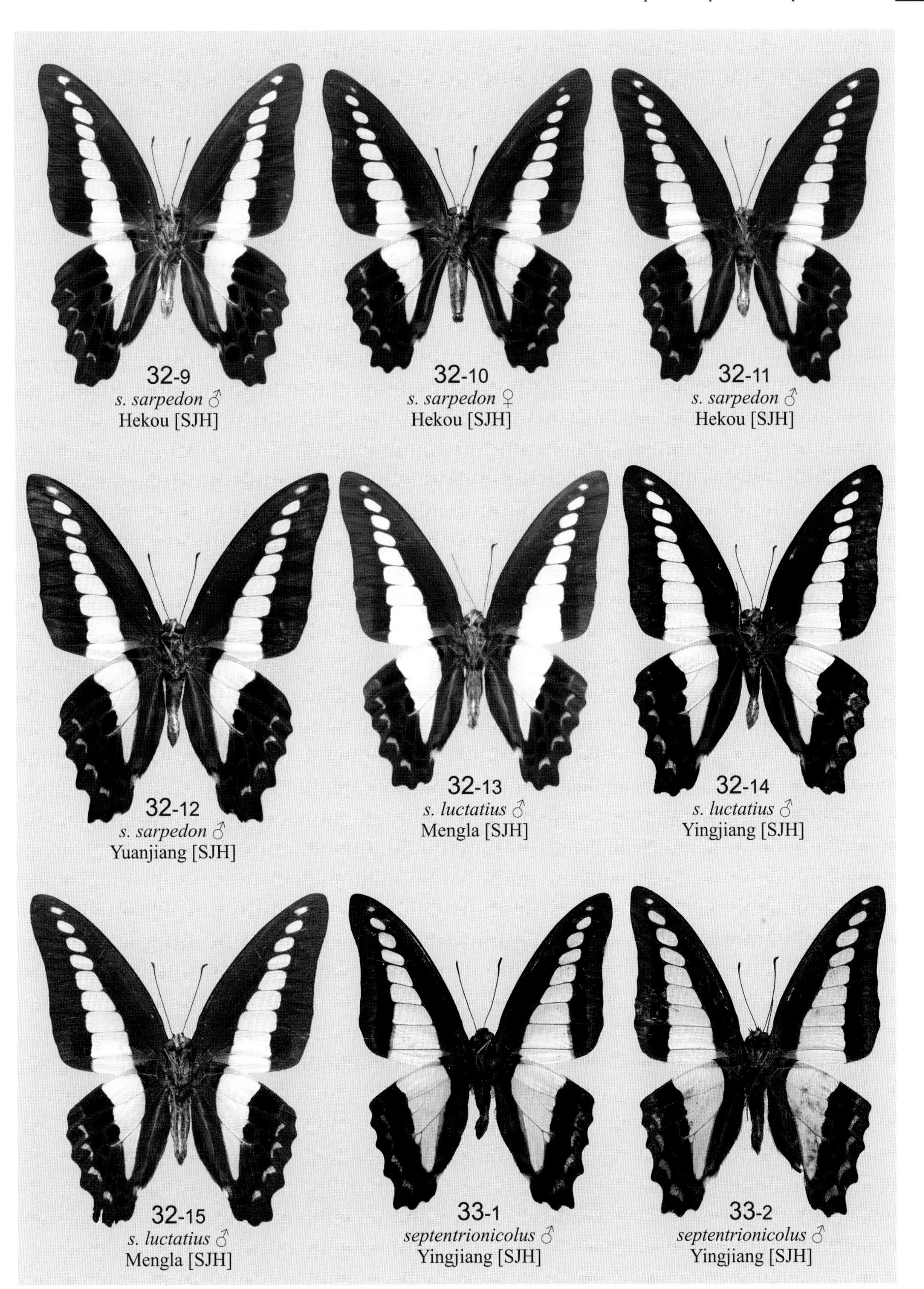

32-14: 盈江铜壁关 Tongbiguan (1000 m), Yingjiang, 2017-III-26. 32-15: 勐腊大龙哈 Da Longha (770 m), Mengla, 2014-IV-5.

33. 北印青凤蝶 *Graphium septentrionicolus*

33-1–2: 盈江铜壁关 Tongbiguan (1000 m), Yingjiang, 2017-III-26.

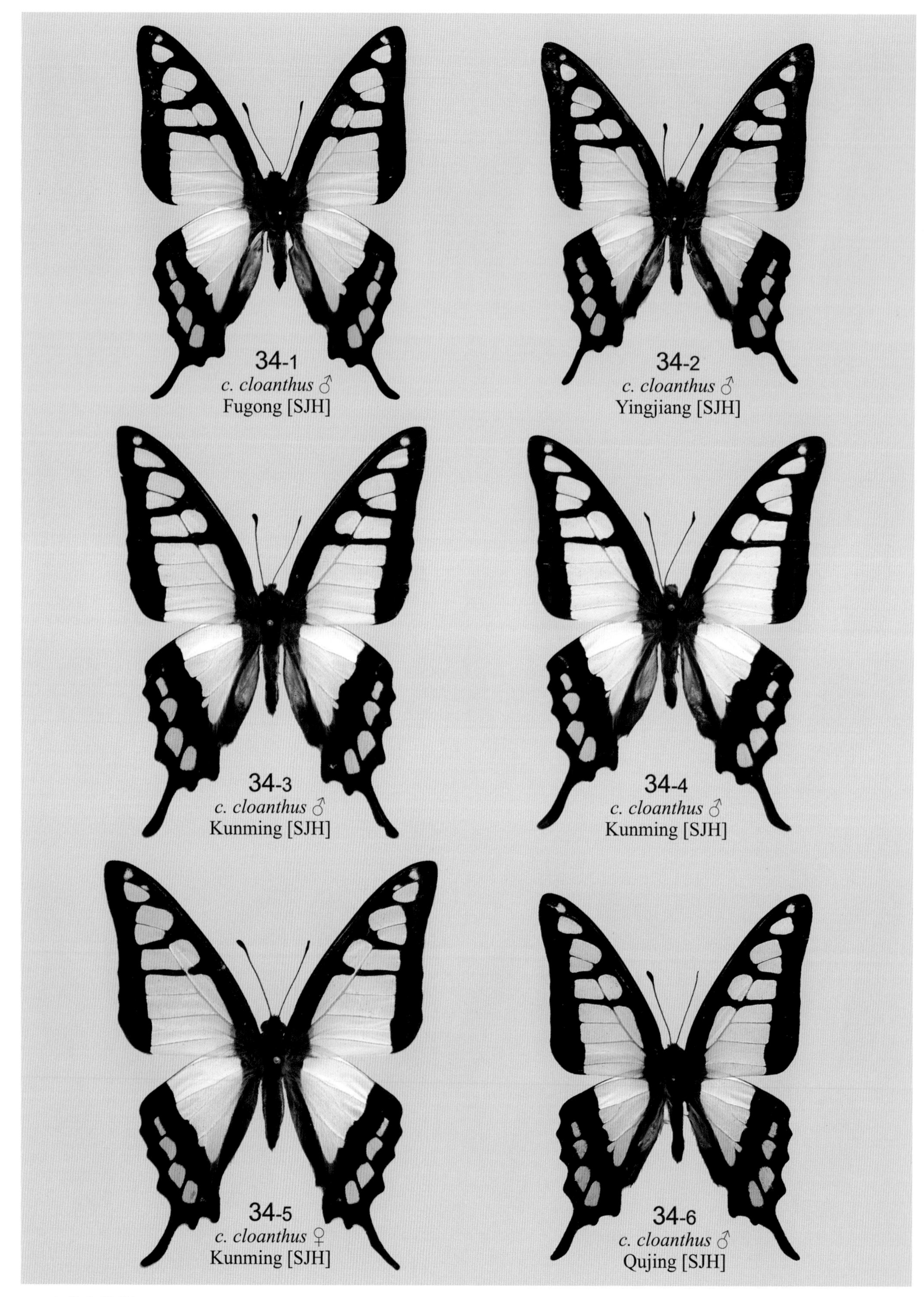

34. 宽带青凤蝶 *Graphium cloanthus*

34-1–6: 指名亚种 ssp. *cloanthus*. 34-1: 福贡阿亚比 Ayabi, Fugong, 2017-V-23. 34-2: 盈江铜壁关 Tongbiguan (980 m), Yingjiang, 2017-II-23. 34-3–4: 昆明大观楼 Daguanlou (1886 m), Kunming, 2008-VIII-21.

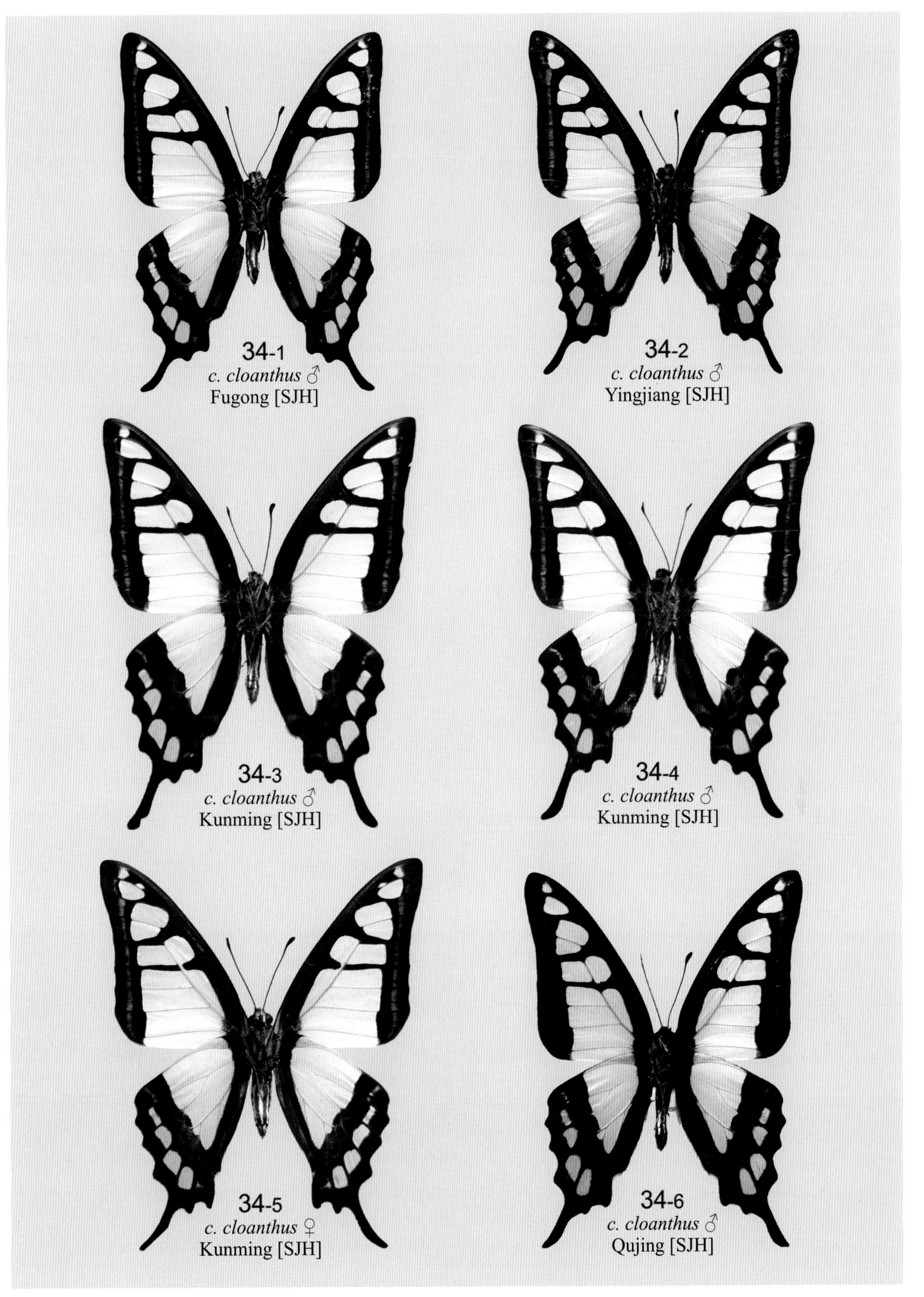

34-5: 昆明西山 Xi Shan (2230 m), Kunming, 2013-III-30. 34-6: 曲靖面店 Miandian, Qujing, 2017-VIII-27.

35. 喙凤蝶 *Teinopalpus imperialis*

35-1–4: 滇缅亚种 ssp. *behludinii*. 35-1: 永善小岩方 Xiaoyanfang (1500–1860 m), Yongshan, 2018-V-28. 35-2–4: 金平阿得博 Adebo (1870 m), Jinping, 2019-IV-22.

35-1
i. behludinii ♂
Yongshan [YNU]

35-2
i. behludinii ♂
Jinping [YNU]

35-3
i. behludinii ♂
Jinping [YNU]

35-4
i. behludinii ♀
Jinping [YNU]

36. 金斑喙凤蝶 *Teinopalpus aureus*

36-1–3: 老越亚种 ssp. *shinkaii*. 36-1: 金平马鞍底 Ma'andi (1870 m), Jinping, 2007-V-21. 36-2–3: 越南北部 Tam Dao (2000 m), N. Vietnam, 2000-IV.

36-1
a. shinkaii ♂
Jinping [SFU]

36-2
a. shinkaii ♂
N. Vietnam [ALM]

36-3
a. shinkaii ♀
N. Vietnam [ALM]

37. 红珠凤蝶 *Pachliopta aristolochiae*

37-1–6: 大斑亚种 ssp. *goniopeltis*. 37-1–4: 勐腊磨憨 Mohan, Mengla, 2009-III. 37-5–6: 勐腊勐仑 Menglun (580 m), Mengla, 2016-VIII-3–4.

37-1
a. goniopeltis ♂
Mengla [AMC]

37-2
a. goniopeltis ♂
Mengla [AMC]

37-3
a. goniopeltis ♂
Mengla [AMC]

37-4
a. goniopeltis ♀
Mengla [AMC]

37-5
a. goniopeltis ♂
Mengla [KD]

37-6
a. goniopeltis ♀
Mengla [KD]

37-7–10: 小斑亚种 ssp. *adaeus*. 37-7: 盐津杉木滩 Shamutan (750 m), Yanjin, 2016-V-24. 37-8: 盐津普洱渡 Pu'er Du (400 m), Yanjin, 2018-VII-16. 37-9: 洱源凤羽 Fengyu (1900 m), Eryuan, 2019-V-6. 37-10: 文山 Wenshan (1500 m), 2008-VIII.

37-7
a. adaeus ♂
Yanjin [SJH]

37-8
a. adaeus ♀
Yanjin [HHZ]

37-9
a. adaeus ♂
Eryuan [SJH]

37-10
a. adaeus ♀
Wenshan [AMC]

38. 裳凤蝶 *Troides helena*

38-1–12: 大陆亚种 ssp. *cerberus*. 38-1: 景洪普文 Puwen, Jinghong, 2007-VI-10. 38-2: 景洪关坪 Guanping, Jinghong, 2007-VIII-6.

38-1
h. cerberus ♂
Jinghong [YNU]

38-2
h. cerberus ♂
Jinghong [YNU]

38-3: 景洪小勐养 Xiaomengyang, Jinghong, 2007-VIII-6. 38-4: 河口戈哈 Geha (350 m), Hekou, 2017-VII-29.

38-3
h. cerberus ♂
Jinghong [YNU]

38-4
h. cerberus ♂
Hekou [YNU]

38-5: 勐腊磨憨 Mohan, Mengla, 2013-V-6. 38-6: 勐腊补蚌 Bubeng, Mengla, 2013-V-6.

38-5
h. cerberus ♂
Mengla [YNU]

38-6
h. cerberus ♂
Mengla [YNU]

38-7: 勐腊勐远 Mengyuan, Mengla, 2013-VII-13. 38-8: 勐腊南木窝河边 Riverside of Nanmuwo, Mengla, 2013-VII-13.

38-7
h. cerberus ♂
Mengla [YNU]

38-8
h. cerberus ♂
Mengla [YNU]

38-9: 勐腊勐仑 Menglun, Mengla, 2017-X-16. 38-10: 勐腊磨憨 Mohan, Mengla, 2008-VIII-15.

38-9
h. cerberus ♀
Mengla [YNU]

38-10
h. cerberus ♀
Mengla [YNU]

38-11–12: 勐腊勐仑植物园 XTBG, Mengla, 2020-IX-2.

38-11
h. cerberus ♀
Mengla [YNU]

38-12
h. cerberus ♀
Mengla [YNU]

39. 金裳凤蝶 *Troides aeacus*

39-1–7: 指名亚种 ssp. *aeacus*. 39-1: 盈江铜壁关 Tongbiguan (1000 m), Yingjiang, 2017-V-13. 39-2: 同前 ditto, 2017-VII-22.

39-1
a. aeacus ♂
Yingjiang [KIZ]

39-2
a. aeacus ♂
Yingjiang [KIZ]

39-3
a. aeacus ♂
Jinghong [KIZ]

39-4
a. aeacus ♂
Mengla [KIZ]

39-3: 景洪曼点瀑布 Mandian Waterfall, Jinghong, 2013-V-5. 39-4: 勐腊勐仑 Menglun (545 m), Mengla, 2014-X-20.

39-3
a. aeacus ♂
Jinghong [KIZ]

39-4
a. aeacus ♂
Mengla [KIZ]

39-5: 漾濞平坡 Pingpo (1600 m), Yangbi, 2019-V-6. 39-6: 河口戈哈 Geha (350 m), Hekou, 2016-X-23.

39-5
a. aeacus ♂
Yangbi [KIZ]

39-6
a. aeacus ♂
Hekou [YNU]

39-7: 龙陵 Longling, 2017-III-15.

39-8–12: 四川亚种 ssp. *szechwanus*. 39-8: 永善小岩方 Xiaoyanfang (1000 m), Yongshan, 2018-VI-29.

39-9: 安宁青龙峡 Qinglong Xia (1900 m), Anning, 2017-VI-7. 39-10: 昆明陡嘴瀑布 Douzui Waterfall (1910 m), Kunming, 2016-V.

39-9
a. szechwanus ♂
Anning [KIZ]

39-10
a. szechwanus (♂♀)
Kunming [YNU]

39-11: 盐津盐井 Yanjing (430 m), Yanjin, 2016-V-25. 39-12: 永善小岩方 Xiaoyanfang (1000 m), Yongshan, 2018-VI-29.

39-11
a. szechwanus ♂
Yanjin [KIZ]

39-12
a. szechwanus ♂
Yongshan [YNU]

40. 暖曙凤蝶 *Atrophaneura aidoneus*

40-1: 勐腊勐仑 Menglun (545 m), Mengla, 2015-III-7. 40-2–4: 景洪橄榄坝 Ganlan Ba (530 m), Jinghong, 2015-II-19.

40-1
aidoneus ♂
Mengla [SJH]
40-3
aidoneus ♀
Jinghong [SJH]
40-2
aidoneus ♂
Jinghong [SJH]
40-4
aidoneus ♀
Jinghong [SJH]

40-5–6: 盈江苏典 Sudian (980 m), Yingjiang, 2016-VIII-5.

40-5
aidoneus ♂
Yingjiang [SJH]

40-6
aidoneus ♀
Yingjiang [SJH]

41. 瓦曙凤蝶 *Atrophaneura astorion*
41-1: 指名亚种 ssp. *astorion*. 41-1: 盈江芒蚌 Mangbeng, Yingjiang, 2018-IX-8.

41-2–4: 白斑亚种 ssp. *zaleucus*. 41-2: 勐腊勐仑 Menglun (545 m), Mengla, 2015-III-7. 41-3: 江城整董 Zhengdong, Jiangcheng, 2019-VIII-12. 41-4: 景洪小勐养 Xiaomengyang, Jinghong, 2006-VII-9.

42. 短尾麝凤蝶 *Byasa crassipes*

42-1: 勐腊大龙哈 Dalongha (570 m), Mengla, 2015-II-3. 42-2: 盈江铜壁关 Tongbiguan (1000 m), Yingjiang, 2016-VIII-18. 42-3: 盈江苏典 Sudian (980 m), Yingjiang, 2016-VIII-5.

42-1
crassipes ♂
Mengla [KD]
42-2
crassipes ♂
Yingjiang [SJH]
42-3
crassipes ♀
Yingjiang [SJH]

42-4: 金平期咱迷 Qizami, Jinping, 2020-X-4. 42-5: 金平马鞍底 Ma’andi, Jinping, 2020-X-5. 42-6: 河口戈哈 Geha, Hekou, 2020-IX-26.

42-4
crassipes ♂
Jinping [XZ]
42-5
crassipes ♀
Jinping [XZ]
42-6
crassipes ♀
Hekou [ZHJ]

43. 突缘麝凤蝶 *Byasa plutonius*
43-1–8: 缅印亚种 ssp. *tytleri*. 43-1: 福贡以西山地 mountains west of Fugong, 2006-VII-5. 43-2: 腾冲曲石 Qushi (2200 m), Tengchong, 2014-IV-30.

43-1
p. tytleri ♂
Fugong [AMC]

43-2
p. tytleri ♂
Tengchong [KFBG]

43-3: 漾濞平坡 Pingpo, Yangbi, 2019-V. 43-4–6: 大理凤仪 Fengyi, Dali, 2019-V.

43-3
p. tytleri ♂
Yangbi [SJH]

43-4
p. tytleri ♂
Dali [SJH]

43-5
p. tytleri ♂
Dali [SJH]

43-6
p. tytleri ♂
Dali [SJH]

43-7: 漾濞平坡 Pingpo, Yangbi, 2018-V. 43-8: 大理凤仪 Fengyi, Dali, 2019-V.

43-7
p. tytleri ♀
Yangbi [SJH]

43-8
p. tytleri ♀
Dali [SJH]

43-9–12: 指名亚种 ssp. *plutonius*. 43-9–10: 玉龙新尚 Xinshang (2360–2660 m), Yulong, 2015-IV-25–26. 43-11: 同前 (2570 m), 2013-VI-2. 43-12: 同前, 2015-IV-25.

43-9
p. plutonius ♂
Yulong [SJH]

43-10
p. plutonius ♂
Yulong [SJH]

43-11
p. plutonius ♀
Yulong [SFU]

43-12
p. plutonius ♀
Yulong [SJH]

44. 高山麝凤蝶 *Byasa mukoyamai*
44-1–2: 丽江北部 N. of Lijiang, 1997-VII (44-2 PT).

45. 云南麝凤蝶 *Byasa hedistus*

45-1: 昆明乌西 Wuxi (2100 m), Kunming, 2015-V-12. 45-2: 昆明西山 Xi Shan (2340 m), Kunming, 2009-X-31. 45-3: 昆明乌西 Wuxi (2100 m), Kunming, 2015-V-12.

45-4: 昆明乌西 Wuxi (2100 m), Kunming, 2015-V-9. 45-5: 东川森林公园 Forest Park (1900 m), Dongchuan, 2015-V-10. 45-6: 同前, 2015-V-9. 45-7: 宜良小哨 Xiaoshao (1800 m), Yiliang, 2015-VII-7.

45-4
hedistus ♀
Kunming [SJH]

45-5
hedistus ♂
Dongchuan [SJH]

45-6
hedistus ♀
Dongchuan [SJH]

45-7
hedistus ♂
Yiliang [SJH]

46. 白斑麝凤蝶 *Byasa dasarada*

46-1–2: 滇藏亚种 ssp. *ouvrardi*. 46-1: 贡山独龙江钦郎当 Qinlangdang (1400 m), Dulongjiang, Gongshan, 2009-VI-3. 46-2: 盈江铜壁关 Tongbiguan (1000 m), Yingjiang, 2017-V-19.

46-1
d. ouvrardi ♂
Gongshan [JQZ]

46-2
d. ouvrardi ♂
Yingjiang [SJH]

46-3–4: 中南亚种 ssp. *barata*. 46-3: 勐腊勐远 Mengyuan (800 m), Mengla, 2018-I-26. 46-4: 勐腊 Mengla, 2019-IX.

46-3
d. barata ♂
Mengla [HHZ]

46-4
d. barata ♀
Mengla [RHD]

47. 多姿麝凤蝶 *Byasa polyeuctes*

47-1–14: 指名亚种 ssp. *polyeuctes*. 47-1: 贡山独龙江 Dulongjiang, Gongshan, 2010-VIII-25. 47-2: 贡山独龙江龙源 Longyuan, Dulongjiang (1700 m), Gongshan, 2015-VII-14.

47-1
p. polyeuctes ♂
Gongshan [SJH]
47-2
p. polyeuctes ♀
Gongshan [JQZ]

47-3–4: 景洪橄榄坝 Ganlan Ba (600 m), Jinghong, 2018-V. 47-5: 盈江铜壁关 Tongbiguan (1000 m), Yingjiang, 2016-X-24. 47-6: 永德大雪山 Daxueshan, Yongde, 2015-VIII-24–25.

47-3
p. polyeuctes ♂
Jinghong [SJH]
47-4
p. polyeuctes ♀
Jinghong [SJH]
47-5
p. polyeuctes ♂
Yingjiang [SJH]
47-6
p. polyeuctes ♂
Yongde [SJH]

47-7–8: 玉龙新尚 Xinshang (2360 m), Yulong, 2013-VI-2. 47-9: 同前 ditto (2660 m), 2015-IV-26. 47-10: 同前 ditto (2360 m), 2015-IV-25.

47-7
p. polyeuctes ♂
Yulong [SFU]

47-8
p. polyeuctes ♀
Yulong [SFU]

47-9
p. polyeuctes ♂
Yulong [SJH]

47-10
p. polyeuctes ♂
Yulong [SJH]

47-11: 昆明西山 Xi Shan (2340 m), Kunming, 2010-IX-10 (羽化). 47-12: 同前 ditto (2000 m), 2009-III-15. 47-13: 同前 ditto (2250 m), 2013-III-30. 47-14: 同前 ditto (2200 m), 2016-VIII-2.

47-11
p. polyeuctes ♂
Kunming [SJH]

47-13
p. polyeuctes ♀
Kunming [SJH]

47-12
p. polyeuctes ♂
Kunming [SJH]

47-14
p. polyeuctes ♀
Kunming [SJH]

48. 纨绔麝凤蝶 *Byasa latreillei*

48-1–4: 缅北亚种 ssp. *ticona*. 48-1: 腾冲滇滩 Diantan, Tengchong, 2019-VI-3. 48-2: 腾冲明光 Mingguang (2100 m), Tengchong, 2015-V-22. 48-3–4: 盈江苏典至雷新 Sudian to Leixin, Yingjiang, 2019-V-20.

48-1
l. ticona ♂
Tengchong [SJH]
48-3
l. ticona ♂
Yingjiang [SJH]
48-2
l. ticona ♂
Tengchong [KFBG]
48-4
l. ticona ♀
Yingjiang [SJH]

49. 绮罗麝凤蝶 *Byasa genestieri*

49-1–12: 指名亚种 ssp. *genestieri*. 49-1–3: 福贡阿亚比 Ayabi, Fugong, 2017-V-23. 49-4: 福贡西部山区 mountains W. of Fugong, 2007-VII-5.

49-1
g. genestieri ♂
Fugong [SJH]
49-2
g. genestieri ♂
Fugong [SJH]
49-3
g. genestieri ♂
Fugong [SJH]
49-4
g. genestieri ♀
Fugong [AMC]

49-5–8: 漾濞漾江 Yangjiang (1600–1700 m), Yangbi, 2017-V-23.

49-5
g. genestieri ♂
Yangbi [SJH]
49-6
g. genestieri ♂
Yangbi [SJH]
49-7
g. genestieri ♂
Yangbi [SJH]
49-8
g. genestieri ♀
Yangbi [SJH]

49-9: 昆明西山 Xi Shan (2300 m), Kunming, 2010-V-22. 48-10: 昆明陡嘴瀑布 Douzui Waterfall (1910 m), Kunming, 2016-V. 49-11: 同前, 2016-V-29. 49-12: 同前, 2016-VI-1.

49-9
g. genestieri ♂
Kunming [SJH]

49-10
g. genestieri ♂
Kunming [ZLS]

49-11
g. genestieri ♂
Kunming [HHZ]

49-12
g. genestieri ♀
Kunming [HHZ]

50. 彩裙麝凤蝶 *Byasa polla*

50-1: 盈江铜壁关 Tongbiguan (1000 m), Yingjiang, 2017-VII-22. 50-2: 盈江苏典 Sudian (980 m), Yingjiang, 2016-VII-12.

50-1
polla ♂
Yingjiang [SJH]

50-2
polla ♀
Yingjiang [CMS]

50-3–4: 盈江昔马 Xima (1100 m), Yingjiang, 2020-VII-25–30.

50-3
polla ♂
Yingjiang [SJH]

50-4
polla ♀
Yingjiang [SJH]

51. 粗绒麝凤蝶 *Byasa nevilli*

51-1: 玉龙新尚 Xinshang (2580 m), Yulong, 2015-IV-25. 51-2: 大理凤仪 Fengyi (2000 m), Dali, 2019-V. 51-3: 昆明乌西 Wuxi (2100 m), Kunming, 2015-V-12. 51-4: 同前 ditto (2100 m), 2015-V-12.

51-5: 昆明西山 Xi Shan (2350 m), Kunming, 2010-VIII-14.

52. 达摩麝凤蝶 *Byasa daemonius*

52-1–6: 云南亚种 ssp. *yunnana*. 52-1: 香格里拉 Shangri-La, 2016-V-23. 52-2: 香格里拉尼西 Nixi (3000 m), Shangri-La, 2019-VI-23. 52-3: 玉龙石鼓 Shigu (1900 m), Yulong, 2016-V-14. 52-4: 洱源凤羽 Fengyu, Eryuan, 2016-IX-13.

52-5: 洱源凤羽 Fengyu, Eryuan, 2017-V-10 (羽化). 52-6: 同前ditto, 2017-V-21 (羽化).

53. 娆麝凤蝶*Byasa rhadinus*

53-1–2: 洱源凤羽 Fengyu (2100 m), Eryuan, 2016-IX-10.

54. 长尾麝凤蝶*Byasa impediens*

54-1–2: 指名亚种 ssp. *impediens*. 54-1: 景洪勐罕 Menghan (800 m), Jinghong, 2008-VII. 54-2: 同前 ditto, 2008-VIII.

55. 褐钩凤蝶 *Meandrusa sciron*

55-1: 东川竹山 Zhu Shan (2500 m), Dongchuan, 2014-VII-17. 55-2: 屏边大围山 Dawei Shan, Pingbian, 2010-VII-26.

56. 西藏钩凤蝶 *Meandrusa lachinus*

56-1–4: 风伯亚种 ssp. *aribbas*. 56-1: 龙陵小黑山 Xiaohei Shan, Longling, 2018-VIII-28. 56-2: 金平马鞍底 Ma'andi (860 m), Jinping, 2017-V-23.

56-3: 金平马鞍底 Ma'andi (860 m), Jinping, 2017-V-23. 56-4: 金平阿得博 Adebo (1730 m), Jinping, 2019-V-17.

56-3
l. aribbas ♀
Jinping [SJH]

56-4
l. aribbas ♀
Jinping [SJH]

57. 钩凤蝶 *Meandrusa payeni*

57-1–5: 泰缅亚种 ssp. *amphis*. 57-1: 勐腊勐仑 Menglun (580 m), Mengla, 2017-II-10. 57-2–3: 同前 ditto, 2018-II-24. 57-4: 景洪橄榄坝 Ganlan Ba (530 m), Jinghong, 2015-VII-6.

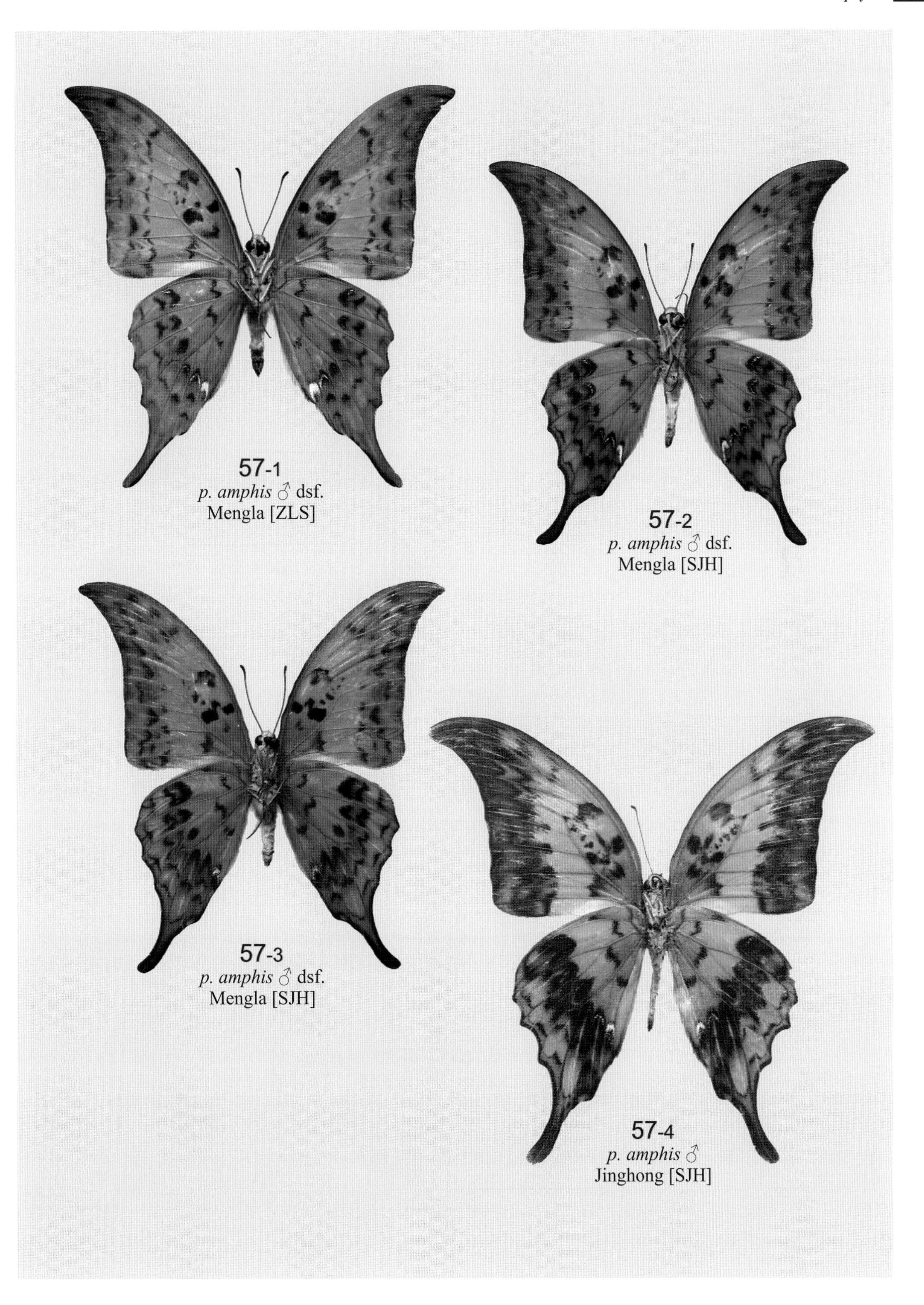

57-1
p. amphis ♂ dsf.
Mengla [ZLS]

57-2
p. amphis ♂ dsf.
Mengla [SJH]

57-3
p. amphis ♂ dsf.
Mengla [SJH]

57-4
p. amphis ♂
Jinghong [SJH]

57-5: 勐腊勐仑 Menglun (580 m), Mengla, 2018-III.
57-6–8: 越桂亚种 ssp. *langsonensis*. 57-6: 河口戈哈 Geha (350 m), Hekou, 2013-X-4. 57-7: 同前 ditto, 2019-VIII-9. 57-8: 同前 ditto, 2019-VIII-8.

57-5
p. amphis ♀ dsf.
Mengla [HHZ]

57-7
p. langsonensis ♂
Hekou [KD]

57-6
p. langsonensis ♂
Hekou [SJH]

57-8
p. langsonensis ♀
Hekou [KD]

58. 柑橘凤蝶 *Papilio xuthus*

58-1: 昆明团结 Tuanjie, Kunming, 2011-IX-11. 58-2: 同前 ditto, 2013-IV-13. 58-3: 昆明三碗水 Sanwanshui (2100 m), Kunming, 2014-V-23. 58-4–6: 东川森林公园 Forest Park (1450 m), Dongchuan, 2013-VIII-3.

58-1
xuthus ♂
Kunming [SJH]

58-2
xuthus ♀
Kunming [SJH]

58-3
xuthus ♂
Kunming [SJH]

58-4
xuthus ♂
Dongchuan [SJH]

58-5
xuthus ♂
Dongchuan [SJH]

58-6
xuthus ♂
Dongchuan [SJH]

58-7: 会泽迤车 Yiche, Huize, 2011-VII-27. 58-8: 师宗英武山 Yingwu Shan (2400 m), Shizong, 2014-VIII-1. 58-9–10: 陆良召夸 Zhaokua, Luliang, 2015-VIII-19–20.

58-7
xuthus ♂
Huize [SJH]

58-8
xuthus ♂
Shizong [SJH]

58-9
xuthus ♀
Luliang [WWM]

58-10
xuthus ♀
Luliang [WWM]

59. 高山金凤蝶 *Papilio everesti*

59-1: 滇藏亚种 ssp. *alpherakyi*. 59-1: 贡山丙中洛 Bingzhongluo, Gongshan, 2017-V-19.

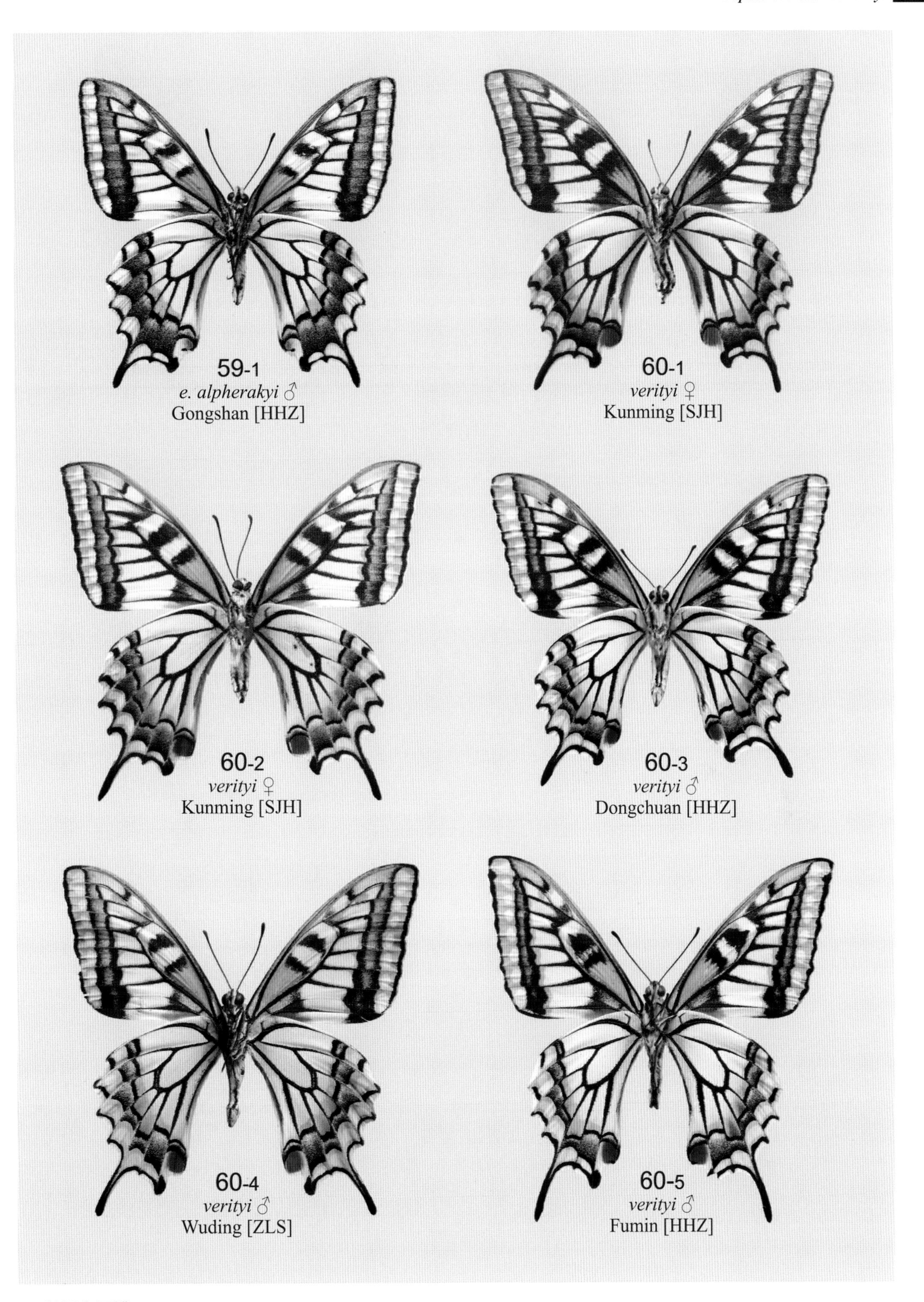

60. 长尾金凤蝶 *Papilio verityi*

60-1–11: 60-1: 昆明茨坝 Ciba, Kunming, 1998-V-1. 60-2: 同前 ditto, 1999-V-2. 60-3: 东川法者 Fazhe, Dongchuan, 2014-V-2. 60-4: 武定狮子山 Shizi Shan, Wuding, 2016-VIII-27. 60-5: 富民罗免 Luomian, Fumin, 2017-VI-3.

60-6–7: 弥勒东风 Dongfeng, Mile, 2016-VI-10. 60-8: 元江那诺 Nanuo (1700 m), Yuanjiang, 2010-I-17. 60-9: 江城国庆 Guoqing (1120 m), Jiangcheng, 2010-I-26. 60-10: 芒市 Mangshi, 2018-III. 60-11: 盈江铜壁关 Tongbiguan, Yingjiang, 2017-II-5.

60-6
verityi ♂
Mile [SJH]
60-7
verityi ♂
Mile [SJH]
60-8
verityi ♂
Yuanjiang [SJH]
60-9
verityi ♂
Jiangcheng [SJH]
60-10
verityi ♂
Mangshi [HHZ]
60-11
verityi ♂
Yingjiang [HHZ]

61. 金凤蝶 *Papilio machaon*

61-1–6: 中华亚种 ssp. *schantungensis*. 61-1: 盐津杉木滩 Shanmutan (750 m), Yanjin, 2017-VII-10 (羽化). 61-2: 盐津陈家坪 Chenjia Ping (880 m), Yanjin, 2017-VII-25. 61-3: 盐津杉木滩 Shanmutan (750 m), Yanjin, 2017-VII-13 (羽化). 61-4–6: 富源营盘山 Yingpan Shan, Fuyuan, 2005-VI-19–27.

61-1
m. schantungensis ♂
Yanjin [SJH]

61-2
m. schantungensis ♂
Yanjin [ZHJ]

61-3
m. schantungensis ♀
Yanjin [SJH]

61-4
m. schantungensis ♂
Fuyuan [AMC]

61-5
m. schantungensis ♀
Fuyuan [AMC]

61-6
m. schantungensis ♀
Fuyuan [AMC]

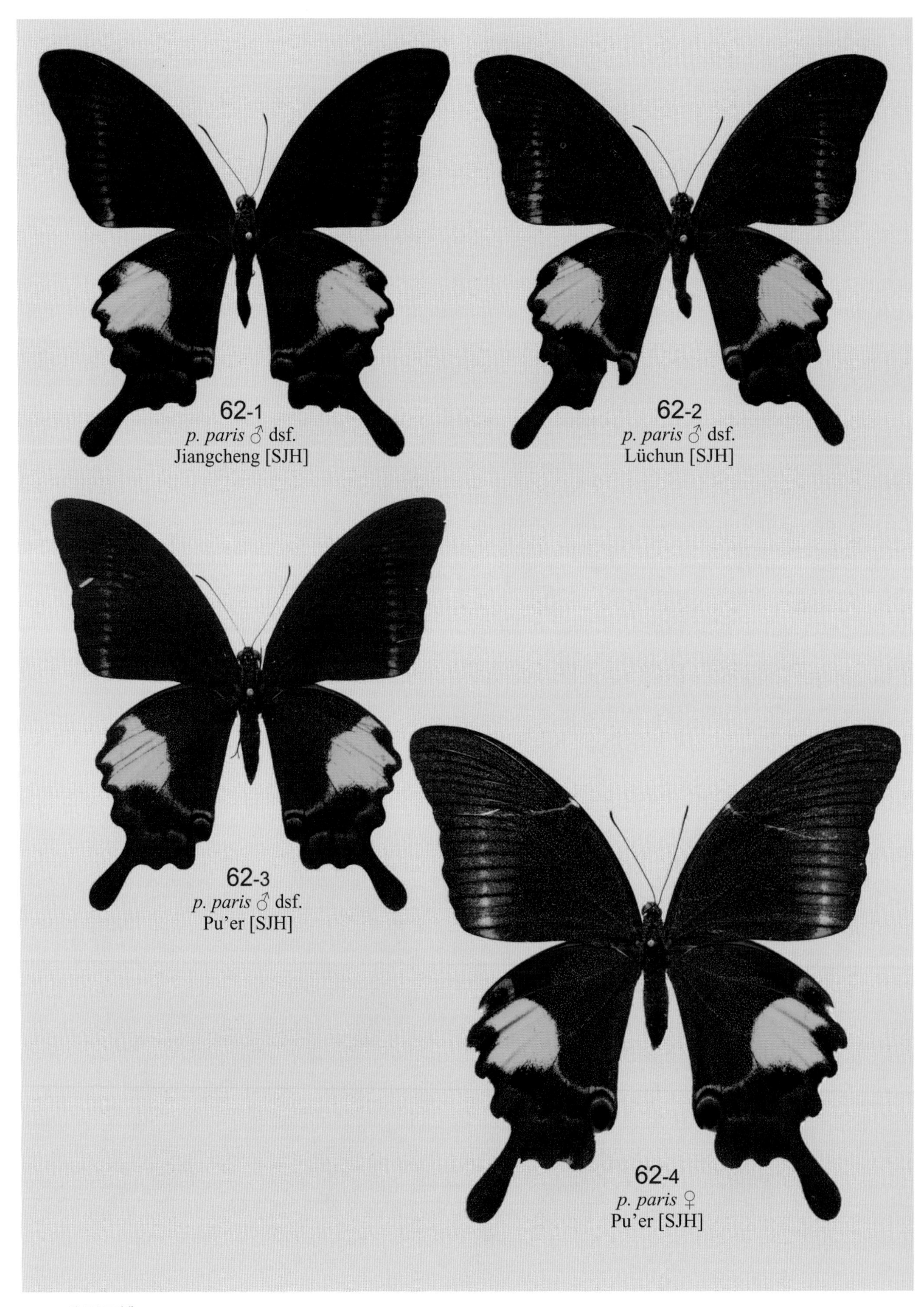

62. 巴黎翠凤蝶 *Papilio paris*

62-1–7: 指名亚种 ssp. *paris*. 62-1: 江城中董 Zhongdong, Jiangcheng, 2012-II-23. 62-2: 绿春牛孔 Niukong, Lüchun, 2012-II-24. 62-3: 普洱曼歇坝 Manxie Ba (1120 m), Pu’er, 2014-IV-7. 62-4: 同前 ditto, 2011-VIII-7.

62-1
p. paris ♂ dsf.
Jiangcheng [SJH]
62-2
p. paris ♂ dsf.
Lüchun [SJH]
62-3
p. paris ♂ dsf.
Pu'er [SJH]
62-4
p. paris ♀
Pu'er [SJH]

62-5
p. paris ♂
Mile [SJH]

62-6
p. paris ♂ dsf.
Mengla [SJH]

62-7
p. paris ♂
Yuanjiang [SJH]

62-5: 弥勒洛那 Luona, Mile, 2015-VIII-8. 62-6: 勐腊大龙哈 Dalongha (770 m), Mengla, 2014-IV-6. 62-7: 元江哈及冲 Haji Chong (750 m), Yuanjiang, 2009-IX-1.

62-5
p. paris ♂
Mile [SJH]

62-6
p. paris ♂ dsf.
Mengla [SJH]

62-7
p. paris ♂
Yuanjiang [SJH]

62-8
p. chinensis ♂
Yanjin [SJH]

62-9
p. chinensis ♀
Yanjin [ZLS]

62-10
p. chinensis ♂
Yanjin [ZHJ]

62-8–10: 中华亚种 ssp. *chinensis*. 62-8: 盐津盐津溪 Yanjinxi (670 m), Yanjin, 2016-VI-23. 62-9: 盐津斑竹林 Banzhulin (440 m), Yanjin, 2017-VI-30. 62-10: 盐津盐津溪 Yanjinxi (670 m), Yanjin, 2016-VI-23.

62-8
p. chinensis ♂
Yanjin [SJH]

62-9
p. chinensis ♀
Yanjin [ZLS]

62-10
p. chinensis ♂
Yanjin [ZHJ]

63. 窄斑翠凤蝶 *Papilio arcturus*

63-1–6: 指名亚种 ssp. *arcturus*. 63-1–2: 盈江铜壁关 Tongbiguan (980 m), Yingjiang, 2016-X-24.

63-1
a. arcturus ♂
Yingjiang [SJH]

63-2
a. arcturus ♀
Yingjiang [SJH]

63-3–4: 永德大雪山 Daxueshan, Yongde, 2015-VIII-24.

63-3
a. arcturus ♂
Yongde [WWM]

63-4
a. arcturus ♂
Yongde [WWM]

63-5
a. arcturus ♂
Kunming [HHZ]

63-6
a. arcturus ♂
Yongshan [HHZ]

63-5: 昆明陡嘴瀑布 Douzui Waterfall (1910 m), Kunming, 2016-VI-28. 63-6: 永善小岩方 Xiaoyanfang (1800 m), Yongshan, 2018-VI-29.

63-5
a. arcturus ♂
Kunming [HHZ]

63-6
a. arcturus ♂
Yongshan [HHZ]

64. 克里翠凤蝶 *Papilio krishna*

64-1–6: 滇缅亚种 ssp. *thawgawa*. 64-1: 贡山独龙江马库 Maku, Dulongjiang, Gongshan, 2015-V-6. 64-2: 腾冲明光 Mingguang (2100 m), Tengchong, 2015-V-20.

64-1
k. thawgawa ♂
Gongshan [WWM]

64-2
k. thawgawa ♂
Tengchong [KFBG]

64-3: 贡山黑娃底 Heiwadi, Gongshan, 2009-VI-7. 64-4: 福贡阿亚比 Ayabi, Fugong, 2017-V-23.

64-3
k. thawgawa ♂
Gongshan [JQZ]

64-4
k. thawgawa ♂
Fugong [AMC]

64-5: 缅甸克钦邦东北部 N.E. Kachin, Myanmar, 2004-VII-29. 64-6: 维西维登 Weideng, Weixi, 2018-VI.

64-5
k. thawgawa ♀
Myanmar [AMC]

64-6
k. thawgawa ♂
Weixi [HHZ]

64-7–8: 大理亚种 ssp. *benyongi*. 64-7: 漾濞平坡 Pingpo, Yangbi, 2017-V. 64-8: 同前 ditto, 2019-V-6 (HT).

64-7
k. benyongi ♂
Yangbi [AMC]

64-8
k. benyongi ♂
Yangbi [KIZ]
HOLOTYPE

65. 碧凤蝶 *Papilio bianor*

65-1–8: 华西亚种 ssp. *triumphator*. 65-1: 贡山独龙江 Dulongjiang, Gongshan, 2010-VIII-25. 65-2: 福贡 Fugong, 2006-VIII-12.

65-1
b. triumphator ♂
Gongshan [SJH]

65-2
b. triumphator ♂
Fugong [AMC]

65-3: 漾濞顺濞河边 Shunbi Riverside (1470 m), Yangbi, 2015-IV-23. 65-4: 腾冲古永林场 Guyong Timberland (2100 m), Tengchong, 2014-V-16. 65-5: 玉龙新尚 Xinshang (2360 m), Yulong, 2016-VIII-16. 65-6: 玉龙长松坪 Changsong Ping (2660 m), Yulong, 2016-VIII-14.

65-3
b. triumphator ♂
Yangbi [SJH]
65-5
b. triumphator ♂
Yulong [ZHJ]
65-4
b. triumphator ♂
Tengchong [SJH]
65-6
b. triumphator ♀
Yulong [ZHJ]

65-7: 永德大雪山 Daxueshan, Yongde, 2015-VIII-24. 65-8: 景洪橄榄坝 Ganlan Ba (530 m), Jinghong, 2014-IX-17.

65-7
b. triumphator ♂
Yongde [WWM]

65-8
b. triumphator ♂
Jinghong [SJH]

65-9–18: 指名亚种 ssp. *bianor*. 65-9: 易门龙泉森林公园 Longquan Forest Park (1500 m), Yimen, 2005-VIII-22. 65-10: 昆明植物园 Botanical Garden, Kunming, 2008-VII-30.

65-9
b. bianor ♂
Yimen [SJH]

65-10
b. bianor ♂
Kunming [SJH]

65-11: 昆明植物园 Botanical Garden, Kunming, 2008-VII-30. 65-12: 昆明西山 Xishan (2200 m), Kunming, 2009-V-17. 65-13: 石林大叠水瀑布 Dadieshui Waterfall (1580 m), Shilin, 2015-VII-7. 65-14: 宜良小哨 Xiaoshao (1800 m), Yiliang, 2015-VII-7.

65-11
b. bianor ♂
Kunming [SJH]

65-12
b. bianor ♀
Kunming [SJH]

65-13
b. bianor ♂
Shilin [SJH]

65-14
b. bianor ♂
Yiliang [SJH]

65-15–16: 东川森林公园 Forest Park (1350 m), Dongchuan, 2013-VIII-3. 65-17–18: 同前 ditto (1450 m), 2014-VIII-30–31.

65-15
b. bianor ♂
Dongchuan [SJH]

65-16
b. bianor ♂
Dongchuan [SJH]

65-17
b. bianor ♂
Dongchuan [SJH]

65-18
b. bianor ♂
Dongchuan [SJH]

66. 穹翠凤蝶 *Papilio dialis*

66-1–4: 老越亚种 ssp. *doddsi*. 66-1: 河口戈哈 Geha (350 m), Hekou, 2014-X-5. 66-2: 同前 ditto, 2017-V-15.

66-1
d. doddsi ♂
short tail form
Hekou [HHZ]

66-2
d. doddsi ♂
medium tail form
Hekou [ZLS]

66-3
d. doddsi ♀
short tail form
N. Vietnam [AMC]

66-4
d. doddsi ♀
medium tail form
N. Vietnam [AMC]

66-3: 越南北部三岛县 Tam Dao, N. Vietnam, 2007-VI. 66-4: 越南北部河江省 Ha Giang, N. Vietnam, 2006-V.

66-3
d. doddsi ♀
short tail form
N. Vietnam [AMC]

66-4
d. doddsi ♀
medium tail form
N. Vietnam [AMC]

67. 西番翠凤蝶 *Papilio syfanius*

67-1: 藏南亚种 ssp. *kitawakii*. 67-1: 怒山 Nu Shan, 2005-V.

67-2–11: 白斑亚种 ssp. *albosyfanius*. 67-2: 德钦扎安 Zha'an (3000 m), Deqen, 2019-VI-9. 67-3–4: 玉龙老君山 Laojun Shan, Yulong, 2004-VI.

67-5–6: 昆明西冲 Xi Chong (2100 m), Kunming, 2016-VI-10 (羽化). 67-7: 昆明黄龙箐 Huanglong Qing (2030 m), Kunming, 2016-VI-23. 67-8: 同前 ditto (2030 m), 2016-VII-10.

67-5
s. albosyfanius ♂
Kunming [SJH]

67-6
s. albosyfanius ♂
Kunming [SJH]

67-7
s. albosyfanius ♂
Kunming [SJH]

67-8
s. albosyfanius ♂
Kunming [SJH]

67-9: 昆明西山 Xi Shan (2200 m), Kunming, 2009-V-10. 67-10: 同前 ditto (2350 m), 2016-IV-28. 67-11: 同前 ditto (2350 m), 2016-VIII-2.

67-9
s. albosyfanius ♀
Kunming [SJH]

67-10
s. albosyfanius ♀
Kunming [ZHJ]

67-11
s. albosyfanius ♀
Kunming [SJH]

68. 绿带翠凤蝶*Papilio maackii*

68-1–4: 华中亚种 ssp. *han*. 68-1: 盐津盐津溪 Yanjinxi (670 m), Yanjin, 2016-V-25. 68-2: 盐津杉木滩 Shamutan (580 m), Yanjin, 2016-VI-22.

68-1
m. han ♂
Yanjin [ZHJ]

68-2
m. han ♂
Yanjin [ZHJ]

68-3: 盐津 (820 m), Yanjin, 2017-X. 68-4: 盐津盐津溪 Yanjinxi (600 m), Yanjin, 2018-V-30.

68-3
m. han ♂
Yanjin [SJH]

68-4
m. han ♀
Yanjin [HHZ]

69. 达摩凤蝶 *Papilio demoleus*

69-1–6: 指名亚种 ssp. *demoleus*. 69-1–2: 元江哈及冲 Haji Chong (750 m), Yuanjiang, 2010-V-13. 69-3: 同前 ditto (750 m), 2012-II-4. 69-4: 元江红侨农场 Hongqiao Farm (510 m), Yuanjiang, 2008-III-30.

69-5–6: 河口戈哈 Geha (350 m), Hekou, 2016-X-22.

70. 衲补凤蝶 *Papilio noblei*

70-1–3: 景洪橄榄坝 Ganlan Ba (530 m), Jinghong, 2015-II-19. 70-4: 勐腊勐仑 Menglun (550 m), Mengla, 2015-II-19.

70-1
noblei ♂
Jinghong [SJH]

70-2
noblei ♂
Jinghong [SJH]

70-3
noblei ♂
Jinghong [SJH]

70-4
noblei ♀
Mengla [XTBG]

71. 玉斑凤蝶 *Papilio helenus*

71-1–10: 指名亚种 ssp. *helenus*. 71-1: 昆明云南大学 Yunnan University (1910 m), Kunming, 2010-III-22. 71-2: 昆明市区 Downtown (1900 m), Kunming, 2010-XI-10 (羽化). 71-3: 师宗五龙 Wulong (900 m), Shizong, 2015-VIII-4.

71-1
h. helenus ♂
Kunming [SJH]

71-2
h. helenus ♀
Kunming [SJH]

71-3
h. helenus ♂
Shizong [SJH]

71-4–6: 元江哈及冲 Haji Chong (750 m), Yuanjiang, 2008-III-31. 71-7: 同前 ditto, 2011-VI-4.

71-4
h. helenus ♂ dsf.
Yuanjiang [SJH]
71-5
h. helenus ♂ dsf.
Yuanjiang [SJH]
71-6
h. helenus ♂ dsf.
Yuanjiang [SJH]
71-7
h. helenus ♂
Yuanjiang [SJH]

71-8: 普洱曼歇坝 Manxie Ba (1120 m), Pu'er, 2010-I-24. 71-9: 同前 ditto, 2011-VIII-8. 71-10: 同前 ditto, 2014-IV-7.

71-8
h. helenus ♀
Pu'er [SJH]

71-9
h. helenus ♂
Pu'er [SJH]

71-10
h. helenus ♂
Pu'er [SJH]

72. 玉牙凤蝶 *Papilio castor*
72-1–4: 滇南亚种 ssp. *kanlanpanus.* 72-1–3: 景洪橄榄坝 Ganlan Ba (530 m), Jinghong, 2015-II-19. 72-4: 勐腊勐仑 Menglun (550 m), Mengla, 2017-VI.

72-1
c. kanlanpanus ♂
Jinghong [SJH]

72-2
c. kanlanpanus ♂
Jinghong [SJH]

72-3
c. kanlanpanus ♂
Jinghong [SJH]

72-4
c. kanlanpanus ♀
Mengla [XTBG]

73. 宽带凤蝶 *Papilio chaon*

73-1–6: 指名亚种 ssp. *chaon*. 73-1–2: 元江哈及冲 Haji Chong (750 m), Yuanjiang, 2008-III-31.

73-1
c. chaon ♂ dsf.
Yuanjiang [SJH]

73-2
c. chaon ♂ dsf.
Yuanjiang [SJH]

73-3: 勐腊 Mengla, 2012-X. 73-4: 同前 ditto, 2017-X.

73-3
c. chaon ♂
Mengla [SJH]

73-4
c. chaon ♀
Mengla [HHZ]

73-5–6: 河口戈哈 Geha (350 m), Hekou, 2013-X-3–5.

73-5
c. chaon ♂
Hekou [SJH]

73-6
c. chaon ♀
Hekou [SJH]

73-7–8: 华中亚种 ssp. *rileyi*. 73-7: 盐津斑竹林 Banzhulin (440 m), Yanjin, 2016-VI-24. 73-8: 永善细沙 Xisha (640 m), Yongshan, 2018-VII-17.

73-7
c. rileyi ♂
Yanjin [SJH]

73-8
c. rileyi ♀
Yongshan [HHZ]

74-1
p. rubidimacula ♂
Gongshan [SJH]

74-2
p. rubidimacula ♀
Gongshan [HH]

74-3
p. romulus ♂
Yuanjiang [SJH]

74-4
p. romulus ♀
Yuanjiang [SJH]

74-5
p. romulus ♀
Yuanjiang [SJH]

74-6
p. romulus ♀
Jinghong [SJH]

74. 玉带凤蝶 *Papilio polytes*

74-1–2: 怒江亚种 ssp. *rubidimacula*. 74-1: 贡山丙中洛 Bingzhongluo, Gongshan, 2019-V. 74-2: 贡山尼大当 Nidadang, Gongshan, 2002-V.

74-3–6: 印度亚种 ssp. *romulus*. 74-3: 元江哈及冲 Haji Chong (750 m), Yuanjiang, 2011-VI-4. 74-4: 同前 ditto, 2010-VII-10. 74-5: 同前 ditto, 2011-VII-10. 74-6: 景洪橄榄坝 Ganlan Ba (530 m), Jinghong, 2015-II-19.

74-7–12: 滇中亚种 ssp. *latreilloides*. 74-7: 昆明西山 Xi Shan (2350 m), Kunming, 2013-VII-16. 74-8: 昆明三碗水 Sanwanshui (2100 m), Kunming, 2015-V-17. 74-9: 昆明西山 Xi Shan (2350 m), Kunming, 2016-IX-3. 74-10: 洱源凤羽 Fengyu, Eryuan (2100 m), 2019-IV-28. 74-11: 同前 ditto, 2016-IX-12. 74-12: 玉龙拉市 Lashi (2100 m), Yulong, 2014-VI-1.

74-7
p. latreilloides ♂
Kunming [SJH]

74-8
p. latreilloides ♂
Kunming [SJH]

74-9
p. latreilloides ♀
Kunming [SJH]

74-10
p. latreilloides ♂
Eryuan [SJH]

74-11
p. latreilloides ♀
Eryuan [SJH]

74-12
p. latreilloides ♂
Yulong [SJH]

74-13–16: 指名亚种 ssp. *polytes*. 74-13–15: 东川森林公园 Forest Park (1450 m), Dongchuan, 2013-VIII-3. 74-16: 彝良洛旺 Luowang, Yiliang, 2012-VI-14.

74-13
p. polytes ♂
Dongchuan [SJH]

74-14
p. polytes ♂
Dongchuan [SJH]

74-15
p. polytes ♂
Dongchuan [SJH]

74-16
p. polytes ♀
Yiliang [SJH]

75. 蓝凤蝶 *Papilio protenor*

75-1–12: 指名亚种 ssp. *protenor*. 75-1: 普洱曼歇坝 Manxie Ba (1120 m), Pu'er, 2011-VIII-7. 75-2: 同前 ditto, 2012-V-20. 75-3: 河口戈哈 Geha (350 m), Hekou, 2013-X-5. 75-4: 弥勒江边 Jiangbian, Mile, 2017-III-15.

75-1
p. protenor ♂
Pu'er [SJH]

75-2
p. protenor ♀ dsf.
Pu'er [SJH]

75-3
p. protenor ♂
Hekou [SJH]

75-4
p. protenor ♀ dsf.
Mile [ZLS]

75-5–6: 勐海勐混 Menghun (1200 m), Menghai, 2011-VIII-5. 75-7–8: 勐腊勐仑 Menglun (545 m), Mengla, 2014-IV-5.

75-5
p. protenor ♂
Menghai [SJH]

75-7
p. protenor ♂ dsf.
Mengla [SJH]

75-6
p. protenor ♀
Menghai [SJH]

75-8
p. protenor ♂ dsf.
Mengla [SJH]

75-9: 昆明黄龙箐 Huanglong Qing (2020 m), Kunming, 2016-VI-28. 75-10: 玉龙石鼓 Shigu (1900 m), Yulong, 2016-V-12.

75-9
p. protenor ♂
Kunming [SJH]

75-10
p. protenor ♀ dsf.
Yulong [SJH]

75-11: 师宗五龙 Wulong (900 m), Shizong, 2015-VIII-5. 75-12: 盐津盐津溪 Yanjinxi (670 m), Yanjin, 2016-VI-23.

75-11
p. protenor ♂
Shizong [SJH]

75-12
p. protenor ♂
Yanjin [SJH]

76. 红基蓝凤蝶 *Papilio alcmenor*

76-1–6: 指名亚种 ssp. *alcmenor*. 76-1–2: 盈江苏典 Sudian (980 m), Yingjiang, 2016-VIII-5.

76-1
a. alcmenor ♂
Yingjiang [SJH]

76-2
a. alcmenor ♂
Yingjiang [SJH]

76-3: 盈江苏典 Sudian (980 m), Yingjiang, 2016-VIII-5. 76-4: 盈江铜壁关 Tongbiguan (1000 m), Yingjiang, 2016-VIII-18.

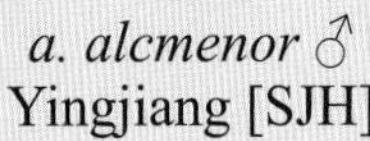

76-3
a. alcmenor ♂
Yingjiang [SJH]

76-4
a. alcmenor ♀
Yingjiang [SJH]

76-5–6: 景洪橄榄坝 Ganlan Ba (530 m), Jinghong, 2015-V-6.

76-5
a. alcmenor ♂
Jinghong [SJH]

76-6
a. alcmenor ♂
Jinghong [SJH]

77. 牛郎凤蝶 *Papilio bootes*
77-1–4: 滇缅亚种 ssp. *mindoni*. 77-1–2: 盈江铜壁关 Tongbiguan (1000 m), Yingjiang, 2017-V-13.

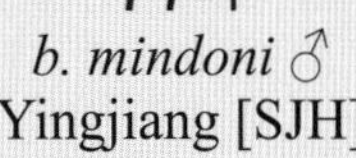

77-1
b. mindoni ♂
Yingjiang [SJH]

77-2
b. mindoni ♂
Yingjiang [SJH]

77-3: 盈江铜壁关 Tongbiguan (1000 m), Yingjiang, 2017-V-13. 77-4: 腾冲古永林场 Guyong Timberland (2000 m), Tengchong, 2014-V-16.

77-3
b. mindoni ♂
Yingjiang [SJH]

77-4
b. mindoni ♀
Tengchong [SJH]

77-5–6: 怒江亚种 ssp. *parcesquamata*. 77-5: 福贡阿亚比 Ayabi, Fugong, 2017-VI-10. 77-6: 同前 ditto, 2017-VI-14.

77-5
b. parcesquamata ♂
Fugong [SJH]

77-6
b. parcesquamata ♀
Fugong [AMC]

77-7–12: 澜沧亚种 ssp. *rubicundus*. 77-7: 大理苍山桃溪谷 Taoxi Gu (2228 m), Cang Shan, Dali, 2017-VI-15. 77-8–10: 漾濞平坡 Pingpo, Yangbi, 2019-V.

77-7
b. rubicundus ♂
Dali [SJH]
77-8
b. rubicundus ♂
Yangbi [SJH]
77-9
b. rubicundus ♂
Yangbi [SJH]
77-10
b. rubicundus ♂
Yangbi [SJH]

77-11: 金平马鞍底 Ma’andi (1850 m), Jinping, 2013-IV-12. 77-12: 同前, ditto, 2019-V-6.

77-11
b. rubicundus ♂
Jinping [SFU]

77-12
b. rubicundus ♂
Jinping [SJH]

77-13–14: 黑化亚种 ssp. *nigricauda*. 77-13: 玉龙阳坡 Yangpo (1910 m), Yulong, 2019-IV-28. 77-14: 香格里拉冲江河 Chongjiang River (3000 m), Shangri-La, 2019-VI-12.

77-13
b. nigricauda ♂
Yulong [HHZ]

77-14
b. nigricauda ♀
Shangri-La [HHZ]

78. 织女凤蝶 *Papilio janaka*

78-1: 贡山独龙江 Dulongjiang, Gongshan, 2010-VIII-25.

79. 大陆美凤蝶 *Papilio agenor*
79-1–15: 指名亚种 ssp. *agenor*. 79-1: 勐腊勐仑 Menglun (545 m), Mengla, 2014-V-18 (羽化).

79-2: 勐腊勐仑 Menglun (545 m), Mengla, 2014-V-18 (羽化). 79-3: 勐海勐混 Menghun (1200 m), Menghai, 2011-VIII-5.

79-2
agenor ♀
Mengla [XZ]

79-3
agenor ♀
Menghai [SJH]

79-4: 勐海勐混 Menghun (1200 m), Menghai, 2011-VIII-5. 79-5: 勐腊勐仑 Menglun, Mengla, 2013-V-4.

79-4
agenor ♀
Menghai [SJH]

79-5
agenor ♀
Mengla [SJH]

79-6: 河口戈哈 Geha (350 m), Hekou, 2014-X-5. 79-7: 广南坝美 Bamei, Guangnan, 2014-V-4.

79-6
agenor ♂
Hekou [HHZ]

79-7
agenor ♂
Guangnan [SJH]

79-8: 元江哈及冲 Haji Chong (750 m), Yuanjiang, 2009-IX-3. 79-9: 师宗五龙 Wulong (900 m), Shizong, 2015-VIII-4.

79-8
agenor ♀
Yuanjiang [SJH]

79-9
agenor ♀
Shizong [SJH]

79-10: 盐津陈家坪 Chenjia Ping (820 m), Yanjin, 2016-VI-22. 79-11: 同前 ditto, 2016-VIII-26.

79-10
agenor ♂
Yanjin [SJH]

79-11
agenor ♀
Yanjin [SJH]

79-12: 盐津杉木滩 Shanmutan (750 m), Yanjin, 2016-VI-22. 79-13: 盐津斑竹林 Banzhulin (440 m), Yanjin, 2016-VIII-29.

79-12
agenor ♀
Yanjin [SJH]

79-13
agenor ♀
Yanjin [SJH]

79-14: 盐津杉木滩 Shanmutan (750 m), Yanjin, 2016-VI-23. 79-15: 盐津二溪口 Erxikou (520 m), Yanjin, 2017-IV-23.

79-14
agenor ♂
Yanjin [ZHJ]

79-15
agenor ♂
Yanjin [ZLS]

80. 斑凤蝶 *Papilio clytia*

80-1–6: 指名亚种 ssp. *clytia*. 80-1: 景洪 Jinghong, 2008-VII. 80-2: 景洪关坪 Guanping (960 m), Jinghong, 2013-V-5. 80-3: 勐腊勐仑 Menglun (570 m), Mengla, 2013-V-4. 80-4: 勐腊磨憨 Mohan (830 m), Mengla, 2008-VIII-16.

80-5–6: 勐腊勐仑 Menglun (545 m), Mengla, 2014-IV-5.

81. 翠蓝斑凤蝶 *Papilio paradoxa*

81-1–3: 越泰亚种 ssp. *telearchus*. 81-1: 勐腊补蚌 Bubeng, Mengla, 2013-V-4. 81-2: 景洪 Jinghong, 2017-VI-8. 81-3: 勐腊 Mengla, 2018-V.

81-1
p. telearchus ♂
f. *telearchus*
Mengla [SJH]

81-2
p. telearchus ♀
f. *telearchus*
Mengla [HHZ]

81-3
p. telearchus ♂
f. *danisepa*
Mengla [HHZ]

82. 褐斑凤蝶 *Papilio agestor*

82-1–3: 指名亚种 ssp. *agestor*. 82-1: 勐腊勐远 Mengyuan, Mengla, 2019-I-25. 82-2: 普洱茶山 Chashan, Pu'er, 2018-III-1. 82-3: 福贡以西 West of Fugong, 2005-V-29.

82-4: 大陆亚种 ssp. *restricta*. 82-4: 丽江 Lijiang, 2009-IV.

83. 小黑斑凤蝶 *Papilio epycides*

83-1: 缅北亚种 ssp. *curiatius*. 83-1: 贡山 Gongshan, 2009-V-20. 83-2–4: 云南亚种 ssp. *yamabuki*. 83-2: 维西塔城 Tacheng (1900 m), Weixi, 2015-IV-29. 83-3: 漾濞平坡 Pingpo (2200 m), Yangbi, 2016-IV-25.

83-4: 昆明陡嘴瀑布 Douzui Waterfall (1910 m), 2016-IV-5.
83-5–7: 中南亚种 ssp. *hypochra*. 83-5–7: 勐腊勐仑水库 Menglun Reservoir (580 m), Mengla, 2017-II-7–10.

83-8–9: 北越亚种 ssp. *camilla*. 83-8: 屏边大围山 Dawei Shan, Pingbian, 2018-I-24 (羽化). 83-9: 富宁 Funing, 2019-IV.

84. 臀珠斑凤蝶 *Papilio slateri*

84-1–5: 海南亚种 ssp. *hainanensis*. 84-1: 勐腊大龙哈 Dalongha (770 m), Mengla, 2014-IV-6. 84-2–5: 富宁剥隘 Bo'ai (600 m), Funing, 2019-IV-7–13.

85. 宽尾凤蝶 *Papilio elwesi*

85-1: 盐津盐津溪 Yanjinxi (670 m), Yanjin, 2017-VII-26. 85-2: 同前 ditto (670 m), 2018-VI-26.

85-1
elwesi
f. *cavaleriei* ♂
Yanjin [SJH]

85-2
elwesi
f. *cavaleriei* ♂
Yanjin [HHZ]

Scale bar = 1.0 mm

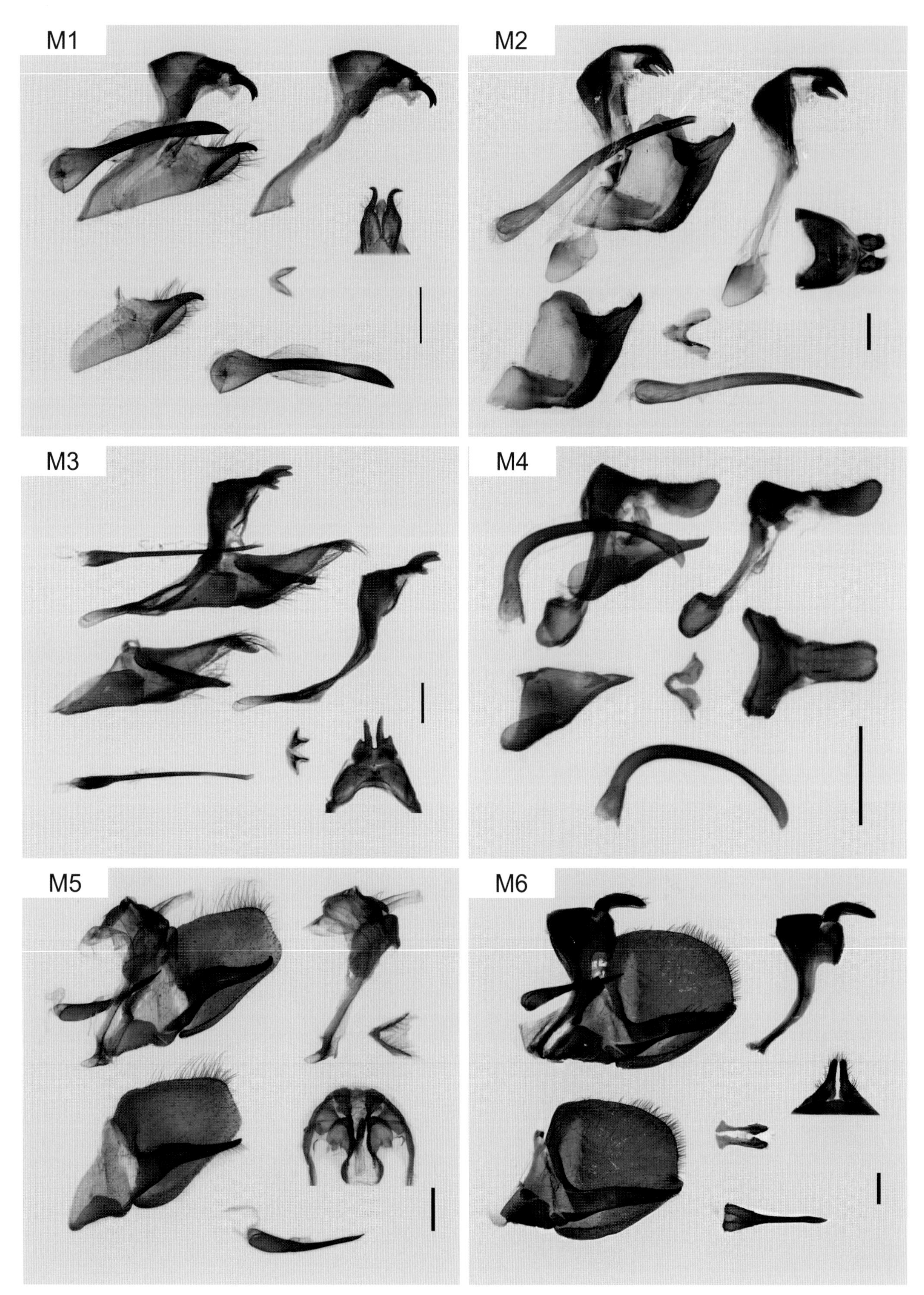

M1: 依帕绢蝶川滇亚种 *Parnassius epaphus poeta*. **M2**: 珍珠绢蝶指名亚种 *Parnassius orleans orleans*. **M3**: 君主绢蝶指名亚种 *Parnassius imperator imperator*. **M4**: 西猴绢蝶白马亚种 *Parnassius simo biamanensis*. **M5**: 爱珂绢蝶川滇亚种 *Parnassius acco bubo*. **M6**: 元首绢蝶川滇亚种 *Parnassius cephalus elwesi*.

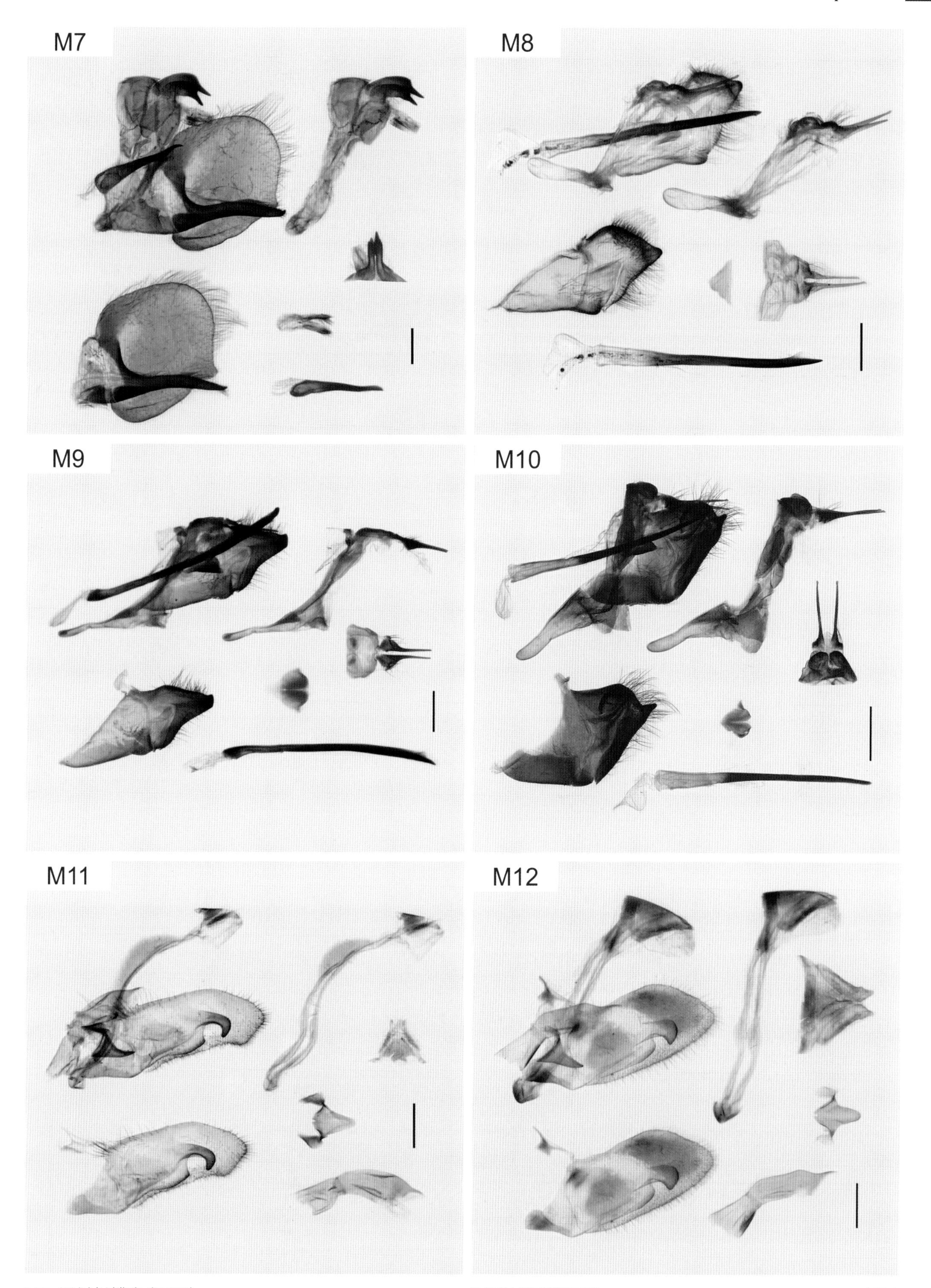

M7: 四川绢蝶康定亚种 *Parnassius szechenyii germanae*. **M8**: 多尾凤蝶滇缅亚种 *Bhutanitis lidderdalii spinosa*. **M9**: 三尾凤蝶云南亚种 *Bhutanitis thaidina hoenei*. **M10**: 二尾凤蝶 *Bhutanitis mansfieldi pulchristriata*. **M11**: 燕凤蝶北部亚种 *Lamproptera curius yangtzeanus*. **M12**: 白线燕凤蝶 *Lamproptera paracurius*.

Scale bar = 1.0 mm

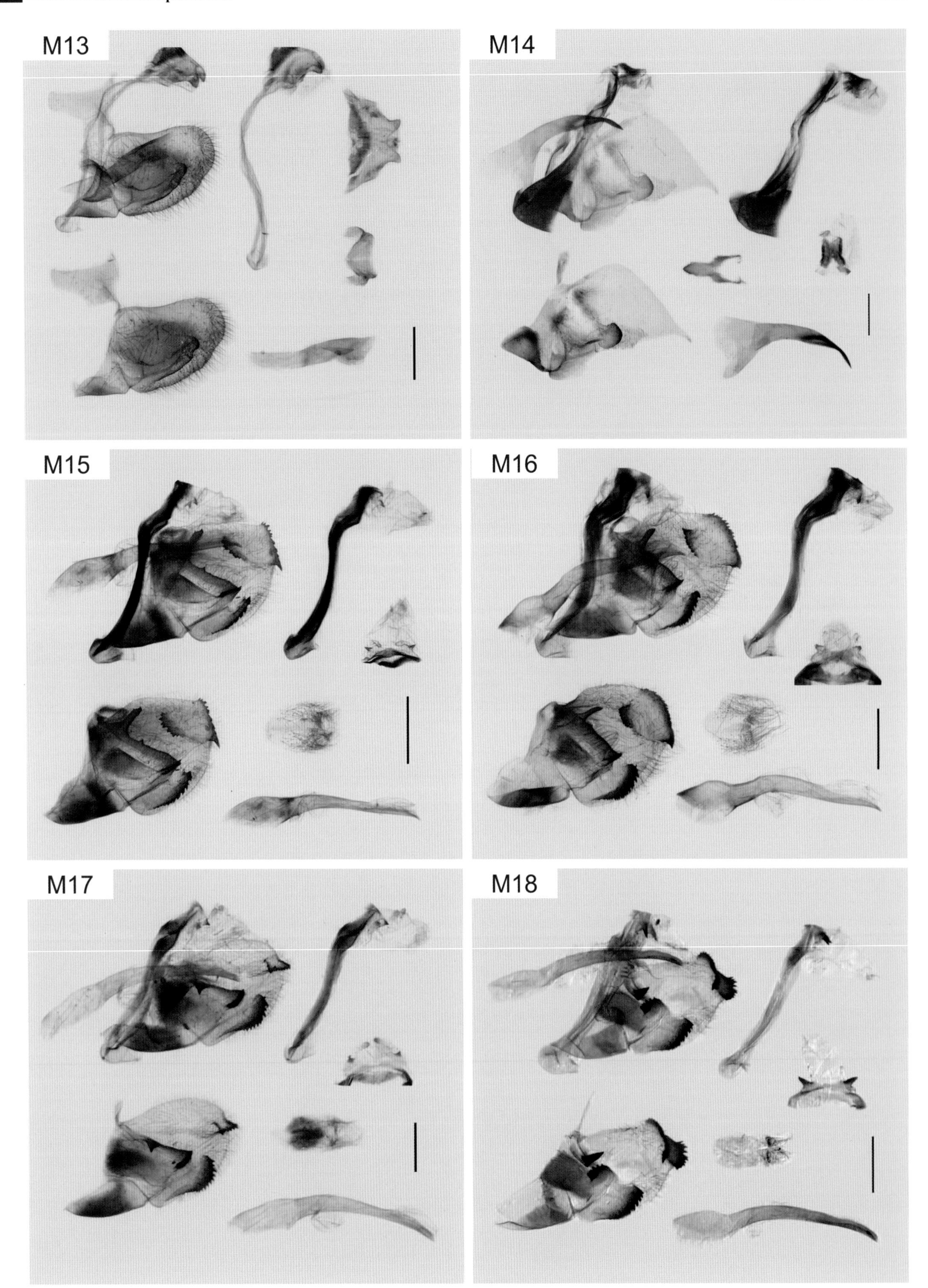

M13: 绿带燕凤蝶北越亚种 *Lamproptera meges pallidus*. **M14**: 西藏旖凤蝶 *Iphiclides podalirinus*. **M15**: 华夏剑凤蝶滇缅亚种 *Graphium mandarinus stilwelli*. **M16**: 孔子剑凤蝶 *Graphium confucius*. **M17**: 升天剑凤蝶云南亚种 *Graphium eurous panopaea*. **M18**: 铁木剑凤蝶指名亚种 *Graphium mullah mullah*.

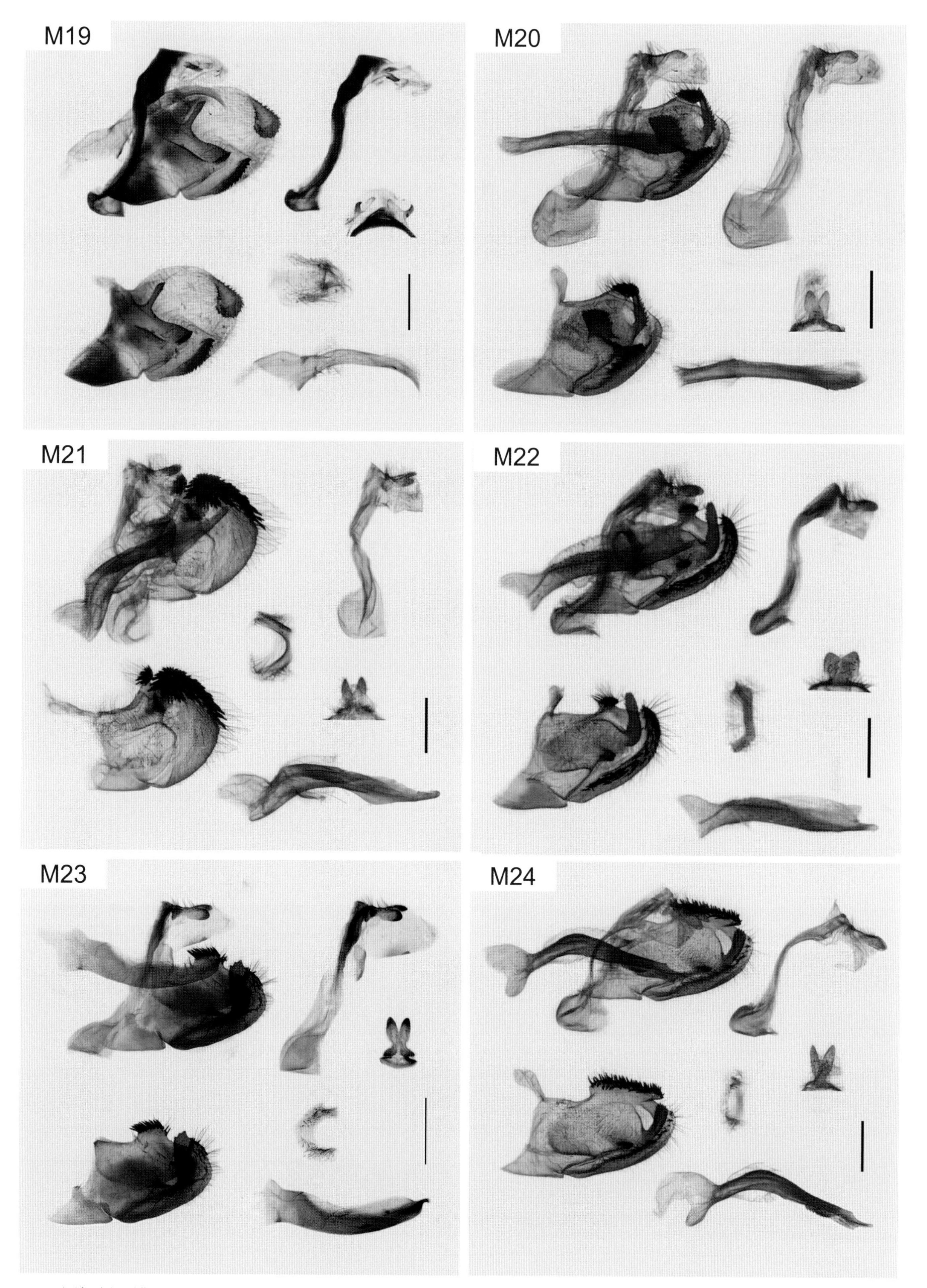

M19: 圆翅剑凤蝶 *Graphium parus*. **M20**: 红绶绿凤蝶中南亚种 *Graphium nomius swinhoei*. **M21**: 绿凤蝶中印亚种 *Graphium antiphates nebulosus*. **M22**: 斜纹绿凤蝶指名亚种 *Graphium agetes agetes*. **M23**: 细纹凤蝶西南亚种 *Graphium megarus megapenthes*. **M24**: 客纹凤蝶中越亚种 *Graphium xenocles kephisos*.

Scale bar = 1.0 mm

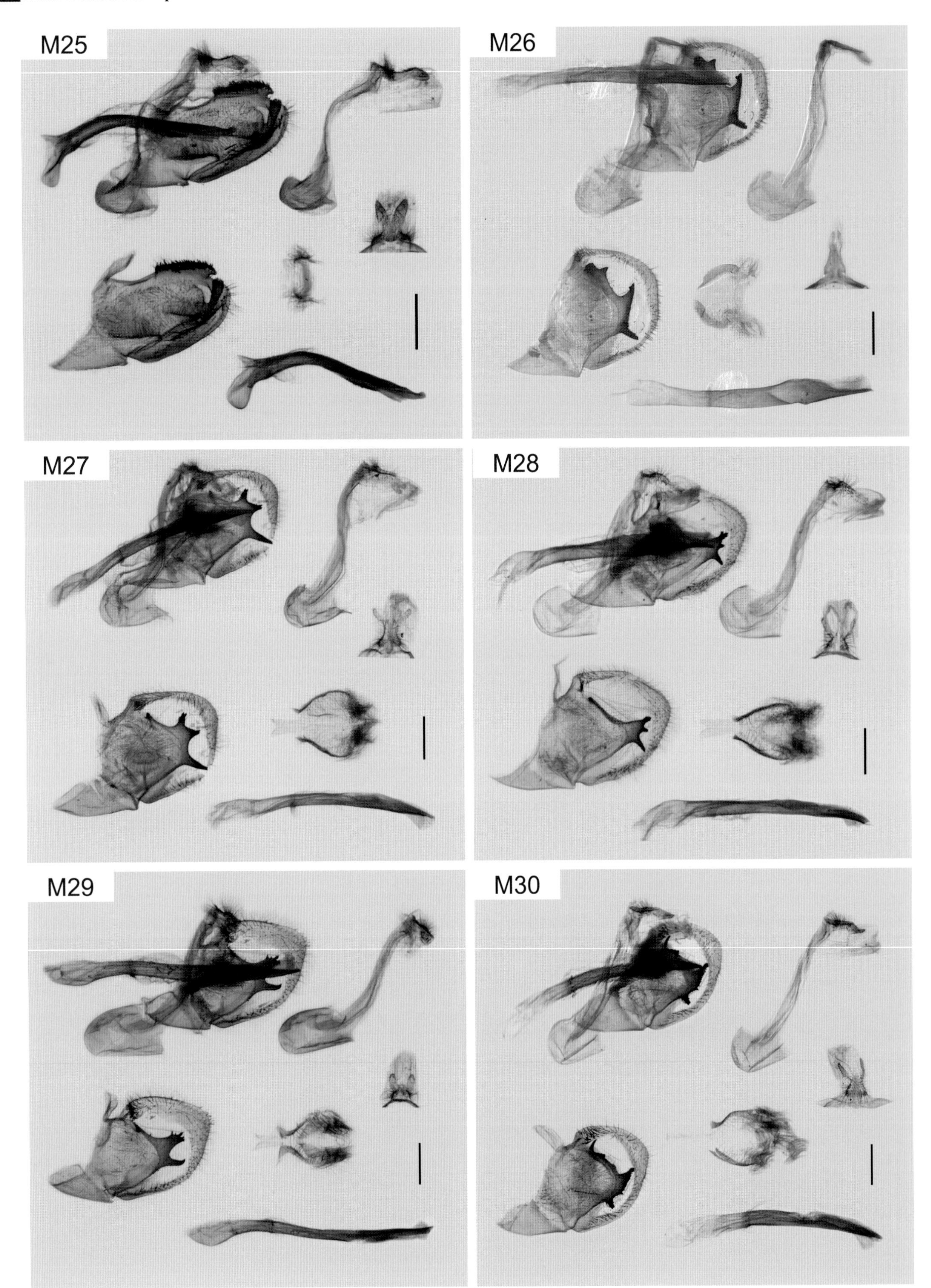

M25: 纹凤蝶中南亚种 *Graphium macareus indochinensis*. **M26**: 黎氏青凤蝶 *Graphium leechi*. **M27**: 碎斑青凤蝶指名亚种 *Graphium chironides chironides*. **M28**: 银钩青凤蝶大陆亚种 *Graphium eurypylus acheron*. **M29**: 南亚青凤蝶 *Graphium albociliatus*. **M30**: 木兰青凤蝶华南亚种 *Graphium doson actor*.

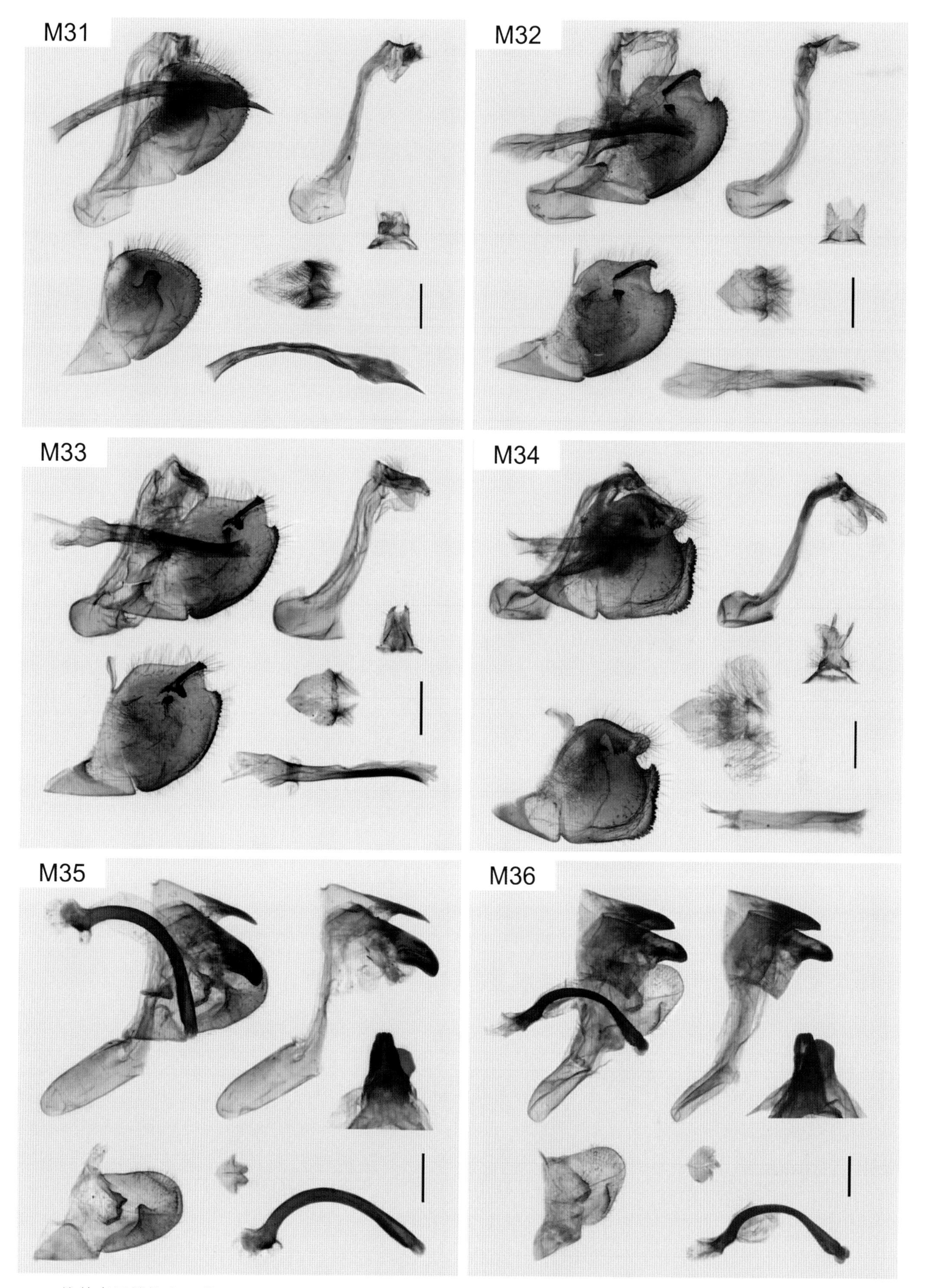

M31: 统帅青凤蝶指名亚种 *Graphium agamemnon agamemnon*. **M32**: 青凤蝶指名亚种 *Graphium sarpedon sarpedon*. **M33**: 北印青凤蝶 *Graphium septentrionicolus*. **M34**: 宽带青凤蝶指名亚种 *Graphium cloanthus cloanthus*. **M35**: 喙凤蝶滇缅亚种 *Teinopalpus imperialis behludinii*. **M36**: 金斑喙凤蝶老越亚种 *Teinopalpus aureus shinkaii*.

Scale bar = 1.0 mm

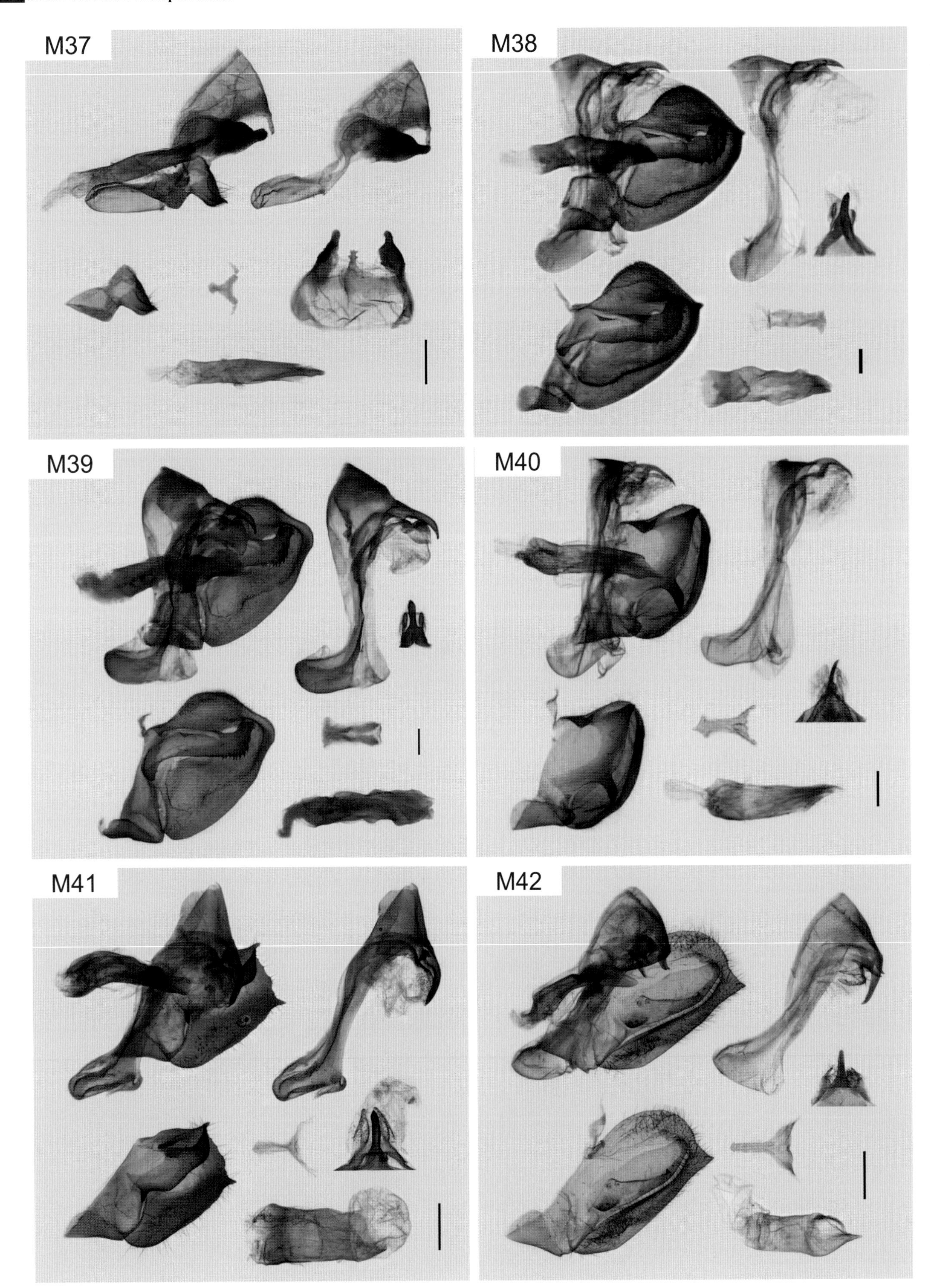

M37: 红珠凤蝶小斑亚种 *Pachliopta aristolochiae adaeus*. **M38**: 裳凤蝶大陆亚种 *Troides helena cerberus*. **M39**: 金裳凤蝶指名亚种 *Troides aeacus aeacus*. **M40**: 暖曙凤蝶 *Atrophaneura aidoneus*. **M41**: 瓦曙凤蝶白斑亚种 *Atrophaneura astorion zaleucus*. **M42**: 短尾麝凤蝶 *Byasa crassipes*.

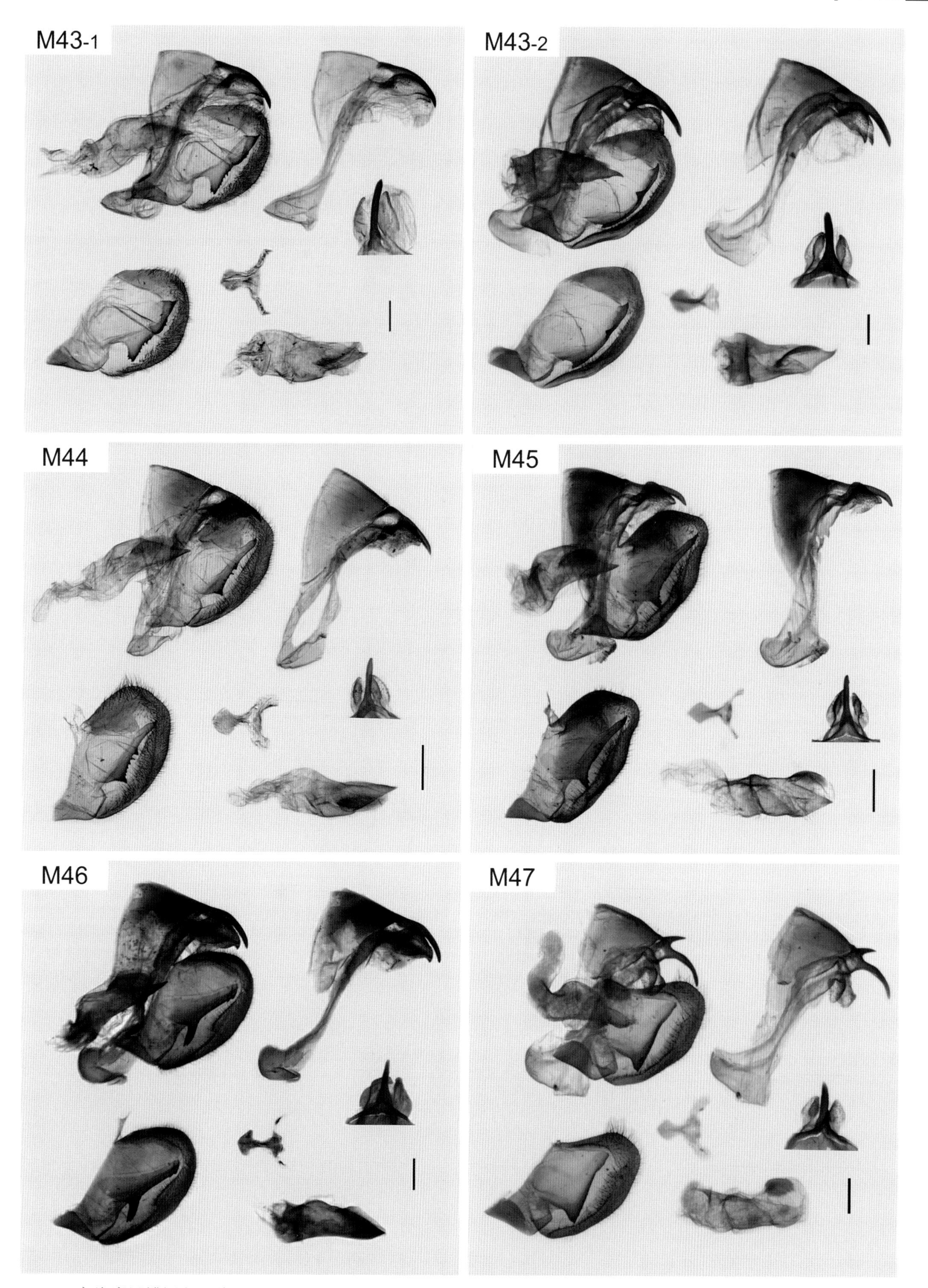

M43-1: 突缘麝凤蝶缅印亚种 *Byasa plutonius tytleri*. **M43**-2: 突缘麝凤蝶指名亚种 *Byasa plutonius plutonius*. **M44**: 高山麝凤蝶 *Byasa mukoyamai*. **M45**: 云南麝凤蝶 *Byasa hedistus*. **M46**: 白斑麝凤蝶滇藏亚种 *Byasa dasarada ouvrardi*. **M47**: 多姿麝凤蝶指名亚种 *Byasa polyeuctes polyeuctes*.

Scale bar = 1.0 mm

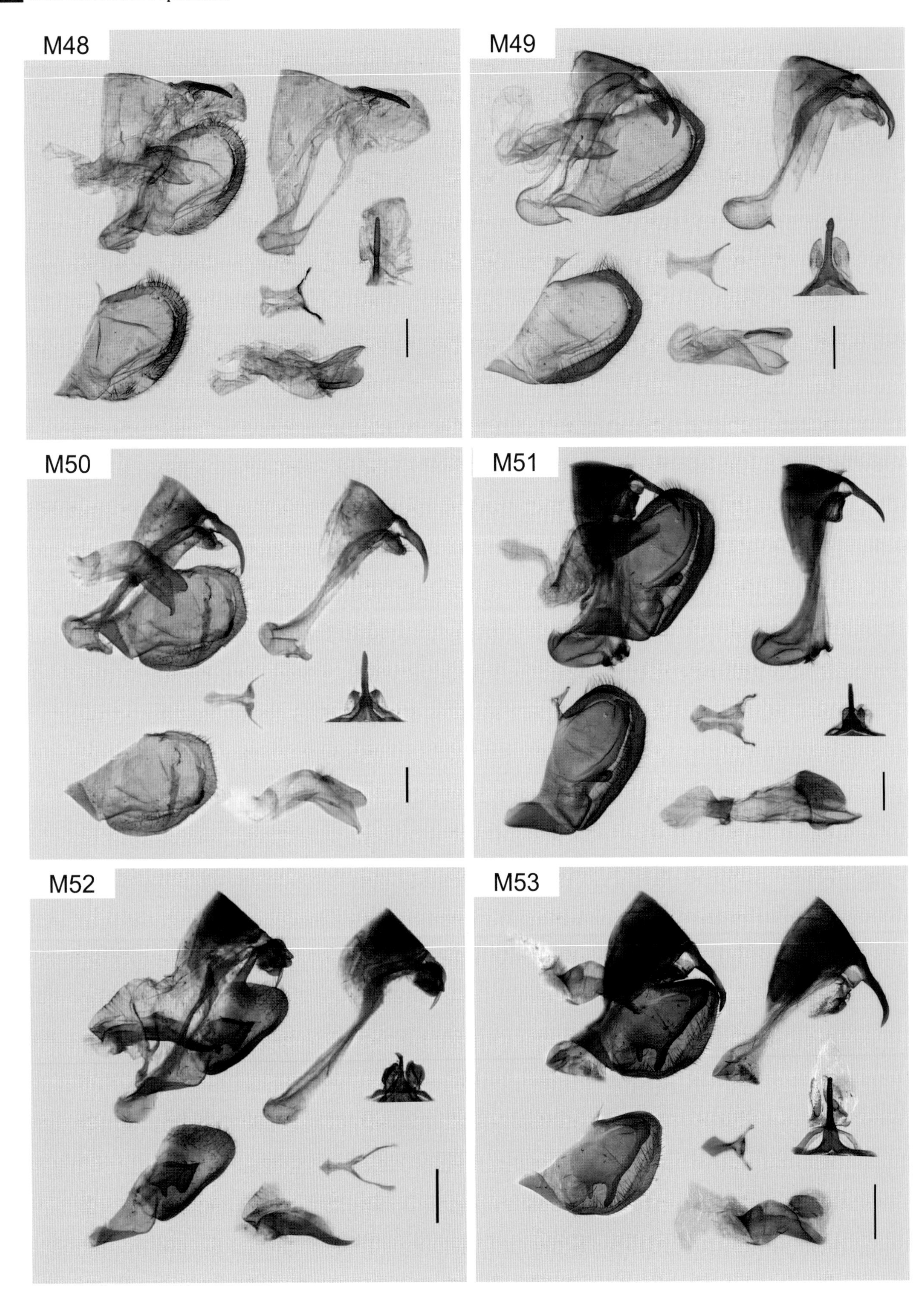

M48: 纨绔麝凤蝶缅北亚种 *Byasa latreillei ticona*. **M49**: 绮罗麝凤蝶指名亚种 *Byasa genestieri genestieri*. **M50**: 彩裙麝凤蝶 *Byasa polla*. **M51**: 粗绒麝凤蝶 *Byasa nevilli*. **M52**: 达摩麝凤蝶云南亚种 *Byasa daemonius yunnana*. **M53**: 娆麝凤蝶 *Byasa rhadinus*.

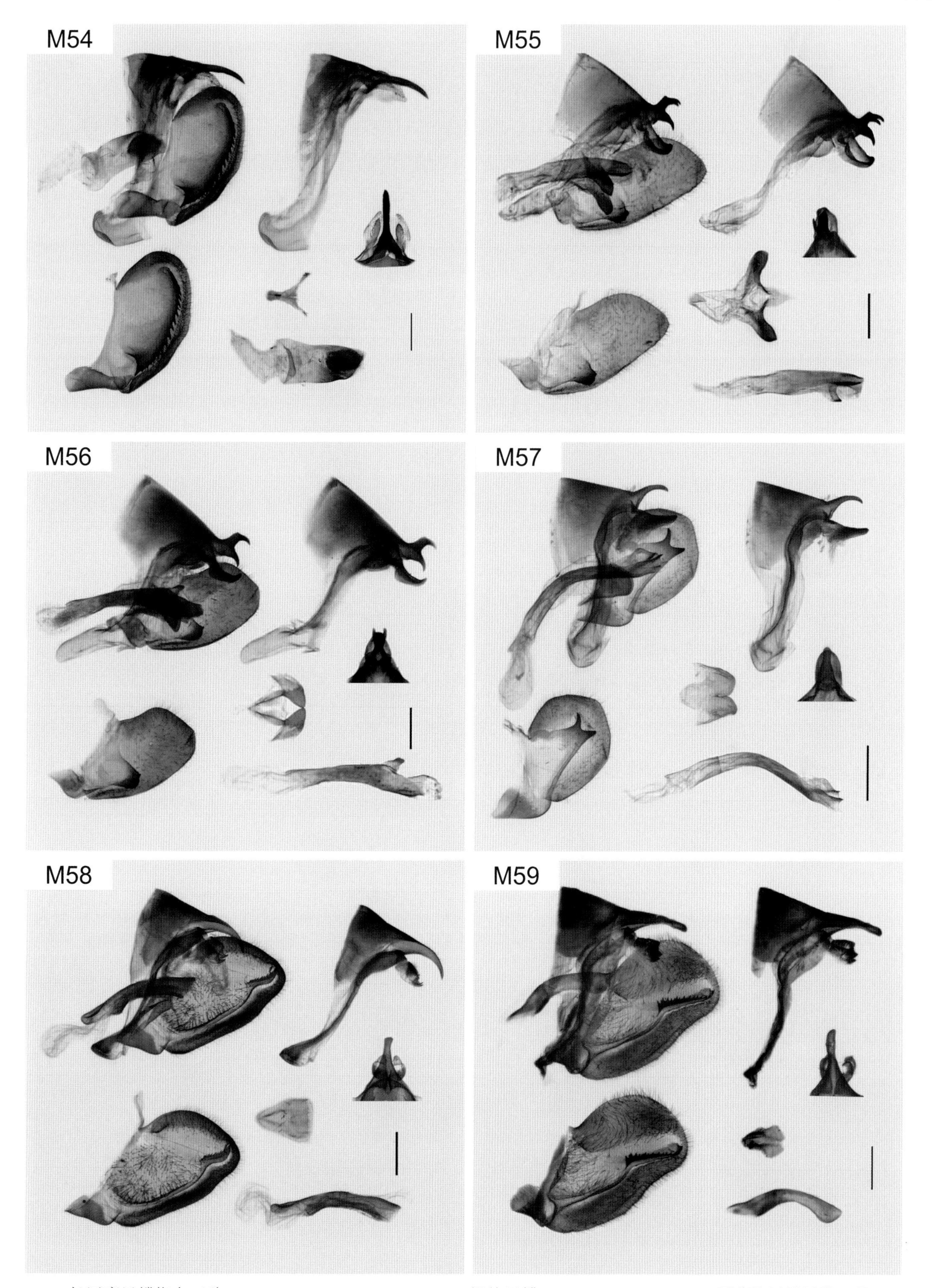

M54: 长尾麝凤蝶指名亚种 *Byasa impediens impediens*. **M55**: 褐钩凤蝶 *Meandrusa sciron*. **M56**: 西藏钩凤蝶风伯亚种 *Meandrusa lachinus aribbas*. **M57**: 钩凤蝶越桂亚种 *Meandrusa payeni langsonensis*. **M58**: 柑橘凤蝶 *Papilio xuthus*. **M59**: 高山金凤蝶滇藏亚种 *Papilio everesti alpherakyi*.

 Scale bar = 1.0 mm

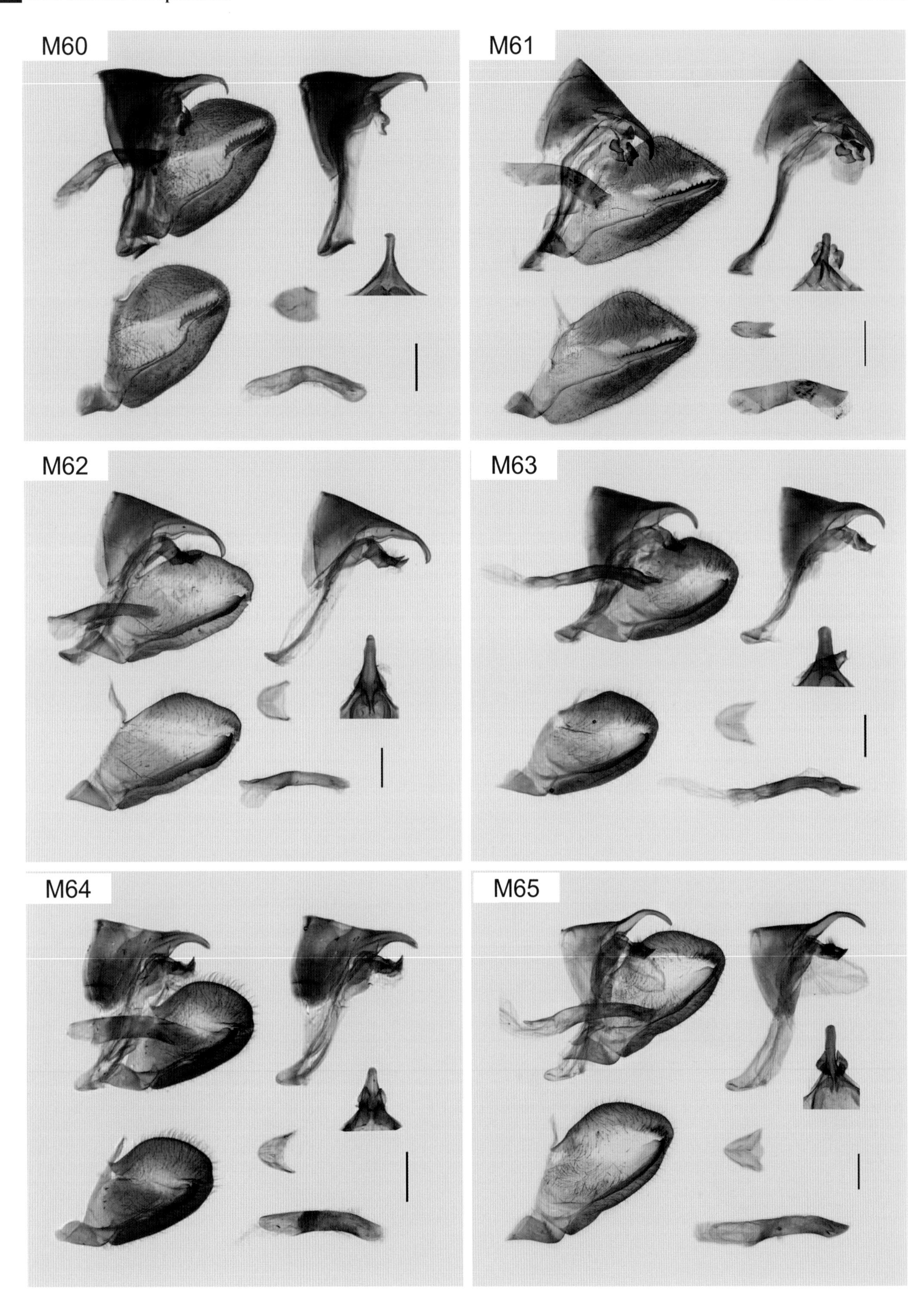

M60: 长尾金凤蝶 *Papilio verityi*. **M61**: 金凤蝶中华亚种 *Papilio machaon schantungensis*. **M62**: 巴黎翠凤蝶指名亚种 *Papilio paris paris*. **M63**: 窄斑翠凤蝶指名亚种 *Papilio arcturus arcturus*. **M64**: 克里翠凤蝶滇缅亚种 *Papilio krishna thawgawa*. **M65**: 碧凤蝶指名亚种 *Papilio bianor bianor*.

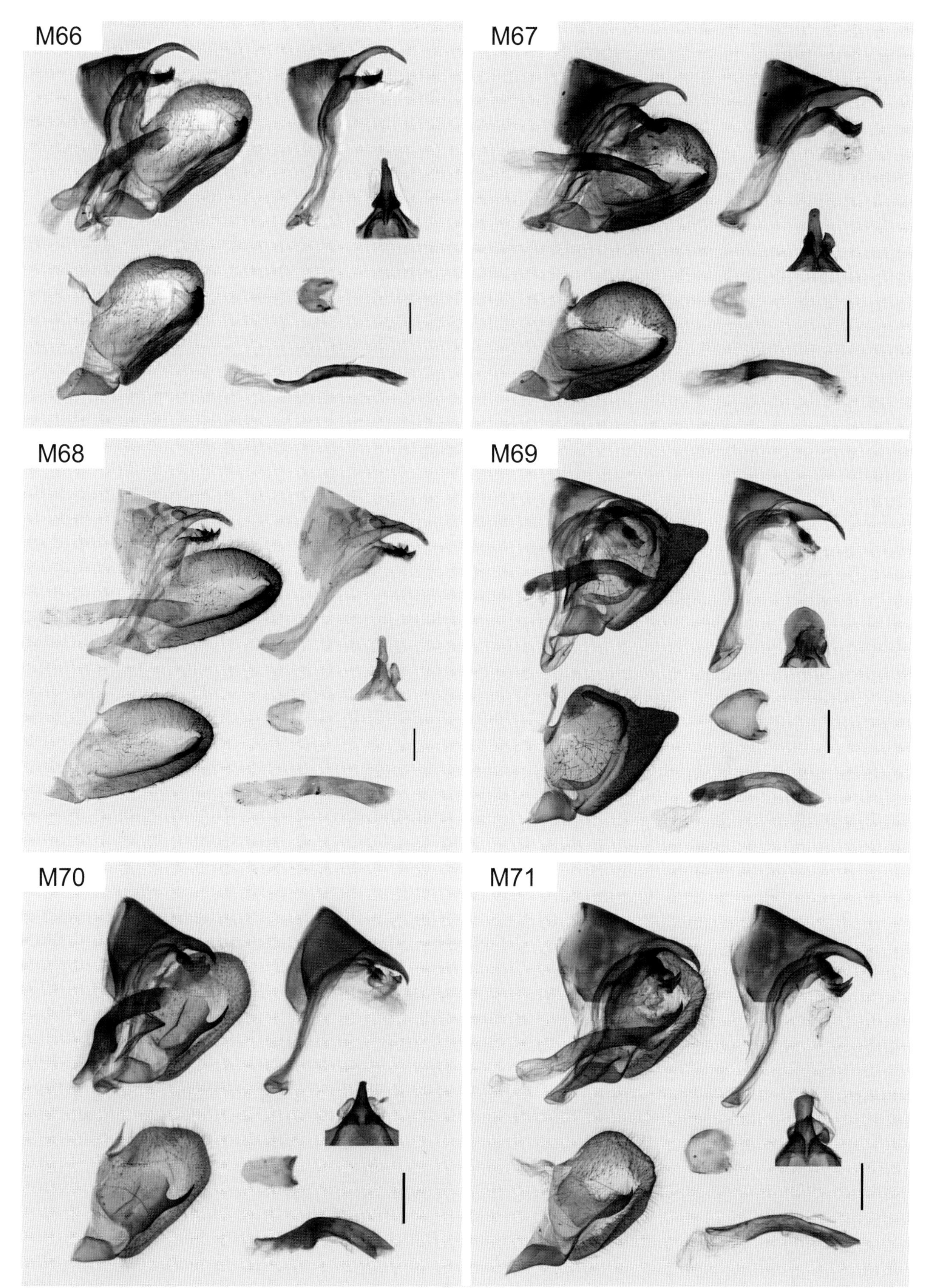

M66: 穹翠凤蝶老越亚种 *Papilio dialis doddsi*. **M67**: 西番翠凤蝶白斑亚种 *Papilio syfanius albosyfanius*. **M68:** 绿带翠凤蝶华中亚种 *Papilio maackii han*. **M69**: 达摩凤蝶指名亚种 *Papilio demoleus demoleus*. **M70**: 衲补凤蝶 *Papilio noblei*. **M71**: 玉斑凤蝶指名亚种 *Papilio helenus helenus*.

Scale bar = 1.0 mm

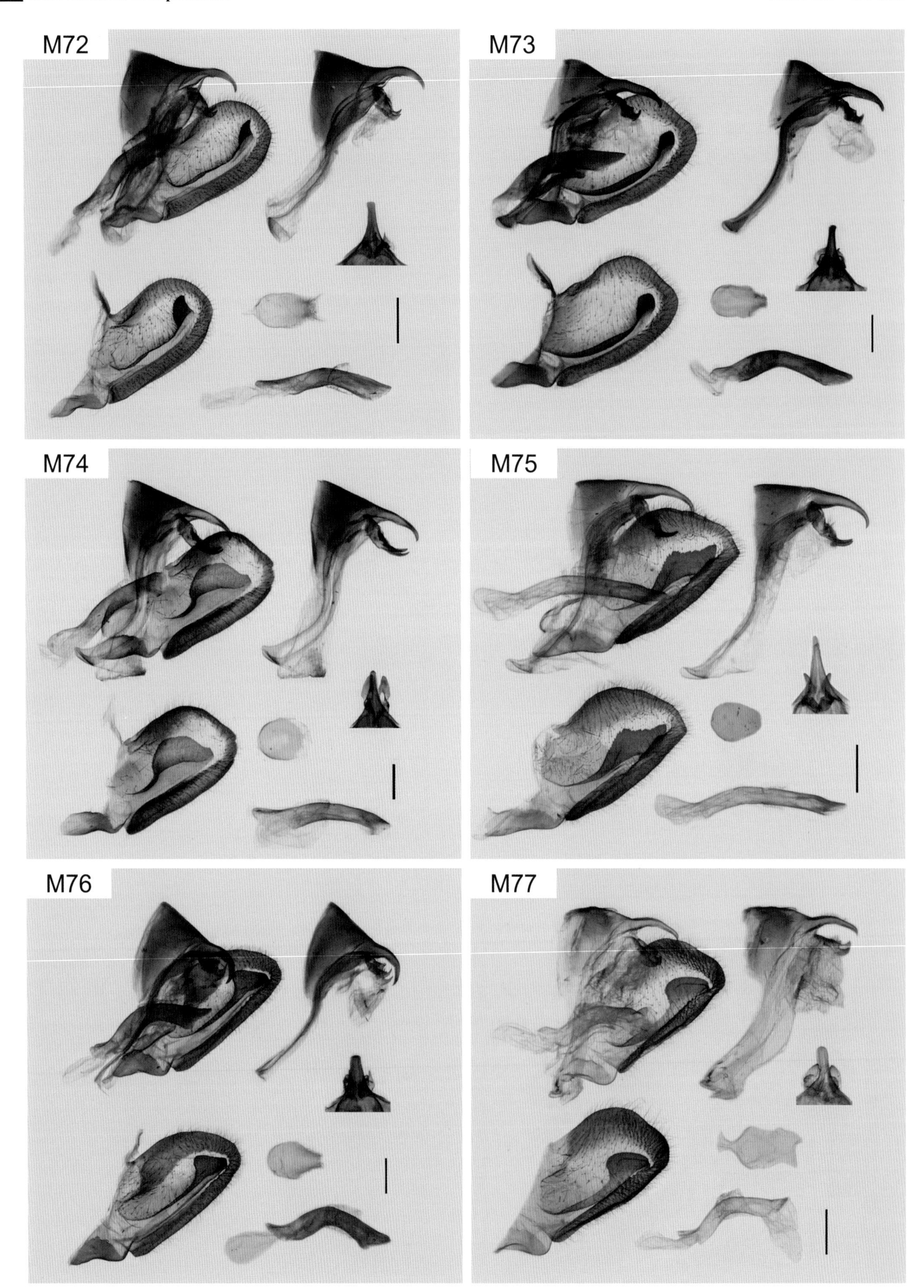

M72: 玉牙凤蝶滇南亚种 *Papilio castor kanlanpanus*. **M73**: 宽带凤蝶华西亚种 *Papilio nephelus chaon*. **M74**: 玉带凤蝶指名亚种 *Papilio polytes polytes*. **M75**: 蓝凤蝶指名亚种 *Papilio protenor protenor*. **M76**: 红基蓝凤蝶指名亚种 *Papilio alcmenor alcmenor*. **M77**: 牛郎凤蝶怒江亚种 *Papilio bootes parcesquamata*.

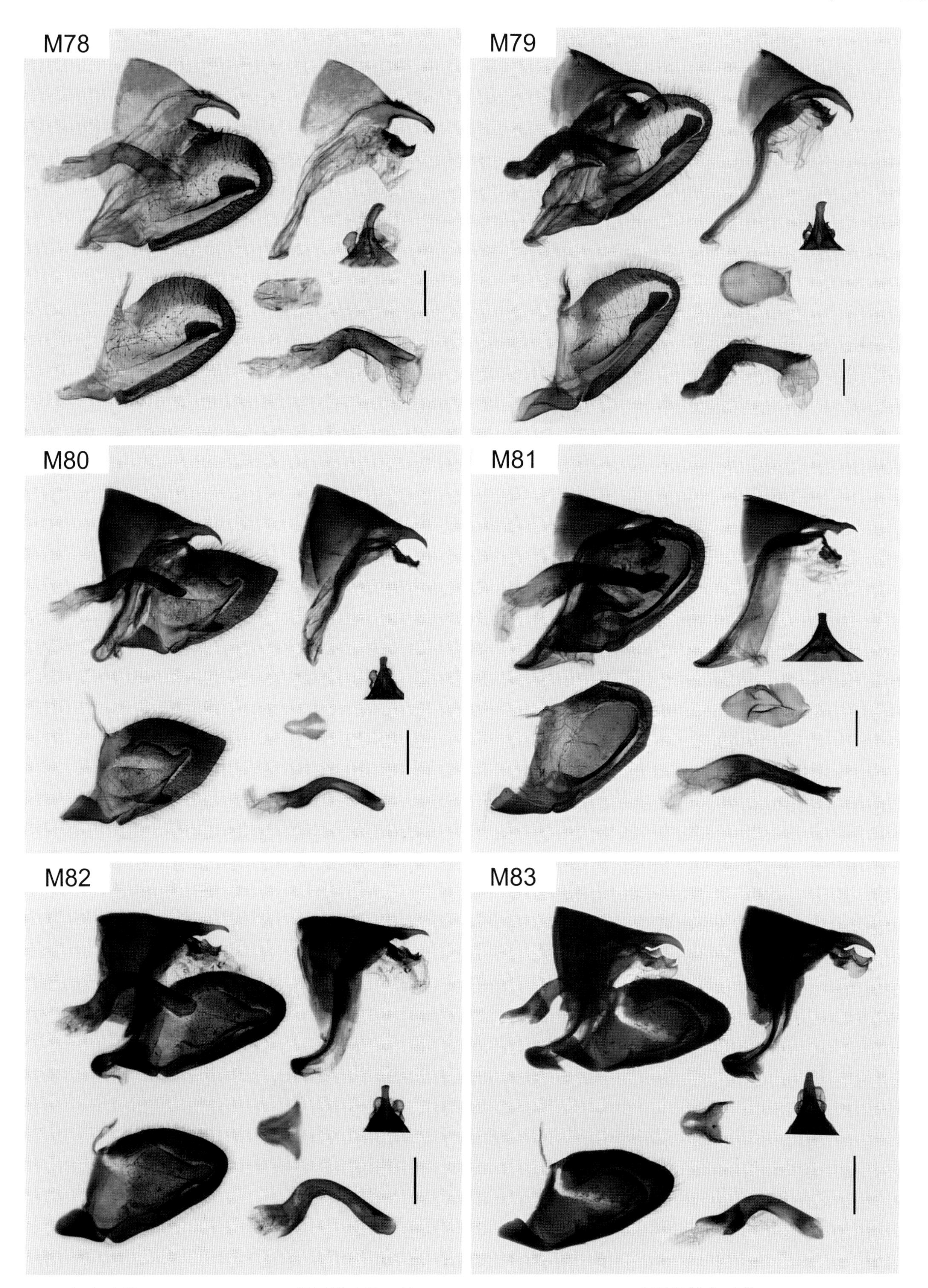

M78: 织女凤蝶 *Papilio janaka*. **M79**: 美凤蝶大陆亚种 *Papilio memnon agenor*. **M80**: 斑凤蝶指名亚种 *Papilio clytia clytia*. **M81**: 翠蓝斑凤蝶越泰亚种 *Papilio paradoxa telearchus*. **M82**: 褐斑凤蝶指名亚种 *Papilio agestor agestor*. **M83**: 小黑斑凤蝶中南亚种 *Papilio epycides hypochra*.

Scale bar = 1.0 mm

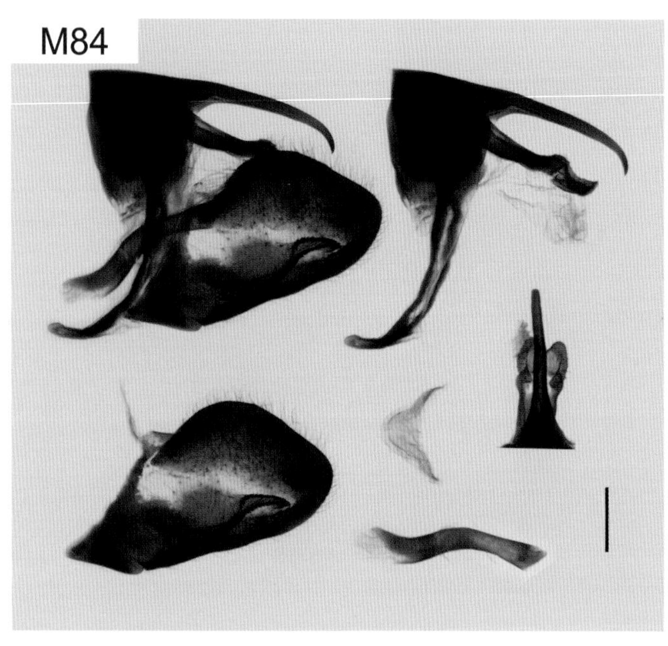

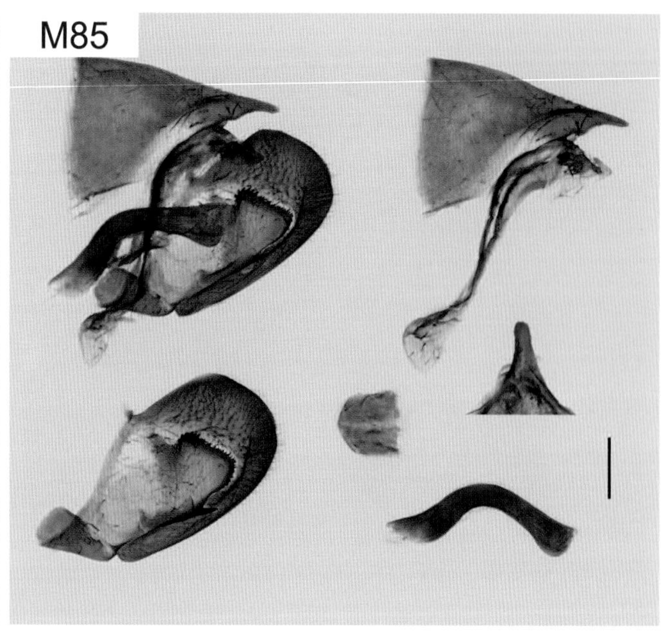

M84: 臀珠斑凤蝶海南亚种 *Papilio slateri hainanensis*. **M85**: 宽尾凤蝶 *Papilio elwesi*.

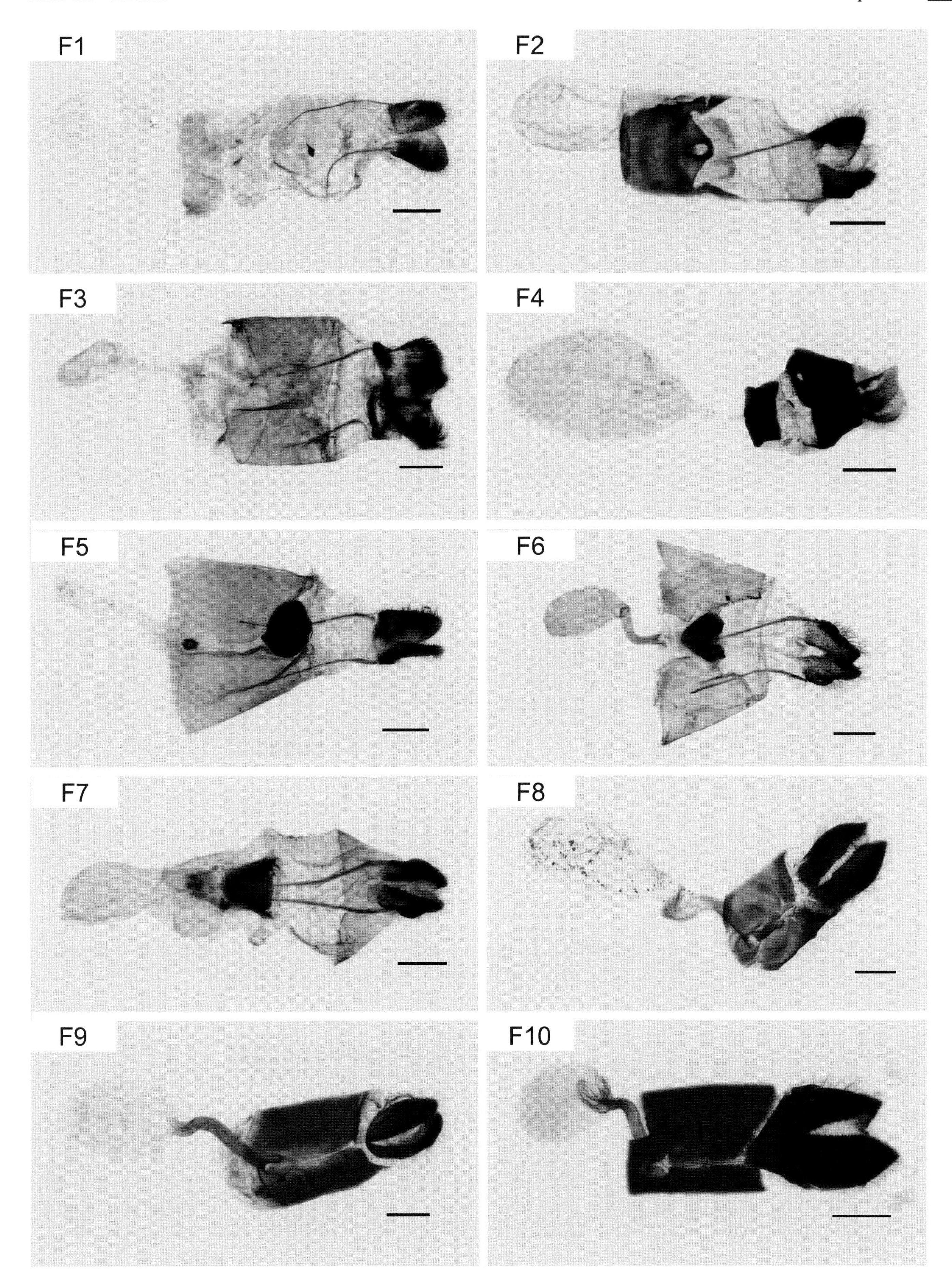

F1: 依帕绢蝶川滇亚种 *Parnassius epaphus poeta*. **F2**: 珍珠绢蝶指名亚种 *Parnassius orleans orleans*. **F3**: 君主绢蝶指名亚种 *Parnassius imperator imperator*. **F4**: 西猴绢蝶白马亚种 *Parnassius simo biamanensis*. **F5**: 爱珂绢蝶川滇亚种 *Parnassius acco bubo*. **F6**: 元首绢蝶玉龙亚种 *Parnassius cephalus takenakai*. **F7**: 四川绢蝶 *Parnassius szechenyii* (四川北部 North Sichuan). **F8**: 多尾凤蝶滇缅亚种 *Bhutanitis lidderdalii spinosa*. **F9**: 三尾凤蝶云南亚种 *Bhutanitis thaidina hoenei*. **F10**: 二尾凤蝶丽斑亚种 *Bhutanitis thaidina pulchristriata* (四川西部 West Sichuan).

 Scale bar = 1.0 mm

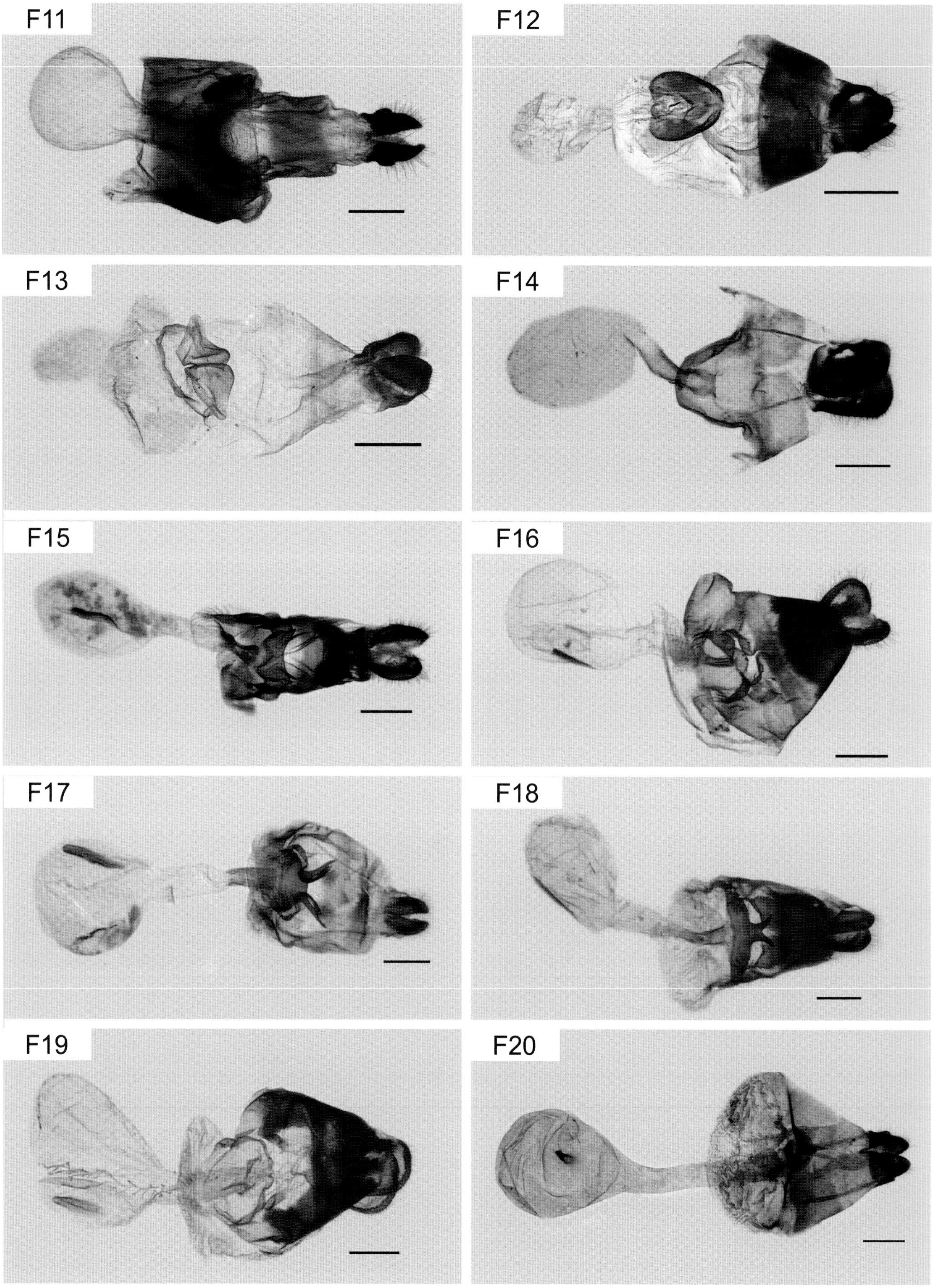

F11 F12 F13 F14 F15 F16 F17 F18 F19 F20

F11: 燕凤蝶北部亚种 *Lamproptera curius yangtzeanus*. **F12**: 白线燕凤蝶北部亚种 *Lamproptera paracurius*. **F13**: 绿带燕凤蝶北越亚种 *Lamproptera meges pallidus*. **F14**: 西藏旖凤蝶 *Iphiclides podalirinus*. **F15**: 华夏剑凤蝶指名亚种 *Graphium mandarinus mandarinus* (四川 Sichuan). **F16**: 孔子剑凤蝶 *Graphium confucius*. **F17**: 升天剑凤蝶指名亚种 *Graphium eurous eurous* (四川 Sichuan). **F18**: 铁木剑凤蝶指名亚种 *Graphium mullah mullah*. **F19**: 圆翅剑凤蝶 *Graphium parus*. **F20**: 红绶绿凤蝶中南亚种 *Graphium nomius swinhoei*.

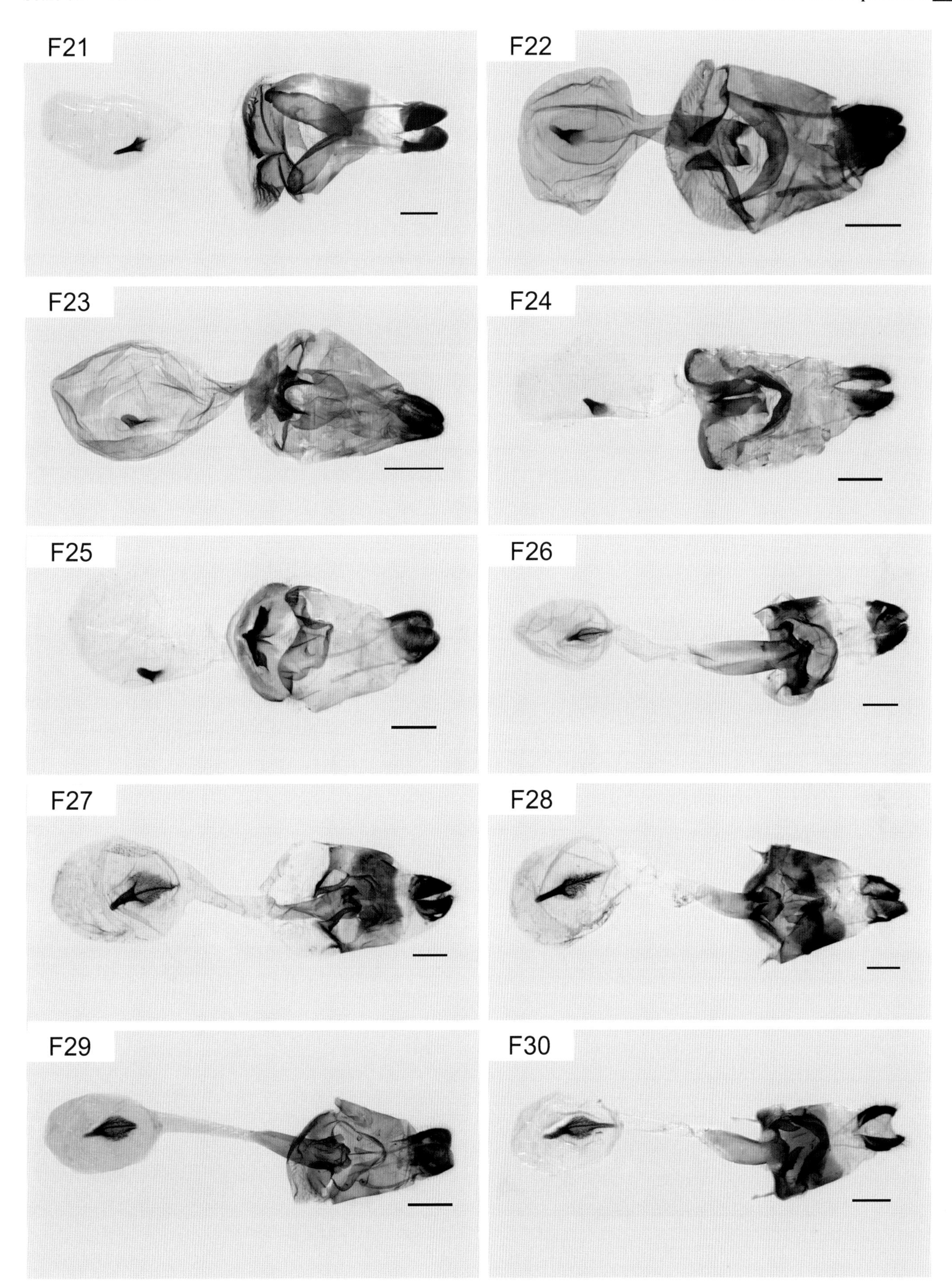

F21: 绿凤蝶中印亚种 *Graphium antiphates nebulosus*. **F22**: 斜纹绿凤蝶指名亚种 *Graphium agetes agetes* (泰国 Thailand). **F23**: 细纹凤蝶西南亚种 *Graphium megarus megapenthes*. **F24**: 客纹凤蝶中越亚种 *Graphium xenocles kephisos*. **F25**: 纹凤蝶中南亚种 *Graphium macareus indochinensis*. **F26**: 黎氏青凤蝶 *Graphium leechi*. **F27**: 碎斑青凤蝶指名亚种 *Graphium chironides chironides*. **F28**: 银钩青凤蝶大陆亚种 *Graphium eurypylus acheron*. **F29**: 南亚青凤蝶 *Graphium albociliatus*. **F30**: 木兰青凤蝶华南亚种 *Graphium doson actor*.

 Scale bar = 1.0 mm

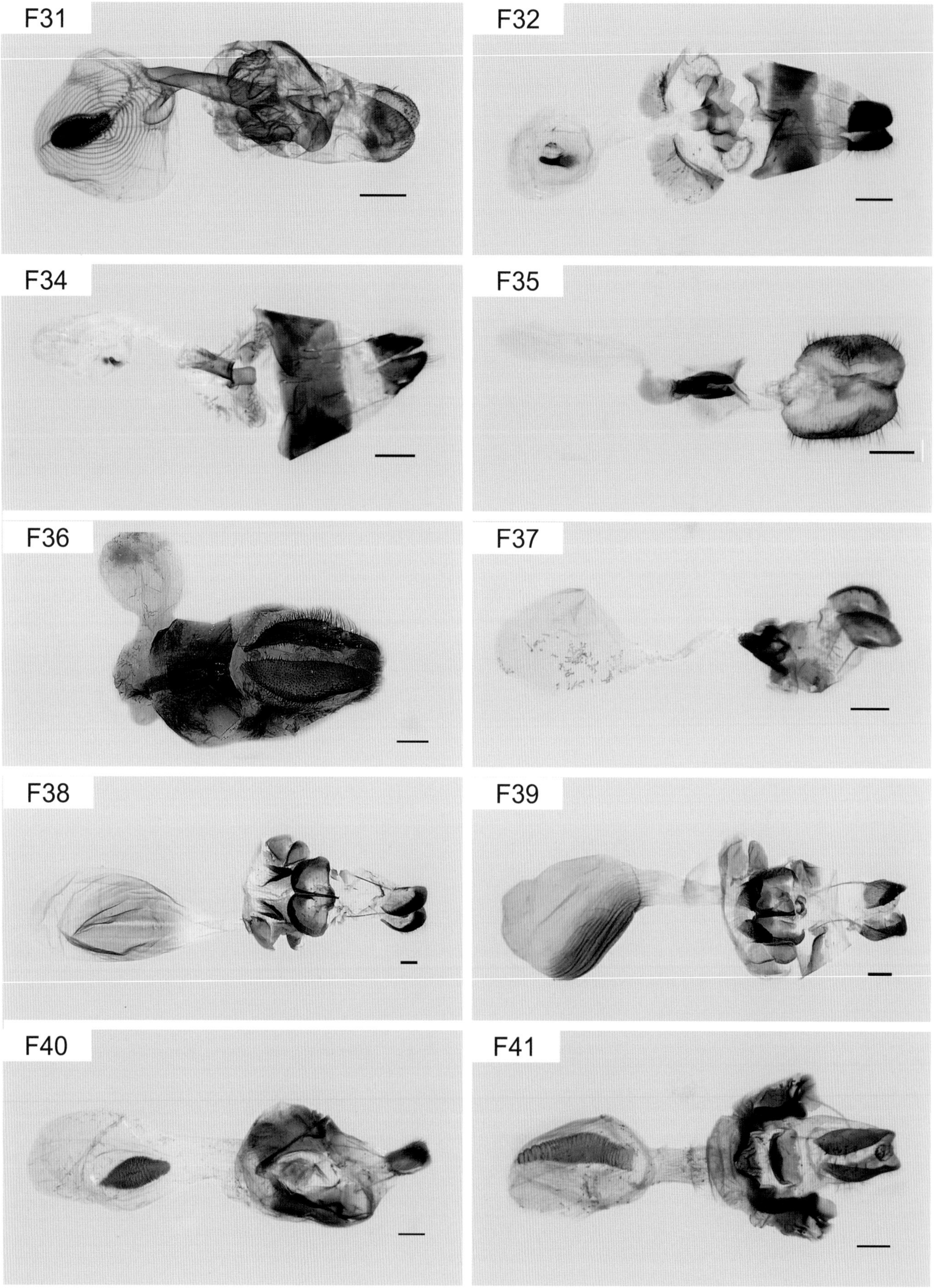

F31 F32 F34 F35 F36 F37 F38 F39 F40 F41

F31: 统帅青凤蝶指名亚种 *Graphium agamemnon agamemnon*. **F32**: 青凤蝶指名亚种 *Graphium sarpedon sarpedon*. **F34**: 宽带青凤蝶指名亚种 *Graphium cloanthus cloanthus*. **F35**: 喙凤蝶滇缅亚种 *Teinopalpus imperialis behludinii*. **F36**: 金斑喙凤蝶老越亚种 *Teinopalpus aureus shinkaii* (越南北部 North Vietnam). **F37**: 红珠凤蝶小斑亚种 *Pachliopta aristolochiae adaeus*. **F38**: 裳凤蝶大陆亚种 *Troides helena cerberus*. **F39**: 金裳凤蝶四川亚种 *Troides aeacus szechwanus*. **F40**: 暖曙凤蝶 *Atrophaneura aidoneus*. **F41**: 瓦曙凤蝶白斑亚种 *Atrophaneura astorion zaleucus*.

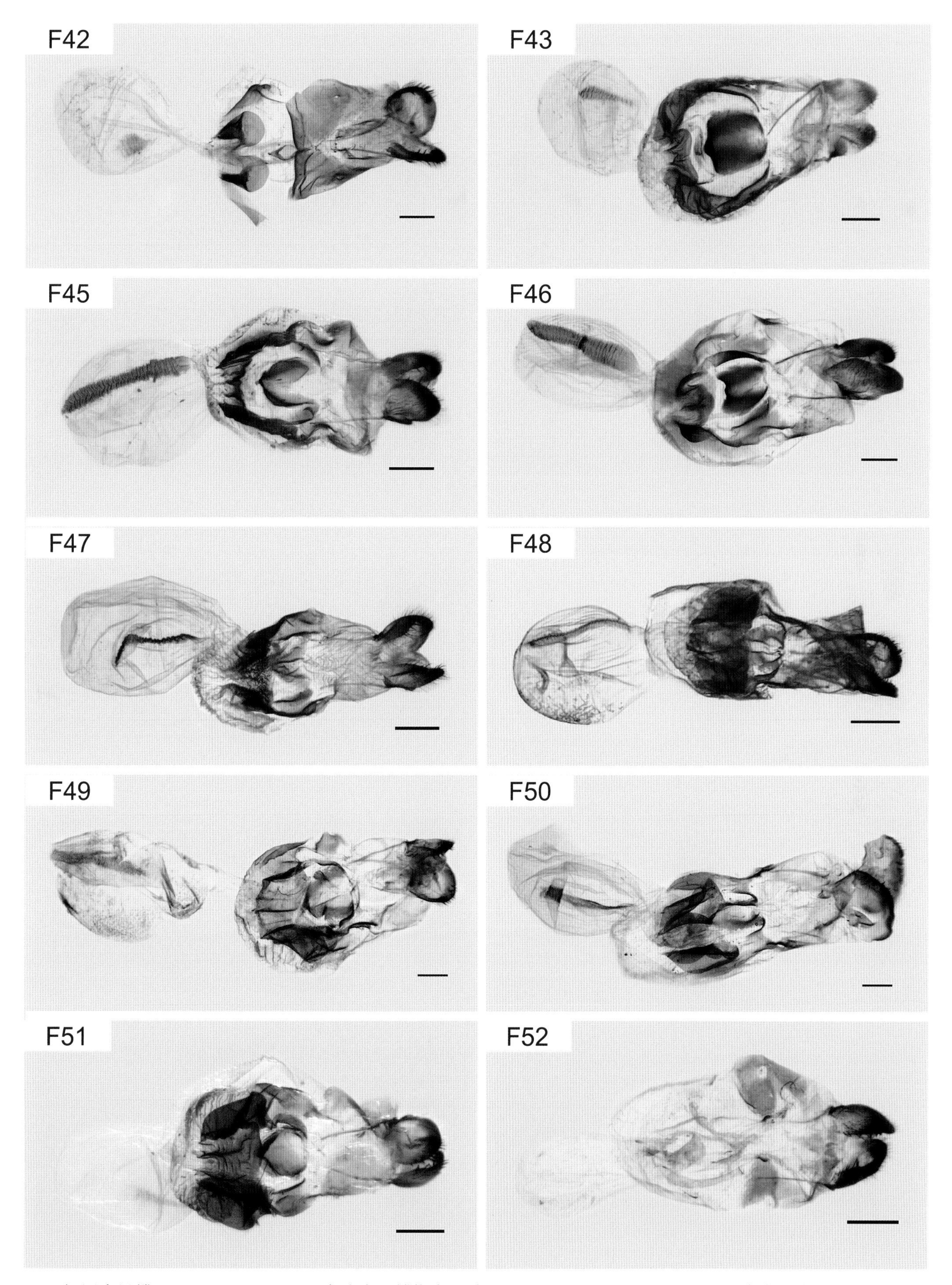

F42: 短尾麝凤蝶 *Byasa crassipes*. **F43**: 突缘麝凤蝶指名亚种 *Byasa plutonius plutonius*. **F45**: 云南麝凤蝶 *Byasa hedistus*. **F46**: 白斑麝凤蝶滇藏亚种 *Byasa dasarada ouvrardi*. **F47**: 多姿麝凤蝶指名亚种 *Byasa polyeuctes polyeuctes*. **F48**: 纨绔麝凤蝶缅北亚种 *Byasa latreillei ticona*. **F49**: 绮罗麝凤蝶指名亚种 *Byasa genestieri genestieri*. **F50**: 彩裙麝凤蝶 *Byasa polla*. **F51**: 粗绒麝凤蝶 *Byasa nevilli*. **F52**: 达摩麝凤蝶云南亚种 *Byasa daemonius yunnana*.

 Scale bar = 1.0 mm

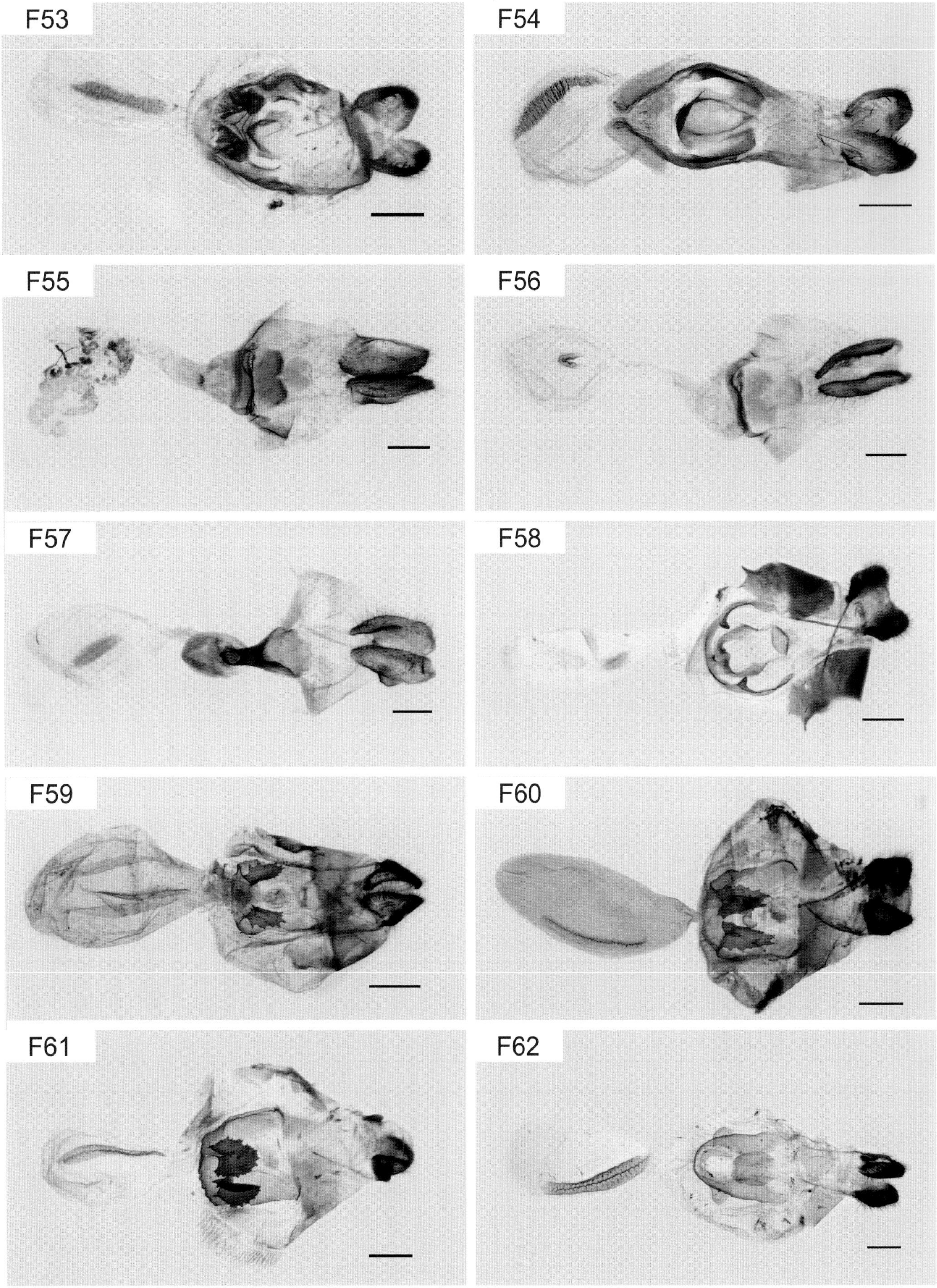

F53 F54 F55 F56 F57 F58 F59 F60 F61 F62

F53: 娆麝凤蝶 *Byasa rhadinus*. **F54**: 长尾麝凤蝶指名亚种 *Byasa impediens impediens*. **F55**: 褐钩凤蝶 *Meandrusa sciron* (四川 Sichuan). **F56**: 西藏钩凤蝶风伯亚种 *Meandrusa lachinus aribbas*. **F57**: 钩凤蝶泰缅亚种 *Meandrusa payeni amphis*. **F58**: 柑橘凤蝶 *Papilio xuthus*. **F59**: 高山金凤蝶滇藏亚种 *Papilio everesti alpherakyi*. **F60**: 长尾金凤蝶 *Papilio verityi*. **F61**: 金凤蝶中华亚种 *Papilio machaon schantungensis*. **F62**: 巴黎翠凤蝶中华亚种 *Papilio paris chinensis*.

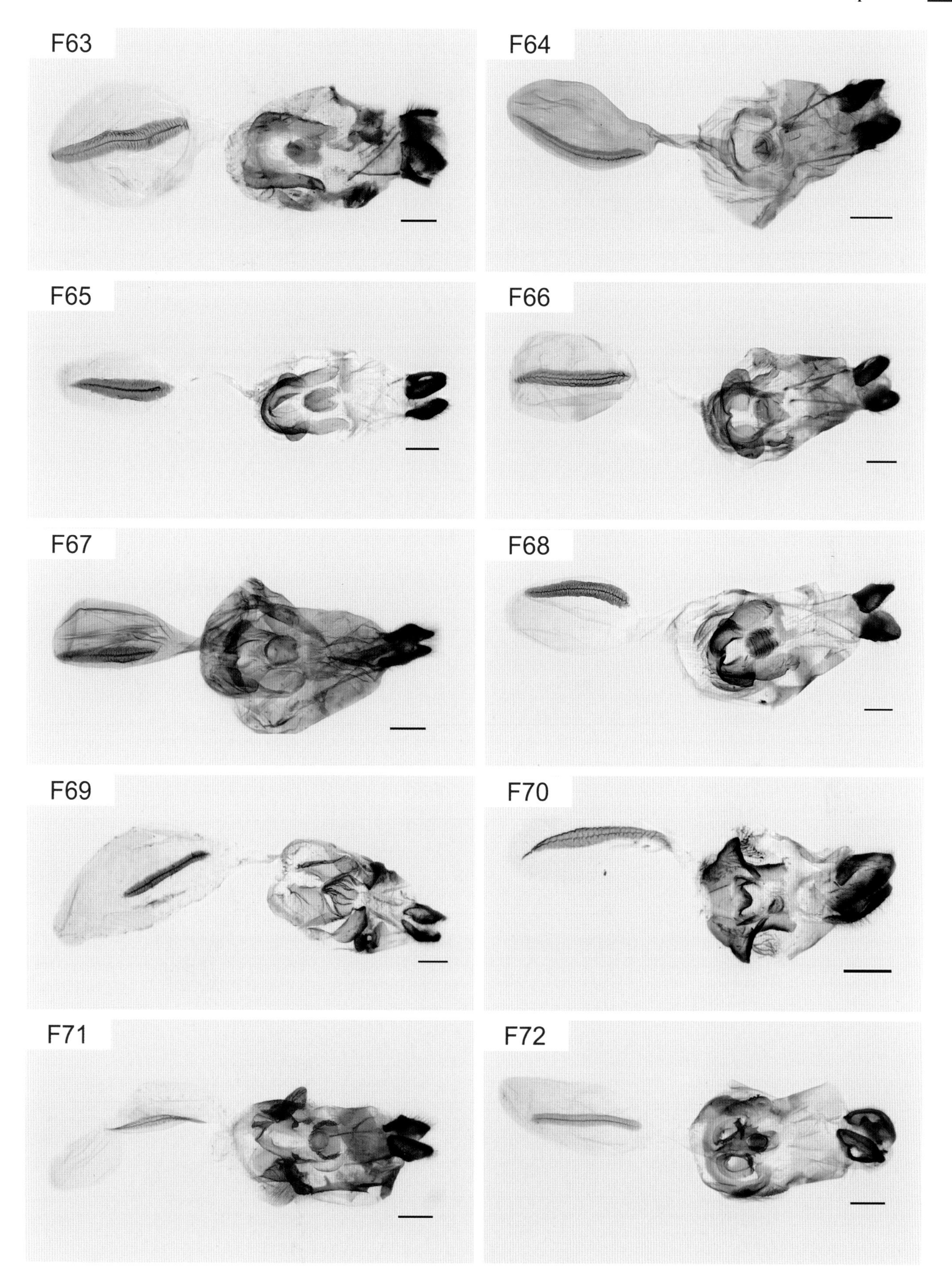

F63: 窄斑翠凤蝶指名亚种 *Papilio arcturus arcturus*. **F64**: 克里翠凤蝶指名亚种 *Papilio krishna krishna* (印度 India). **F65**: 碧凤蝶指名亚种 *Papilio bianor bianor*. **F66**: 穹翠凤蝶老越亚种 *Papilio dialis doddsi*. **F67**: 西番翠凤蝶白斑亚种 *Papilio syfanius albosyfanius*. **F68**: 绿带翠凤蝶华中亚种 *Papilio maackii han*. **F69**: 达摩凤蝶指名亚种 *Papilio demoleus demoleus*. **F70**: 衲补凤蝶 *Papilio noblei*. **F71**: 玉斑凤蝶指名亚种 *Papilio helenus helenus*. **F72**: 玉牙凤蝶海南亚种 *Papilio castor hamela* (海南 Hainan).

Scale bar = 1.0 mm

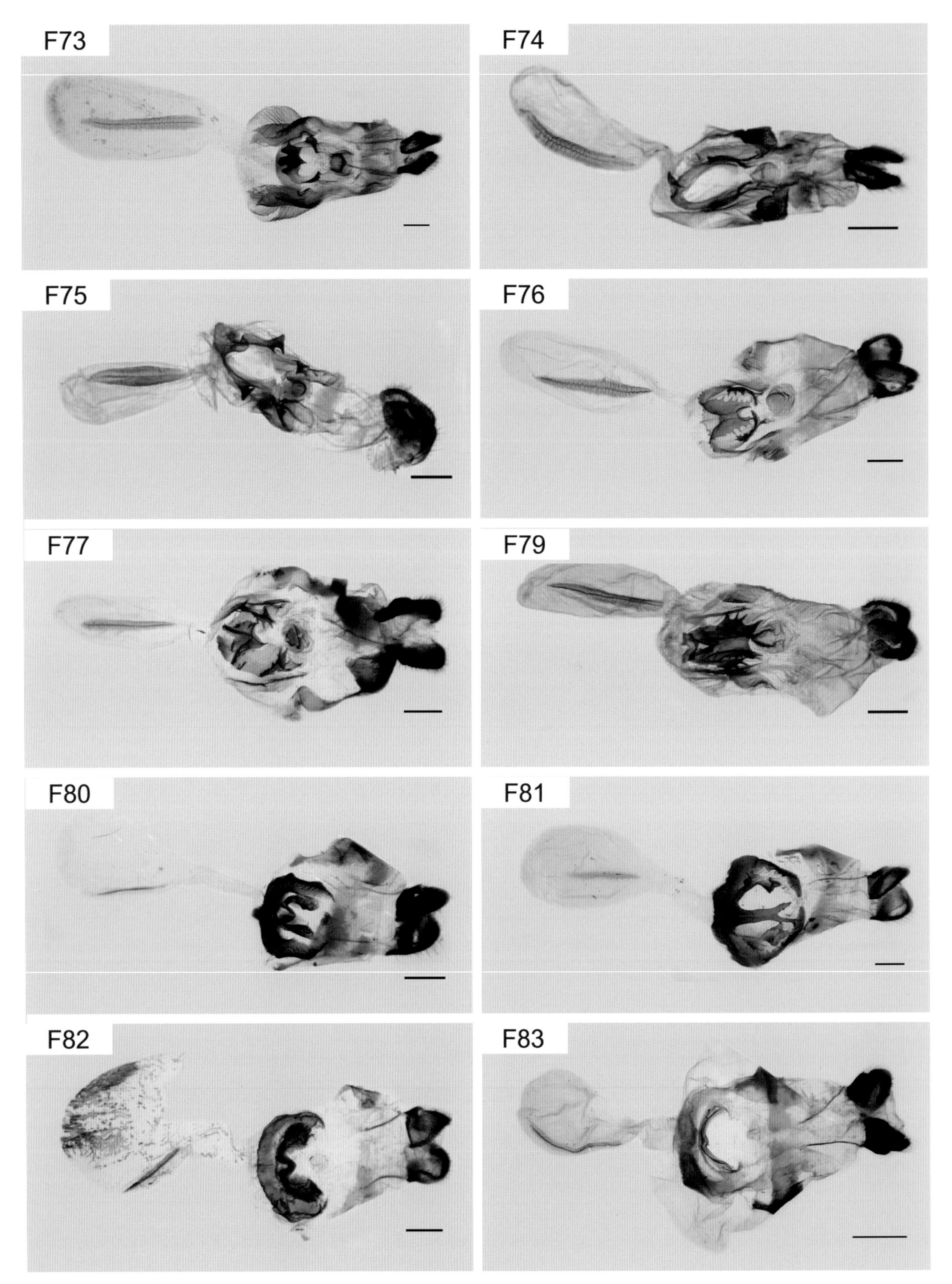

F73: 宽带凤蝶华中亚种 *Papilio chaon rileyi*. **F74**: 玉带凤蝶怒江亚种 *Papilio polytes rubidimacula*. **F75**: 蓝凤蝶指名亚种 *Papilio protenor protenor*. **F76**: 红基蓝凤蝶指名亚种 *Papilio alcmenor alcmenor*. **F77**: 牛郎凤蝶滇缅亚种 *Papilio bootes mindoni*. **F79**: 大陆美凤蝶 *Papilio agenor*. **F80**: 斑凤蝶指名亚种 *Papilio clytia clytia*. **F81**: 翠兰斑凤蝶越泰亚种 *Papilio paradoxa telearchus*. **F82**: 褐斑凤蝶指名亚种 *Papilio agestor agestor*. **F83**: 小黑斑凤蝶中南亚种 *Papilio epycides hypochra*.

Scale bar = 1.0 mm

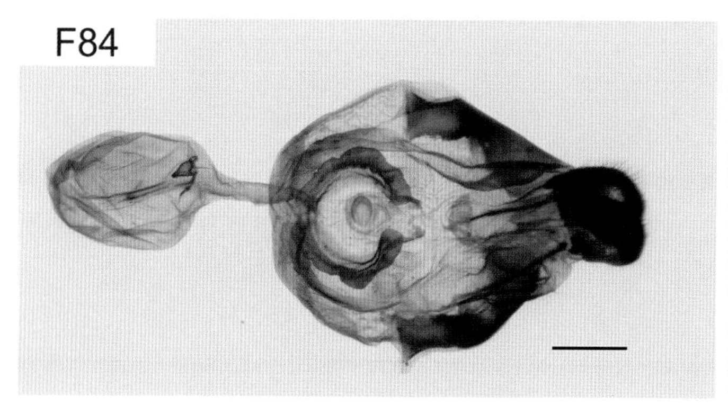

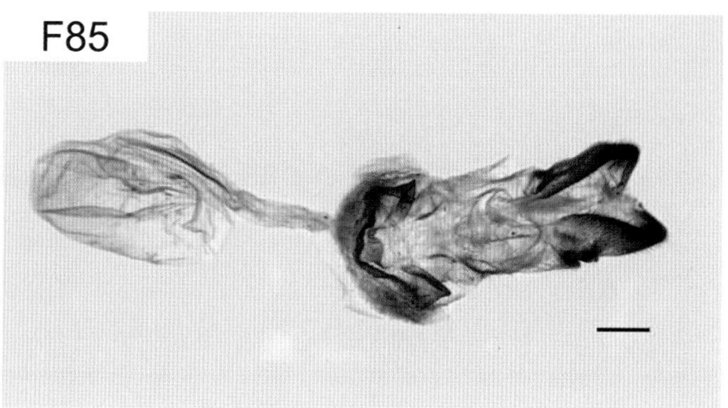

F84: 臀珠斑凤蝶海南亚种 *Papilio slateri hainanensis* (海南 Hainan). **F85**: 宽尾凤蝶 *Papilio elwesi*.

主要参考文献

REFERENCES

中文文献（姓名拼音字母顺序，**in alphabetic *pinyin* order of authors' names**）

顾茂彬，陈佩珍. 1997. 海南岛蝴蝶. 北京：中国林业出版社. [**Gu M. B. and Chen P. Z. 1997.** Butterflies in Hainan Island. Beijing: China Forestry Publishing House. (in Chinese)]

李传隆. 1962. 云南生物考察报告（鳞翅目，锤角亚目）. 昆虫学报，11(增刊): 172–198. [**Lee C. L. 1962.** Results of the zoological-botanical expedition to southwestern China, 1955–1957(Lepidoptera: Rhopalocera). Acta Entomologica Sinica, 11(Suppl.): 172–198. (in Chinese with English abstract)]

李传隆. 1962. 中国蝶类新种小志 II. 昆虫学报, 11(2): 143–148, pl. I. [**Lee C. L. 1962.** Some new species of Rhopalocera in China II. Acta Entomologica Sinica, 11(2): 143–148, pl. I. (in Chinese with English descriptions)]

李昌廉. 1987. *Bhutanitis* 属一新亚种（蝶亚目：凤蝶科 Papilionidae）. 西南农业大学学报, 9(4): 390–391. [**Li C. L. 1987.** A new subspecies of the genus *Bhutanitis* from the western Yunnan, China (Rhopalocera: Papilionidae). Journal of Southwest Agricultural University, 9(4): 390–391. (in Chinese with English summary)]

李昌廉. 1994. 云南绢蝶一新种及四新亚种（锤角亚目：绢蝶科）. 西南农业大学学报, 16(2): 101–105. [**Li C. L. 1994.** A new species and four new subspecies of the family Parnassiidae from Yunnan, China (Rhopalocera: Parnassiidae). Journal of Southwest Agricultural University, 16(2): 101–105. (in Chinese with English abstract)]

李昌廉，李鸿兴. 1993. 鳞翅目：锤角亚目//黄复生. 西南武陵山地区昆虫. 北京：科学出版社. [**Li C. L. and Li H. X. 1993.** Lepidoptera: Rhopalocera. *In*: Huang F. S. Insects of Wuling Mountain Area, Southwest China. Beijing: Science Press. (in Chinese)]

王治国，牛瑶. 2002. 中国蝴蝶新种记述 (II) (鳞翅目). 昆虫分类学报, 24(4): 276–284. [**Wang Z. G. and Niu Y. 2002.** New species of butterflies (Lepidoptera) from China (II). Entomotaxonomia, 24(4): 276–284. (in Chinese with English description)]

武春生. 2001. 中国动物志. 昆虫纲第二十五卷. 鳞翅目：凤蝶科. 北京：科学出版社. [**Wu C. S. 2001.** Fauna Sinica. Insecta Vol. 25. Lepidoptera: Papilionidae. Beijing: Science Press. (in Chinese)]

武春生，徐堉峰. 2017. 中国蝴蝶图鉴. 福州：海峡书局. [**Wu C. S. and Hsu Y. F. 2017.** Chinese Butterflies. Fuzhou: The Strait Publishing House]

徐堉峰，黄嘉龙，梁家源. 2018. 台湾蝶类志. 第一卷. 凤蝶科. 台北：台湾林业事务主管部门. [**Hsu Y. F., Huang C. L. and Liang J. Y. 2018.** Butterfly Fauna of Taiwan. Vol. 1. Papilionidae. Taipei: The Forestry Authority of Taiwan.]

杨平世，徐堉峰. 1990. 特有种——台湾麝香凤蝶 (*Byasa febanus* Fruhstorfer) 之生活史及幼虫寄主植物（食草）研究. 中华昆虫, 10: 235–239. [**Yang P. S. and Hsu Y. F. 1990.** Life history, morphology and larval host plants of an endemic species of Taiwan musk swallowtail (*Byasa febanus* Fruhstorfer). Chinese Journal of Entomology, 10: 235–239.]

赵力，王效岳. 1997. 中国鳞翅目 3. 台北：台湾省立博物馆. [**Chao L. and Wang H. Y. 1997.** Lepidoptera of China 3. Taipei: Taiwan Museum. (in Chinese with English note to new taxa)]

周尧. 1992. 世界珍奇蝴蝶 *Bhutanitis* 属的分类研究. 昆虫分类学报, 14(1): 48–51. [**Chou I. 1992.** A study on the rare butterflies of the genus *Bhutanitis* (Lepidoptera: Papilionidae) with descriptions of two new species. Entomotaxomonia, 14(1): 48–51. (in Chinese with English summary)]

周尧. 1994. 中国蝶类志（修订本）. 郑州：河南科学技术出版社. [**Chou I. (Ed.) 1994.** Monographia Rhopalocerorum Sinensium (Monograph of Chinese Butterflies) (First Volume). Zhengzhou: Henan Science and Technology Publishing House. (in Chinese with English descriptions of new taxa)]

周尧，张雅林，谢卫民. 2000. 中国蝴蝶新种、新亚种及新纪录种 (I) (鳞翅目). 昆虫分类学报, 22(3): 223–228. [**Chou I., Zhang Y. L. and Xie W. M. 2000.** New species, new subspecies, and new records of butterflies (Lepidoptera) from China (I). Entomotaxonomia, 22(2): 223-228. (in Chinese with English descriptions)]

周尧，袁锋，王应伦. 2000. 中国蝴蝶新种、新亚种及新纪录种 (II) (鳞翅目：凤蝶科). 昆虫分类学报, 22(4): 266–274. [**Chou I., Yuan F. and Wang Y. L. 2000.** New species, new subspecies, and new records of butterflies (Lepidoptera: Papilionidae) from China (II). Entomotaxonomia, 22(4): 266–274. (in Chinese with English descriptions)]

周尧，袁向群，殷海生，张传诗，陈锡昌. 2002. 中国蝴蝶新种、新亚种及新纪录种 (VI). 昆虫分类学报, 24(1): 52–68. [**Chou I., Yuan X. Q., Yin H. S., Zhang C. S. and Chen X. C. 2002.** New species, new subspecies, and new records of butterflies from China (VI). Entomotaxonomia, 24(1): 52–68. (in Chinese with English descriptions)]

日文文献（姓名五十音顺序，in alphabetic order of authors' names）

川崎 裕一. **1998.** 東チベット及び中国、北雲南省より得られたシモウスバの2新亜種. Wallace, 4(2): 40–42, pl. 11. [**Kawasaki Y. 1998.** Two new subspecies of *Parnassius simo* Gray, 1853(Lepidoptera: Papilionidae) from eastern Tibet and northern Yunnan China. Wallace, 4(2): 40–42, pl. 11. (in Japanese with English summary)]

小岩屋 敏. **1993.** 中国産蝶類3新属、11新種、7新亜種の記載. 中国蝶類研究 第二卷. 東京: 9–27, 43–111. [**Koiwaya S. 1993.** Descriptions of three new genera, eleven new species and seven new subspecies of butterflies from China. *In*: Studies of Chinese Butterflies Vol. 2. Tokyo: 9–27, 43–111. (in Japanese with English summary)]

松村 松年. **1919.** 新日本千蟲圖解. 卷之叁. 東京: 警醒社書店. [**Matsumura S. 1919.** Thousand Insects of Japan. Additamenta III. Tokyo: Keisei-Sha.]

三上 秀彦. **1998.** チベット高原産パルナウス属の変異と記錄. Notes on Eurasian Insects, (2): 49–87, pl. 1–30. [**Mikami H. 1998.** Variations of genus *Parnassius* (Lepidoptera, Papilionidae) in Tibetan Highlands and their recording. Notes on Eurasian Insects, (2): 49–87, pl. 1–30. (in Japanese with English descriptions)]

三枝 豊平, 李 伝隆. **1982.** ウンナンシボリアゲハの再発見と新亜種の記載及びその系統的位置について. 蝶と蛾, 33(1, 2): 1–24. [**Saigusa T. and Lee C. L. 1982.** A rare papilionid butterfly *Bhutanitis mansfieldi* (Riley), its rediscovery, new subspecies and phylogenetic position. Tyo to Ga, 33(1, 2): 1–24. (in Japanese with English summary)]

新海 彰男. **1996.** ベトナム北部産カバシタアゲハの1新亜種. Futao, 23: 16–17, pl. 4. [**Shinkai A. 1996.** Description of a subspecies of *Chilasa agestor* (Gray, 1831) from Vietnam. Futao, 23: 16–17, pl. 4. (in Japanese with English summary)]

日浦 勇. **1980.** ウスバアゲハ亜科諸属の翅の紋様解析と系統論. 大阪市立自然史博物館研究報告, 33: 71–95. [**Hiura I. 1980.** A phylogeny of the genera of Parnassiinae based on analysis of wing pattern, with description of a new genus (Lepidoptera: Papilionidae). Bulletin of the Osaka Museum of Natural History, 33: 71–95. (in Japanese)]

藤岡 知夫, 築山 洋, 千葉 秀幸. **1997.** 日本産蝶類及び世界近緣種大図鑑 I. 東京: 株式会社出版芸術社. [**Fujioka T., Tsukiyama H. and Chiba H. 1997.** Japanese Butterflies and Their Relatives in the World. Vol. 1. Tokyo: Shuppan Geijutsu Sha (in Japanese with English summary)]

守田 貞之. **1998.** ベトナム産オウゴングアゲハの1新亜種の記載. Wallace, 4(2): 13–15, pl. 13. [**Morita S. 1998.** A new subspecies of *Teinopalpus aureus* Mell, 1923 from Vietnam (Lepidoptera: Papilionidae). Wallace, 4(2): 13–15, pl. 13. (in Japanese with English description)]

吉野 和義. **2003.** シナカラスアゲハとミヤマカラアゲハに関する知見. Butterflies, 36: 32–36. [**Yoshino K. 2003.** Notes on *Papilio syfanius* and *Papilio maackii* (Papilionidae, Lepidoptera) from China. Butterflies, 36: 32–36. (in Japanese with English abstract and summary)]

吉本 浩. **1998.** クジャクアゲハとカラスアゲハ. Butterflies, 20: 45–49. [**Yoshimoto H. 1998.** *Papilio bianor* and *Papilio dehaanii*, two distinct species. Butterflies, 20: 45–49. (in Japanese with English abstract and summary)]

西文文献（姓名拉丁字母顺序，in alphabetic order of authors' names）

Ackery P. R., Smith C. R. and Vane-Wright R. I. 1995. Carcasson's African Butterflies: an annotated Catalogue of the Papilionoidea and Hesperioidea of the Afrotropical Region. Victoria: CSIRO Publications.

Ackery P. R. and Vane-Wright R. I. 1984. Milkweed Butterflies. London: British Museum (Natural History).

Alphéraky S. 1895. Lépidoptères nouveaux. Deutsche Entomologische Zeitschrift Iris, 8(1): 180–202. [in French]

Alphéraky S. 1897. Lépidoptères des provinces chinoises Sé-Tchouen et Kham recueillis, en 1893, par M-r G. N. Potanine. *In*: Romanoff N. M. Mémoires sur les Lépidoptères, 9: 83–149. [in French]

Antram C. B. 1924. Butterflies of India. Calcutta and Simla: Thacker, Spink & Co.

Atkinson W. S. 1873. Description of a new genus and species of Papilionidae from the South-eastern Himalayas. Proceedings of the General Meetings for Scientific Business of the Zoological Society of London, 1873: 570–572, pl. 50.

Austaut J. L. 1906. Notice sur quelques espèces nouvelles ou peu connues du genere *Parnassius*. Entomologische Zeitschrift, 20(10): 66–68. [in French]

Bang-Haas O. 1927. Horae Macrolepidopterologicae Regionis Palaearcticae. Vol. 1. Dresden-Blasewitz: Verlag O. Staudinger & Bang-Haas. [in German]

Bang-Haas O. 1934. Neubeschreibung und berichtigungen der Palaearktischen Macrolepidopterenfauna VII. Entomologische Zeitschrift, 47: 178–179. [in German]

Bingham C. T. 1907. The Fauna of British India, including Ceylon and Burma. Butterflies.–Vol. II. London: Taylor and Francis.

Billberg G. J. 1820. Enumeratio Insectorum in Museo. [Stockholm]: Typis Gadelianis. [in Latin]

Blanchard M. É. 1871. Remarques sur la faune de la principauté thibétaine du Mou-pin. Comptes Rendus Hebdomadaires des Séances de l'Académie des Sciences, 72: 807–813. [in French]

Boisduval J. B. 1836. Histoire Naturelle des Insectes. Species Général des Lépidoptères. Tome Premier. Paris: Librairie Encyclopédique de Roret. [in French]

Boullet E. and Le Cerf F. 1912. Descriptions sommaires de formes nouvelles de Papilionidae [Lep.] de la collection du Muséum de Paris (2e note). Bulletin de la Société Entomologique de France, (11): 246–247. [in French]

Bremer O. 1861. Neue Lepidopteren aus Ost-Sibirien und dem Amur-Lande, gesammelt von Radde und Maack. Bulletin de l'Académie Impériale des Sciences de Saint-Pétersbourg, 3(3–4): 461–496. [in German and Latin]

Bryk F. 1930. Papilionidae II. Papilio. in Strand, Lepidopterorum Catalogus, 37: 57–510.

Bryk F. 1932. Parnassiologische studien aus England. Parnassiana, 2(4/5): 46–50, f. 1–4. [in German]

Bryk F. 1938. Neue Parnassiiden aus dem Zoologischen Reichsmuseum Alexander König in Bonn. Parnassiana, 5(7/8): 50–54. [in German]

Bryk F. 1938. Neue Parnassiiden aus dem Zoologischen Reichsmuseum Alexander König in Bonn. Parnassiana, 6(1/2): 1–5. [in German]

Bryk F. 1939. Die artberechtigung von *Papilio paris* L. und *P. polyctor* Bsdv. Entomologisk Tidskrift, 60: 259–264, f. 1–5. [in German]

Bryk F. 1943. Neue tibetanische Parnassier aus dem Reichsmuseum König (Lep.). Mitteilungen der Münchner Entomoligischen Gesellschaft, 33(1): 26–33, pl. 5–6. [in German]

Butler A. G. 1868. A list of the Diurnal Lepidoptera recently collected by Mr. Whitely in Hakodadi (North Japan). The Journal of the Linnaean Society of London (Zoology), 9: 50–59.

Butler A. G. 1870. Catalogue of Diurnal Lepidoptera Described by Fabricius in the Collection of the British Museum. London: Taylor and Francis.

Butler A. G. 1877. The Butterflies of Malacca. (Abstract). The Journal of the Linnaean Society of London (Zoology), 13(68): 196–197.

Butler A. G. 1879. The Butterflies of Malacca. Transactions of the Linnaean Society of London (Ser. 2), 1(8): 533–568, pl. LXVIII–LXIX.

Butler A. G. 1881. Descriptions of new Species of Lepidoptera in the Collection of the British Museum. The Annals and Magazine of Natural History (Ser. 5), 7(37): 31–37, pl. IV.

Butler A. G. 1885. On a Collection of Lepidoptera made at Manipur and on the Borders of Assam by Dr. George Watt. The Annals and Magazine of Natural History (Ser. 5), 16(95): 334–347, pl. VIII.

Collard S. and Dion Y. P. 2007. Description d'une nouvelle sous-espèce de *Teinopalpus imperialis* (Hope, 1843) du Nord Laos (Lepidoptera: Papilionidae). Bulletin de la Société Entomologique de Mulhouse, 63(3): 37–54. [in French]

Condamine F. L., Nabholz B., Clamens A. L., Dupuis J. R. and Sperling F. A. H. 2018. Mitochondrial phylogenomics, the origin of swallowtail butterflies, and the impact of the number of clocks in Bayesian molecular dating. Systematic Entomology, 43(3): 460–480.

Cotton A. M. 2016. The correct spelling of the name for the subspecies of *Graphium evemon* (Boisduval, 1836) (Lepidoptera: Papilionidae) in mainland SE Asia, confirmation of the female phenotype and distribution of the taxon. Butterflies, 73: 48–52.

Cotton A. M., Hu S. J. and Inayoshi Y. 2021. Issues with *Papilio bianor gladiator* Fruhstorfer, [1902] and *ganesa* Doubleday 1842(Lepidoptera: Papilionidae). Butterflies, 87: 39–45.

Cotton A. M., Robinson J. and Inayoshi Y. 2019. Taxonomic implications resulting from examination of the syntypes of *Papilio pompilius* Fabricius, 1787(Lepidoptera: Papilionidae). Butterflies, 81: 48–55.

Cramer P. 1775–1779. De Uitlandsche Kapellen, Voorkomende in de Drie Waereld-deelen Asia, Africa en America. Tome Premier. Amsteldam: S. J. Baalde. [in Dutch and French]

Cramer P. 1777–1779. De Uitlandsche Kapellen, Voorkomende in de Drie Waereld-deelen Asia, Africa en America. Tome Second. Amsteldam: S. J. Baalde. [in Dutch and French]

Cramer P. 1779–1782. De Uitlandsche Kapellen, Voorkomende in de Drie Waereld-deelen Asia, Africa en America. Tome Troisieme. Amsteldam: S. J. Baalde. [in Dutch and French]

Cramer P. 1780–1782. De Uitlandsche Kapellen, Voorkomende in de Drie Waereld-deelen Asia, Africa en America. Tome Quatrieme. Amsteldam: S. J. Baalde. [in Dutch and French]

D'Abrera B. 1982. Butterflies of the Oriental Region Part I Papilionidae, Pieridae and Danaidae. Victoria: Hill House.

Dalman J. W. 1816. Försök till systematisk uppstållning af Sveriges fjårillar. Kongl. Vetenskaps Academiens Handlingar, (1): 48–100. [in Swedish].

Distant W. L. 1882–1886. Rhopalocera Malayana : a description of the Butterflies of the Malay Peninsula. London: W. L. Distant, care of West, Newman & Co.

Doherty W. 1886. Additional Notes on new or rare Indian Butterflies. Journal of the Asiatic Society of Bengal, (2), 55(3): 256–265.

Donovan E. 1826. Naturalist's Repository: or Monthly Miscellany of Exotic Natural History. Vol. IV. London: Printed for the author and W. Simpkin and R. Marshall. [in English and Latin]

Doubleday E. 1842. Characters of undescribed Lepidoptera. in Gray, Zoological Miscellany, 1: 73–78.

Doubleday E. 1844. List of the Specimens of Lepidopterous Insects in the Collection of the British Museum. Part I. London: E. Newman.

Doubleday E. 1845. Descriptions of new or imperfectly described Diurnal Lepidoptera. The Annals and Magazine of Natural History, 16: 176–182, 232–236.

Doubleday E. 1846–1850. in Doubleday, Westwood & Hewitson, The Genera of Diurnal Lepidoptera : comprising their generic characters, a notice of their habits and transformations, and a catalogue of the species of each genus. Vol. I. London: Longman, Brown, Green, and Longmans.

Draeseke J. 1923. Die Schmetterlinge der Stötzenerschen Ausbeute. Papilionidae. Deutsche Entomologische Zeitschrift Iris, 37: 53–60. [in German]

Drury D. 1770. Illustrations of Natural History (Exotic Insects). Vol. I. B. London: White. [in English and French]

Drury D. 1773. Illustrations of Natural History (Exotic Insects). Vol. II. B. London: White. [in English and French]

Drury D. 1782. Illustrations of Natural History (Exotic Insects). Vol. III. B. London: White. [in English and French]

Dubois E. and Vitalis de Salvaza R. 1914. Contribution à la "Faune Entomologique de l'Indochine Française". Annales de la Société Entomologique de Belgique, 58: 146–151. [in French]

Dubois E. and Vitalis de Salvaza R. 1921. Contribution à la Faune Entomologique de l'Indochine Française. Fascicule n° 3. Saigon: Imprimerie Nouvelle Albert Portail. [in French]

Dufrane A. 1933. Quelques Rhopalocères. Lambillionea, 33(7): 164–166. [in French]

Dufrane A. 1946. Papilionidae. Bulletin et Annales de la Société Entomologique de Belgique, 82: 101–122. [in French]

Duponchel P. A. J. 1832–1835. in Godart, Histoire Naturelle des Lépidoptères, ou Papillons de France. Diurnes. Supplément aux Tomes Premier et Deuxième. Paris: Méquignon-Marvis. [in French]

d'Urville M. J. D. 1832. Voyage de Découvertes de l'Astrolabe (Faune Entomologique de l'Océan Pacifique). Première Partie. Paris: J. Tastu, Éditeur-Imprimeur. [in French]

Dyar H. G. 1902. A list of North American Lepidoptera and key to the literature of this order of insects. Bulletin of the United States National Museum, 52: i-xix, 1–723.

Ehrmann G. A. 1909. New species of exotic Lepidoptera. The Canadian Entomologist, 41(3): 85–87.

Ehrmann G. A. 1920. New exotic *Papilios*. Bulletin of the Brooklyn Entomological Society, 15(1): 21–22.

Eimer G. H. T. 1889. Die Artbildung und Verwandtschaft bei den Schmetterlingen. Vol. 1. Jena: Verlag von Gustav Fischer. [in German]

Eliot J. N. 1982. On three swallowtail butterflies from Peninsular Malayasia. Malayan Nature Journal, 35(1–2): 179–182.

Eller K. 1936. Die Rassen von Papilio machaon L. Leiden: E. J. Brill. [in German]

Eller K. 1939. Fragen und Probleme zur Zoogeographie und zur Rassen- und Artbildung in der Papilio machaon-Gruppe. VII. Internationaler Kongreß für Entomologie, Berlin, 15. -20. August 1938: 74–101. [in German]

Esper E. J. C. 1784–1801. Die ausländischen Schmetterlinge in abbildungen nach der Natur mit Beschreibungen. Erlangen. [in Latin and German]

Evans W. H. 1912. A list of Indian butterflies. Journal of the Bombay Natural History Society, 21(3): 969–1008.

Evans W. H. 1923. The identification of Indian Butterflies. Journal of the Bombay Natural History Society, 29(1): 230–260.

Evenhuis N. L. 2003. Publication and dating of the journals forming the Annals and Magazine of Natural History and the Journal of Natural History. Zootaxa, 385: 1–68.

Fabricius J. C. 1775. Systema Entomologiae, Sistens Insectorum Classes, Ordines, Genera, Species, Adiectis Synonymis, Locis, Descriptionibus, Observationibus. Korte: Flensburgi et Lipsiae. [in Latin]

Fabricius J. C. 1777. Genera Insectorum: Eorumque Characteres Naturales Secundum Numerum, Figuram, Situm et Proportionem. Chilonii: Litteris Mich. Friedr. Bartschii. [in Latin]

Fabricius J. C. 1787. Mantissa Insectorum: Sistens Species Nuper Detectas Adiectis Synonymis, Observationibus, Descriptionibus, Emendationibus. Tome II. Hafniae, Christian Gottlieb. Proft. [in Latin]

Fabricius J. C. 1793. Entomologia Systematica emendata et aucta. Secundum classes, ordines, genera, species adjectis synonimis, locis, observationibus, descriptionibus. Tom. III. Pars I. Hafniae, Christian Gottlieb. Proft, Fil. et Soc. [in Latin]

Felder C. and Felder R. 1860. Lepidopterologische fragmente. Weiner Entomologische Monatschrift, 4(8): 225–251. [in Latin and German]

Felder C. and Felder R. 1861. Lepidoptera nova. Weiner Entomologische Monatschrift, 5(10): 297–306. [in Latin and German]

Felder C. and Felder R. 1862. Observationes de *Lepidopteris* nonnullis Chinae centralis et Japoniae. Weiner Entomologische Monatschrift, 6(1): 22–32. [in Latin and German]

Felder C. and Felder R. 1863. Lepidoptera nova. Weiner Entomologische Monatschrift, 7(4): 105–127. [in Latin]

Felder C. and Felder R. 1864. Species Lepidopterorum hucusque descriptae vel iconibus expressae in seriem systematicam digestae. Verhandlungen der Kaiserlich-Koniglichen Zoologisch-Botanischen Gesellschaft in Wein, 14: 289-378. [in Latin and German]

Felder C. and Felder R. 1864–1867. Reise Österreichschen Fregatte Novara um die Erde. Vol. 1 & 2. Wien: Aus der Kaiserlinch-Königlichen Hof- und Staatsdruckerei. [in Latin and German]

Frivaldszky J. 1886. Lepidoptera nova et varietates, in expeditione ad oras Asiae orientalis comitis Belae Széchenyi, a dominis Gustavo Kreitner et Ludovico Loczy collecta et a Joanne Frivaldszky descripta. Természetrajzi Füzetek (Budapest), 10: 39–40, Táb. IV. [in Latin]

Fruhstorfer H. 1901. Zwei neue *Papilio* aus Indochina. Societas Entomologica, 16(12): 89–90. [in German]

Fruhstorfer H. 1901. Neue schmetterlinge aus Tonkin. Societas Entomologica, 16(13): 97–99, 105–107, 113–114. [in German]

Fruhstorfer H. 1902. Neue und seltene Lepidopteren aus Annam und Tonkin und dem malayischen Archipel. Deutsche Entomologische Zeitschrift Iris, 14(2): 265–276. [in German]

Fruhstorfer H. 1902. Neue Indo-Australische Lepidoptera. Deutsche Entomologische Zeitschrift Iris, 14(2): 334–350. [in German]

Fruhstorfer H. 1902. *P. xenocles kephisos* nov. subspec. Societas Entomologica, 16(19): 145–146. [in German]

Fruhstorfer H. 1902. Neue Papilioformen aus dem Indo-Australischen gebiet. Societas Entomologica, 17(8): 57–58. [in German]

Fruhstorfer H. 1902. Neue Papilioformen aus Ostasien. Societas Entomologica, 17(10): 73–74. [in German]

Fruhstorfer H. 1902. Neue *Papilio*-formen aus dem Indo-Malayischen gebiet. Deutsche Entomologische Zeitschrift Iris, 15(1): 161–168. [in German]

Fruhstorfer H. 1903. Verzeichnis der in Tonkin, Annam und Siam gesammelten Papilioniden und Besprechung verwandter formen. Berliner Entomologische Zeitschrift, 43(3–4): 167–234. [in German]

Fruhstorfer H. 1903. Neue Papilioformen und andere Lepidopteren aus Ost-Asien und dem malayischen Archipel. Deutsche Entomologische Zeitschrift Iris, 15(2): 306–315. [in German]

Fruhstorfer H. 1907. Eine neue *Papilio*-rasse aus Süd-Indien. Entomologische Zeitschrift, 20(37): 269. [in German]

Fruhstorfer H. 1907. Zwei neue paläarktische *Papilio*. Entomologische Zeitschrift, 20(41): 301–302. [in German]

Fruhstorfer H. 1907. Neue *Papilio*-rassen aus dem indo-australischen gebiet. Entomologische Zeitschrift, 21(30): 182–184. [in German]

Fruhstorfer H. 1907. Neue und alte rassen von *Papilio jason*. Entomologische Zeitschrift, 21(34): 209. [in German]

Fruhstorfer H. 1908. Neue *Papilio*-rassen aus der *Eurypylus*-gruppe. Entomologische Zeitschrift, 21(37): 222. [in German]

Fruhstorfer H. 1908. Neue ostasiatische Rhopaloceren. Entomologisches Wochenblatt, 25(9): 37–38. [in German]

Fruhstorfer H. 1908. Lepidopterologisches Pêle-Mêle. I. Neue ostasiatische Rhopaloceren. Entomologische Zeitschrift, 22(11): 46–47. [in German]

Fruhstorfer H. 1908. Lepidopterologisches Pêle-Mêle. IV. Neue Papiliorassen. Entomologische Zeitschrift, 22(18): 72–73. [in German]

Fruhstorfer H. 1908. Lepidopterologisches Pêle-Mêle. X. Neue Rhopaloceren von Formosa. Entomologische Zeitschrift, 22(35): 140–141. [in German]

Fruhstorfer H. 1909. Neue Rhopaloceren von Formosa und den Nachbarländern. Entomologische Zeitschrift, 22(41): 167. [in German]

Fruhstorfer H. 1909. Neue Papilioniden des indo-australischen faunengebietes. Entomologische Zeitschrift, 22(41): 169–170. [in German]

Fruhstorfer H. 1909. Neue über *Papilio paris* L. Entomologische Zeitschrift, 22(41): 170–171. [in German]

Fruhstorfer H. 1909. Neue asiatische *Papilio*-rassen. Entomologische Zeitschrift, 22(42): 175–176. [in German]

Fruhstorfer H. 1909. Neue asiatische *Papilio*-rassen. Entomologische Zeitschrift, 22(43): 177–179. [in German]

Fruhstorfer H. 1909. Neue rassen von *Papilio agestor* Gray. Entomologische Zeitschrift, 22(45): 190–191. [in German]

Fruhstorfer H. 1909. Neue Leptocircus-rassen. Societas Entomologica, 24(9): 68. [in German]

Fruhstorfer H. 1913. Neue Indo-Australiche Rhopaloceren. Deutsche Entomologische Zeitschrift Iris, 27(3): 130–139. [in German]

Gistel J. von N. F. X. 1857. Vacuna oder die Geheimnisse aus der organischen und leblosen Welt. Band II. Straubing: Verlag der Schornerschen Buchhandlung. [in German]

Godart J. B. 1819. in Latreille and Godart, Encyclopédie Méthodique. Histoire naturelle. Entomologie, ou histoire naturelle des crustacés, des arachnides et des insectes. Tome Neuvième. Paris: Chez Mme. veuve Agasse. [in French and Latin]

Goeze J. A. E. 1779. Entomologische Beyträge zu des Ritter Linné Zwölften Ausgabe des Natursystems. Vol. 3(Pt. 1). Leipzig: bey Weidmanns Erben und Reich. [in Latin and German]

Gray G. R. 1831. Description of eight new species of Indian butterflies, (*Papilio*, Lin.) from the collection of General Hardwicke. Zoological Miscellany, Vol. 1: 32–33.

Gray G. R. 1832. in Griffith E. & Pidgeon E., The Animal Kingdom Arranged in Conformity with its Organization by the Baron Cuvier. Vol. 15(34). London: Whittaker, Treacher, and Co.

Gray G. R. 1846. Descriptions and Figures of Some New Lepidopterous Insects, Chiefly from Nepal. London: Longman, Brown, Green, and Longmans.

Gray G. R. [1853]. Catalogue of Lepidopterous Insects in the Collection of the British Museum. Part I. Papilionidae. London: Taylor and Francis.

Grose-Smith H. 1886. Descriptions of four new species of butterflies from Burmah. The Annals and Magazine of Natural History 5, 18: 149–151.

Grote A. R. 1898. The Classification of the Day Butterflies. Natural Science, 12: 15–25, 87–99.

Grote A. R. 1899. Specializations of the Lepidopterous Wing ; the Parnassi-Papilionidae. I. Proceedings of the American Philosophical Society, 38: 7–21.

Grum-Grshimaïlo G. 1891. Lepidoptera nova in Asia centrali novissime lecta. Horae Societatis Entomologicae Rossicae, 25(3–4): 445–465. [in Latin]

Hancock D. L. 1983. Classification of the Papilionidae (Lepidoptera): a phylogenetic approach. Smithersia, 2: 1–48.

Heron F. A. 1899. Notes on *Papilio glycerion*, Gray. The Annals and Magazine of Natural History (Ser. 7), 3: 119–120.

Hewitson W. C. 1852. Descriptions of five new species of butterflies, of the family Papilionidae. The Transactions of the Entomological Society of London (New Series), 2: 22–24.

Hewitson W. C. 1852–1875. Illustrations of New Species of Exotic Butterflies Selected Chiefly from the Collections of W. Wilson Saunders and William C. Hewitson. Vol. I. London: John Van Voorst.

Hewitson W. C. 1867–1871. Illustrations of New Species of Exotic Butterflies. Vol. IV. London: John Van Voorst.

Holland W. J. 1927. The Lepidoptera named by George A. Ehrmann. Annals of the Carnegie Museum, 17(2): 299–364, pls. 25–30.

Honrath E. G. 1884. Beiträge zur kenntniss der Rhopalocera. Berliner Entomologische Zeitschrift, 28(2): 395–398. [in German]

Honrath E. G. 1888. Zwei neue tagfalter-varietäten aus Kiukiang (China). Entomologische Nachrichten, 14(11): 161. [in German]

Hope F. W. 1843. On some rare and beautiful Insects from Silhet, chiefly in the Collection of Frederick John Parry, Esq., F.L.S., &c. Transactions of the Linnean Society of London, 19(2): 131–136.

Hou D. F. 1992. A New Species and Three New Subspecies on the Genus *Bhutanitis*. Beijing: Proceedings of the XIX International Congress of Entomology.

Hu S. J., Zhang X., Cotton A. M. and Ye H. 2014. Discovery of a third species of *Lamproptera* Gray, 1832(Lepidoptera: Papilionidae). Zootaxa, 3786(4): 469–482.

Hu S. J., Cotton A. M., Condamine F. L., Duan K., Wang R. J., Hsu Y. F., Zhang X. and Cao J. 2018. Revision of *Pazala* Moore, 1888: the *Graphium* (*Pazala*) *mandarinus* (Oberthür, 1879) group, with treatments of known taxa and descriptions of new species and new subspecies (Lepidoptera: Papilionidae). Zootaxa, 4441(3): 401–446.

Hu S. J., Cotton A. M., Lamas, G., Duan, K, and Zhang X. 2023. Checklist of Yunnan Papilionidae (Lepidoptera: Papilionoidea) with nomenclatural notes and descriptions of new subspecies. Zootaxa, 5362(1): 1–69.

Huang H. 1995. A new subspecies of *Dabasa hercules* (Lepidoptera: Papilionidae) from Wuyi Mountains, China. Bulletin of the Amateur Entomological Society, 54: 63–64.

Huang H. 2001. Report of H. Huang's 2000 expedition to S. E. Tibet for Rhopalocera (Insecta: Lepidoptera). Neue Entomologische Nachrichten, 51: 65–151.

Huang H. 2003. A list of butterflies collected from Nujiang (Lou Tse Kiang) and Dulongjiang, China with descriptions of new species, new subspecies and revisional notes (Lepidoptera, Rhopalocera). Neue Entomologische Nachrichten, 55: 3–114.

Hübner J. 1806–1819. Sammlung Exotischer Schmetterlinge. Vol. 1. Augsburg: im Verlag der Hübner'schen Werke. [in German]

Hübner J. 1816–1825. Verzeichniss Bekannter Schmettlinge. Vol. 1–27. Augsburg: Bey dem Verfasser zu Finden. [in German]

Hübner J. 1819–1827. Sammlung Exotischer Schmetterlinge. Vol. 2. Augsburg: im Verlag der Hübner'schen Werke. [in German]

Hübner J. 1818–1836. Zuträge zur Sammlung Exotischer Schmettlinge. Vol. 1–5. Augsburg: bey dem Verfasser zu Finden. [in German]

ICZN (International Commission on Zoological Nomenclature) 1999. International code of zoological nomenclature, fourth edition. The International Trust for Zoological Nomenclature, London.

Jablonsky K. G. and Herbst J. F. W. 1794. Natursystem aller bekannten in- und ausländischen Insekten. Vol. II. Berlin: In der Paulischen Buchhandlung. [in German]

Janet A. 1896. Description de nouvelles espèces de Lépidoptères du Tonkin. Bulletin de la Société Entomologique de France, 1896: 215–216. [in French]

Janson O. E. 1879. Descriptions of two new Eastern species of the genus *Papilio*. Cistula Entomologica, 2(21): 433–434.

Jordan K. 1908-1909. Papilionidae. in Seitz, Die Gross-Schmetterlinge der Erde. Band, 9: 11–109, 112. [in German]

Jordan K. 1928. On the *latreillei*-group of Eastern Papilios. Novitates Zoologicae, 34(2): 159–172, pl. VI–VII.

Kirby 1896. A Hand-book to the Order Lepidoptera. Part I. Butterflies.–Vol. II. London: W. H. Allen & Co., Limited.

Koçak A. Ö. & Kemal M. 2000a. Nomenclatural notes on some taxa (Papilionoidea, Lepidoptera). Miscellaneous Publications. Centre for Entomological Studies 65/66: 10–12.

Koçak A. Ö. & Kemal M. 2000b. [Nomenclatural notes on some taxa in the East Asia and the Pacifics (Papilionidae, Lepidoptera)]. Miscellaneous Publications. Centre for Entomological Studies 71: 1–6.

Koçak A. Ö. & Kemal M. 2005. Notes on the nomenclature of Asiatic Butterflies (Lepidoptera). Miscellaneous Publications. Centre for Entomological Studies 105: 4–5.

Lamas G. 2004. Checklist: Part 4A. Hesperioidea - Papilionoidea. *In*: Heppner, J. B. Atlas of Neotropical Lepidoptera. Volume 5A. Gainesville: Association for Tropical Lepidoptera, Scientific Publishers.

Lathy P. I. 1899. Notes on the Indo-Australian Papilios in the collection of Mr. H. J. Adams, F.E.S., with descriptions of new species. The Entomologist, 32(433): 147–149.

Latreille P. A. [1802]. Histoire naturelle, générale et particulière des crustacés et des insectes. Ouvrage faisant suite a l'histoire naturelle générale et particulière, composée par Leclerc de Buffon, et redigée par C. S. Sonnini, membre de plusieurs sociétés savantes. Paris, F. Dufart. 3: i–xii, 13–468. [in French]

Latreille P. A. 1804. Tableau méthodique des insectes. Noúveau Dictionnaire d'Histoire Naturelle, 24: 129–200. [in French]

Le Cerf M. F. 1923. Descriptions de forms nouvelle de Lépidoptères Rhopalocères. Bulletin du Muséum National d'Histoire Naturelle, (5): 360–367. [in French]

Leech J. H. 1889. On a collection of Lepidoptera from Kiukiang. Transactions of the Entomological Society of London, (1): 99–148, pl.

VII–IX.

Leech J. H. 1890. New species of Lepidoptera from China. The Entomologist, 23(321): 26–50.

Leech J. H. 1890. New species of Rhopalocera from China. The Entomologist, 23(325): 187–192.

Leech J. H. 1893. A new species of *Papilio*, and a new form of *Parnassius delphius*, from Western China. The Entomologist, 26(Supplement): 104.

Leech J. H. 1892–1894. Butterflies from China, Japan, and Corea. Part I. London: R. H. Porter.

Leech J. H. 1893–1894. Butterflies from China, Japan, and Corea. Part II. London: R. H. Porter.

Linnaeus C. 1746. Fauna Suecica. Sistens Animalia Sueciae Regni: Quadrupedia, Aves, Amphibia, Pisces, Insecta, Vermes, Distributa per Classes & Ordines, Genera & Species. Stockhomiae: Sumtu & Literis. [in Latin]

Linnaeus C. 1758. Systema Naturae per Regna Tria Naturae, Secundum Classes, Ordines, Genera, Species, cum Characteribus, Differentiis, Symonymis, Locis (Ed 10). Tom. I, Pars II: 339–824. [in Latin]

Linnaeus C. 1763. Centuria Insectorum. Amoenitates Academicae, 6: 384–415. [in Latin]

Linnaeus C. 1764. Museum s:ae r:ae m:tis Ludovicae Ulricae reginae svecorum, gothorum, vandalorumque &c. &c. &c. In quo animalia rariora, exotica, imprimis insecta & conchilia describuntur & determinantur prodromi instar editum. A. Holmiae: Litaris & impensis Direct. Laur. Salvii. [in Latin]

Linnaeus C. 1767. Systema Naturae per Regna Tria Naturae, Secundum Clases, Ordines, Genera, Species, cum Characteribus, Differentiis, Symonymis, Locis. Editio duodecima reformata. Holmiae, Laurentius Salvius, Tom. I, Pars II: 533–1327. [in Latin]

Lucas M. H. 1852. Descriptions de nouvelles espèces de Lépidoptères appartenant aux collections entomologique du Musée de Paris. Revue et Magazin de Zoologie (2º Série) 4(7): 324–345. [in French]

Matsumura S. 1936. A new genus of Papilionidae. Insecta Matsumurana, 10(3): 86, pl. II.

Matsumura S. 1939. The Butterflies from Jehol (Nekka), Manchoukuo, collected by Marquis Y. Yamashina. Bulletin of the Biogeographical Society of Japan, 9(20): 343–359, pl. XIII, XIV.

Mell R. 1923. Noch unbeschriebene Lepidopteren aus Südchina II. Deutsche Entomologische Zeitschrift, (2): 153–160. [in German]

Ménétriès M. 1858. Lepidoptères de la Sibérie orientale et en particulier des rives de l'Amour. Bulletin de la Classe Physio-Mathématique de l'Académie Impériale des Sciences de St.-Pétersbourg, 17(12/14): 212–221. [in French and Latin]

Miller J. S. 1987. Phylogenetic studies in the Papilioninae (Lepidoptera: Papilionidae). Bulletin of the American Museum of Natural History, 186: 365–512.

Moonen J. 1984. Notes on Eastern Papilionidae. Papilio International, 1(3): 47–50.

Moore F. 1857. Descriptions of Some New Species of Lepidopterous Insects from Northern India. Proceedings of the Zoological Society of London, 1857(25): 102–104, pl. XLIV–XLV.

Moore F. [1858]. in Horsfield and Moore 1857, A Catalogue of the Lepidopterous Insects in the Museum of the Honourable East-India Company Vol. I. London: WM. H. Allen & Co.

Moore F. 1878. List of Lepidopterous Insects collected by the late R. Swinhoe in the Island of Hainan. Proceedings of the Scientific Meetings of the Zoological Society of London, 1878(3): 695–708.

Moore F. [1879]. A list of lepidopterous insects collected by Mr. Ossian Limborg in Upper Tenasserim, with Descriptions of new Species. Proceedings of the Scientific Meetings of the Zoological Society of London, 1878(4): 821–858, pl. LI–LIII.

Moore F. 1879. Descriptions of new Asiatic Diurnal Lepidoptera. Proceedings of the Scientific Meetings of the Zoological Society of London, 1879(1): 136–144.

Moore F. 1880–1881. The Lepidoptera of Ceylon. Vol. I. London: L. Reeve & Co.

Moore F. 1882. List of the Lepidoptera collected by the Rev. J. H. Hocking, chiefly in the Kangra District, N.W. Himalaya ; with Descriptions of new Genera and Species. Proceedings of the Scientific Meetings of the Zoological Society of London, 1882(1): 234–263, pl. XI–XII.

Moore F. 1884. Descriptions of some new Asiatic Diurnal Lepidoptera; chiefly from specimens contained in the Indian Museum, Calcutta. Journal of the Asiatic Society of Bengal, (2), 53(1): 16–52.

Moore F. 1885. Description of a new Species of the *Zetides* section of *Papilio*. The Annals and Magazine of Natural History (Ser. 5), 16: 120.

Moore F. 1888. in Hewitson, 1879–1888, Descriptions of New Indian Lepidopterous Insects from the Collection of the Late Mr. W. S. Atkinson, M.A., F.LS., &c., Director of Public Instruction, Bengal. Vol. 3. Calcutta: The Asiatic Society of Bengal.

Moore F. 1901–1903. Lepidoptera Indica. Vol. V. London: Lovell Reeve & Co., Ltd.

Moore F. 1902–1904. Lepidoptera Indica. Vol. VI. London: Lovell Reeve & Co., Ltd.

Morita S. 1997. Two new subspecies of *Teinopalpus imperialis* (Hope, 1843) and *Bhutanitis lidderdalii* (Atkinson, 1873) from northern Kachin State, Myanmar (Lepidoptera: Papilionidae). Futao, 25: 13–14, pl. 3.

Murray R. P. 1874. Notes on Japanese butterflies, with description of new genera and species. The Entomologist's Monthly Magazine, 11: 166–172.

Nakae M. 2015. A new subspecies of *Byasa hedistus* Jordan, 1928(Lepidoptera: Papilionidae) from Yunnan Province, China. Butterflies, 70: 4–7.

Nakae M. 2021. Taxonomic revision on five species of the family Papilionidae (Lepidoptera). Gekkan-Mushi, 602: 35–39.

Nelson S. M. 2022. Butterfly Assemblages Associated with Restored Riparian Uplands: Las Vegas Wash, Nevada, USA. Journal of the Lepidopterists' Society, 76(2): 109–120.

Ney F. 1911. *Papilio tamerlanus* var. *timur*. Entomologische Zeitschrift, 24(46): 252.

Nicéville L. de. 1886. On some New Indian butterflies. Journal of the Asiatic Society of Bengal, (2), 55(3): 249–256, pl. XI.

Nicéville L. de. [1889]. On new or little-known Butterflies from the Indian Region. Journal of the Asiatic Society of Bengal, 57 Pt. II (4): 273–293, pl. XIII-XIV.

Nicéville L. de. 1897a. Descriptions of two new species of butterflies from Upper Burma. Journal of the Bombay Natural History Society, 10(4): 633.

Nicéville L. de. 1897b. On New or Little-Known Butterflies from the Indo- and Austro-Malayan Regions. Journal of the Asiatic Society of Bengal, (2)66(3): 543–577, pl. I–IV.

Nicéville L. de. 1900. On new and little-known Lepidoptera from the Oriental Region. Journal of Bombay Natural History Society, 13(1): 157–176, pl. CC–EE.

Oberthür C. 1876. Lépidoptères nouveaux de la Chine. Études d'Entomologie, 2: 13–34, pl. I–IV. [in French]

Oberthür C. 1879. Catalogue raissoné des Papilionidae de la collection de Ch. Oberthür. Étude d'Entomologie, 4: 19–102, 107–117, pl. I–VI. [in French]

Oberthür C. 1881. Lépidoptères de Chine. Étude d'Entomologie, 6: 9–22, pl. VII–IX. [in French]

Oberthür C. 1883. M. C. Oberthür transmet la note suivante. Bulletin des Séances de la Société Entomologique de France, 1883(1): 76–78. [in French]

Oberthür C. 1884. Lépidoptères du Thibet. Études d'Entomologie, 9: 11–22, pl. I–III. [in French]

Oberthür C. 1885. M. Charles Oberthür adresse la note suivante. Bulletin des Séances de la Société Entomologique de France, 1885: 226–230. [in French]

Oberthür C. 1886. Nouveaux Lépidoptères du Thibet. Études d'Entomologie, 11: 13–35, pl. I–VII. [in French]

Oberthür C. 1890. Lépidoptères de Chine. Études d'Entomologie, 13: 37–45, pl. IX–X. [in French]

Oberthür C. 1890. Description d'une espèce nouvelle de lépidoptère appartenant au genre *Parnassius*: 1–3. [in French]

Oberthür C. 1891. Nouveaux Lépidoptères d'Asie. Études d'Entomologie, 15: 7–25, pl. I–III. [in French]

Oberthür C. 1892. Lépidoptères de Pérou et du Thibet. Études d'Entomologie, 16: 1–9, pl. I–II. [in French]

Oberthür C. 1893. Lépidoptères du Tonkin. Études d'Entomologie, 17: 1–15, pl. IV. [in French]

Oberthür C. 1893. Lépidoptères d'Asie. Études d'Entomologie, 18: 11–45, pl. I–VI. [in French]

Oberthür C. 1899. Description d'un *Papilio* nouveau, du Haut-Tonkin [Lép.]. Bulletin de la Société Entomologique de France, 1899: 268. [in French]

Oberthür C. 1902. Description de nouvelles espèces de Lépidoptères envoyées par les missionnaires du Thibet. *In*: Launay A. Histories de la Mission du Thibet, 2: 411–413. [in French]

Oberthür C. 1914. Études de Lépidoptérologie Comparée. Fascicule IX (2e Partie). Rennes: Imprimerie Oberthür. [in French]

Oberthür C. 1917. Études de Lépidoptérologie Comparée. Fascicule XIV. Rennes: Imprimerie Oberthür. [in French]

Oberthür C. 1918. Notes sur trois Lépidoptères sino-thibétains, dont une nouvelle forme de *Papilio latreillei* Donovan. Bulletin de la Société Entomologique de France, 1918: 186–187. [in French]

Oberthür C. 1920. Description d'une nouvelle forme géographique de *Papilio* du Yunnan [Lep. Rhopalocera]. Bulletin de la Société Entomologique de France, 1920: 202–203. [in French]

Okano M. and Okano T. 1983. Two new subspecies of the genus *Troides* Hübner (Lepidoptera: Papilionidae). Artes Liberales, 32: 189–192, pl. 1–2.

Page M. G. P. and Treadaway C. G. 2013. Speciation in *Graphium sarpedon* (Linnaeus) and allies (Lepidoptera: Rhopalocera: Papilionidae). Stuttgarter Beiträge Zur Naturkunde A Neue Serie, 6: 223–246.

Page M. G. P. and Treadaway C. G. 2014. Revisional notes on the *Arisbe eurypylus* species group (Lepidoptera: Papilionoidea: Papilionidae). Stuttgarter Beiträge Zur Naturkunde A Neue Serie, 7: 253–284.

Pen D. 1937. Papilionids of south west Se Tchouan. Journal of West China Border Research Society, 8: 153–165.

Racheli T. and Cotton A. M. 2009. Guide to the Butterflies of the Palearctic Region. Papilionidae. Part I. Milano: Omnes Artes.

Racheli T. and Cotton A. M. 2010. Guide to the Butterflies of the Palearctic Region. Papilionidae. Part II. Milano: Omnes Artes.

Reakirt T. [1865]. Notes upon exotic Lepidoptera, chiefly from the Philippine Islands, with descriptions of some new species. Proceedings of the Entomological Society of Philadelphia, 3(1): 443–504.

Riley N. D. 1939. A new species of *Armandia* (Lep., Papilionidae). The Entomologist, 72(910): 207–208, pl. 4.

Robbe H. 1892. Liste d'une collection de Lépidopteres: recueillis au Bengal Occidental; avec la description d'une variété nouvelle et quelques considérations sur des espèces connues. Annales de la Societe Entomologique de Belgique, 36(1): 122–131. [in French]

Röber J. 1927. Neue exotische Falter. Internationale Entomologische Zeitschrift, 21(13): 97–100. [in German]

Rose K. and Weiss J-C. 2011. The Parnassiinae of the World. Part 5. Goecke & Evers, Keltern. [in English and French]

Rosen K. von 1929. Die Palaearktischen Tagfalter. Supplement. Papilio. In Seitz, Die Gross-Schmetterlinge der Erde. Band l Supplement: 7–20. Alfred Kernen, Verlag, Stuttgart. [in German]

Rothschild W. 1895. A revision of the *Papilios* of the Eastern Hemisphere, exclusive of Africa. Novitates Zoologicae, 2(3): 167–463.

Rothschild W. 1896. New Lepidoptera. Novitates Zoologicae, 3(3): 322–328.

Rothschild W. 1908. New Oriental Papilionidae. The Entomologist, 41(536): 1–4.

Rothschild W. 1908. New forms of Oriental Papilios. Novitates Zoologicae, 15(1): 165–174.

Rothschild L. W. R. and Jordan K. 1906. A revision of the American papilios. Novitates Zoologicae, 13: 411–745.

Rousseau-Decelle G. [1933]. Quelques formes nouvelles et aberrantes des genres *Papilio* et *Charaxes* [Lép.]. Bulletin de la Société Entomologique de France, 37(20): 301–307. [in French]

Rousseau-Decelle G. 1933. Notes sur quelques formes nouvelles des genres *Papilio* et *Charaxes* [Lép.]. Bulletin de la Société Entomologique de France, 38(17): 269–273. [in French]

Rousseau-Decelle G. 1947. Contribution à l'étude des *Papilio* de la faune Indo-Océanienne (Lep. Papilionidae). Bulletin de la Société Entomologique de France, 51: 128–133. [in French]

Scopoli G. A. 1777. Introductio ad Historiam Naturalem, Sistens Genera Lapidum, Plantarum et Animalium Hactenus Detecta, Caracteribus Essentialibus Donata, in Tribus Divisa, Subinde ad Leges Naturae. Pragae: Apud Wolfgangum Gerle.

Scudder S. H. 1875. Historical sketch of the generic names proposed for butterflies. Proceedings of the American Academy of Arts and Science, 10(2): 91–293.

Scudder S. H. 1889. The Butterflies of the Eastern United States and Canada with Special Reference to New England. Vol. I. Cambridge: Published by the Author.

Seitz A. 1907. Die Gross-Schmetterlinge der Erde Band 1. Stuttgart: Verlag des Seisschen Werkes [in German].

Sheljuzhko L. 1913. Lepidopterologische notizen. Destsche Entomologische Zeitschrift Iris, 27(1): 13–22, f. 1–5. [in German]

Shen J. H., Cong Q. and Grishin N. V. 2015. The complete mitochondrial genome of *Papilio glaucus* and its phylogenetic implications. Meta Gene, 5: 68–83.

Smith C. R. and Vane-Wright R. I. 2001. A review of the Afrotropical species of the genus Graphium (Lepidoptera: Rhopalocera: Papilionidae). Bulletin of the Natural History Museum Entomology Series, 70: 503–719.

Stichel H. 1907. Lepidoptera Rhopalocera. Fam. Papilionidae. Subfam. Zerynthiinae. Genus *Armandia*. In: Wytsman P. Genera Insectorum, 59: 16–18, pl. 1–2.

Stoll C. 1782. In Cramer, P., De uitlandische Kapellen voorkomende in de drie Waereld-Deelen Asia, Africa en America. Papillons exotiques des trois parties du monde l'Asie, l'Afrique et l'Amérique. Tome Quatrieme. Amsteldam: S. J. Baalde. [in Dutch and French]

Strand E. 1916. in Lepidoptera Niepeltiana. 2. Teil. Zirlau, Wilhelm Niepelt.

Strecker H. 1900. Lepidoptera, Rhopaloceres and Heteroceres, Indigenous and Exotic. Suppl. 3. Reading Pa, Owen's Steam Book and Job Printing Office.

Sugiyama H. 1994. New butterflies from western China (III). Pallarge, 3: 1–12.

Sulzer J. H. 1776. Dr. Sulzers Abgekürtze Geschichte der Insecten nach dem Linaeischen System. Zurich: Naturforschenden Gesellschaft. [in Latin and German]

Swainson W. M. 1821–1822. Zoological Illustrations. Vol. II. London: Baldwin & Cradock.

Swainson W. M. 1831–1832. Zoological Illustrations. Second series. Vol. II. London: Baldwin & Cradock.

Swainson W. M. 1832–1833. Zoological Illustrations. Second series. Vol. III. London: Baldwin & Cradock.

Talbot G. 1932. New forms of Lepidoptera from the Oriental Region. Bulletin of the Hill Museum, 4(3): 155–169.

Talbot G. 1939. The fauna of British India, including Ceylon and Burma. Butterflies. Vol. I. (Papilionidae & Pieridae). London: Taylor & Francis.

Thomson J. 1875. The Straits of Malacca Indo-China and China, or Ten Years' Travels, Adventures and Residence Aboard. London: Sampson Low, Marston, Low, & Searle.

Toxopeus L. J. 1937. Ueber die *Papilio paris*-formen von Java und Sumatra. Ent. Med. Ned.-Indië, 3(3): 42–49. [in German]

Toxopeus L. J. 1951. On the collecting localities of some Linnaean types (Lepidoptera, Rhopalocera). Idea, 8(3/4): 53–74.

Tung V. W. Y. 1982. The population genetics of *Troides* species of peninsular Malaysia and descriptions of two new female forms (Papilionidae). Tokurana, 4: 1–22.

Tung V. W. Y. 1982. Notes on variant forms of Malaysian butterflies. Tokurana, 4: 57–69.

Tytler H. C. 1912. Notes on butterflies from the Naga Hills. Part II. Journal of the Bombay Natural History Society, 21(2): 588–606, pl. B.

Tytler H. C. 1915. Notes on some new and interesting butterflies from Manipur and the Naga Hills. Part III. Journal of the Bombay Natural History Society, 24(1): 119–155, pl. III–IV.

Tytler H. C. 1926. Notes on some new and interesting butterflies from India and Burma. Part I. Journal of the Bombay Natural History Society, 31: 248–260, pl. I, IV.

Tytler H. C. 1939. Notes on some new and interesting butterflies chiefly from Burma. Journal of the Bombay Natural History Society, 41(2): 235–252.

Verity R. 1950. Le Farfalle Diurne d'Italia. Volume Quarto. Divisione Papilionida. Sezione Libytheina, Danaina e Nymphalina. Famiglie Apaturidae e Nymphalidae, Firenze, Casa Editrice Marzocco, S. A. [in Italian]

Wallace A. R. 1865. On the phenomena of variation and geographical distribution as illustrated by the Papilionidae of the Malayan Region. Transactions of the Linnean Society of London, 25(1): 1–71, pl. 1–8.

Wallace A. R. 1869. Notes on eastern butterflies (continued). Transactions of the Entomological Society of London, (4): 321–350.

Weiss J. C. and Rigout J. 2016. The Parnassiinae of the World. Part 6. Keltern: Goecke & Evers. [in English and French]

Westwood J. O. 1841–1845. Arcana Entomologica: Illustrations of New, Rare, and Interesting Insects. Vol. I & II. London: William Smith.

Westwood J. O. 1842. Insectorum novorum Centuria. The Annals and Magazine of Natural History, 9: 36–39.

Westwood J. O. 1848. The Cabinet of Oriental Entomology. London: William Smith.

Westwood J. O. 1872. Descriptions of some new Papilionidae. The Transactions of the Entomological Society of London, (2): 85–110, pl. III–V.

White A. 1842. Notice of two New Species of *Papilio* from Penang, presented to the British Museum by Sir Wm. Norris. The Entomologist, 1(17): 280.

Wood-Mason J. 1882. Description of two new Species of *Papilio* from Northeastern India, with a Preliminary Indication of an apparently new and remarkable Case of Mimicry between the two distinct Groups which they represent. The Annals and Magazine of Natural History, 9(50): 103–105.

Wood-Mason J. and Nicéville L. de. [1887]. List of the Lepidopterous insects collected in Cachar by Mr. J. Wood-Mason, Part II, Rhopalocera. Journal of the Asiatic Society of Bengal, (2), 55(4): 343–393.

Wu C. S. and Bai J. W. 2001. A review of the genus *Byasa* Moore in China (Lepidoptera: Papilionidae). Oriental Insects, 35: 67–82.

Wu L. W., Yen S. H., Lees D. C., Lu C. C., Yang P. S. and Hsu Y. F. 2015. Phylogeny and historical biogeography of Asian *Pterourus* butterflies (Lepidoptera: Papilionidae): a case of intercontinental dispersal from North America to East Asia. PLoS ONE, 10(10): e0140933.

Xiong T. Z., Li X. Y., Yago M. and Mallet J. 2022. Admixture of evolutionary rates across a butterfly hybrid zone. eLife, 11: e78135.

Yeats 1776. in Brown P., New Illustrations of Zoology containing fifty coloured plates of new curious, and Non-Descript Birds, with a few Quadrupeds, Reptiles and Insects. Together with a short scientific description of the same. B. White, London.

Yoshino K. 1995. New butterflies from China. Neo Lepidoptera, 1: 1–4, f. 1–30.

Yoshino K. 1997. New butterflies from China 2. Neo Lepidoptera, 2-1: 1–16, f. 1-55.

Yoshino K. 1997. New butterflies from China 3. Neo Lepidoptera, 2-2: 1–10, f. 1–75.

Zinken J. L. T. F. 1831. Beitrage zur insecten-fauna von Java. Nova Acta Physio-Medica, 15: 129–194, pl. XIV–XVI. [in German]

网络资源（编写人姓名拉丁字母顺序）

Häuser C. L., de Jong R., Lamas G., Robbins R. K., Smith C. and Vane-Wright R. I. Papilionidae - revised GloBIS/GART species checklist (2nd draft). http://www.insects-online.de/frames/papilio.htm/.

Inayoshi Y. A Checklist of butterflies in Indo-China: Chiefly from Thailand, Laos, and Vietnam. Family Papilionidae. http://yutaka.it-n.jp/.